用电检查员工作手册

中国南方电网市场交易部 组 编
李 晋 主 编
李 昕 雷 文 副主编

中国电力出版社
www.cepp.com.cn

内 容 提 要

《电力法》和《用电检查管理办法》对电网企业（供电企业）用电检查人员的工作内容与范围、组织机构和人员资质，用电检查程序、用电检查纪律等都作了明确的规定，是用电检查人员的行为准则。因此，为提高用电检查人员队伍的素质，保障用电检查人员具有相应的查电能力与水平，确保用电检查工作合法有效地进行，中国南方电网市场交易部在总结《用电检查资格考核教材》（一套 5 册）编写和培训等实践的基础上，继续组织编写了《用电检查员工作手册》一书。

本书共 10 章，主要有用电检查、电气设备、客户计算负荷、供电质量、安全用电管理、电能计量、电费管理与抄核收、防治窃电技术、电力需求侧管理、法律法规条文汇编等内容。

本书可作为全国各网省电网公司、地市县供电企业的用电检查人员工作手册，也可作为供电企业的用电营销、电能计量、报装接电等工作人员参考书。

图书在版编目（CIP）数据

用电检查员工作手册/李晋主编；中国南方电网市场交易部组编. —北京：中国电力出版社，2008.7（2018.6 重印）

ISBN 978-7-5083-7394-2

Ⅰ. 用…　Ⅱ. ①李…②中…　Ⅲ. 用电管理–技术手册　Ⅳ. TM92-62

中国版本图书馆 CIP 数据核字（2008）第 091551 号

中国电力出版社出版、发行
（北京市东城区北京站西街 19 号　100005　http://www.cepp.com.cn）
三河市百盛印装有限公司印刷
*
2008 年 7 月第一版　2018 年 6 月北京第七次印刷
787 毫米×1092 毫米　16 开本　31 印张　530 千字
印数 15001—17000 册　定价 **75.00** 元

《用电检查员工作手册》

编 委 会

前　言

用电检查工作是电网经营企业的一项重要的基础工作，负责维护电力供应和销售过程的正常秩序和安全，保障电力系统的安全、可靠和经济运行。用电检查员要肩负起指导用电客户做好计划用电、节约用电和安全用电的工作，同时对电力违法案件进行查处，带有行政执法的职权。

原电力工业部颁布的《用电检查管理办法》对电力企业用电检查人员的工作内容与范围、组织机构和人员资质，用电检查程序、用电检查纪律等都作了明确的规定，是用电检查人员的行为准则。在新形势下，用电检查工作作为电力企业用电营销工作的重要组成部分，既是电力企业与电力客户之间联系和沟通的桥梁，又是电力企业优质服务窗口的一部分，因此，不仅要检查用电，还要服务用电。

本书是根据用电检查工作的内容及特点，兼顾一、二、三级用电检查人员实用性而编写的工具书，旨在方便用电检查人员查阅，并可作为相关用电检查工作的参考书使用。

本书由中国南方电网公司市场交易部组织编写，广东电机工程学会何初文秘书长、曹重处长组织策划，李晋主编，李昕、雷文副主编。全书共分十章，第五章、第七至十章由李晋编写，第一章、第三章和第四章由李昕编写，第二章和第六章由雷文编写，全书由李晋主编并统稿。

在本书的编写过程中，许多单位领导和同事都给予热情的支持和帮助，特别是石少青、雷鸣、张志翔、陈蔚文、张岚、陈少忠、党林、马海峰等同志，在收集资料和整理书稿过程中做了一定的工作，并提出了许多宝贵建议，在此一并表示衷心的感谢。

由于水平有限，时间仓促，书中不当之处敬请广大读者批评指正。

编　者

2008 年 5 月

目　录

第一章

用　电　检　查

用电检查是电力企业为了保障正常的供用电秩序和公共安全，帮助客户进行安全、经济、合理用电所进行的检查、监督、指导、帮助的服务行为。用电检查工作是国家电力法赋予电网经营企业的权利和义务，是电网经营企业的一项重要的基础工作。

第一节　用电检查员资质

用电检查员是电力营销工作中的关键岗位，在电力客户和供电企业的沟通中起着的枢纽作用。用电检查人员要执行《电力法》、《电力供应与使用条例》、《供电营业规则》和国家相关的方针政策，按照用电检查管理办法开展工作，通过用电检查服务，维护供电企业和电力客户的合法权益，保证电网和电力客户的安全。用电检查员工作成绩的优劣直接关系到供电企业的经营绩效。

根据用电检查工作需要，用电检查职务序列分为一级用电检查员、二级用电检查员、三级用电检查员三类。

对用电检查人员的资格实行考核认定。用电检查资格分为：一级用电检查资格、二级用电检查资格、三级用电检查资格三类。

获得用电检查员资格需要经过个人申请、单位推荐、培训、考核、发证五个环节。用电检查资格由跨省电网经营企业或省级电网经营企业组织统一考试，合格后发给相应的《用电检查证》。

申请参加考核人员的资质如表 1–1 所示，各供电局必须推荐符合资质要求的人员参加相应等级用电检查员的培训考核。

表 1–1　　申请参加用电检查员考核人员的资质要求

序列	申请考核人员资质要求	担任工作
一级	（1）已取得电气专业高级工程师或工程师、高级技师资格； （2）或具有电气专业大专以上文化程度，并在用电岗位上连续工作 5 年以上；	220kV 及以下电压供电客户的用电检查工作

第一章　用电检查

续表

序列	申请考核人员资质要求	担任工作
一级	（3）或者取得二级用电检查资格后，在用电检查岗位上连续工作5年以上者	220kV及以下电压供电客户的用电检查工作
二级	（1）已取得电气专业工程师、助理工程师、技师资格； （2）或者具有电气专业中专以上文化程度，并在用电岗位连续工作3年以上； （3）或者取得三级用电检查资格后，在用电检查岗位工作3年以上者	10kV及以下电压供电客户的用电检查工作
三级	（1）已取得电气专业助理工程师、技术员资格； （2）或者具有电气专业中专以上文化程度，并在用电岗位工作1年以上； （3）或者已在用电检查岗位连续工作5年以上者	0.4kV及以下电压受电客户的用电检查工作

第二节　用电检查内容与范围

客户的送（受）电装置是电力系统的重要组成部分，客户内部的电气事故可能会危及整个电力系统。因此，对客户的送（受）电装置和用电行为进行有效的检查、监督是十分必要的。

一、用电检查内容

供电企业应按照规定对本供电营业区内的客户进行用电检查，客户应当接受检查并为供电企业的用电检查提供方便。用电检查内容，如表1–2所示。

表1–2　　用电检查内容

序号	内　　容
1	客户执行有关电力供应与使用的法规、方针、政策、标准、规章制度情况
2	负责安全用电知识的宣传、普及、教育工作
3	进行客户受电工程电气图纸审核、协调用电业扩工程和受电工程同步实施
4	进行客户受（送）电装置工程施工质量检验

续表

序号	内　　容
5	检查客户受电设施及装置的安全状况、运行管理状况及反事故措施落实
6	检查客户保安电源和非电性质的保安措施
7	检查计量装置、负荷控制装置、继保和自动装置、调度通信等安全运行状况
8	检查客户进网作业电工的资格、进网作业安全状况及作业安全保障措施
9	检查客户执行计划用电、节约用电情况，引导客户主动参与需求侧管理
10	了解电能质量状况，听取客户的意见，查处影响电能质量的干扰源客户
11	了解、掌握客户用电情况及变更用电情况并适时提供相应的服务
12	查处违章用电和窃电行为
13	参与重大电气事故调查分析，提出事故分析报告
14	组织并网电源、自备电源的安全检查和并网许可工作

二、用电检查范围

用电检查主要范围是客户的受电装置，但被检查的客户有表1–3中所列之情况之一者，检查的范围可延伸至相应目标所在处。客户对其设备的安全负责。用电检查人员不承担因被检查设备不安全引起的任何直接损坏或损害的赔偿责任。

表1–3　　可延伸检查目标

序号	延伸检查目标
1	有多类电价
2	有自备电源设备（包括自备发电厂）
3	有二次变压的配电
4	有违章现象
5	有影响电能质量的用电设备
6	发生影响电力系统事故需作调查
7	客户要求帮助检查
8	法律规定的其他用电检查

第三节　用电检查员工作职责

用电检查工作贯穿于为电力客户服务的全过程，从客户提出用电申请开始，一直到客户销户（停止供电）为止。其间，有为客户服务的工作，也有维护供电企业合法权益的任务。用电检查员在所属市局或区局供电辖区范围内行使工作职责，工作内容包括售前服务和售后服务，如图 1–1 所示。

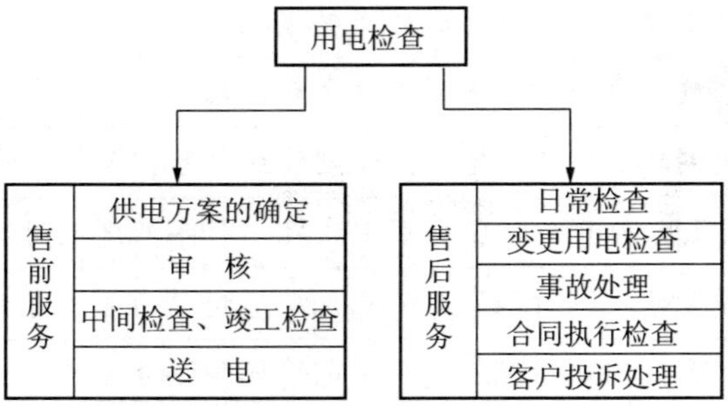

图 1–1　用电检查工作内容

一、售前服务

用电检查员在电力企业对客户正常送电之前所提供的服务均属于售前服务。售前服务是指满足客户提出新装或增容要求的服务，又称为业务扩充。

1. 业务扩充主要内容

业务扩充的主要内容，如表 1–4 所示。

表 1–4　　业务扩充的主要内容

序号	种　类	内　　容	说　　明
1	新装、增容用电业务	（1）新装、增装变压器容量用电； （2）新装、增装低压电力负荷用电； （3）新装、增装照明负荷用电； （4）申请多电源用电； （5）申请高压电动机、自备电厂用电	客户因用电需要，初次向供电企业申请报装用电即为新装用电，客户因增加用电设备向供电企业申请增加用电容量即为增容用电
2	业务扩充的主要工作	（1）客户新装、增容用电申请的受理； （2）根据客户和电网的情况，拟定供电方案； （3）组织业扩的工程设计、施工和验收； （4）对客户的内部受电工程进行设计审查、中间审查和竣工验收检查； （5）签订供用电合同； （6）装设电能计量装置； （7）资料存档	

2. 业务扩充工作流程

业务扩充的工作流程，如表 1–5 所示。

表 1–5　　业务扩充的工作流程

序号	分类	流　程　图
1	居民	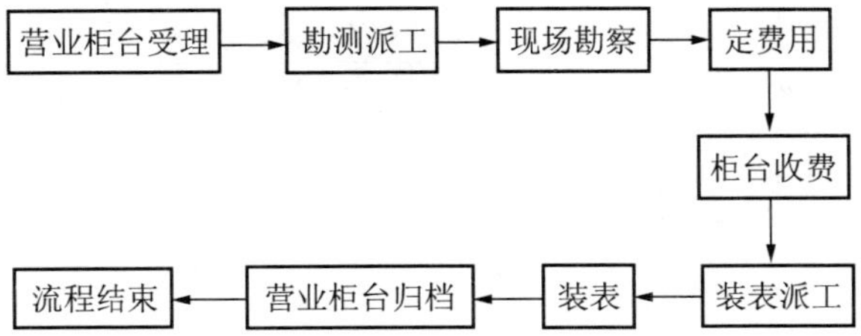 居民用电新装业务工作流程
		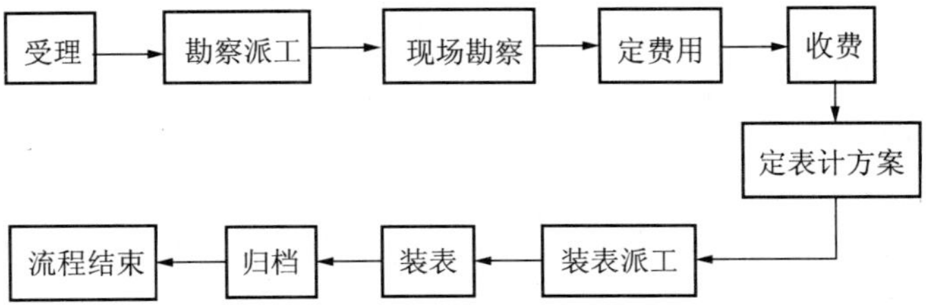 居民用电增容业务流程
2	低压	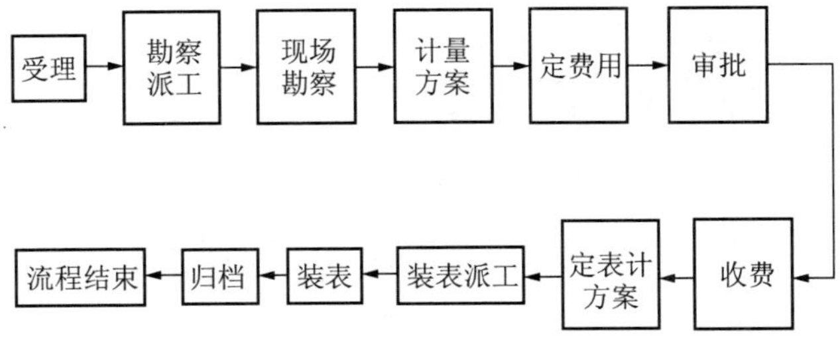 低压用电新装业务工作流程
		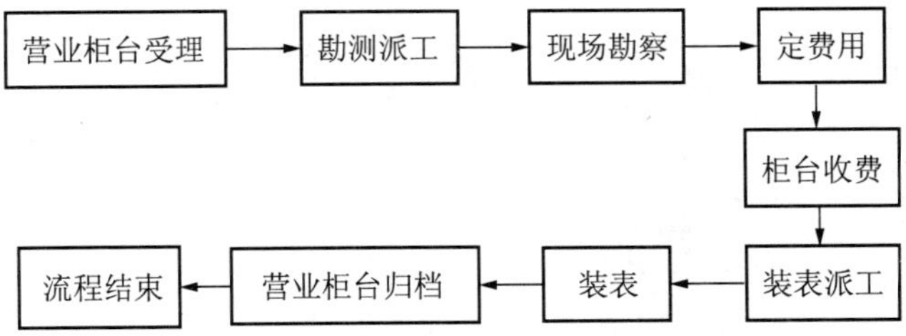 低压用电增容业务工作流程

续表

<table>
<tr><th>序号</th><th>分类</th><th>流　　程　　图</th></tr>
<tr><td rowspan="2">3</td><td rowspan="2">高压</td><td>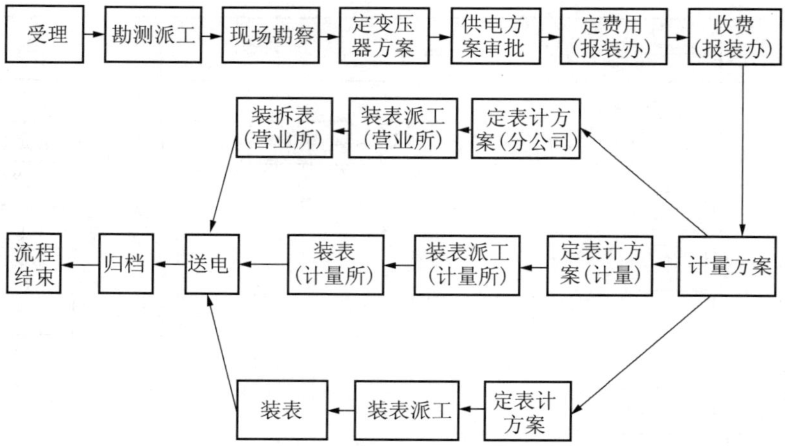

高压用电新装业务工作流程</td></tr>
<tr><td>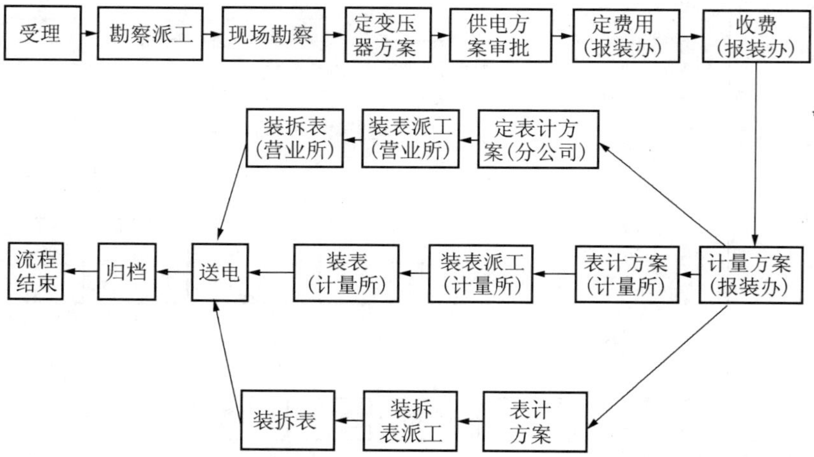

高压用电增容业务工作流程</td></tr>
<tr><td>4</td><td>批户</td><td>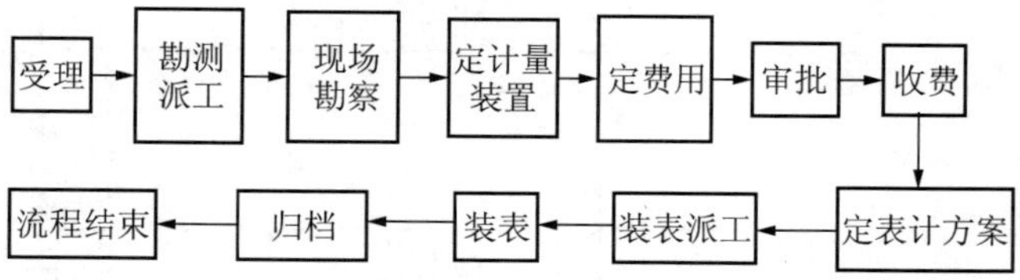

低压批户新装业务工作流程</td></tr>
</table>

续表

序号	分类	流程图
4	批户	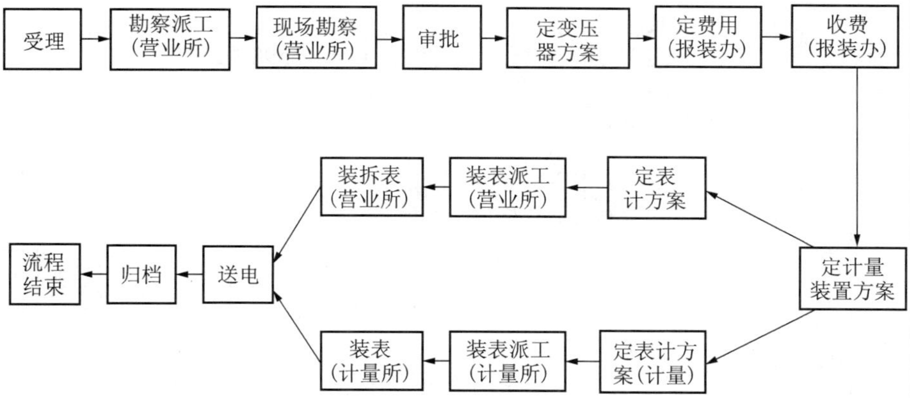 高压批户新装业务工作流程

3. 业务扩充受理

业务扩充的受理，如表 1–6 所示。

表 1–6　　业务扩充的受理

序号	项目	内容		说明
1	客户需要新装或增容申请应携带的资料	居民客户	身份证，住房证，邻居的电费通知单	
		低压、高压新装客户	（1）有关上级批准的文件和立项批准文件； （2）地理位置图和用电区域平面图； （3）规划红线图； （4）用电负荷； （5）保安负荷，双电源的必要性； （6）设备明细一览表； （7）主要产品品种和产量； （8）主要生产设备和生产工艺允许中断供电的时间； （9）建筑规模及规划建成时间； （10）用电功率因数计算及无功补偿方式； （11）供电企业认为必须提供的其他资料	
		增容用电客户	（1）客户受电装置的一、二次接线图； （2）继电保护方式和过压保护； （3）配电网络布置图； （4）自备电源及接线方式； （5）供用电合同书	除提供上述资料外，还应提供原装容量的有关资料

续表

<table>
<tr><th>序号</th><th>项目</th><th colspan="2">内　　容</th><th>说明</th></tr>
<tr><td>2</td><td>受理方式</td><td colspan="2">（1）营业柜台受理：客户带有关资料到供电企业营业所受理；
（2）电话受理：通过服务电话 95598 联络受理；
（3）网站受理：通过服务网站 http:/www.95598.com.cn 登记受理</td><td></td></tr>
<tr><td>3</td><td>客户申请表的类别</td><td colspan="2">（1）居民客户用电申请表；
（2）低压动力用电申请书；
（3）高压用电申请书</td><td></td></tr>
<tr><td rowspan="3">4</td><td rowspan="3">业务扩充的三审</td><td>供电必要性审查</td><td>（1）对新申请的用电客户供电必要性的审查；
（2)对申请双电源供电客户供电必要性的审查</td><td></td></tr>
<tr><td>供电合理性审查</td><td>（1）对新申请的用电客户供电合理性的审查；
（2）对申请增加用电容量客户的审查</td><td></td></tr>
<tr><td>供电可能性审查</td><td>对客户申请用电的必要性与合理性审查后，用电报装部门应立即组织对客户申请用电的可能性进行审查，综合研究</td><td></td></tr>
</table>

4. 供电方案确定

用电检查人员应汇同设计人员和配网管理人员共同确定供电方案，见表1–7。

表 1–7　　供电方案的确定

<table>
<tr><th>序号</th><th>项目</th><th colspan="2">内　　容</th><th>说　　明</th></tr>
<tr><td rowspan="2">1</td><td rowspan="2">确定供电方案应掌握的内容、信息、原则</td><td>供电方案的内容</td><td>（1）确定为客户供电的容量；
（2）确定为客户供电的电压等级；
（3）确定为客户供电的电源点；
（4）确定为客户供电的供电方式（单电源或双电源）；
（5）确定为客户供电的供电线路；
（6）确定为客户供电的一次线和有关电器设备选型、配置、安装的要求；
（7）确定客户的计费计量点、计量方式、计量装置的选型配置</td><td>客户的供电方案要依据客户的用电要求、用电性质、现场调查的信息以及电网结构和运行情况来确定</td></tr>
<tr><td>需要的信息</td><td>用电地点、电力用途、用电性质、用电设备清单、用电负荷、保安电力、用电规则</td><td></td></tr>
</table>

续表

序号	项目	内容		说明
1	确定供电方案应掌握的内容、信息、原则	应遵循的原则	（1）在满足客户用电质量的前提下，方案要经济合理； （2）考虑施工建设的可能性和将来运行维护的方便； （3）符合电网发展规划，避免重复建设； （4）考虑客户发展的前景； （5）特殊干扰源客户要考虑用电后对电网和其他客户的影响	
2	低压客户的供电方案	单相用户	主要适用于照明和单相小动力，单相低压供电方式的最大容量应以不引起供电质量变劣为准则，否则应改用三相低压供电方式	
		三相低压用户	三相低压供电方式主要适用于三相小容量客户。客户用电设备容量在100kW及以下或需用变压器容量在50kVA以下的，可采用三相低压供电方式	
3	高压客户的供电方案	变压器容量 S 的确定	（1）采用需要系数法确定有功功率 $P_{js}=K_nP$ （2）采用负荷密度法确定有功功率 $P_{js}=P_dS$ （3）确定变压器容量的计算负荷 $S_{js}=P_{js}/\cos\varphi$ （4）确定变压器的容量 $S=S_{js}/(0.7\sim0.75)$	P—用电设备功率； P_{js}—计算负荷； K_n—需用系数（查表3–2）； P_d—负荷密度（查表3–17）； S—供电面积
		供电电压等级的确定	（1）对于变压器容量超过160kVA或装接容量大于250kW的客户，一般采用10kV供电； （2）对于大容量、远距离的大电力客户，一般采用35～110kV供电； （3）对于农村用电，应根据用电负荷的大小和距离的远近，采用35～110kV输电或10kV配电	客户提出对供电可靠性有特殊要求，用电容量不足100kW时，也可采用10kV供电
4	供电电源的确定	Ⅰ级负荷	应由两个或多个电源（统称双电源）供电	按照就近供电的原则选择供电电源，因为供电距离近，电压质量容易保证
		Ⅱ级负荷	一般不批准双电源供电，如果客户容量大，可以采用单电源双回路供电	
		Ⅲ级负荷	采用单电源供电	

续表

序号	项目	内容		说明
4	供电电源的确定	客户用电设备具备右边条件之一应采用双电源方式供电	（1）中断供电后将造成人身伤亡； （2）中断供电后将造成重要设备损坏、生产长期不能恢复或造成重大经济损失； （3）中断供电后将对政治、军事或社会治安造成重大影响； （4）中断供电后将造成环境严重污染； （5）高层建筑用电； （6）对用电有特殊要求者	如果电网没有条件供给双电源时，应由客户自备发电机组，并使其处于完好的备用状态
		有情况之一保安电源应由客户自备	（1）在电力系统瓦解或不可抗力造成供电中断时，仍需保证供电的； （2）客户自备电源比从电力系统供给更为合理经济的	
5	供电线路的确定	（1）供电线路的确定一般是根据客户负荷性质、负荷大小、用电地点和线路走向等选择供电线路及其架设方式； （2）供电架设方式以架空线为主，对城市电网逐步考虑电缆配电； （3）供电线路走向应选择在正常运行方式下，具有最短的供电距离，防止发生近电远送或迂回供电的不合理现象		
6	客户变电所的接线方式	（1）对于有两路电源供电并有两台变压器的客户变电所，一般可以采用内桥或外桥接线方式： 1）对于有穿越功率流过的客户变电所，适于采用外桥接线； 2）对于客户主变压器不需要经常切除，而且输电线路较长时，适于采用内桥接线。 （2）对于单电源供电并有 2～3 台变压器的客户，常采用单母线的接线方式		
7	计量点及计量方式的确定	计量点的确定	（1）对于高压供电客户，原则上应在变压器的高压侧安装电能计量装置。对于用电容量较小的客户，也可在变压器的低压侧装表计量，计费时要加上变压器本身的损耗。 （2）对于专用线路供电的客户，应以产权分界处作为计量点。 （3）对于有冲击负荷、不对称负荷、谐波负荷等非线性负荷客户，计量装置应装设在客户受电变压器的一次侧。 （4）为使计量点能够反映客户消耗的全部电能： 1）双电源客户每路电源进线均应装设与备用容量相对应的电能计量装置； 2）对于大容量内桥接线的客户，计量点应设在主变压器的电源侧； 3）对于单电源的供电客户，原则上只装设一套电能计量装置	计量点就是计量装置或计费表的安装位置

续表

序号	项目		内　　容	说　明
7	计量点及计量方式的确定	计量方式的确定	（1）电能计量装置实行专用； （2）对普通工业客户、非工业客户的生活照明与生产照明用电、大工业客户的生活照明用电都应分表计量，按照明电价计收电费； （3）对于农村客户，要求以生产大队为单位，对排灌、动力和照明用电，实行分线分表计量收费； （4）对执行两部制电价，依功率因数调整电费的客户，必须装设有功与无功电能表，并加装无功电能表的防倒转装置	

当对客户提出的供电可靠性要求、配电变压器容量等有疑问时，应主动联络客户，提供必要的技术服务。当因电网结构的原因而无法满足客户的全部需求时，应向客户做好解释工作。

5. 审核

根据部颁《用电检查管理办法》的规定，用电检查工作在客户的新装、增容或改造送（受）电工程中，应该担负对客户受（送）电装置工程电气图纸和有关资料的审查工作，组织有关部门（如基建、生技、规划、调度等部门）对设计图纸进行会审，并出具审查意见，填写《客户受电装置图纸审阅意见表》，并提交设计单位，据此修改设计。客户受电工程电气图纸，只有在经过供电企业审核后，客户方可以委托施工，否则供电企业将不予检验和接电。

审核内容，如表 1–8 所示。

表 1–8　　　　审　核　内　容

序号	项　目	内　　容	说　明
1	业扩工程的设计与施工的资质认定	（1）10kV 及以下配电线路，可在供电方案上标明线路的路径、杆型、材料规范与数量，代替工程设计。 （2）35kV 及以上的输电线路工程，客户应根据供电方案的批复文件，取得当地规划部门的同意后，委托供电企业的设计院（所、室）进行设计，由送变电施工单位完成施工任务。线路竣工后，再移交电力运行部门进行维护管理。 （3）35kV 及以上的业扩报装工程，在供电方案批复后，可以通知客户委托有关工程部门做工程设计	杆型及器材规范都已经定型化

续表

序号	项目	内容		说明
2	工程设计的审查（客户应提供有关资料一式两份）	低压供电客户	（1）申请使用负荷； （2）用电设备清单（设备的名称、相数、容量、数量）； （3）注明特殊用电设备（大型单相设备、冲击性负荷、谐波源负荷）； （4）如有特别供电可靠性要求应注明； （5）提供标明受电设施位置的地形图	对低压供电客户审图的时限要求最长不超过10天
		高压供电客户	（1）受电工程设计说明书； （2）用电负荷分布图； （3）负荷的组成、性质及保安电源； （4）影响电能质量的用电设备清单； （5）主要电气设备一览表； （6）主要生产设备、生产工艺耗电以及允许中断供电时间； （7）高压受电设备的一、二次接线及平面布置图； （8）用电功率因数计算及无功补偿方式； （9）继电保护、过电压保护及电能计量方式； （10）隐蔽工程设计资料； （11）配电网络布置图； （12）自备电源及接线方案； （13）供电企业认为必要提供的其他资料	对高压供电客户审图的时限要求最长不超过1个月
3	审图内容	（1）客户变电所（站）的位置选择，应在负荷比较集中的地方，进出线方便，并能做到防火、防汛、防漏、防雨雪、防小动物，有良好的通风； （2）计量点选择正确，电能计量装置满足要求，电能计量装置的安装位置合适、安全可靠； （3）进户线缆截面、总开关容量、继电保护装置满足电力系统及客户用电的要求； （4）过电压保护装置、接地装置符合有关规程的要求； （5）供电电压本级配电装置的布置符合规程的要求； （6）验算功率因数及补偿设备容量，根据无功就地平衡原则，达到部颁《供电营业规则》的要求； （7）对非线性阻抗用电设备引起的高次谐波，非对称负荷、波动负荷、冲击负荷对电网的影响，消除措施正确； （8）有备用电源的客户，连锁装置要符合要求，保证不发生倒送电事故； （9）受电装置要有“五防”功能		

6. 客户受送电工程的中间检查与竣工检查

中间检查与竣工检查，如表1–9所示。

表 1–9　　　　中间检查与竣工检查

<table>
<tr><th>序号</th><th>项　目</th><th colspan="2">内　　容</th><th>说　　明</th></tr>
<tr><td>1</td><td>土建施工验收</td><td colspan="2">在土建施工完毕后的验收检查，检查时应对电缆接地装置预埋件、暗敷管线等隐蔽工程配合土建实现验收</td><td></td></tr>
<tr><td>2</td><td>中间检查</td><td colspan="2">（1）客户工程的施工是否符合设计要求；
（2）所有的安全措施是否符合“规范”即现行的安全技术规程的规定；
（3）施工工艺和选用材料应符合国家标准；
（4）对隐蔽工程施工质量的检查，如电缆沟、电缆头的制作、电缆敷设，以及接地装置的埋设，应符合技术规程的要求；
（5）变压器吊芯检查和电气元件安装前的特性校验符合要求；
（6）所有电气装置的外观检查；
（7）有关技术文件齐全；
（8）连锁、闭锁装置安全可靠；
（9）通信联络装置安装完毕</td><td>当工程进行到 2/3 时，进行全面的质量检查</td></tr>
<tr><td>3</td><td>工程竣工报告</td><td colspan="2">（1）工程竣工图及说明；
（2）电气试验及保护整定调试记录；
（3）安全用具的试验报告；
（4）隐蔽工程的施工及试验记录；
（5）运行管理的有关规定和制度；
（6）值班人员名单和资格；
（7）供电企业认为必要的其他资料或记录</td><td>客户受送电工程竣工后，应向供电企业提出工程竣工报告，同时应填写《客户受电工程竣工报验单》</td></tr>
<tr><td rowspan="3">4</td><td rowspan="3">工程检验范围</td><td>专线客户</td><td>（1）客户专用架空线和电缆；
（2）计量装置；
（3）与供电电压同级的受电装置，包括过电压保护和继电保护的整定值</td><td></td></tr>
<tr><td>非专线客户</td><td>（1）架空线及电缆；
（2）计量装置；
（3）与供电电压同级的受电装置，包括继电保护的整定值</td><td></td></tr>
<tr><td>低压供电客户</td><td>（1）接户线；
（2）计量装置及低压配电装置</td><td></td></tr>
</table>

续表

序号	项　目	内　　　容	说　　明
5	竣工检查	（1）客户工程的施工符合审查后的设计要求； （2）工程设备的安装、工艺、选材符合国家及行业标准； （3）安装的受电容量与批准容量相符； （4）无功补偿设备能够正常投入运行； （5）计量装置的安装和配置正确、合理、可靠； （6）安全器具和消防器材的配备符合安全运行的要求； （7）高压设备的交接试验报告齐全准确； （8）继电保护装置经试验动作准确无误； （9）设备接地装置符合设计规程要求； （10）各种连锁、闭锁装置齐全可靠； （11）各种操动机构有效可靠； （12）电气设备外观清洁、充油设备不渗不漏，设备编号正确、醒目，设备负责人明确； （13）客户变电所模拟接线图板、设备编号规范，且与实际相符，模拟操动灵活、准确； （14）新装客户变电所必须配备合格的安全器具、测量仪器和消防器材； （15）建立本变电所倒闸操作、现场运行检修规程、各种运行记录和操作票、工作票，有完善的运行管理制度； （16）变电所内要备有一套全变电所设备技术资料和调试报告； （17）供电变电所的出线间隔、供电线路及客户受电工程的一、二次设备的命名正确无误，通信系统畅通； （18）作业电工具有《进网作业许可证》	送电前的验收检查。对竣工检验不合格的客户受（送）电工程，用电检查人员应当一次性提出书面意见，填写《客户电气装置及运行管理缺陷通知单》，要求客户进行整改，直至检验合格为止

7. 签订供用电合同

签订供用电合同过程，如表1–10所示。

表1–10　　签订供用电合同过程

序号	项　目	内　　　容	说　　明
1	供用电合同的重要作用	（1）保证国家计划的实现； （2）维护正常的供用电秩序； （3）促进供用电双方改善经营管理； （4）维护供用电双方的合法权益	运用法律手段进行供用电管理

续表

<table>
<tr><th>序号</th><th>项　目</th><th colspan="2">内　　容</th><th>说　明</th></tr>
<tr><td>2</td><td>供用电合同主要条款</td><td colspan="2">（1）供电方式、供电质量和供电时间；
（2）用电容量、用电地址和用电性质；
（3）计量方式和电价、电费结算方式；
（4）供用电设施维护责任的划分；
（5）供用电合同的有效期；
（6）违约责任；
（7）双方共同认为应当遵守的其他条款</td><td></td></tr>
<tr><td>3</td><td>供用电合同主要类别</td><td colspan="2">（1）高压供用电合同；
（2）低压供用电合同；
（3）临时供用电合同；
（4）趸售电合同；
（5）居民供用电合同；
（6）特殊供用电合同</td><td></td></tr>
<tr><td>4</td><td>供用电合同的编号</td><td colspan="2">供用电合同的编号规则由电网公司统一制定</td><td></td></tr>
<tr><td rowspan="4">5</td><td rowspan="4">供用电合同的签订内容</td><td>违约责任</td><td>（1）用电人延期支付电费；
（2）用电人违约用电；
（3）供电人违约供电</td><td></td></tr>
<tr><td>合同争议</td><td>（1）计量争议；
（2）价格争议；
（3）违约用电争议</td><td>按部颁《供电营业规则》有关条款处理</td></tr>
<tr><td>合同变更</td><td>（1）个别条款变更；
（2）多项条款变更</td><td></td></tr>
<tr><td>合同终止</td><td>（1）用电人依法破产；
（2）被工商部门注销；
（3）在交清电费及其他欠费后，申请销户；
（4）供电人依法销户</td><td></td></tr>
<tr><td rowspan="3">6</td><td rowspan="3">供用电合同管理</td><td>妥善保管</td><td>签好的供用电合同，供用电双方应各执一份。营业部门应将供用电合同作为一项重要的客户资料加以保存。建有户务资料袋并将供用电合同与其他资料一起编排目录作为客户档案保管备查</td><td></td></tr>
<tr><td>及时修改</td><td>随着客户申请变更用电业务事项，供用电双方必须及时协商修改有关的合同内容，以保证其完整性，以便于双方共同执行</td><td></td></tr>
<tr><td>内外相符</td><td>供用电合同与账、卡资料记录相符。对客户坚持调查核实的方法，确保供用电合同内容与客户用电实际相符</td><td></td></tr>
</table>

8. 装表接电、资料存档和送电

客户受（送）电工程竣工验收合格后，用电检查人员应通知计量部门进行装表接电，对较大客户及高压供电客户，组织供电企业有关职能部门，对客户工程送电。安装施工部门，应当在客户受电设备运行 24h 后，移交由客户负责运行管理。至此，一个新的用电客户就产生了。

送电的条件和要求，如表 1–11 所示。

表 1–11　送电的条件和要求

序号	项　　目	内　　容
1	接电前应具备的条件	（1）新建的外部供电工程已验收合格； （2）客户送（受）电工程已验收合格； （3）工程款及其他费用结清； （4）供用电合同及有关协议都已签订； （5）电能计量装置已验收安装合格； （6）客户电气工作人员考试合格并取得证件； （7）客户安全运行规章制度已经建立
2	资料存档	（1）客户新装、增容用电或变更用电说明书； （2）客户用电设备登记表； （3）供电方案通知书及相关的答复客户通知单等资料； （4）业扩工程资料审查意见书； （5）客户外（内）部工程设计、施工委托单； （6）电气设备安装工程竣工报告单； （7）客户电气设施检查缺陷通知单； （8）供用电合同； （9）用电工作票； （10）客户户务档案目录； （11）客户用电申请、业扩、包装接电的台账报表等数据

9. 业务扩充流程中用电检查员的工作职责

在业务扩充流程中，用电检查员的工作职责，如表 1–12 所示。

表 1–12　用电检查员在业务扩充流程中的工作职责

序号	业务	项　　目	用电检查员工作职责
1	高压用户新装或增容	供电方案申请资料、执行电价	从业务规章角度提出意见或建议送达工询部门
		受电变电所设计方案	审核并提出一次性书面意见反馈至用户
		受电变电所施工设计	审核并提出一次性书面意见反馈至用户

续表

序号	业务	项　　目	用电检查员工作职责
1	高压用户新装或增容	受电变电所修改后施工设计	（1）接受设计文件提请设计部门进行供电工程设计； （2）掌握受电变电所施工的进度和中间环节以便及时进行检验
		供电工程设计完工	掌握设计完工时间
		已收供电工程费	（1）向工程部门提请供电工程施工； （2）向继电保护或调度部门提请供电电源断路器及受电变电所受电断路器继电保护和自动装置整定； （3）向计量设备管理部门提请需用量电设备准备
		继保自动装置整定书	向继电保护专职部门提请执行继保自动装置定值
		需用量电设备已置备	（1）向装表接电部门提请计量装置安装； （2）编制受电变电所送电启动方案送交调度部门、运行部门、技术主管部门； （3）草拟供用电合同并经过意见反馈后形成正本； （4）与用户签订供用电合同； （5）向调度部门提请对受电变电所送电
		调度部门已确定受电变电所及供电线路的电系编号、名称	将确定的受电变电所及供电线路的电系编号、名称通知用户
		受电变电所安装工程竣工	接受竣工报告，实施竣工检验
		供电工程完工	掌握完工时间
		继保自动装置校验报告完成	审阅并校核报告
		电能计量装置安装完工	（1）审阅装工单； （2）组织对受电变电所送电； （3）提请营业部门电费结算； （4）建立用户档案
2	低压用户新装或增容	营业部门已提交现场查勘单、供电答复、执行电价制度	（1）现场查勘受电装置场所，指定需置备的计量箱（柜）及安装位置； （2）向设计部门提供供电工程设计（有工程时）
		用户已报装	现场检验受电装置和计量装置，提请工程部门施工
		供电工程完工	向装表接电部门提请量电表计安装及接电
		装表接电完毕	（1）审核装表接电装工单； （2）将已送电信息传送至营业部门，提请电费结算； （3）将新增电力用户已送电信息传送至调度部门

二、售后服务

送电之后的服务均属于售后服务。应该指出：用电检查工作长期而艰巨的任务是售后服务。

1. 日常检查

用电检查员的日常检查工作是对供电营业区内电力客户设备状况、运行管理及电力使用情况进行定期或不定期的安全检查。

（1）定期检查的内容和周期，如表 1–13 所示。

表 1–13　　定期检查的内容和周期

序号	项目	内　　容
1	定期检查周期	（1）35kV 及以上电压等级的客户，至少每 6 个月检查 1 次； （2）高压（高供高计）客户，至少每 12 个月检查 1 次； （3）50kW（kVA）及以上客户（不含高供高计）至少每 24 个月检查 1 次； （4）50kW（kVA）及以下客户（含居民客户）至少每 36 个月检查 1 次； （5）对于居民客户，日常用电检查工作可由营业站负责，日常用电营业资料可视为客户基础资料，用电检查部门负责专业职能管理； （6）对重要客户，各供电公司可酌情缩短用电检查周期
2	定期检查内容	（1）核对客户基本情况。重点核对客户户名、地址、主管单位、联系人、用电负责人、电话、邮政编码、售电电源、设备编号、电气设备的主接线、主要设备参数；非并网自备电源的连接、容量等情况；生产班次、生产工艺流程、负荷构成和负荷变化情况； （2）检查客户用电设备安全运行情况，检查防雷设备和接地系统是否符合要求； （3）检查客户电气设备的各种连锁装置的可靠性和防止反送电的安全措施； （4）检查客户继电保护和自动装置周期效验情况和高压电器设备的周期试验情况； （5）检查客户操作电源系统的完好性； （6）检查《供用电合同》及有关协议履行和变更情况； （7）检查客户有无违章用电和窃电行为； （8）检查电能计量装置及运行情况，检查计量配置是否合理； （9）检查受电端电能质量，针对冲击性、非线性、非对称负荷，采取相应监测、治理措施； （10）检查客户无功补偿设备投运情况和功率因数情况，督促客户达到国标规定功率因数标准； （11）督促客户对国家明令淘汰的设备和小于电网短路容量要求的设备进行更新改造； （12）检查变电所（站）内各种规章制度及管理运行制度的执行情况； （13）检查客户变电所（站）安全防护措施落实情况； （14）检查客户反事故措施落实情况； （15）复核上次检查时发现客户设备缺陷的处理情况和其他需要采取改进措施的落实情况； （16）检查进网作业电工的资格，进网作业安全状况及作业安全措施； （17）法律规定的其他检查

（2）专项检查内容，如表 1–14 所示。

表 1–14　　专项检查内容

序号	项　目	内　　容
1	保电检查	各级政府组织的大型政治活动、集会、庆祝、娱乐等活动及其他大型专项工作安排的活动，须确保供电的，应对相应范围客户进行专门用电检查
2	季节性检查	按每年季节性的变化，对客户设备进行安全检查
3	事故性检查	客户发生电气事故后，除进行事故调查分析汇报外，还要对客户设备进行一次全面系统的检查
4	工程检查	系统变更、改造过程中，检查客户受（送）电装置工程施工是否符合国家和电力行业施工规范，是否符合并网所需的安全、计量、调度等管理要求
5	经营性检查	当电费均价、线损、功率因数、分类用电比率等出现大的波动或异常时，配合其他有关部门进行现场检查
6	营业普查	组织有关部门集中一段时间在较大的范围内核对供电营业基础资料，对客户履行供用电合同的情况及有无违章用电、窃电行为进行检查

（3）日常检查内容，如表 1–15 所示。

表 1–15　　日常检查内容

序号	项目	内　　容		说　　明
1	主要设备检查	高压计量客户	高压断路器、隔离开关、变压器、高低压开关柜、高低压母线、高压电机、计量装置、保护装置、集中控制装置、指示仪表、消防器材、绝缘工具等	检查结果填入《高压用电检查工作单》
		低压计量客户	熔断器、变压器、低压开关、低压开关柜、母线、计量装置、指示仪表、消防器材、绝缘工具等	检查结果填入《低压用电检查工作单》
		设备外观及运行状况是否良好，带电设备运行是否符合安全要求，设备维护工作是否正常开展等		
2	大中型电力客户的例行安全检查	（1）检查受电变电所一、二次设备，变电所建筑及备用电源、并网电源的安全状况及变动情况； （2）查阅运行记录（运行日志、抄表记录、工作票、操作票）数据及完善性，从中了解用电情况及运行管理情况； （3）检查用电计量装置、电力负荷控制装置，比较计量装置记录电量与用电情况是否相符； （4）检查安全用具、防火器具完好，规范放置； （5）督促受电装置、安全用具按规定周期试验、校验、检修、更新； （6）了解客户用电负荷发展趋势和用电设备变动情况，当客户有新增对电能质量及供电可靠性有影响的大型设备时，通过验算和检测，督促客户采取措施消除影响； （7）了解供电质量，听取并处理客户对供电质量和供电服务的意见和建议； （8）对检查出的问题进行指导、帮助整理或进行业务处理		

续表

序号	项目		内　容	说　明
3	雷雨季节前的安全检查	变电所建筑物	（1）检查百叶窗是否完好，应能够防大风雨侵入； （2）检查门窗缝隙、电缆沟孔洞及护网，网眼不大于10mm×10mm； （3）检查屋顶天沟及室外场地下水道应无堵塞； （4）检查室内走廊、室外通道应畅通	防雨、防汛、防小动物
		防雷	（1）检查变电所、车间、仓库等场所避雷针、避雷带及防雷接地引线； （2）检测危险品仓库的接地电阻； （3）对于冬季已停役的避雷器重新投运后要进行预防性试验	
		电气设备防湿热	（1）督促清扫变配电所设备及线路设备，重点是绝缘部件； （2）在湿热严重的天气进行夜间熄灯巡视检查，查看是否有外绝缘放电现象； （3）检查变配电设备满负荷、过负荷情况，适时提出限制负荷或改进设备的建议； （4）通过示温蜡片或红外测温仪检查各导体连接处的发热状况； （5）检查变压器的有载分接调压开关、油断路器等带负荷的操作次数是否达到规定，如开断过短路电流应进行油检； （6）督促重要客户、大用电量客户按周期进行预防性试验	迎高温、高峰负荷
		变配电所车间仓库施工工地及重要公共场所	（1）检查电气设备外壳接地或保护接地系统是否完好； （2）检查三眼、四眼插座使其正确规范保护接地； （3）检查特别潮湿、危险的工作场所是否采用相应等级的安全电压供电； （4）查看移动电具定期绝缘检测记录以及保护线与金属外壳连接完好； （5）检查使用电钻类移动电具是否按规定佩戴绝缘手套； （6）拆除不符合规范的、不安全的临时线路； （7）检查金属构件、墙面等有无漏电现象； （8）检查架空线路、户外变电所设施附近有无树枝碰线或高处落物等可能危险，近海地区特别注意大风的影响； （9）帮助缺乏安全用电管理的单位建立相适应的安全用电管理规程	防人身触电

（4）日常检查工作流程，如图 1–2 所示。

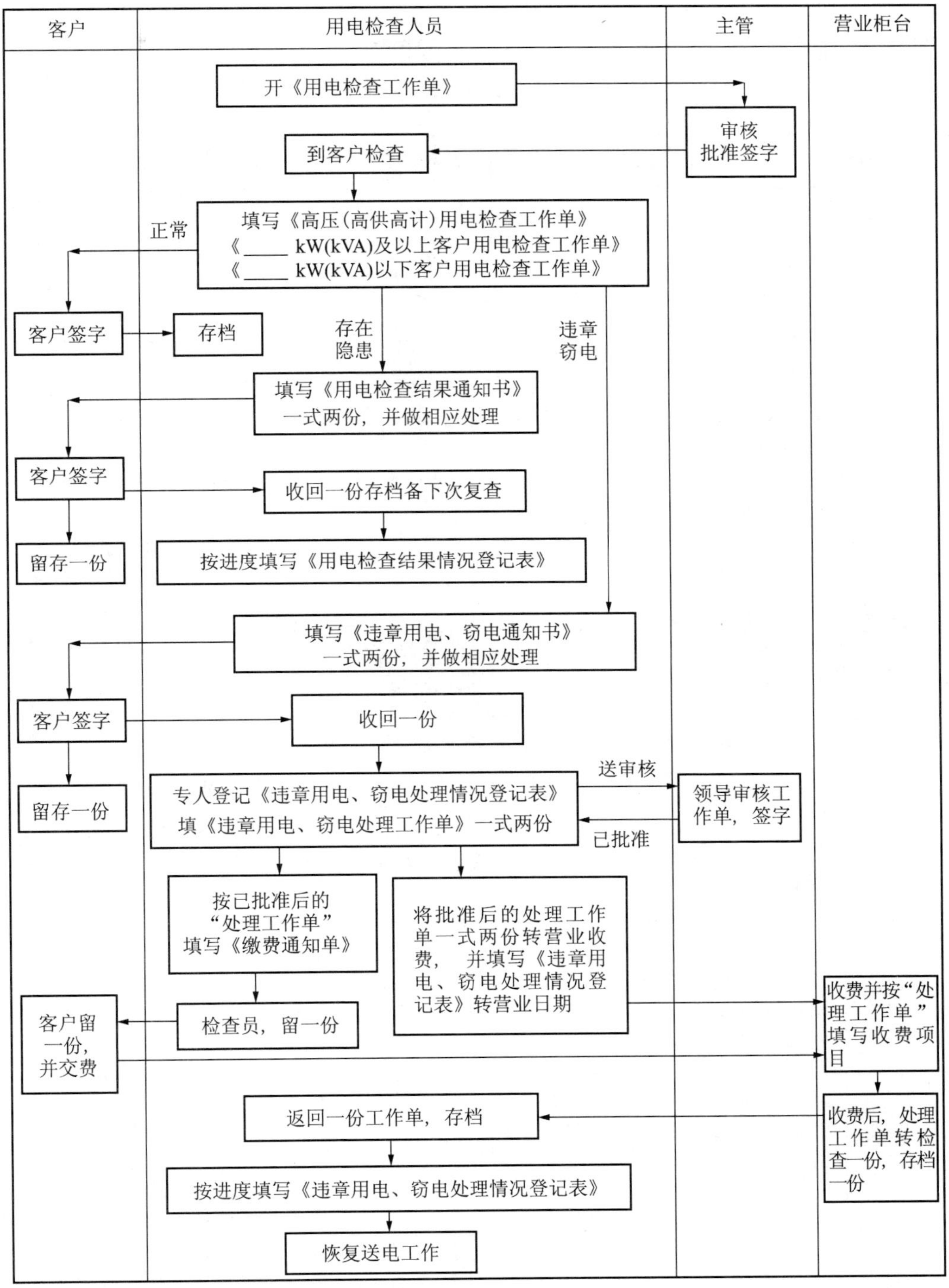

图 1–2　用电检查工作日常检查流程图

2. 变更用电检查

（1）变更用电业务的基本种类。

变更用电是指客户在不增加用电容量和供电回路的情况下，由于自身经营、生产、建设、生活等变化向供电企业申请，要求改变原《供用电合同》中所约定的用电事宜。

变更用电业务的基本种类及内容，如表 1–16 所示。

表 1–16　　变更用电业务的基本种类及内容

<table>
<tr><th>序号</th><th>种类</th><th colspan="2">内　　容</th><th>说　明</th></tr>
<tr><td>1</td><td>减容</td><td colspan="2">减容是指客户在正式用电后，由于生产经营情况发生变化，考虑到原用电容量过大，不能全部利用，为了减少基本电费的支出或节能的需要，提出减少供用电合同规定的用电容量</td><td>减容须在 5 天前向供电企业提出申请</td></tr>
<tr><td>2</td><td>迁址</td><td colspan="2">客户正式用电后，由于生产、经营原因或市政规划，需将原用电的受电装置迁移他处</td><td>迁址须在 5 天前提出申请</td></tr>
<tr><td rowspan="3">3</td><td rowspan="3">改变供电点</td><td>公用线路供电的高压客户，受电电压同级的供电线路就是该客户的供电点</td><td rowspan="3">客户申请改变供电点或迁移用电地址时引起供电点的改变，供电企业依据部颁《供电营业规则》的规定按业扩报装工作有关程序办理，按新装客户对待</td><td rowspan="3">供电点是指客户受电装置接入供电网的位置，即受电电压同级的供电线路或该线路供电的变（配）电站和直供的发电厂</td></tr>
<tr><td>专线供电的客户，专用线供电的变电所就是该专线客户的供电点</td></tr>
<tr><td>低压供电的客户，低压供电的配电变压器就是该客户的供电点</td></tr>
<tr><td>4</td><td>改压</td><td colspan="2">客户正式用电后，由于客户原因需要在原用电地址改变供电电压等级</td><td>改变供电电压等级</td></tr>
<tr><td>5</td><td>暂停</td><td colspan="2">客户在正式用电以后，由于生产、经营情况发生变化，需要临时变更或设备检修或季节性用电等原因，为了节省和减少电费支出，需要短时间内停止使用部分或全部用电设备容量</td><td>暂停用电须在 5 天前提出申请</td></tr>
<tr><td>6</td><td>暂换</td><td colspan="2">客户运行中的受电变压器发生故障或计划检修，无相同容量变压器可以替代，需要临时更换大容量变压器代替运行</td><td>临时更换大容量变压器</td></tr>
<tr><td rowspan="2">7</td><td rowspan="2">更名或过户</td><td>更名：原户不变而是变更企业、单位名称</td><td rowspan="2">客户依法变更名称或居民客户房屋变更户主名称</td><td rowspan="2">改变客户名称</td></tr>
<tr><td>过户：原户迁出，新户迁入，改变了用电单位或用电代表</td></tr>
<tr><td>8</td><td>移表</td><td colspan="2">客户在原用电地址内，因修缮房屋、变（配）电室改造或其他原因，需要移动用电计量装置安装位置</td><td>移动用电计量装置安装位置</td></tr>
</table>

续表

序号	种类	内　　容	说　明
9	暂拆	客户因修缮房屋或其他原因需要暂时停止用电并拆表	暂时停止用电并拆表
10	调整光力比	调整光力比：指供电企业根据客户原不同用电类别的受电设备容量，或客户在原报装容量内新增用电类别的受电设备容量，对原用电类别比例定量作相应的调整或改用装表形式计费	客户在总用电计量装置内，按不同电价类别分算计价称为用电类别比例
11	部分撤销	客户因某种原因在原用电地址停止部分用电设备的报装容量	部分撤销用电容量
12	改类	客户在正式用电后，由于生产、经营情况及电力用途发生变化而引起用电电价类别的改变	改变用电类别
13	分户	原客户由于生产、经营或改制方面的原因，由一个电力计费客户分裂为两个及以上的电力计费客户	
14	并户	客户在用电过程中，由于生产、经营或改制方面的原因，由两个及以上电力计费客户合并为一个电力计费客户	
15	销户	客户由于合同到期终止供电、企业破产终止供电、供电企业强制终止客户用电的业务，即供用电双方解除供用电关系	终止用电

（2）变更用电检查。

供电营业厅在受理客户变更用电的有关业务后，需要用电检查人员前往现场开展工作，在变更用电业务流程中，用电检查员的职责工作内容如表1–17所示。

表1–17　用电检查员在变更用电检查业务流程中的职责工作内容

序号	业务	项　　目	用电检查员工作
1	改压	用户改压	（1）新供电电压用户办理新装； （2）原供电电压用户办理销户
2	减容	减容、暂减或永久性减容	（1）现场查看减容后的调小变压器容量的技术数据，协商减容工程施工日期； （2）对35kV级以上桥式接线及单台变压器需提请继保部门，更改受电变电所的受电断路器的继电保护整定
		继电保护整定书	（1）提请执行新的整定值并配合减容工程校验； （2）提请装表接电部门调小量电电流互感器

续表

序号	业务	项　　目	用电检查员工作
2	减容	继电保护部门校验报告	（1）审阅并校验继保部门的报告和装工单； （2）传送减容信息，提请营业部门更改电费结算； （3）用户档案相关资料更改； （4）永久性减容更改变更用电业务合同中有关条款
		暂减后恢复原容量	重复减容工作程序。恢复原容量时的继电保护整定值，量电设备规格及电费结算事宜
3	暂换	暂换容量	现场检查暂换受电变压器容量，提请营业部门更改电费结算相关事宜
		恢复原容量	重复暂换工作程序，提请营业部门恢复原电费结算
4	暂拆	低压用户申请暂拆	现场确定拆表日期，提请装表接电部门拆表断电
		已拆表、断电	提请营业部门按暂拆电费结算
		复装	现场检验受电设施及计量装置，提请装表接电
		已装表接电	审核装工单，传送已复装信息，提请电费结算
5	暂停	暂停受电设备容量，暂停日期	现场封存暂停受电设备，提请更改电费结算
		恢复原容量日期	现场对暂停用电设备解封，提请恢复原电费结算
6	改类	改变用电类别，执行电价制度	（1）现场确定电能计量装置改装日期，指定改用计量箱型号； （2）提请装表接电部门进行电能计量装置改装
		电能计量装置改装完工	（1）审阅装工单，提请更改电费结算有关事项； （2）更改用户档案有关资料
7	更名	新户名开户、更改户名、过户、分户、并户	（1）签订《供用电合同》并告知调度部门； （2）更名只需修改原合同一方主体名称
8	移表	用户移表	现场检验电能计量装置安装位置，确定移表日期
9	迁址	用户迁址	原址按用户销户办理，新址按用户新装办理
10	销户	终止用电	（1）现场检查量电装置完整，确定拆表断电日期； （2）提请装表接电部门拆表（含附件）、断电； （3）高压用户拆表断电须提请调度部门
		已拆表断电	（1）提请营业部门立即进行最后一次电费结算； （2）提请运行部门拆除空置线路； （3）用户档案销毁（可暂存一定日期）

3. 事故处理

客户在用电过程中发生以下事故的，应立即向供电企业调度部门和用电检查部门报告。

事故报告，如表 1–18 所示。

表 1–18　　　　　　　　事　故　报　告

序号	1	2	3	4	5	6
事故	人身触电伤亡事故	导致电力系统停电事故	专线客户跳闸或全部停电事故	电气火灾	重要或大型设备损坏	客户向电力系统倒送电

用电检查人员在接到客户用电事故报告后，应尽快赶赴现场，按照事故处理“四不放过”的原则，即：① 事故原因不清楚不放过；② 事故责任者和应受教育者没有受到教育不放过；③ 没有采取防范措施不放过；④ 事故责任人没有得到处理不放过。帮助客户对事故情况进行分析、排查，在确认事故排除并修复或拆除损坏设备后，方可恢复用电。

协助客户做好反事故的措施，客户对事故发生的原因、经过及所采取的相应措施，应书面报告供电企业。如果发生因客户原因造成供电企业对外停电的，该客户应当承担赔偿责任。

事故赔偿责任，如表 1–19 所示。

表 1–19　　　　　　　　事 故 赔 偿 责 任

序号	原　　因	赔　　偿	说　　明
1	由于供电企业电力运行造成客户停电	客户可获得在停电时间内可能用电量的电度电费 5 倍赔偿（单一制电价客户可获得 4 倍）	可能用电量按客户正常用电的每小时平均电量乘以停电时间计算
2	由于客户责任造成供电企业对外停电	客户按照供电企业对外停电时间的少供电量进行赔偿	赔偿金额按照上月平均销售电价乘以少供电量计算
3	因客户过错造成其他客户损害的	过错客户承担受害客户的赔偿责任	受害客户提出赔偿
4	虽客户过错，但供电企业责任使事故扩大	供电企业承担扩大部分所造成其他客户损害的赔偿责任	
5	合同中订有电压质量条款供电电压，超出规定变动幅度给客户造成损失	客户用电功率因数达到规定标准，供电企业按用户在电压不合格期间的累积电量，乘以当月用电平的均电价 20%给予赔偿	超出允许变动幅度的时间，以电压自动记录仪表为准
		客户用电功率因数未达到规定标准，供电企业不负责赔偿	由其他用户引起的电压不合格，供电企业不负责赔偿
6	供电频率超出允许偏差给客户造成损失	供电企业按用户在频率不合格期间的累积电量，乘以当月用电的平均电价 20%给予赔偿	超出允许偏差的时间以频率自动记录仪表为准

根据部颁《居民家用电器损坏处理办法》规定，供电企业在接到居民用户家用电器损坏报告时，应在24h内派员赴现场进行调查、核实。在220/380V供电线路上，如发生表1–20之中任何一种电力运行事故使得客户家用电器损坏，用电检查人员应会同居委会，对居民用户损坏的家用电器进行逐项登记，并根据部颁《居民家用电器损坏处理办法》第十条规定进行赔偿处理。

表1–20　220/380V供电线路发生电力运行事故类型

序号	1	2	3	4	5
事故	相线与零线接错或三相相序接反	零线断线	相线与零线互碰	供电企业的高压线路导线掉落碰线	供电企业高电压线路放电

如居民电器损坏日期已超过7日的，则不予赔偿。

4.《供用电合同》执行情况检查

供电企业在与客户签订《供用电合同》后，用电检查人员应结合日常工作，对客户履行供用电合同的情况进行检查，主要是查客户有无违反《供用电合同》有关条款的行为，如有则应按双方约定的违约条款进行处理，并负责到期合同的续签工作。

《供用电合同》执行情况检查内容，如表1–21所示。

表1–21　《供用电合同》执行情况检查内容

序号	内　　容
1	检查用电客户实际使用容量是否与合同容量相符，用电客户有无私自增容的情况
2	检查双电源用电客户的运行方式，是否将冷备用变压器私自转为热备用
3	检查用电客户用电性质是否与合同相符
4	检查用电客户电价执行是否正确，各类用电量（或比例）是否变化
5	检查用电客户计量装置计量是否正确
6	检查双方约定的特殊条款
7	检查用电客户是否按合同规定交纳电费，如未交纳应协助催收

5. 客户投诉处理

用电检查部门要设立监督举报电话，在接到客户对供电质量、服务质量的投诉后，应该认真记录，并查找相关的证据。如确因供电企业内部原因造成的，应该查明原因，主动上门向客户做好解释工作，如给客户造成损失的，应该按规定赔偿。接到举报电话后，用电检查人员应该遵守保密制度，立即派员前往检查，对查实的举报案件，按照有关规定兑现奖励。

6. 技术服务

向客户提供技术支持服务是用电检查工作售后服务的一个重要内容，其中包括：客户电气设备的试验、维护检修，客户自备电源的管理。

对客户电气设备的预防性试验及周期检修试验的试验报告进行审核，包括绝缘工器具的试验报告，对检查中发现的安全隐患应告知客户进行改造，并及时书面汇报电力管理部门。如客户在技术力量上存在困难的，用电检查人员应积极帮助客户联系有技术力量和相应资质的单位帮助改造。对客户由于自身力量缺乏，要求委托供电企业对其线路（专线）、设备等进行维护的，应要求客户与供电企业签订《委托技术服务协议》，明确委托的范围、项目及收费标准、责任的承担内容，此协议书作为《供用电合同》的一部分。

7. 自备电源管理

客户不并网自备发电机的运行情况直接影响电网及客户的设备和人身安全，因此，向客户提供技术支持服务也包括对客户不并网自备发电机的管理。客户安装自备发电机，一般应作为保安电源使用。当客户需要安装自备发电机，应由客户向供电企业提出，由用电检查人员赴现场查勘同意后，并应该符合表 1–22 中所列安装条件和技术条件，方可以安装。

表 1–22　　自备电源的安装条件和技术条件

安装条件	技术条件
（1）当电力系统故障造成供电中断时，仍需保证供电； （2）客户自备电源比从电力系统提供备用电源更经济合理； （3）农村客户和低压供电客户一般不安装	（1）自备电源与电网电源有可靠的连锁装置，保证不向电网倒送电； （2）自备电源与电网电源之间只能有一个切换点； （3）自备发电机有独立的配电房； （4）自备发电机由持证电工专人操作和维护； （5）自备电源线路与电网电源线路不可同杆架设或交叉跨越

用电检查人员在检验合格后，应与客户签订《自备发电机协议》，颁发《自备发电机许可证》，就发电机的供电范围、维护管理责任及安全操作和使用条件达成一致。

对有并网电源的客户，用电检查人员要组织有关部门对其并网方案进行论证确定，对并网设备的安装进行验收检查和并网工作。经与客户协商，就并网的运行方式、并网操作程序、调度管理范围以及通信系统和上网电价等达成一致，组织签订《并网经济协议》和《并网调度协议》。

8. 营业普查

营业普查工作是电力营销工作的基础工作之一，是供电企业通过采取集中检查力量和时间，在较大范围内对客户基本用电情况进行复核的一种手段。通过营业普查可以及时地了解客户用电负荷的变化情况，可以了解客户用电安全情况，发现电力营销过程中的一些差错情况，完善客户基础资料的管理。开展营业普查的方法可以是多样的，可以采用自查、互查相结合的形式，也可以是各供电营业所之间的互查形式，每次的营业普查工作都应该确定检查的重点项目和重点对象，因此营业普查的主要内容如表 1–23 所示。

表 1–23　　营业普查的主要内容

序号	1	2	3	4
内容	客户现场资料数据与档案记录是否相符	计量装置完好、正确与否	客户有无违约用电、窃电行为	客户的用电安全情况

第四节　用电检查程序和纪律

一、用电检查程序

用电检查程序的合法化，是用电检查工作正常开展的前提和保证。用电检查人员在赴客户现场进行工作时，应按规定的程序进行，用电检查人员必须持有被检查客户供电电压相应等级的《用电检查证》，尤其是在查窃电及违约用电的过程中，检查程序必须合法。根据部颁《用电检查管理办法》中规定，用电检查的程序如表 1–24 所示。现场检查确认有危害供用电安全或扰乱供用电秩序行为的，用电检查人员应按表 1–25 规定，在现场予以制止。在查窃电中，应着重对计量装置进行检查，计量装置的检查重点列于表 1–26。

表 1–24　　用电检查程序

序号	程　　序
1	供电企业用电检查人员实施现场检查时，用电检查员的人数不得少于两人
2	执行用电检查任务前，用电检查人员应按规定填写《用电检查工作单》，经审核批准后，方能对客户执行查电任务
3	用电检查人员在执行查电任务时，应向被检查的客户出示《用电检查证》，客户不得拒绝检查，并应派员随同配合检查
4	查电工作终结后，用电检查人员应将《用电检查工作单》交回存档。《用电检查工作单》内容应包括：用户单位名称、用电检查人员姓名、检查项目及内容、检查日期、检查结果，以及客户代表签字等栏目

续表

序号	程序
5	经现场检查确认用户的设备状况、电工作业行为、运行管理等方面有不符合安全规定的，或者在电力使用上有明显违反国家有关规定的，用电检查人员应开具《用电检查结果通知书》或《违约用电处理工作单》、《窃电处理工作单》，一式两份，一份送达客户并由客户代表签收，一份存档备查。 （1）确认客户有违约用电行为的，应开具《违约用电处理工作单》，记录违约用电内容； （2）发现客户有窃电行为，应现场开具《窃电处理工作单》，记录现场查获情况
6	现场检查确认有危害供用电安全或扰乱供用电秩序行为的，用电检查人员应按表1–25规定，在现场予以制止。拒绝接受供电企业按规定处理的，可按国家规定的程序停止供电，并请求电力管理部门依法处理，或向司法机关起诉，依法追究其法律责任
7	现场检查确认有窃电行为的，用电检查人员应当场予以中止供电，制止其侵害，并按规定追补电费和加收电费。拒绝接受处理的，应向单位领导汇报并报请电力管理部门依法给予行政处罚；情节严重，违反治安管理处罚规定的，由公安机关依法予以治安处罚；构成犯罪的，由司法机关依法追究刑事责任。在查窃电中，应重点对计量装置进行检查，计量装置的检查重点列于表1–26

表1–25　按规定制止危害供用电安全或扰乱供用电秩序的行为

序号	危害安全或扰乱秩序的行为	按规定在现场予以制止
1	在电价低的供电线路上，擅自接用电价高的用电设备或擅自改变用电类别用电	责成客户拆除擅自接用的用电设备或改正其用电类别，停止侵害，并按规定追收其差额电费和加收电费
2	擅自超过注册或合同约定的容量用电	责成客户拆除或封存私增电力设备，停止侵害，并按规定追收基本电费和加收电费
3	超过计划分配的电力、电量指标用电	责成其停止超用，按国家有关规定限制其所用电力并扣还其超用电量或按规定加收电费
4	擅自使用已在供电企业办理暂停使用手续的电力设备，或启用已被供电企业封存的电力设备	再次封存该电力设备，制止其使用，并按规定追收基本电费和加收电费
5	擅自迁移、更动或操作供用电企业用电计量装置、电力负荷控制装置、供电设施，以及合同（协议）约定由供电企业调度范围的客户受电设备	责成其改正，并按规定加收电费
6	未经供电企业许可，擅自引入（或供出）电源或者将自备电源擅自并网	责成客户当即拆除接线，停止侵害，并按规定加收电费

表 1–26　　计量装置检查重点

序号	检查重点
1	检查计量柜、接线盒、电能表的封印是否完好及真假
2	检查表计外表是否完好、无损及有无异常
3	检查电流互感接线是否正确，二次接线端子螺丝有无松动。电压互感器熔丝是否熔断，连接线有无松动
4	检查接线盒、电能表与导线接触是否良好，有无短接线，电压挂钩是否松动
5	用秒表测算用电功率与指示功率或换算后的数据进行比较
6	检查有无计量装置前接线用电
7	检查电流互感器变比是否与台账登记值相一致
8	用计量装置检测仪检查电压、电流相位是否正确

二、用电检查纪律

用电检查纪律内容，如表 1–27 所示。

表 1–27　　用电检查纪律内容

序号	内容
1	用电检查人员应认真履行用电检查职责，赴客户执行用电检查任务时，应随身携带《用电检查证》，并按《用电检查工作单》规定项目和内容进行检查
2	用电检查人员在执行用电检查任务时，应遵守客户的保卫保密规定，不得在检查现场替代客户进行电工作业
3	用电检查人员必须遵纪守法，依法检查，廉洁奉公，不徇私舞弊，不以电谋私。违反本条规定者，依据有关规定给予经济的、行政的处分；构成犯罪的，依法追究其刑事责任

电　气　设　备

第一节　电力网与短路电流计算

一、电力系统组成

电力系统由电源、电力网和用户三大部分组成。电力系统及电力网，如图 2–1 所示。

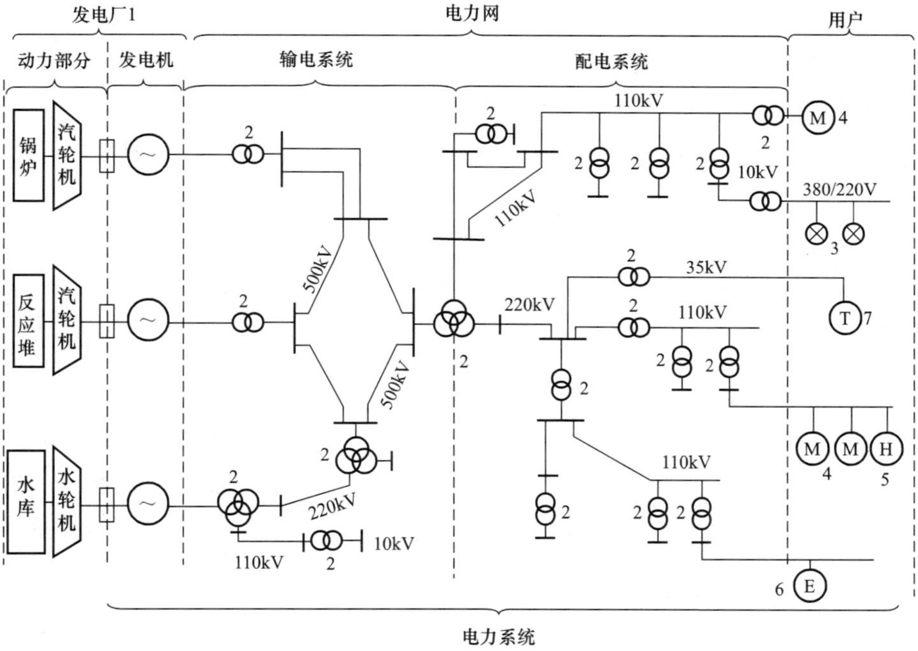

图 2–1　电力系统及电力网示意图

1—发电厂；2—变压器；3—电灯；4—电动机；5—电热设备；6—电解冶炼；7—电气化铁路

二、电网电压等级

电力网的电压等级，如表 2–1 所示。

表 2–1　　　　　　　　　　　　电力网的电压等级

电网电压等级（kV）			作　　用	送电容量（MW）	送电距离（km）
输电系统	超高压主网架	～500 ～330 ～220	把发电厂巨大的电力经长距离输送到负荷区域； 实现区域性电力系统（电力网）间的电力联络和互送	800～2000 200～1000 100～300	1000～400 600～200 300～100
配电系统	高压配电网	～35 ～110	实现下一级配电网络的电源间联络和负荷转移； 对大型客户及干扰源用户的供电	10～50 2～10	150～50 50～20
	中压配电网	～10 ～6 ～3	实现配电网络间的联络、负荷转移； 对中型客户的供电	0.2～2 0.1～1.2 0.1～1	20～6 15～4 3～1
	低压配电网～0.38		对小客户供电	＜0.1	＜0.6

三、中性点接地方式

1. 中性点接地方式

中性点接地方式分类如表 2–2 所示，其示意图如表 2–3 所示。

表 2–2　　　　　　　　　　　　中性点接地方式分类

序号	分　　类	接地方式
1	小电流接地方式（中性点非有效接地方式）	中性点不接地
		中性点经高电阻接地
		中性点经消弧线圈接地
2	大电流接地方式（中性点有效接地方式）	中性点直接接地
		中性点经小电抗接地
		中性点经低电阻接地

表 2–3　　　　　　　　　　　　中性点接地方式示意图

中性点不接地	中性点直接接地
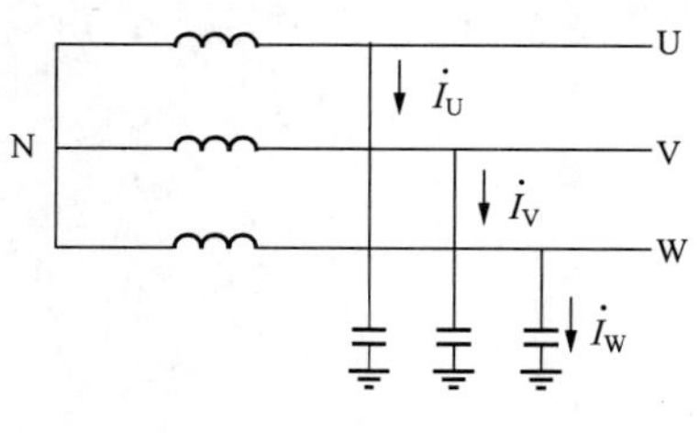	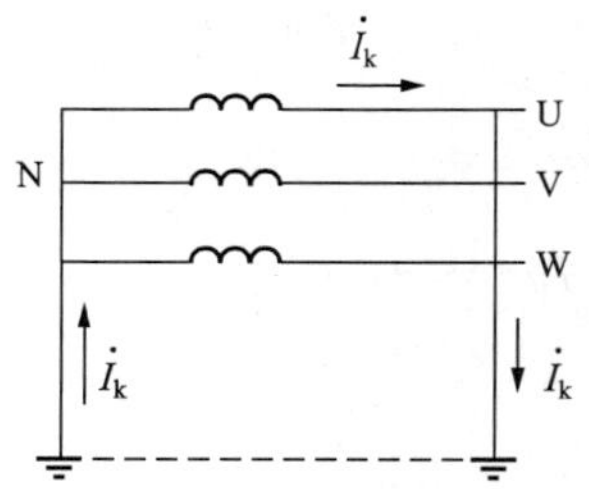

续表

中性点经消弧线圈接地	中性点经低电阻接地
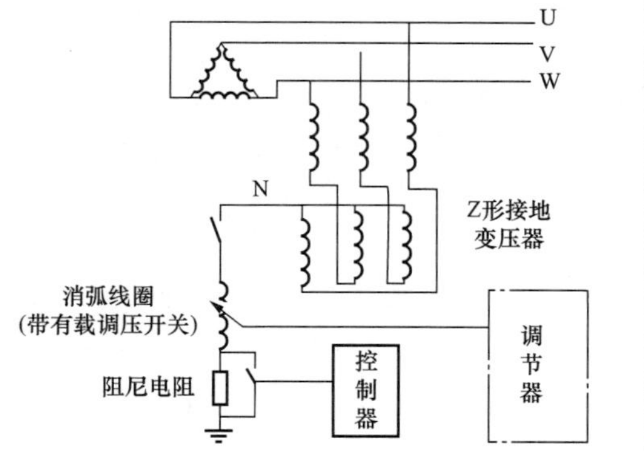	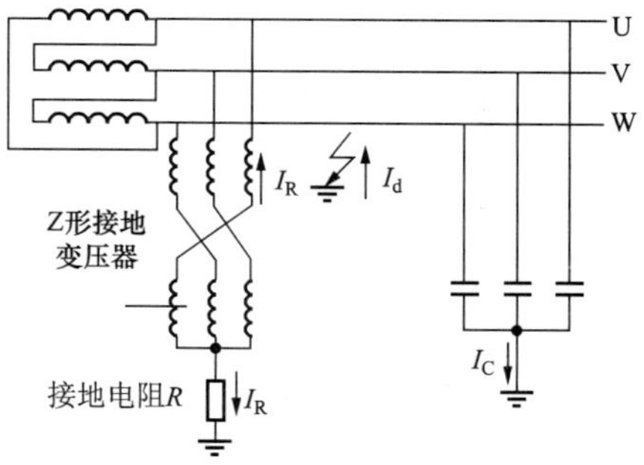

2. 各中性点接地方式综合比较

各中性点接地方式综合比较，如表 2–4 所示。

表 2–4　　各中性点接地方式综合比较

比较项目	中性点接地方式			
	不接地	经消弧线圈接地	经低电阻接地	直接接地
适用电网	3～10kV 配电网	35～66kV 电网；3～10kV 配电网	10kV 城市配电网	110kV 以上电网
单相接地电流	很小，为三相总对地电容电流	最小，但随脱谐度增大而增大	由低电阻值确定，一般为 100～400A	最大
单相接地非故障相对地电压	$\sqrt{3}U_{ph}$	$\sqrt{3}U_{ph}$（少见）	$(0.8\sim\sqrt{3})\,U_{ph}$	$<0.8U_{ph}$
发展为多重故障的可能性	线路长电容电流大，可能性大	可能由串联谐振引起多重故障	情况较好	几乎无
继电保护	实现有选择性的接地保护较困难	实现有选择性接地保护尤其困难	可以实现有选择性接地保护	可靠迅速实现有选择性接地保护
故障时对通信线路电磁干扰	小	小，但时间较长	大	大，但迅速切断时间短
变压器采用分级绝缘可能性	不可，绝缘水平高应采用全绝缘	一般不可，多采用全绝缘	一般不可，多采用全绝缘	可以采用分级绝缘

续表

比较项目	中性点接地方式			
	不接地	经消弧线圈接地	经低电阻接地	直接接地
高压电器绝缘（断路器、电缆、互感器等）	全绝缘	一般全绝缘，但电缆允许采用Ⅰ类绝缘*	一般全绝缘，但电力电缆允许采用Ⅰ类绝缘*	可降低20%
供电可靠性	较高	最高	较低	低
故障电流对人身安全的影响	小，持续时间长	最小	较大	大
中性点装置的费用	小	消弧线圈价格高	中性点电阻价格较高	接地网工程费用最大
避雷器灭弧电压	高100%～105%	高100%	高100%～105%	低80%

* 我国电力电缆标准中，芯线导体与金属外套（或屏蔽）间的绝缘水平划分为两类，Ⅰ类电缆的绝缘水平较低。

注 U_{ph} 表示相电压。

四、短路电流计算

1. 短路电流计算方法

常用短路电流计算方法及计算步骤，如表2–5所示。

表2–5　常用短路电流计算方法及计算步骤

计算方法	计算步骤
有名值法	（1）计算短路回路中各主要元件的阻抗； （2）绘短路回路的等效电路，按阻抗串并联求等效阻抗的方法化简电路，计算短路回路的总阻抗； （3）计算三相短路电流周期分量有效值及其他短路电流和三相短路容量； （4）列出短路计算表
标幺值法	（1）设定基准容量 S_B 和基准电压 U_B，计算短路点基准电流 I_B； （2）计算短路回路中各主要元件的电抗标幺值； （3）绘短路回路的等效电路，按阻抗串并联求等效阻抗的方法化简电路，计算短路回路的总电抗标幺值； （4）计算三相短路电流周期分量有效值及其他短路电流和三相短路容量； （5）列出短路计算表

2. 短路电流计算公式

短路电流计算公式及符号说明，如表 2–6 和表 2–7 所示。

表 2–6　　短路电流计算公式

所求物理量			计算公式：有名值法	计算公式：标幺值法
阻抗	电力系统		$X_S = U_{av}^2 / S_{oc}$	$X_S{*} = S_B / S_{oc}$
	线路		$R_L = R_0 l$，$X_L = X_0 l$	$X_L{*} = X_0 l S_B / U_B^2$
	变压器		$R_T = \Delta P_k (U_{av} / S_N)^2$ $X_T = [(U_k\%)/100] U_{av}^2 / S_N$	$X_T{*} = [(U_k\%)/100] S_B / S_N$
三相短路电流	周期分量		$I_k^{(3)} = U_{av} / (\sqrt{3} \lvert Z_\Sigma \rvert)$	$I_k^{(3)} = I_B / X_\Sigma{*}$
	其他分量		$I''^{(3)} = I_\infty^{(3)} = I_k^{(3)}$	同有名值法
	冲击电流	高压	$i_{ch} = 2.55 I''^{(3)}$，$I_{ch} = 1.52 I''^{(3)}$	同有名值法
		低压	$i_{ch} = 1.84 I''^{(3)}$，$I_{ch} = 1.09 I''^{(3)}$	同有名值法
三相短路容量			$S_k^{(3)} = \sqrt{3} U_{av} I_k^{(3)}$	$S_k^{(3)} = S_B / X_\Sigma{*}$
两相短路电流			$I_k^{(2)} = \dfrac{\sqrt{3}}{2} I_k^{(3)} = 0.866 I_k^{(3)}$	
单相短路电流			$I_k^{(1)} = \dfrac{3U_{ph}}{\lvert Z_{ph} \rvert}$，适用于低压配电网	

表 2–7　　表 2–6 中符号说明

序号	符号	说明	序号	符号	说明
1	U_{av}	短路计算点电网平均额定电压	8	S_{oc}	电力系统短路容量或出口断路器断流容量
2	R_0、X_0	线路单位长度电阻、电抗	9	S_N	变压器额定容量
3	ΔP_k $U_k\%$	变压器短路损耗、短路电压	10	$\lvert Z_\Sigma \rvert$	短路回路总阻抗为 $\sqrt{R_\Sigma^2 + X_\Sigma^2}$
4	S_B	基准容量，一般取100MVA	11	U_B	基准电压，取电网平均额定电压
5	I_B	基准电流为 $S_B / \sqrt{3} U_B$	12	$X_\Sigma{*}$	短路回路总电抗标幺值
6	I''	次暂态短路电流	13	I_∞	稳态短路电流
7	U_{ph}	相电压，一般取 230V	14	$\lvert Z_{ph} \rvert$	低压配电网单相短路计算阻抗

3. 标幺值法三相短路电流计算示例

标幺值法三相短路电流计算示例，如表 2–8 所示。

表 2–8　　　　标幺值法三相短路电流计算示例

短路计算要求		乡镇供电系统如下图所示，已知系统变电所出口断路器的断流容量为 500MVA，试求配电所 10kV 母线上 k1 点短路和某村配电所 380V 母线上 k2 短路时的 $I_k^{(3)}$、$I''^{(3)}$、$I_\infty^{(3)}$、$S_k^{(3)}$	
短路计算电路		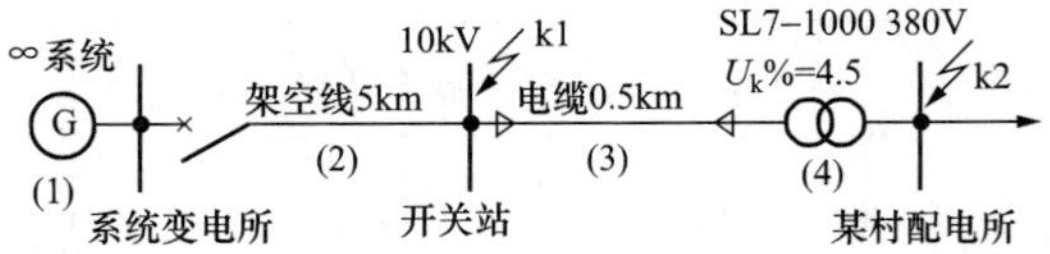	
短路等效电路		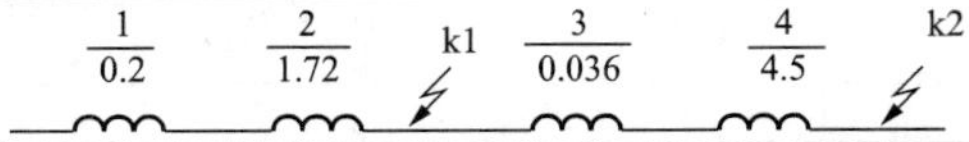	
序号	计　算　内　容		计　算　公　式
1	确定基准值	取 S_B 和 U_B	取 S_B=100MVA，$U_{B1}=10.5\,kV$，$U_{B2}=0.4\,kV$
		求 I_{B1}	$I_{B1}=100/(\sqrt{3}\times10.5)=5.50$（kA）
		求 I_{B2}	$I_{B2}=100/(\sqrt{3}\times0.4)=144$（kA）
2	计算电抗标幺值	电力系统的电抗	$X_1^*=100/500=0.2$
		架空线路的电抗	$X_2^*=0.38\times5\times100/10.5^2=1.72$
		电缆线路的电抗	$X_3^*=0.08\times0.5\times100/10.5^2=0.036$
		变压器的电抗	$X_4^*=(4.5/100)\times100000/1000=4.5$
		k1 点短路回路总电抗	$X_{\Sigma k1}^*=X_1^*+X_2^*=0.2+1.72=1.92$
		k2 点短路回路总电抗	$X_{\Sigma k2}^*=X_1^*+X_2^*+X_3^*+X_4^*=6.456$
3	k1 点短路电流和容量	三相短路电流 $I_{k1}^{(3)}$	$I_{k1}^{(3)}=I_{B1}/X_{\Sigma k1}^*=5.50/1.92=2.86$（kA）
		$I''^{(3)}$ 和 $I_\infty^{(3)}$	$I''^{(3)}=I_\infty^{(3)}=I_{k1}^{(3)}=2.86$（kA）
		i_{ch}	$i_{ch}=2.55\times2.86=7.29$（kA）
		I_{ch}	$I_{ch}=1.52\times2.86=4.35$（kA）
		三相短路容量 $S_{k1}^{(3)}$	$S_{k1}^{(3)}=S_B/X_{\Sigma k1}^*=100/1.92=52.1$（MVA）
4	k2 点短路电流和容量	三相短路电流 $I_{k2}^{(3)}$	$I_{k2}^{(3)}=I_{B2}/X_{\Sigma k2}^*=144/6.456=22.3$（kA）
		$I''^{(3)}$ 和 $I_\infty^{(3)}$	$I''^{(3)}=I_\infty^{(3)}=I_{k2}^{(3)}=22.3$（kA）
		i_{ch}	$i_{ch}=1.84\times22.3=41.0$（kA）
		I_{ch}	$I_{ch}=1.09\times22.3=24.3$（kA）
		三相短路容量 $S_{k2}^{(3)}$	$S_{k2}^{(3)}=S_B/X_{\Sigma k2}^*=100/6.456=15.5$（MVA）
5	列短路计算表		如表 2–9 所示

表 2-9　　三相短路计算表

短路点编号	短路点平均额定电压（kV）	三相短路电流（kA）					三相短路容量 S_k（MVA）
		$I_k^{(3)}$	$I''^{(3)}$	$I_\infty^{(3)}$	i_{ch}	I_{ch}	
k1	10.5	2.86	2.86	2.86	7.29	4.35	52.1
k2	0.4	22.3	22.3	22.3	41.0	24.3	15.5

4. 短路计算技术参数

短路计算技术参数，如表 2-10～表 2-15 所示。

表 2-10　　10～220kV 电压、电流、电抗基准值

序号	额定电压 U_N（kV）	基准电压 U_B（kV）	基准电流 I_B（kA）	基准电抗 X_B（Ω）
1	10	10.5	5.50	1.10
2	35	37	1.56	13.69
3	110	115	0.50	132.25
4	220	230	0.25	529.00

表 2-11　　10～220kV 电力系统标幺值

序号	额定电压（kV）	短路电流（kA）	短路容量（MVA）	系统电抗标幺值（S_B=100MVA）
1	10	16	276	0.3623
2	35	16	968	0.1033
3	110	20	3806	0.0262
4	220	40	15224	0.0066
5	220	50	19030	0.0052

表 2-12　　无限大容量电力系统电抗值

序号	出口断路器断流容量（MVA）	电力系统电抗值（Ω）			系统电抗标幺值（S_B=100MVA）
		37kV	10.5kV	0.4kV	
1	100	13.69	1.103	1.6×10^{-3}	1
2	200	6.845	0.551	8×10^{-4}	0.5

续表

序号	出口断路器断流容量（MVA）	电力系统电抗值（Ω）			系统电抗标幺值（S_B=100MVA）
		37kV	10.5kV	0.4kV	
3	250	5.476	0.441	6.4×10^{-4}	0.4
4	300	4.563	0.368	5.33×10^{-4}	0.333
5	350	3.911	0.315	4.57×10^{-4}	0.286
6	400	3.423	0.276	4×10^{-4}	0.25
7	500	2.738	0.221	3.2×10^{-4}	0.2
8	750	1.825	0.147	2.13×10^{-4}	0.133
9	1000	1.369	0.110	1.6×10^{-4}	0.1

表 2–13　　架空线路单位长度阻抗

序号	导线型号	电阻（Ω/km）	电抗（Ω / km）			
			0.4kV	6～10kV	35kV	110kV
1	TJ–10	1.84	0.381	0.438		
	TJ–16	1.20	0.36	0.417	0.47	
	TJ–25	0.74	0.345	0.402	0.456	
	TJ–35	0.54	0.336	0.392	0.445	
	TJ–50	0.39	0.324	0.381	0.434	
	TJ–70	0.28	0.312	0.370	0.423	
	TJ–95	0.20	0.393	0.360	0.413	
	TJ–120	0.158	0.295	0.353	0.406	
2	LJ–16	1.98	0.358	0.416		
	LJ–25	1.28	0.344	0.402		
	LJ–35	0.92	0.334	0.392		
	LJ–50	0.64	0.323	0.380		
	LJ–70	0.46	0.312	0.369		
	LJ–95	0.34	0.303	0.36		
	LJ–120	0.27	0.295	0.353		
3	LGJ–35	0.85			0.438	
	LGJ–50	0.65			0.429	
	LGJ–70	0.46		0.365	0.418	0.448
	LGJ–95	0.33		0.353	0.406	0.436
	LGJ–120	0.27		0.347	0.400	0.429
	LGJ–150	0.21		0.341	0.394	0.422
	LGJ–185	0.17		0.333	0.386	0.416
	LGJ–240	0.132		0.325	0.378	0.407
	LGJ–300	0.167			0.371	0.400
	LGJ–400	0.08			0.362	0.391

表 2–14 电缆线路单位长度电阻

序　　号	1	2	3	4	5	6	7
电缆截面（mm^2）	4	6	10	16	25	35	50
铜芯电缆（Ω/km）	4.6	3.07	1.84	1.15	0.74	0.53	0.37
铝芯电缆（Ω/km）	7.75	5.17	3.10	1.94	1.24	0.89	0.62
序　　号	8	9	10	11	12	13	14
电缆截面（mm^2）	70	95	120	150	185	240	
铜芯电缆（Ω/km）	0.26	0.19	0.15	0.12	0.10	0.08	
铝芯电缆（Ω/km）	0.44	0.33	0.26	0.21	0.17	0.13	

表 2–15 各种线路的单位长度平均电抗值

线路种类		单回线路单位长度平均电抗值（Ω / km）		
		正序电抗 X_1	负序电抗 X_2	零序电抗 X_0
无避雷线的架空线路	单回路 双回路	0.35（3～10kV 线路） 0.4（35～220kV 线路）	$X_2 = X_1$	$3.5X_1$ $5.5X_1$
有钢质避雷线的架空线路	单回路 双回路			$3X_1$ $5X_1$
有良导体避雷线的架空线路	单回路 双回路			$2X_1$ $3X_1$
1kV 三芯电缆 1kV 四芯电缆 6～10kV 三芯电缆 20kV 三芯电缆 35kV 三芯电缆 115kV 单相充油电缆		0.06 0.066 0.08 0.11 0.12 0.18	$X_2 = X_1$	0.7 0.17 $3.5X_1$ $3.5X_1$ $3.5X_1$

第二节　电气主接线

一、常用高低压一次电气设备符号

常用高低压一次电气设备符号，如表 2–16 所示。

表 2–16　　　　　　　　常用高低压一次电气设备符号

序号	设备名称	图形符号	文字符号	用　　途
1	直流发电机		GD	将机械能转变成电能
2	交流发电机		GS	将机械能转变成电能
3	直流电动机		MD	将电能装变成机械能
4	交流电动机		MS	将电能装变成机械能
5	双绕组变压器	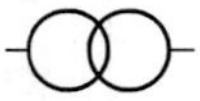	TM	变换电能电压
6	三绕组变压器	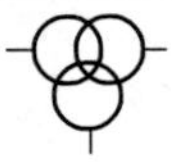	TM	变换电能电压
7	自耦变压器	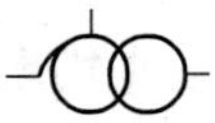	TM	变换电能电压
8	电抗器		L	限制短路电流
9	分裂电抗器		L	限制短路电流
10	电流互感器 电压互感器	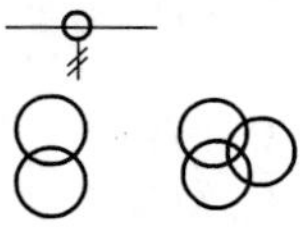	TA TV	测量电流 测量电压
11	高压断路器		QF	投、切高压电路
12	低压断路器		QF	投、切低压电路
13	隔离开关		QS	隔离电源，形成明显断点
14	负荷开关	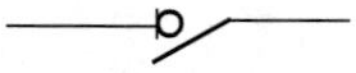	QL	投、切电路
15	接触器	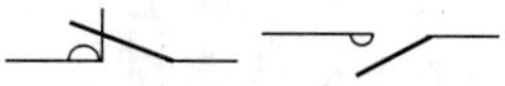	KM	投、切低压电路
16	熔断器	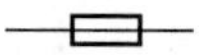	FU	短路保护
17	避雷器	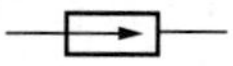	F	过电压保护
18	终端电缆头	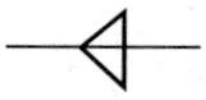	X	电缆接头
19	接地		E	安全保护
20	保护接地		PE	保护人身安全

二、变电所一次接线

发电厂、变电所的各种电气主接线是由若干基本接线形式组合而成。

1. 电气主接线基本形式

电气主接线基本形式，如表 2–17 所示。

表 2–17　　　　电气主接线基本形式

序号	项目	接线图		
1	单母线接线方式	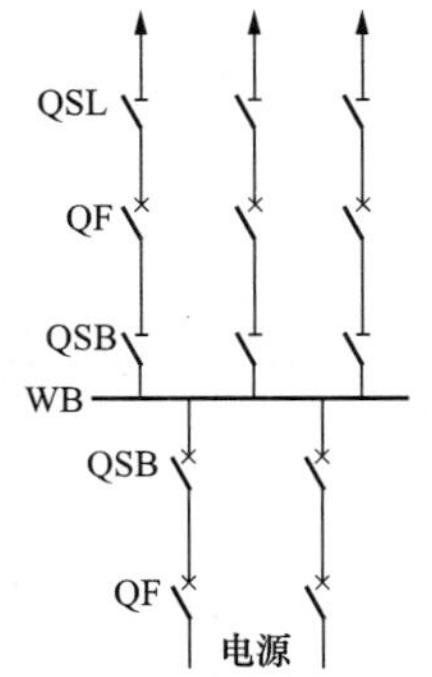 单母线接线	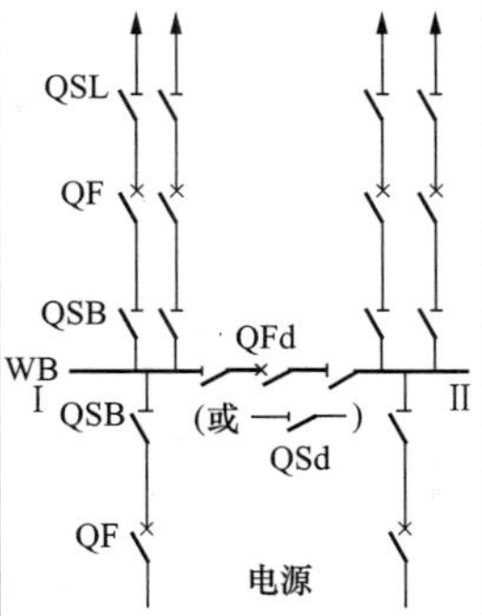 单母线分段接线	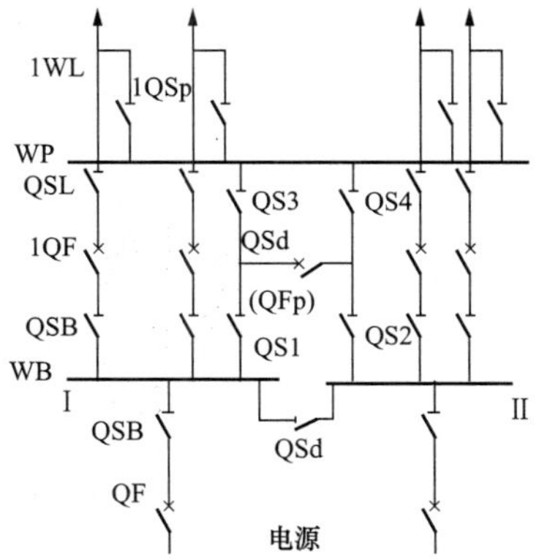 单母线分段带旁路母线接线
2	双母线接线方式	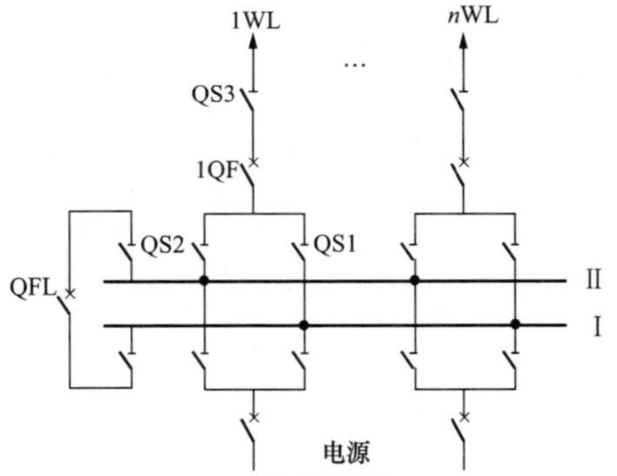 双母线接线		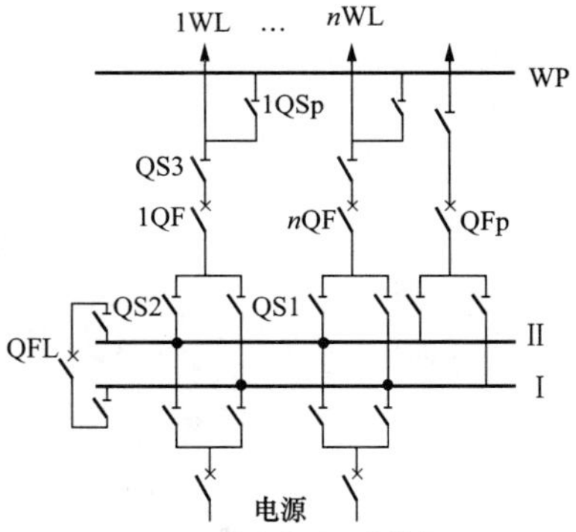 双母线带旁路母线接线
3	无母线接线方式	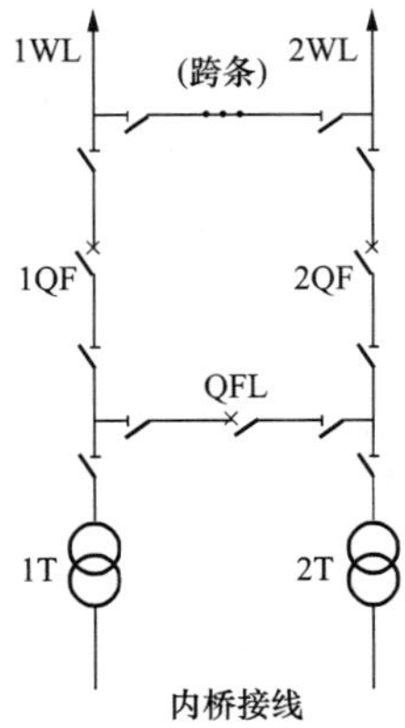 内桥接线	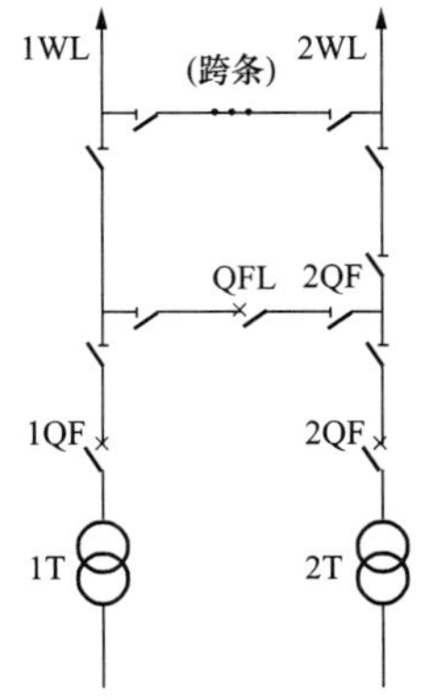 内桥接线	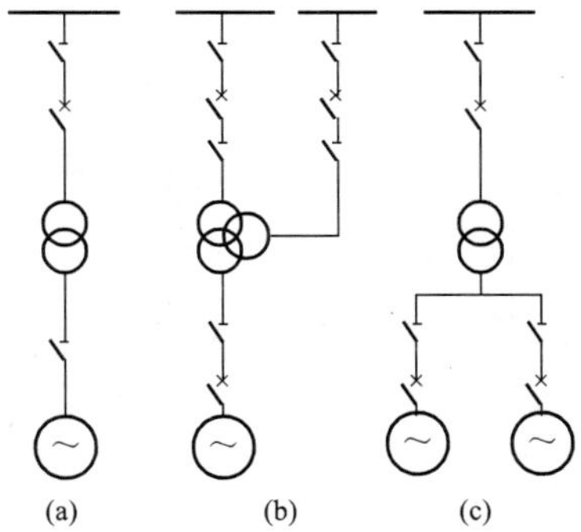 单元接线 (a) 发电机—双绕组变压器单元接线; (b) 发电机—三绕组变压器单元接线; (c) 扩大单元接线

2. 供配电网络接线

供配电网络接线形式，如表 2–18 所示。

表 2–18　　　　　　　　　　供配电网络接线形式

序号	项目	接线图		
1	城市高压配电网接线	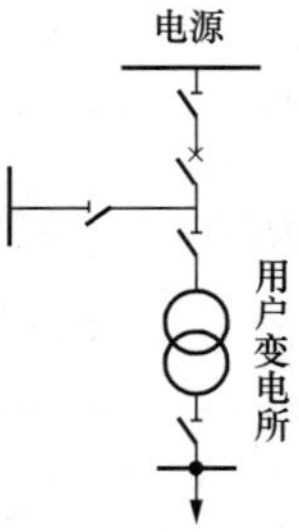 放射式网络	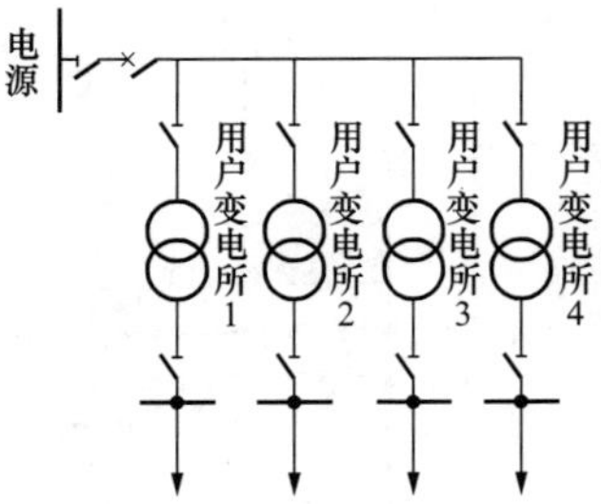 干线式网络	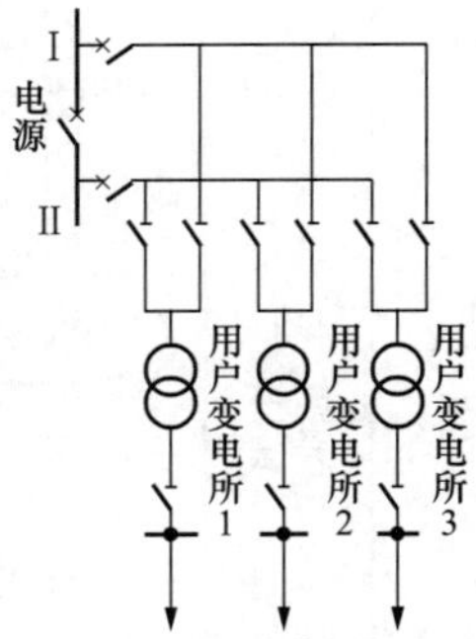 双干线式网络
		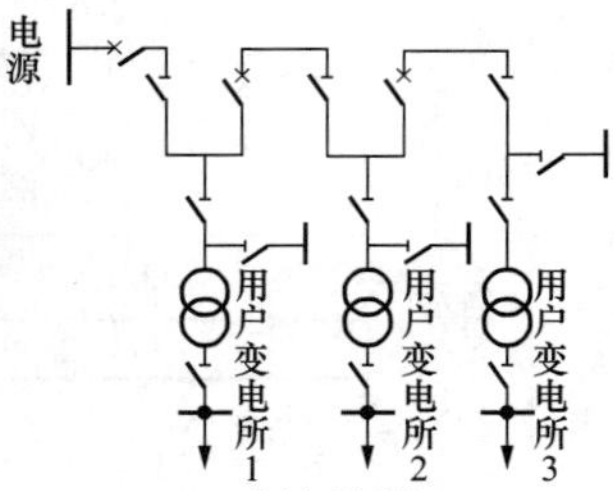 单链式网络	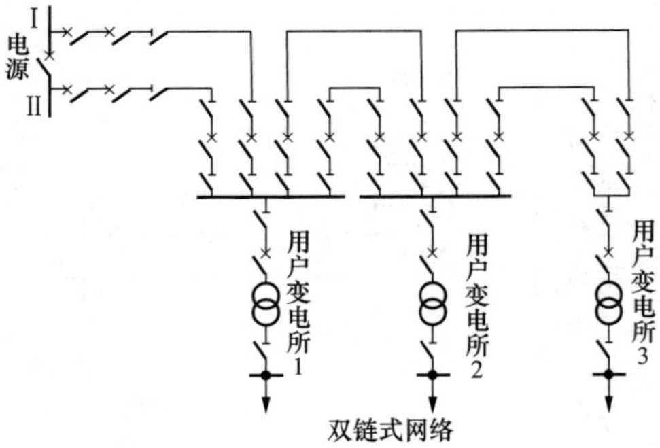 双链式网络	
		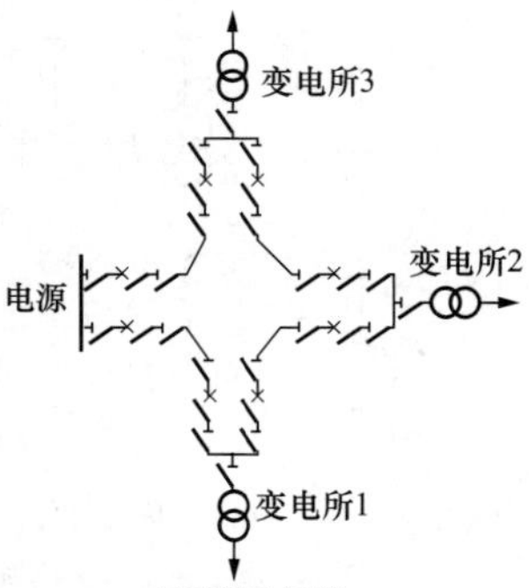 环形供电网络	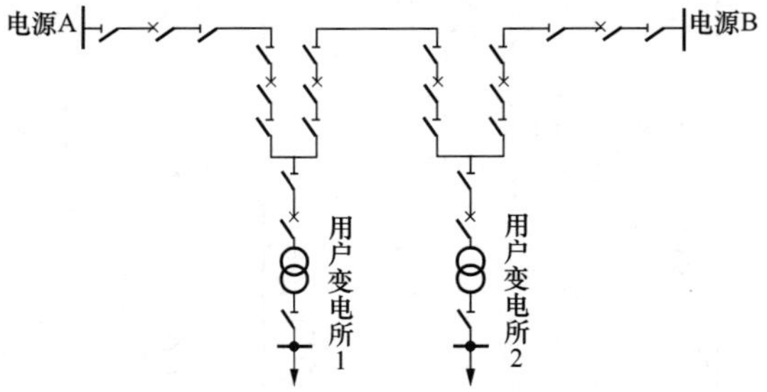 两端供电网络	

续表

<table>
<tr><th>序号</th><th>项目</th><th colspan="3">接线图</th></tr>
<tr><td>2</td><td>高层建筑配电网络的接线</td>
<td>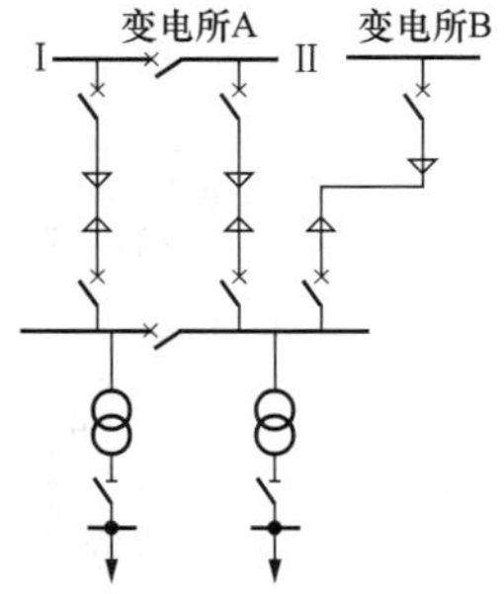

带-路备用电源的
双回路放射式网络</td>
<td>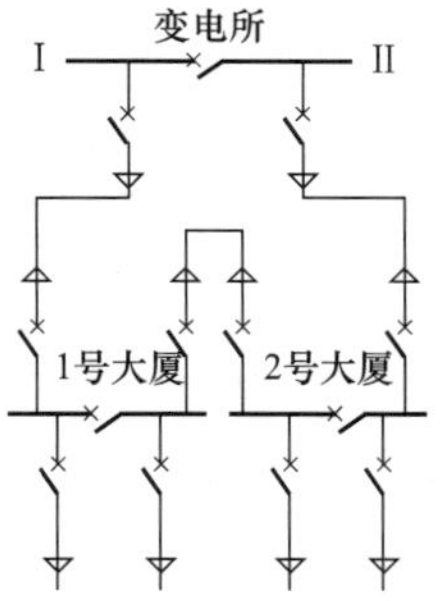

单环式网络</td>
<td>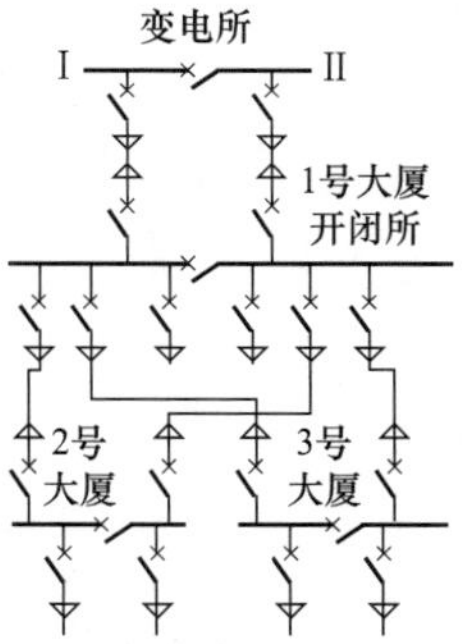

具有10kV开闭所的放射式网络</td></tr>
<tr><td>3</td><td>高层建筑内部供配电系统</td>
<td>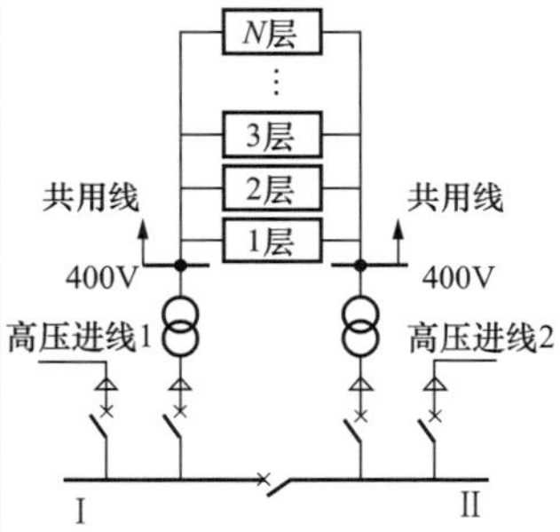

集中变配电的高层
供电系统接线图</td>
<td colspan="2">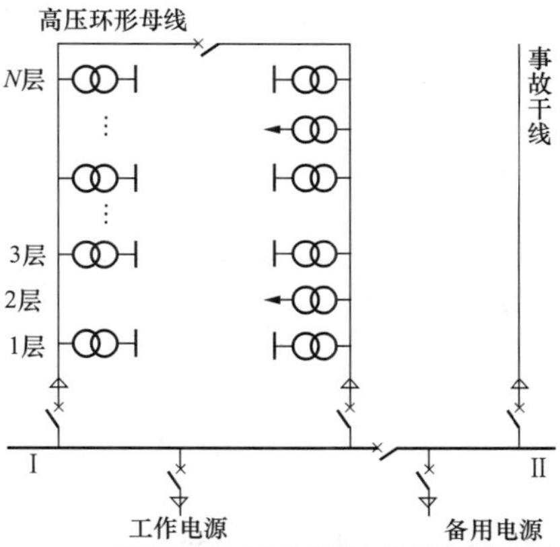

采用高压环形分散变配电的高层供电系统</td></tr>
</table>

三、电气主接线实例

1. 某镇办机械厂电气主接线图

某镇办机械厂选用 10/0.4kV，容量为 1000kVA 的配电变压器，单电源供电，10kV 侧选用负荷开关或真空断路器保护，0.4kV 侧采用 GGD–2 型低压成套配电装置，其电气主接线如图 2–2 所示。

2. 某居民住宅小区配电所电气主接线图

某居民住宅小区配电所选用两台 1250kVA 配电变压器，10kV 侧双电源进线，采用单母线不分段接线，选用 HXGN26–10（F）型环网柜，0.4kV 侧单母线分段接线，选用 GBD 型低压配电柜，其配电所电气主接线如图 2–3 所示。

3. 某县市 35kV 农村变电所电气主接线图

某县市 35kV 农村变电所采用单母线内桥接线，35kV 侧双电源供电，桥联母线采用断路器分段，选用 SF_6 断路器，10kV 侧采用单母线分段接线方式，10kV 选用 GG–1A（F）型成套配电装置。其电气主接线如图 2–4 所示。

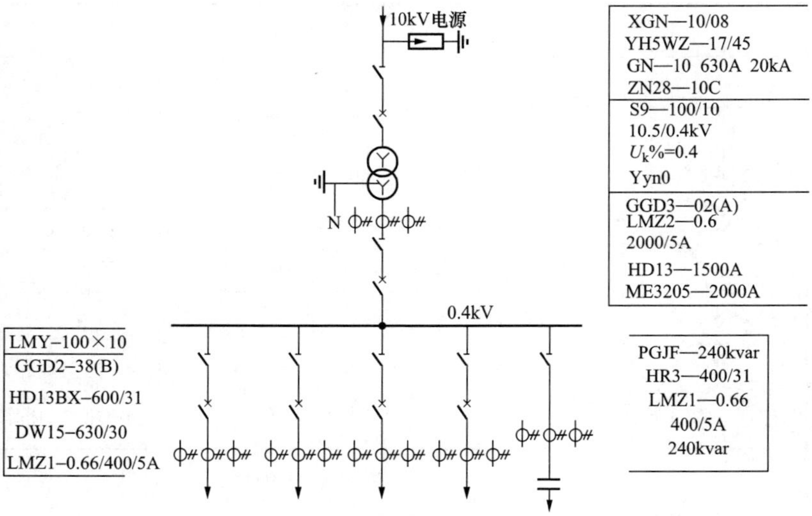

图 2−2 某镇办机械厂电气主接线图

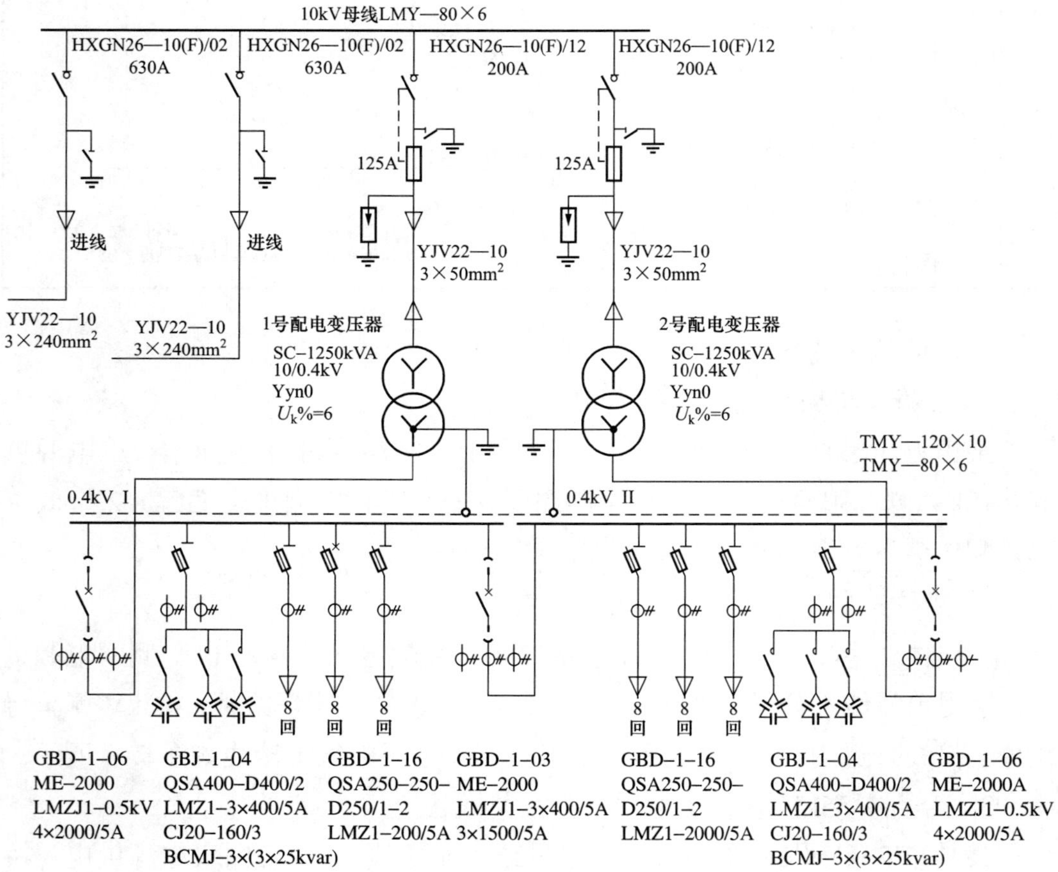

图 2−3 某居民住宅小区配电所电气主接线图

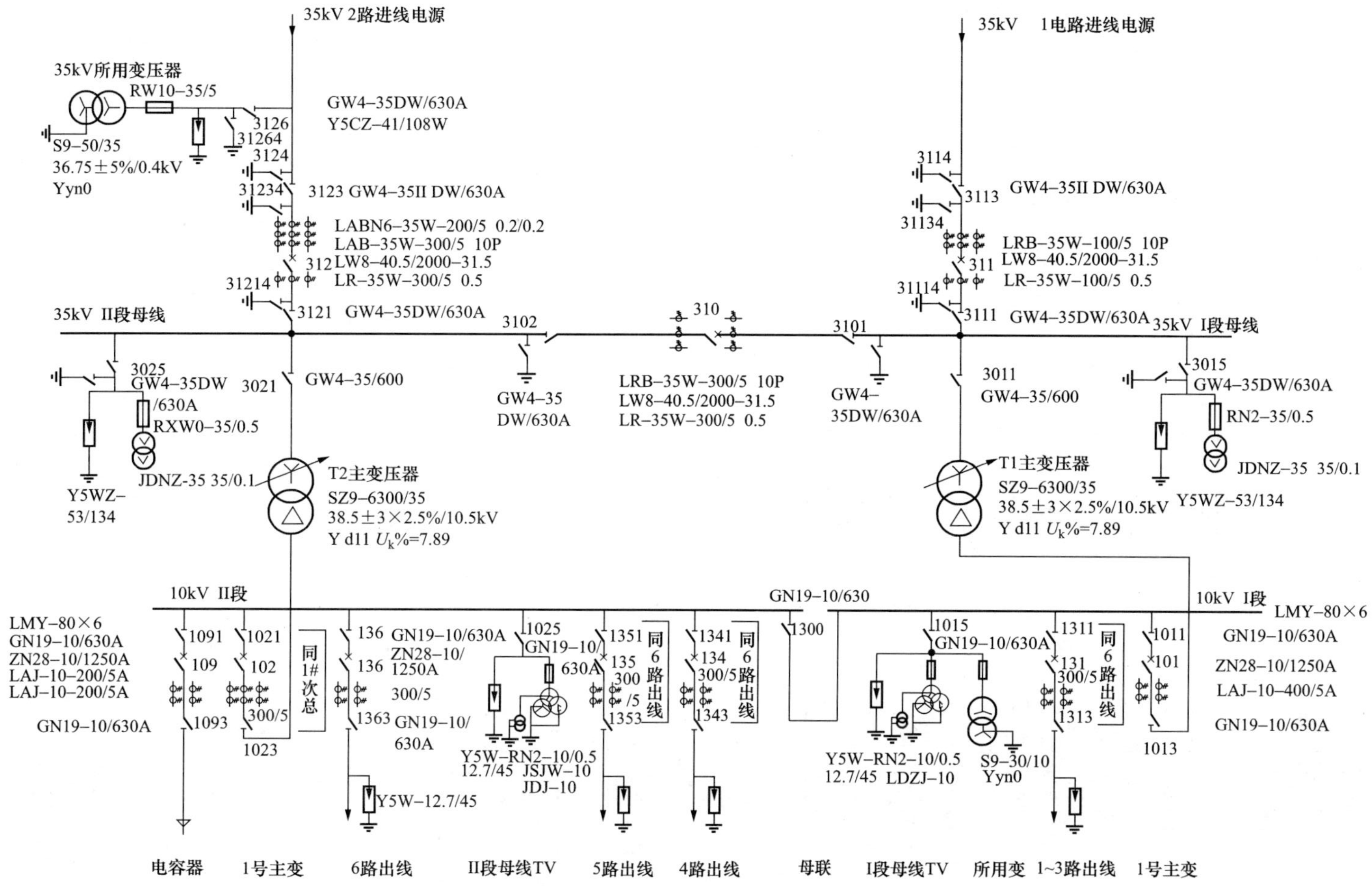

图2-4 某县市35kV农村变电所电气主接线图

第三节　部分高压配电装置

一、高压断路器

1. 高压断路器型号含义

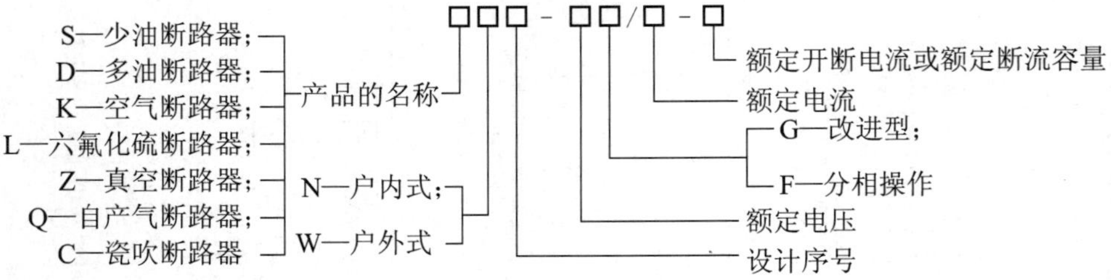

2. 高压断路器分类

高压断路器分类，如表2–19所示。

表2–19　　高压断路器分类

序号	分类方式	类　型
1	介　质	多油、少油、空气、六氟化硫、真空、产气、磁吹
2	装置地点	户内、户外
3	能否自动重合闸	能自动重合闸、不能自动重合闸
4	操动机构	手动、电磁、弹簧、液压、气动

3. 高压断路器性能比较

ZN、SF_6、GIS三种断路器性能比较，如表2–20所示。

表2–20　　ZN、SF_6、GIS三种断路器性能比较

序号	特性类型	ZN	SF_6	GIS
1	电压等级（kV）	10～35	10～1150	35～500
2	最大开断电流（kA）	≤40	＜60	＜60
3	单端口电压水平（kV）	40.5	250（550）	250
4	城网改造中地位	可大用	可大用	可大用
5	农网中地位	可大用	可用	可用
6	占地（面积和空间）	小	小	很小
7	能否发展成GIS	能	能	—

续表

序号	特性类型	ZN	SF_6	GIS
8	能否快速重合闸	能	能	能
9	连续多次开断能力	8～50	6～20	≤20
10	燃弧时间	短	短	短
11	能否频繁操作	能	能	能
12	切电容器过电压	低	低	低
13	切电抗器过电压	高	低	低
14	噪声	小	较小	较小
15	有无火灾危险	无	无	无
16	加工要求	低	很高	很高
17	产品积木式	能	能	能
18	运输	很方便	方便	方便
19	检修周期	检修周期 10 年，检修很方便	检修周期 10～15 年，检修不方便	检修周期 10～20 年，检修不方便
20	维护	简单	麻烦	麻烦
21	价格	较高	较高	贵
22	发展趋势	在 10～35kV 中将成为主要产品	在高压、超高压中有广阔使用前途	在高压、超高压中有广阔使用前途

4. 高压断路器操动机构型号

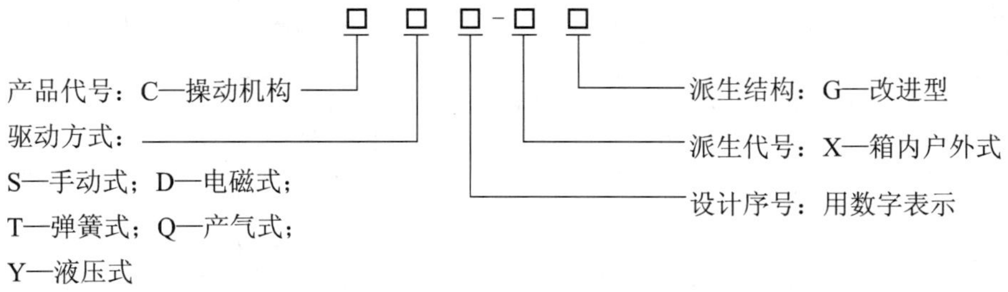

5. 高压断路器操动机构分类

高压断路器操动机构分类、适用范围，如表 2–21 所示。

表 2–21　　操动机构分类、适用范围

序号	类　别	合闸动力	适用断路器
1	手动机构(CS 型)	人力	不重要小型配电所，开断电流不超过 6.3kA 的断路器
2	电磁机构（CD 型）	电磁力	普遍用于 10～35kV 各类断路器，也可用于 110kV、220kV 断路器
3	弹簧机构(CT 型)	弹簧拉力（预先储能）	一般用于较小型不配置直流合闸电源变配电所的 10～35kV 断路器
4	液压机构(CY 型) 气动机构(CQ 型)	高压油推动活塞 压缩空气推动活塞	需要配置气压或液压系统大型变电所、发电厂的 110kV 及以上断路器

6. 高压断路器技术参数

部分常用高压断路器的技术参数，如表 2–22 所示。

表 2–22　　部分常用高压断路器主要技术参数

型　号	额定电压（kV）	额定电流（A）	开断电流（kA）	4s 热稳定电流（kA）	动稳定电流峰值（kA）	机械寿命（次）	相对地绝缘水平（kV）		配用操动机构型号
							工频耐压 1min	冲击耐压	
LN2–10	10	1250	25	25	63	10000	42	75	CT12
LW–10	10	200、400、630	6.3、8 12.5、16	6.3、8 12.5、16	16、20 31.5、40	3000	42	75	CT
LW3–12	12	1250	20	20	50	6000	42	75	CT
LW8–35A	35	1600、2000 2500、3150	20、25 31.5、40	20、25 31.5、40	50、63 80、100	5000	95	185	CT14
LN2–35	35	1250、1600	16、25	16、25	40、63	10000	95	185	CT
LW30–126	126	3150	31.5、40	31.5、40	80、100	6000	230	550	CT26
LW36–126	126	2500、3150	31.5、40	31.5、40	80、100	6000	230	550	CT24
ZN12–10	10	1250、1600 2000、3150	31.5 40、50	31.5 40、50	80 100、125	10000	42	75	CT
ZN28A–10	10	1000、1250、1600 2000、2500、3150	16、20 31.5、40	16、20 31.5、40	40、50 80、100	10000	42	75	CD17 CT19
ZN28G–12	12	1000、1250、1600	25	25	63	10000	42	75	CT19

续表

型　号	额定电压（kV）	额定电流（A）	开断电流（kA）	4s热稳定电流（kA）	动稳定电流峰值（kA）	机械寿命（次）	相对地绝缘水平（kV）		配用操动机构型号
							工频耐压1min	冲击耐压	
ZN63A–12	12	630、1250、1600 2000、2500、3150	20、31.5 40、50	20、31.5 40、50	50、80 100、125	20000	42	75	CT
ZN12–35	35	1250、1600、2000	25、31.5	25、31.5	63、80	10000	95	185	CT
ZW7–40.5	40.5	1600、2000	25、31.5	25、31.5	63、80	10000	95	185	CT

二、高压熔断器

1. 高压熔断器型号含义

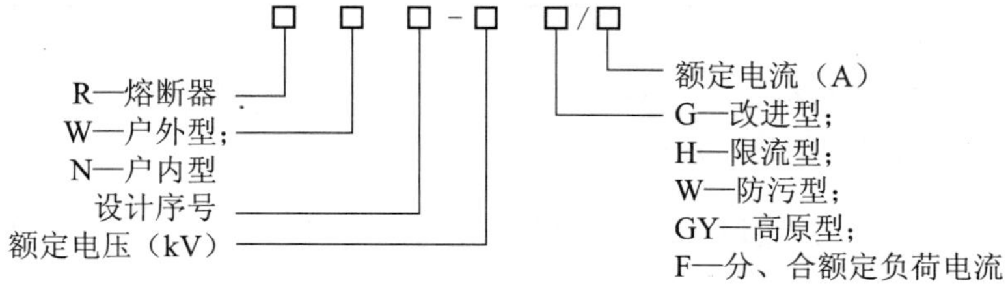

2. 高压熔断器技术数据

部分高压熔断器技术数据，如表2–23所示。

表2–23　　部分高压熔断器技术数据

序号	型　号	额定电压（kV）	额定电流（A）	最大断流容量（MVA）
1	RN1–3～10	3～10	2、3、5、7.5、10、15、20、30、40 50、75、100、150、200、300、400	200
2	RN1–35	35	2、3、5、7.5、10、15、20、30、40	200
3	RN2–3～35	3～35	0.5 （TV短路保护用）	1000
4	RN3–3～10	3～10	50、70、200	200
5	RW3–10	10	50、100、200	150
6	RW3–10W	10	100、200	150
7	RW4–10	10	50、100、200	100

续表

序号	型　　号	额定电压（kV）	额定电流（A）	最大断流容量（MVA）
8	RW4–10W	10	50、100	100
9	RW5–35	35	100、200	400
10	RW7–10	10	50、100、200	75、100
11	RW7–10GY	10	50、100	75、100
12	RW9–10 RW9–10W	10	100	100
13	RW10–10F RW10–10FW	10	50、100	200
14	RW10–35	35	0.5（TV 短路保护用）	2000
15	RW10–35	35	2、3、5、7.5、10	600

三、高压隔离开关

1. 高压隔离开关型号含义

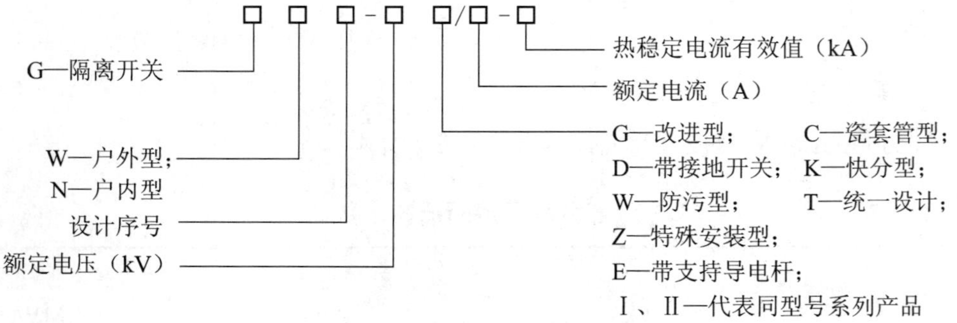

2. 部分常用高压隔离开关技术数据

部分常用高压隔离开关技术数据，如表 2–24 所示。

表 2–24　　部分常用高压隔离开关技术数据

序号	型　　号	额定电压（kV）	额定电流（A）	5s 热稳定电流（kA）	配用操动机构型号
1	GN2–10	10	2000、3000	51、70	CS6–2 手力操动机构
2	GN2–35T	35	400、600、630 1000、1250、 2000	14、20、20 25、31.5、27.5	

续表

序号	型　　号	额定电压（kV）	额定电流（A）	5s 热稳定电流（kA）	配用操动机构型号
3	GN6–10T	10	200、400、600、1000	10、14、20、30	CS6–1
4	GN6–35	35	1000	30	CS6–2
5	GN8–10T	10	200、400、600、1000	10、14、20、30	CS6–1T
6	GN10–10T	10	3000、4000	70、85	CJ 电动机操动机构
7	GN15–10	10	600、1000	20、30	CS15、CS16
8	GN16–10	10	600、1000	20、30	
9	GN19–10	10	400、630 1000、1250	12.5、20、31.5 40（4s）	CS6–1T
10	GW4–10 GW4–10W	10	400、600 630、1250	12.5、16、16、25 （2 s）	CS11
11	GW5–35D GW5–35DW	35	630、1000、1250 1600、2000	20、31.5、31.5 40、40 （4 s）	CS17、CS17–G CJ2–XG
12	GW5–10DW	110	630、1250	20、31.5 （4 s）	CS17–G

四、高压负荷开关

1. 高压负荷开关型号含义

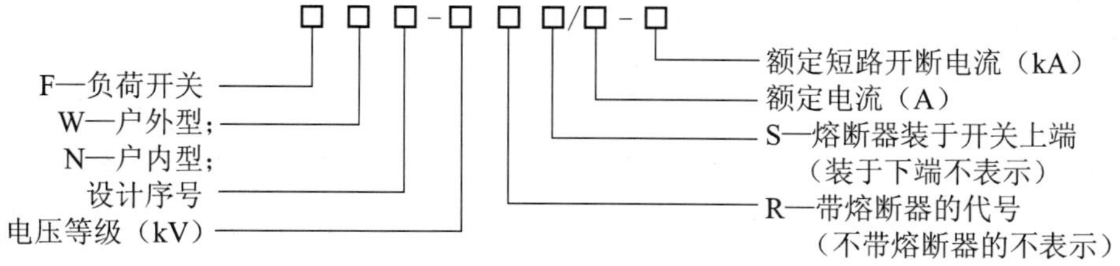

2. 高压负荷开关技术数据

部分常用高压负荷开关技术数据，如表 2–25 所示。

表 2–25　　　　部分常用高压负荷开关技术数据

序号	型　　号	额定电压（kV）	额定电流（A）	热稳定电流（kA）	配用操动机构型号
1	FN2–10	10	400	10（2s）	CS4、CS4–T
2	FN3–10	10	400	8.5（5s）	CS3、CS2

续表

序号	型　　号	额定电压（kV）	额定电流（A）	热稳定电流（kA）	配用操动机构型号
3	FW2–10G	10	100、200、400、600	7.9（4s）	钩棒或绳索
4	FW4–10G	10	200、400、630	5.8（4s）	钩棒或绳索
5	FW5–10	10	200	4（4s）	钩棒或绳索

五、限流电抗器

1. 限流电抗器型号含义

□□ - □ - □

产品代号：XKK—干式空心限流电抗器；NKSL—混凝土柱式限流电抗器

额定电压

额定电流

电抗百分值

2. 限流电抗器的技术数据

限流电抗器技术数据，如表 2–26 和表 2–27 所示。

表 2–26　　部分混凝土柱式限流电抗器技术数据

型　　号	额定电压（kV）	额定电流（A）	电抗百分值（%）	额定电感（mH）	三相通过容量（kvar）	单相无功容量（kvar）	单相损耗（75℃时，W）	动稳电流（A）	热稳电流（A）
NKSL–10–200–4	10	200	4	3.676	3×1155	46.2	1976	12750	14130
NKSL–10–200–5			5	4.596		57.6	2329	10200	14000
NKSL–10–200–6			6	5.515		69.4	2587	8500	14120
NKSL–10–200–8			8	7.353		92.5	3119	6375	14000
NKSL–6–400–4	6	400	4	1.103	3×1386	55.0	2709	25500	22000
NKSL–6–400–5			5	1.379		69.3	3153	20400	22260
NKSL–6–400–6			6	1.654		83.1	3083	17000	20190
NKSL–6–400–8			8	2.206		111.0	3677	12750	20060
NKSL–6–1500–5	6	1500	5	0.368	3×5196	259.8	5386	76500	88540
NKSL–6–1500–6			6	0.441		311.8	5994	63750	90300
NKSL–6–1500–8			8	0.588		415.7	7313	47800	88870
NKSL–6–1500–10			10	0.735		519.6	8486	38250	87860

续表

型　　号	额定电压（kV）	额定电流（A）	电抗百分值（%）	额定电感（mH）	三相通过容量（kvar）	单相无功容量（kvar）	单相损耗（75℃时，W）	动稳电流（A）	热稳电流（A）
NKSL–10–2000–6	10	2000	6	0.551	3×11547	692.8	11190	85000	92780
NKSL–10–2000–8			8	0.735		923.8	13520	63750	92060
NKSL–10–2000–10			10	0.919		1155.0	15829	51000	90750

表 2–27　　部分干式空心限流电抗器技术数据

型　　号	额定电压（kV）	额定电流（A）	电抗百分值（%）	额定电感（mH）	三相通过容量（kvar）	单相无功容量（kvar）	单相损耗（75C时，W）	动稳电流（A）	热稳电流（A）
XKK–10–200–4	10	200	4	3.676	3×1155	46.2	1816	12.75	5
XKK–10–200–5			5	4.595		57.7	2126		
XKK–10–200–6			6	5.513		69.3	2377		
XKK–10–200–8			8	7.351		92.4	2837		
XKK–6–400–4	6	400	4	1.103	3×1386	55.4	2068	25.5	10
XKK–6–400–5			5	1.379		69.2	2348		
XKK–6–400–6			6	1.654		83.2	2678		
XKK–6–400–8			8	2.206		111	3230		
XKK–6–1500–4		1500	4	0.294	3×5196	209	4536	95.63	37.5
XKK–6–1500–5			5	0.368		260	5234		
XKK–6–1500–6			6	0.441		312	5828		
XKK–6–1500–8			8	0.588		416	7182		
XKK–6–1500–10			10	0.736		520	8276		
XKK–6–2000–4		2000	4	0.221	3×6928	278	5935	102	40
XKK–6–2000–5			5	0.276		347	6748		
XKK–6–2000–6			6	0.331		416	7503		
XKK–6–2000–8			8	0.441		554	8984		
XKK–6–2000–10			10	0.551		694	10344		
XKK–6–2000–12			12	0.662		832	11064		

六、高压避雷器

1. 避雷器分类及性能

避雷器分类及性能，如表 2–28 所示。

表 2–28　避雷器分类及性能

序号	分　类	结构及性能
1	普通阀式避雷器 FS、FZ	碳化硅阀片，有非线性伏安特性，需串联放电间隙，FZ 型放电间隙有并联电阻，FS 型无并联电阻
2	磁吹阀式避雷器 FCZ、FCD	碳化硅阀片，有非线性伏安特性，放电间隙为圆形间隙，置于磁场中，通过间隙的雷电流电弧在磁场作用下，在圆形间隙内高速运动而提高灭弧能力
3	无间隙氧化锌避雷器	氧化锌阀片，有非常优异非线性伏安特性，可省去串联放电间隙，雷电流通过时残压小
4	有间隙氧化锌避雷器	氧化锌阀片，有非常优异非线性伏安特性，可省去串联放电间隙，部分阀片上有并联间隙，可进一步降低大电流时的残压

2. 碳化硅阀式避雷器型号含义

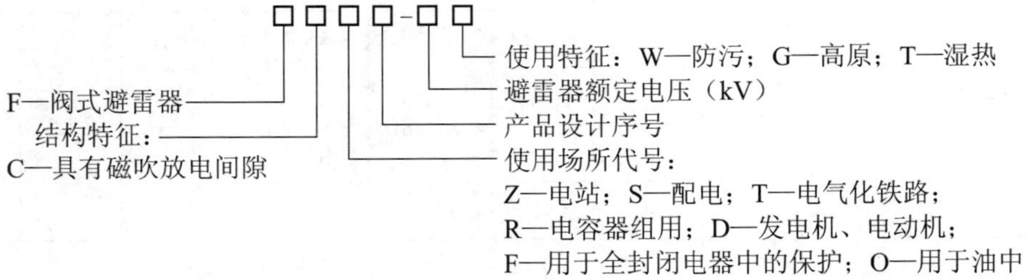

3. 氧化锌避雷器型号含义

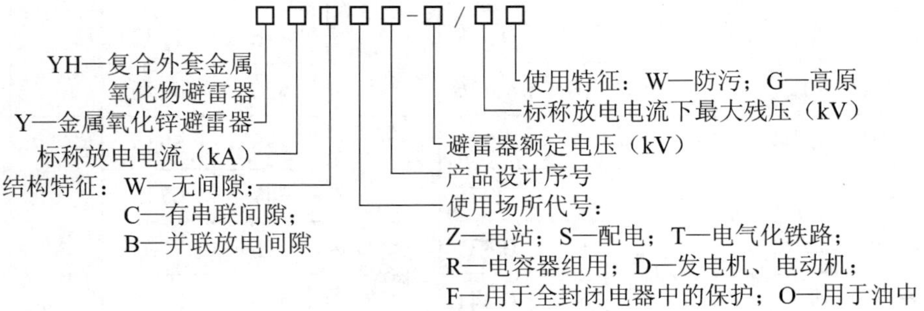

4. 避雷器技术参数

各种避雷器的技术参数，如表 2–29～表 2–31 所示。

表 2–29　　FS、FCD、FCZ 系列阀式避雷器主要技术参数

型　号	额定电压（kV）	灭弧电压（kV）	工频放电电压（kV）		冲击放电电压峰值（1.2/50μs，不大于，kV）	8/20μs 雷电冲击波残压峰值（不大于，kV）		泄漏电流（μA）
			不小于	不大于		3kA	5kA	
FS–3 FS–6 FS–10	3 6 10	3.8 7.6 12.7	9 16 26	11 19 31	21 35 50	16 28 47	17 30 50	10
FCD–3 FCD–6 FCD–10 FCD–13.8	3.15 6.3 10.5 13.8	3.8 7.6 12.7 16.7	7.5 15 25 33	9.5 18 30 39	9.5 19 31 40	9.5 19 31 40	10 20 33 43	50～100
FCD^{3}_{5}–3 FCD^{3}_{5}–6 FCD^{3}_{5}–10 FCD^{3}_{5}–13	3.15 6.3 10.5 13.8	3.8 7.6 12.7 16.7	7.5 15 25 33	9.5 18 30 39	9.5 19 31 40	9.5 19 31 40	10 20 33 43	10
FCZ–300DT	35	41	85	100	134		134	150～300
FCZ2–110JN	110	100	170	195	260	260	285	400～600
FCZ2–110N	110	126	255	290	345	332	365	400～600
FCZ3–35	35	41	70	85	112	108		250～400
FCZ–35L	35	46	78	90	134	134		250～400
FCZ3–110J	110	100	170	195	260	260		250～400
FCZ4–35N	35	41	70	85	112	108	122	250～400
FCZ4–66N	66	69	117	133	178	178	205	250～400

表 2–30　　变电所常用的氧化锌避雷器型号

序号	电压（kV）	名　称	避雷器型号
1	10	10kV 母线	YH5WZ–17/45
2	10	10kV 电容器	YH5WR–17/45
3	35	35kV 母线、TV 间隔、35kV 进出线	YH5WZ–53/134
4	35	35kV 变压器中性点	YH1.5W–30/85
5	110	110kV 主变压器进线、110kV 母线、110kV 出线	Y10W5–100/260
6	110	110kV 变压器中性点	YH1.5W–73/200
7	220	220kV 主变压器进线、220kV 主母线	Y10W5–200/520

表 2–31　　部分常用配电和电站型氧化锌避雷器电气特性

型　号	系统额定电压（kV）	避雷器额定电压（kV）	持续运行电压（不小于，kV）	直流1mA参考电压（kV）	陡波冲击电流残压峰值（不大于，kV）	雷电冲击电流残压峰值（不大于，kV）	操作冲击电流残压峰值（不大于，kV）
Y5WZ5–10/27L	6	10	5.2	14.4	31	27	23
Y5W25–12.7/27L	10	17	8.6	25	51.8	45	38.3
Y5WS5–10/30L	6	10	5.2	15	34.5	30	25.5
Y5WS5–17/50L	10	17	8.6	25	57.5	50	42.5
Y5WZ4–51/134L	35	51	40.5	73	154	134	114
Y10WZ4–51/134L	35	51	40.5	73	154	134	114
Y5W5–96/250	110	96	73	136	279	250	212
Y10W5–96/250	110	96	73	136	279	250	212
Y5W5–100/250	110	100	73	145	291	260	221
Y10W5–100/260	110	100	73	145	291	260	221
Y10W5–192/500	220	192	146	271	558	500	424
Y10W5–200/520	220	200	146	290	582	520	442

七、母线

1. 母线类型及性能

母线在配电装置中作为电气设备连接和馈入、馈出线汇流之用。母线按所使用的材料可分为铜母线、铝母线。在室内配电装置中，一般采用硬母线，在室外配电装置中，一般采用软母线。

硬母线的类型及性能用途列于表 2–32。

表 2–32　　硬母线类型及性能用途

序号	类型	性　　能	用　　途
1	矩形	为减少集肤效应，矩形导体边长之比一般为1/5～1/12，单条矩形导体截面不超过1250mm²，当不能满足最大工作电流时，可将2～4条单条矩形导体并列使用，条间用衬垫隔开	常用于35kV及以下、电流在4000A及以下的配电装置中
2	槽形	机械强度好，载流量较大，集肤效应系数较小	一般用于4000～8000A的配电装置中
3	管形	机械强度高，集肤效应系数小，管内可通风和通水冷却，表面光滑，电晕放电电压高	用于8000A以上大电流母线，110kV及以上配电装置中

2. 矩形铝、铜母线载流量

矩形铝、铜母线载流量，如表 2–33～表 2–35 所示。

表 2–33　　各环境温度下单片母线立放的长期允许载流量

母线尺寸（宽×厚，mm）	铝（A）				铜（A）			
	25℃	30℃	35℃	40℃	25℃	30℃	35℃	40℃
15×3	165	155	145	134	210	197	185	170
20×3	215	202	189	174	275	258	242	223
25×3	265	249	233	215	340	320	299	276
30×4	365	343	321	296	475	446	418	385
40×4	480	451	422	389	625	587	550	506
40×5	540	507	475	438	700	695	615	567
50×5	665	625	585	539	860	809	756	697
50×6	740	695	651	600	955	898	840	774
60×6	870	818	765	705	1125	1056	990	912
80×6	1150	1080	1010	932	1480	1390	1300	1200
100×6	1425	1340	1255	1155	1810	1700	1590	1470
60×8	1025	965	902	831	1320	1240	1160	1070
80×8	1320	1240	1160	1070	1690	1590	1490	1370
100×8	1625	1530	1430	1315	2080	1955	1830	1685
120×8	1900	1785	1670	1540	2400	2255	2110	1945
60×10	1150	1085	1016	936	1475	1388	1300	1195
80×10	1480	1390	1300	1200	1900	1786	1670	1540
100×10	1820	1710	1600	1475	2310	2170	2030	1870
120×10	2070	1945	1820	1680	2650	2490	2330	2150

注　1. 母线允许温升 70℃，环境温度 25℃；

2. 母线平放时母线载流量乘以 0.95。

表 2–34　　2～3 片组合涂漆母线立放的长期允许载流量

母线尺寸（宽×厚，mm）	铝（A）		铜（A）	
	2 片	3 片	2 片	3 片
60×6	1350	1720	1740	2240
80×6	1630	2100	2110	2720
100×6	1935	2500	2470	3170
60×8	1680	2180	2160	2790
80×8	2040	2620	2620	3370
100×8	2390	3050	3060	3930
120×8	2650	3380	3400	4340
60×10	2010	2650	2560	3300
80×10	2410	3100	3100	3990
100×10	2860	3650	3610	4650
120×10	3200	4100	4100	5200

表 2–35　　LF—21Y 型铝锰合金管型母线长期允许载流量

母线尺寸（直径 1/直径 2，mm）	导体截面（mm^2）	导体最高允许温度下的载流量（A）	
		+70℃	+80℃
ϕ30 / ϕ25	216	572	565
ϕ40/ ϕ35	294	770	712
ϕ50 / ϕ45	273	970	850
ϕ60 / ϕ54	539	1240	1072
ϕ70 / ϕ64	631	1413	1211
ϕ80 / ϕ72	954	1900	1545
ϕ100 / ϕ90	1491	2350	2054
ϕ110 / ϕ100	1649	2569	2217
ϕ120 / ϕ110	1806	2782	2377
ϕ130 / ϕ116	2705	3511	2976

3. 导线的经济电流密度

导线的经济电流密度，如表 2–36 所示。

表 2–36　　导线的经济电流密度值（A/mm^2）

导体材料	最大负荷利用小时数 T_{max}（h）		
	3000 以下	3000～5000	5000 以上
裸铜导线和母线	3.0	2.25	1.75
裸铝导线和母线（钢芯）	1.65	1.15	0.9

八、架空线路和电力电缆

1. 架空电力线路和绝缘配合

架空电力线路和绝缘配合，如表 2–37 和表 2–38 所示。

表 2–37　　10kV 及以下杆塔架空线最小线间距离

线路电压等级（kV）	各挡距下最小线间距离（m）								
	40m 及以下	50m	60m	70m	80m	90m	100m	110m	120m
3～10	0.6	0.65	0.7	0.75	0.85	0.9	1.0	1.05	1.15
3 以下	0.3	0.4	0.45	0.5	—	—	—	—	—

表 2–38　　架空线悬垂绝缘子串的绝缘子个数和线路带电部分对杆塔构件、拉线、脚钉的最小空气间隙

线路电压等级（kV）	3 以下	3～10	35	66	110	220
XP–60 绝缘子个数			3	5	7	13
最小空气间隙（m）	0.05	0.2	0.45	0.65	1	1.9

注　1. 耐张绝缘子串的绝缘子个数比上列增加一个；
2. 全高超过 40m 的有地线的杆塔，高度每增加 10m，应增加一个绝缘子；
3. 海拔超过 1000m 时，每增加 1000m，绝缘子个数增加 10%；
4. 3～10kV 架空线的引下线与邻相导线之间的最小间隙≥0.3m，3kV 的≥0.15m。

2. 架空线路防雷保护

架空线路防雷保护，如表 2–39 和表 2–40 所示。

表 2–39　　架空线路防雷保护措施

序号	防雷击现象	措　　施
1	防止线路遭受直击雷击	采用避雷线或避雷针
2	防止线路出现雷电过电压反击	降低避雷线的接地电阻
3	防止因雷击短路造成跳闸	中性点非直接接地系统，单相绝缘子闪络不会造成短路； 导线相间保持足够大的间距，不易出现相间击穿
4	线路因雷击短路跳闸后	通过自动重合闸装置恢复供电

表 2–40　　有避雷线的架空线杆塔工频接地电阻最大允许值

土壤电阻率（Ω·m）	100 及以下	100～500	500～1000	1000～2000	2000 以上
接地电阻（Ω）	10	15	20	25	30

3. 架空线路防污

架空线路防污要求，如表 2–41 和表 2–42 所示。

表 2–41　　架空线路防污措施

防污措施	（1）对高压架空线路环境进行污秽等级分级； （2）根据污秽等级确定绝缘子单位最小泄漏比距； （3）加强瓷绝缘设备表面灰尘污垢清扫、清洗； （4）采用有机硅油或地蜡涂刷瓷绝缘设备表面； （5）采用防污闪的硅橡胶绝缘子，不需清扫、不需涂料； （6）根据环境气象条件，加强盐密监测，加强巡线检查

表 2–42　　架空线路的污秽等级标准及对泄漏比距的要求

污秽等级	污秽条件		绝缘子泄漏比距（cm/kV）	
	污湿特征	盐密（mg/cm^3）	中性点直接接地	中性点非直接接地
0	大气清洁地区及离海岸 50km 以上地区	0～0.03（强电解质） 0～0.06（弱电解质）	1.6	1.9
1	大气轻度污染地区：盐碱地区，炉烟污秽地区，离海岸 10～50km 地区，在污闪季节中干燥少雾（含毛毛雨）或雨量较多时	0.03～0.10	1.6～2.0	1.9～2.4
2	大气中度污染地区：盐碱地区，炉烟污秽地区，离海岸 3～10km 地区，在污闪季节中潮湿多雾（含毛毛雨），但雨量较少时	0.05～0.10	2.0～2.5	2.4～3.0
3	大气严重污染地区：空气污秽而又有重雾地区，离海岸 1～3km 地区及盐场附近重盐碱地区	0.10～0.25	2.5～3.2	3.0～3.8
4	大气特别严重污染地区：严重盐雾侵袭地区，离海岸 1km 以内地区	＞0.25	3.2～3.8	3.8～4.5

4. 常用导线规格参数

常用导线规格参数，如表 2–43～表 2–45 所示。

表 2–43　　常用 TJ 型铜绞线、铝绞线规格参数

标称截面（mm^2）	股数及单线直径（mm）	计算截面（mm^2）	导线直径（mm）	拉断力（N）	单位质量（kg/km）	允许载流量（A）
16	7×1.68	15.89	5.10	5763	143	130
25	7×2.11	24.71	6.36	8873	222	180
35	7×2.49	34.36	7.50	12215	309	220
50	7×2.97	49.48	9.00	17323	445	270
70	19×2.14	67.07	10.60	24085	609	340
95	19×2.49	93.27	12.50	33157	847	415
120	19×2.80	116.99	14.00	41169	1062	485
150	19×3.15	148.07	15.75	51706	1344	570
185	19×2.49	182.62	17.50	64921	1650	645

续表

标称截面（mm²）	股数及单线直径（mm）	计算截面（mm²）	导线直径（mm）	拉断力（N）	单位质量（kg/km）	允许载流量（A）
16	7×1.70	15.89	5.10	2840	43.5	105
16	7×2.15	25.41	6.45	4355	69.5	135
16	7×2.50	34.36	7.50	5760	94.1	170
16	7×3.00	49.48	9.00	7930	135.5	215
16	7×3.60	71.25	10.80	10950	195.5	265
16	19×2.50	93.26	12.48	14450	257.5	325
16	19×2.85	121.21	14.25	19420	333.5	375
16	19×3.15	148.07	15.75	23310	407.4	440
16	19×3.50	182.80	17.50	28440	503.0	500
16	19×4.00	238.76	20.00	36260	656.9	610

表 2–44　　常用 LGJ、LGJF 型钢芯铝绞线规格参数

标称截面（mm²）	结构根数/直径（m）		计算截面（mm²）			拉断力（N）	单位质量（kg/km）	载流量（A）
	铝	钢	铝	钢	总计			
16	6/1.85	1/1.85	16.13	2.69	18.82	5.55	65.2	105
25	6/2.32	1/2.32	25.36	4.23	29.59	6.96	102.6	135
35	6/2.72	1/2.72	34.86	5.81	40.67	8.16	141.0	170
50	6/3.20	1/3.20	48.25	8.04	56.29	9.60	195.1	220
50	12/2.32	7/2.32	50.73	29.59	80.32	11.60	372.0	220
70	6/3.80	1/3.80	68.05	11.34	79.39	11.40	275.2	275
70	12/2.72	7/2.72	69.73	4037	110.40	13.60	511.3	275
95	26/2.16	7/1.67	94.39	15.33	109.72	13.61	380.8	335
95	7/4.16	7/1.85	95.14	18.82	113.96	13.87	408.9	335
95	12/3.20	7/3.20	96.51	56.30	152.81	16.00	777.0	335
120	18/2.90	1/2.90	118.89	6.61	125.50	14.50	379.0	380
120	26/2.38	7/1.85	115.67	18.82	134.49	15.07	466.8	380
120	7/4.72	7/2.10	122.48	24.25	149.73	15.74	526.6	380
120	12/3.60	7/2.50	122.15	71.25	193.40	18.00	895.6	380
150	18/3.20	1/3.20	144.76	8.04	152.80	16.00	461.4	445
150	24/2.78	7/1.85	145.68	18.82	164.50	16.67	549.4	445
150	26/2.70	7/2.10	148.86	24.25	173.11	17.10	601.0	4450
150	26/2.70	7/2.10	148.86	24.25	173.11	17.10	601.0	445
150	30/2.50	7/2.50	147.26	34.36	181.62	17.50	676.2	445
185	18/3.60	1/3.60	183.22	10.18	193.40	18.00	584.0	515
185	24/3.15	7/2.10	187.04	24.25	211.29	18.90	706.1	515
185	26/2.98	7/2.32	181.34	29.59	210.93	18.88	732.6	515
185	30/2.80	7/2.80	184.73	43.10	227.83	19.60	848.2	515
240	24/3.60	7/2.40	244.29	31.67	275.96	21.60	922.2	610
240	26/3.42	7/2.66	238.85	38.90	277.75	21.66	964.3	610
240	30/3.20	7/3.20	241.27	56.30	297.57	22.40	1108.0	610

表 2–45　　常用 LGJQ、LGJJ 型钢芯铝绞线规格参数

标称截面 (mm^2)	结构根数/直径（m）		计算截面（mm^2）		拉断力 (N)	单位质量 (kg/km)
	铝	钢	铝	钢		
LGJQ–150	24/2.76	7/1.80	143.58	17.81	4150	537
LGJQ–185	24/3.06	7/2.00	176.50	21.99	5110	661
LGJQ–240	24/3.67	7/2.40	253.88	31.67	7120	951
LGJJ–150	30/2.50	7/2.50	147.26	34.36	6170	677
LGJJ–185	30/2.80	7/2.80	184.73	43.10	7200	850
LGJJ–240	30/3.20	7/3.20	241.27	56.30	9410	1110

5. 电缆分类、额定电压

电缆分类、额定电压分别如表 2–46 和表 2–47 所示。

表 2–46　　电　缆　分　类

主要分类方式	类　　别
按绝缘材料分	油浸纸绝缘、不滴流纸绝缘、塑料绝缘、橡胶绝缘、充油型
按结构特征分	统包型、分相型、钢管型、扁平型、自容型
按敷设环境分	地下直埋、地下管道、水底、过河、矿井、高海拔、盐雾、大高差等
其他分类	高压电缆、低压电缆；单芯电缆、多芯电缆；阻燃电缆等

表 2–47　　电缆额定电压

额定电压 (kV)	最高电压 (kV)	电缆导体与屏蔽或金属护套间的电压（kV）	
		第Ⅰ类	第Ⅱ类
3	3.6	1.8	3
6	7.2	3.6	6
10	12	6	8.7
15	17.5	8.7	12
20	24	12	18
35	42	21	26
63	72.5	37	48
110	126	64	—
220	252	127	—

6. 电缆敷设

电缆敷设要求，如表 2–48 和表 2–49 所示。

表 2–48　　明敷电力电缆与管道间允许距离（m）

电缆与管道之间走向		电力电缆	控制和信号电缆
热力管道	平行	1	0.5
	交叉	0.5	0.25
其他管道	平行	0.15	0.1

表 2–49　直埋地下电缆与电缆、管道、道路、构筑物间容许最小距离（m）

电缆直埋敷设时的配置情况		平　行	交　叉
控制电缆之间		—	0.5、0.25*
电力电缆之间或与控制电缆之间	10kV 及以下电力电缆	0.1	0.5、0.25*
	10kV 以上电力电缆	0.25、0.1**	0.5、0.25*
不同部门使用的电缆		0.5、0.1**	0.5、0.25*
电缆与地下管沟	热力管沟	2***	0.5、0.25*
	油管或易燃气管道	1	0.5、0.25*
	其他管道	0.5	0.5、0.25*
电缆与铁路	非直流电气化铁路路轨	3	1.0
	直流电气化铁路路轨	10	1.0
电缆与建筑物基础		0.6***	
电缆与公路边		1.0***	
电缆与排水沟		1.0***	
电缆与树木的主干		0.7	
电缆与 1kV 以下架空线电杆		1.0***	
电缆与 1kV 以上架空线杆塔基础		4.0***	

*　用隔板分隔或穿管时可取 0.25m；

**　用隔板分隔或穿管时可取 0.1m；

***　特殊情况可酌减，最多减少不超过一半值。

7. 常用电缆产品相关技术参数

不同标称截面的电缆导体股线根数，如表 2–50 所示。

表 2–50　　不同标称截面的电缆导体股线根数

标称截面（mm^2）	线芯中的单线根数	
	圆　　形	扇　　形
25～35	1+6	6+12
50～70	1+6+12	6+12
95	1+6+12	9+16
120	1+6+12	9+15
150	1+6+12	7+2+15+21
185	1+6+12+18	7+2+15+21
240	1+6+12+18	7+2+15+21
300～400	1+6+12+18	—
500～625	1+6+12+18+24	—
800	1+6+12+18+24+30	—

九、高压开关柜

1. 高压开关柜型号含义

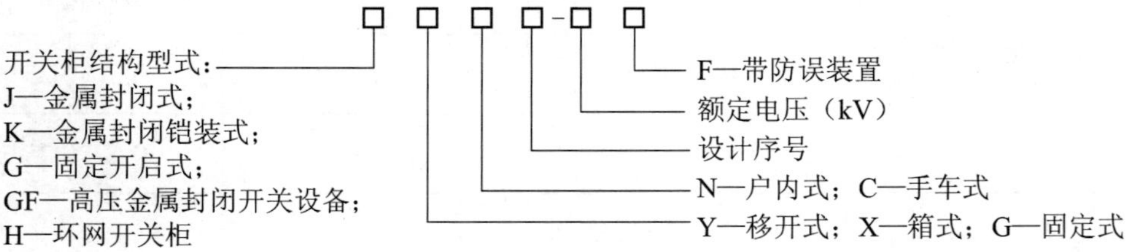

2. 部分高压开关柜参数、配置

部分高压开关柜的型号、参数及配置，如表 2–51 所示。

表 2–51　　部分高压开关柜的型号、参数及配置

型　　号	额定电压（kV）	额定电流（A）	主开关型号	操动机构型号	母线系统
GG–1A（F）	3～10	5～3150	ZN28–10 SN10–10	CS6 CT8 CD10	单母线 单母线旁路
GC2–10（F）	3～10	630～3000	ZN□–10 SN10–10	CT18 CD10	单母线
GFC–10A	3～10	5～1000	SN10–10	CD10	单母线
XGN2–10Z	10	630～3150	ZN28–10 SN10–10	CT8 CD10	单母线 单母线旁路

续表

型　　号	额定电压（kV）	额定电流（A）	主开关型号	操动机构型号	母线系统
JYN2–10	3～10	630～2500	ZN□–10 SN10–10	CT8 CD10	单母线
JYN1–35	35	1000～2000	ZN12–35 SN10–35	CT10 CD10	单母线
KGN1–10	3～10	5～2500	SN10–10	CT8 CD10	单母线 单母线旁路 双母线
KYN1–10	3～10	630～2000	SN10–10	CD10	单母线
HXGN1A–10	10	630	FN12–10D FN12–10RD	CS CD	单母线
HXGN6–10（F、R）	10	630	负荷开关 组合电器	CS CD	单母线

第四节　部分低压配电装置

一、低压电器分类

低压电器分类及品种，如表 2–52 所示。

表 2–52　　低压电器的分类及品种

序号	分　类	品　　种
1	断路器	万能式空气断路器、塑料外壳式断路器、限流式断路器、直流快速断路器、灭磁断路器、漏电保护断路器
2	熔断器	有填料密封管式熔断器、保护半导体器件熔断器、无填料密封管式熔断器、自复熔断器
3	刀开关	熔断器式刀开关、大电流刀开关、负荷开关
4	转换开关	组合开关、换向开关
5	接触器	交流接触器、直流接触器、真空接触器、半导体接触器
6	启动器	电磁启动器、手动启动器、农用启动器、自耦减压启动器、Yd启动器

二、低压电器产品型号组成形式及含义

低压电器产品型号组成形式及含义，如表 2–53 和表 2–54 所示。

表 2–53　　　　　　低压电器产品型号类组代号表

代号	名称	A	B	C	D	G	H	J	K	L	M
H	刀开关和刀型转换开关				刀开关		封闭式负荷开关		开启式负荷开关		
R	熔断器			插入式			汇流排式			螺旋式	密封管式
D	断路器										灭磁
K	控制器					鼓形					
C	接触器					高压		交流	真空		灭磁
Q	启动器	按钮		电磁				减压			
J	控制继电器				漏电					电流	
L	主令电器	按钮						接近开关	主令控制器		
Z	电阻器		板形元件	冲片元件	铁铬铝带型元件	管形元件					
B	变阻器			旋臂						励磁	
T	调整器				电压						
M	电磁铁										
A	其他		触电保护器	插销	信号灯		接线盒			电铃	

代号	名称	P	Q	R	S	T	U	W	X	Y	Z
H	刀开关和刀型转换开关			熔断器式	刀型转换开关					其他	组合开关
R	熔断器				快速	有填料封闭管式				其他	自复
D	断路器				快速			框架式		其他	塑料外壳式

续表

代号	名称	P	Q	R	S	T	U	W	X	Y	Z
K	控制器	平面				凸轮				其他	
C	接触器	中频			时间	通用				其他	
Q	启动器				手动		油浸		星三角	其他	综合
J	控制继电器			热	时间	通用		温度		其他	中间
L	主令电器				主令开关	脚踏开关	旋钮	万能转换开关	行程开关	其他	
Z	电阻器			非线性	烧结元件	铸铁元件			电阻器	硅碳元件	
B	变阻器	频敏	启动		石墨	启动调速	油浸启动	液体启动	滑线式	其他	
T	调整器										
M	电磁铁		牵引					起重		液压	制动
A	其他										

表 2–54　　　　派生代号含义

派生字母	代表含义
A、B、C、D	结构设计稍有改进或变化
C	插入式
J	交流、防溅式
Z	直流、防振、正向、重任务、自动复位
W	失压、无极性、出口用、无灭弧装置
N	可逆、逆向
S	三相、双线圈、防水式、手动复位、三个电源、有锁住机构
P	单相、电压的、防滴式、电磁复位、两个电源
K	开启式
H	保护式、带缓冲装置
M	灭磁、母线式、密封式
Q	防尘式、手车式
L	电流的、折板式、漏电保护
F	高返回、带分励脱扣
X	限流
TH	湿热带
TA	干热带

三、低压断路器

1. 低压断路器型号含义、分类

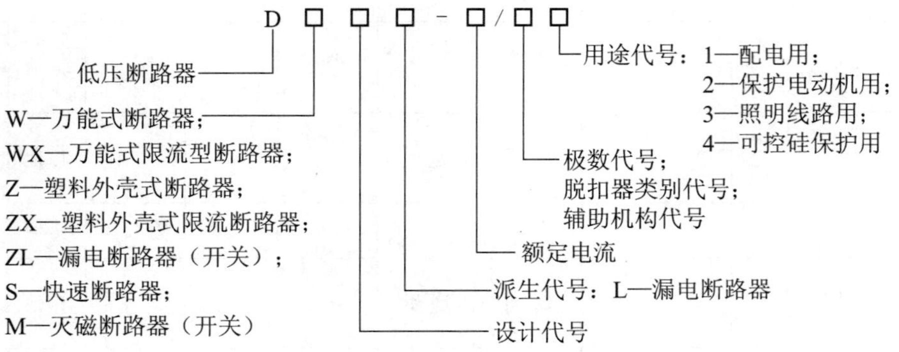

2. 低压断路器型号分类

低压断路器型号分类、特性，如表 2–55 所示。

表 2–55　　　　低压断路器型号分类、特性

分类方法	类　别	结构特性和保护特性
按结构分	DW 系列断路器（万能式、框架式）	开启式结构，额定电流 200～4000A。典型产品有 DW10、DW8 型
	DZ 系列断路器（塑壳式、装置式）	封闭式结构，额定电流 10～600A，典型产品有 DZ10、DZX10（快分限流型）、DZ15L–40（漏电保护式）型
按保护性能分	非选择型断路器	一般为瞬时动作，作短路保护用；也有带长时限动作，可兼作过负荷保护。保护特性参数不可调，断开时间多在 0.02 s 以内
	选择型断路器	有两段保护（瞬时或短延时动作和长延时动作）、三段保护（瞬时动作、短延时动作和长延时动作）的动作特性，保护特性参数可调，断开时间多在 0.02s 以上
	智能型断路器	其脱扣器动作由微机控制，保护性能更多样更灵活
	漏电断路器（剩余电流保护器）	一般为内设零序电流启动的漏电脱扣器，有单设漏电保护的或与过电流保护组合的

3. 低压断路器的脱扣器

低压断路器的脱扣器类型及特性，如表 2–56 所示。

表 2–56　　　　低压断路器的脱扣器类型及特性

序号	类　型	特　性
1	过流脱扣器	常流合闸，过流分闸
2	失压脱扣器	通电合闸，无电分闸

续表

序号	类　型	特　性
3	分励脱扣器	无电合闸，通电分闸
4	热脱扣器	热继电器过热分闸
5	复式脱扣器	过流脱扣器+热脱扣器
6	半导体脱扣器	
7	零序电流脱扣器	有零序电流分闸，常用在漏电保护开关中

4. 低压断路器的配置方式及保护特性

低压断路器的配置方式及保护特性，如表 2–57 所示。

表 2–57　　　　低压断路器的配置方式及保护特性

序号	配置方式	保　护　特　性
1	单独式	断路器配复式脱扣器，承担过负荷保护、短路保护
2	配熔断器式	断路器配热脱扣器，只承担过负荷保护，短路保护由熔断器承担
3	配接触器式	断路器配过流脱扣器，承担短路保护，过负荷保护由热继电器承担

5. 低压断路器技术数据

部分低压断路器技术数据，如表 2–58 所示。

表 2–58　　　　部分低压断路器技术数据

序号	型　号	额定电流（A）	过电流脱扣器范围（A）	短路通断能力				
				交　流			直　流	
				电压（V）	电流（kA）	cosφ	电压（V）	电流（kA）
1	DW10	200 400 600 1000 1500 2500 4000	100～200 100～400 400～600 400～1000 1000～1500 1000～2500 2000～4000	380	10 15 15 20 20 30 40	0.4	440	10 15 15 20 20 30 40

续表

序号	型　号	额定电流（A）	过电流脱扣器范围（A）	短路通断能力				
				交　　流			直　　流	
				电压（V）	电流（kA）	cosφ	电压（V）	电流（kA）
2	DW15	200	100～200	380 660	20 10	0.3 0.3		
		400	200～400	380 660 1140	25 15 10	0.4 0.3 0.3		
		630	300～630	380 660 1140	30 20 12	0.3 0.3 0.3		
		1000	100～1000	380	40	0.3		
		1500	1500		40	0.3		
		2500	1500～2500		60	0.25		
		4000	2500～4000		60	0.25		
3	DWX15	200	100～200	380	50	0.25		
		400	200～400		50	0.25		
		630	400～630		70	0.2		
4	ME1600	1600	200～400 350～630 500～1000 900～1600	660	50	0.25	220	40
5	ME2000	2000	500～1000 1000～2000	660	80	0.2	220	60
6	DZ10	100	15～20 25～30 60～100	380	7 9 12	0.4	220	7 9 12
		250	100～250		30			20
		600	200～600		30			25
7	DZX10	100	60～100	380	30	0.35	220	1.2
		200	100～200		40	0.3		
		400	200～400		50	0.25		
		600	400～600		60	0.25		

续表

序号	型　号	额定电流（A）	过电流脱扣器范围（A）	短路通断能力				
				交　流			直　流	
				电压（V）	电流（kA）	cosφ	电压（V）	电流（kA）
8	DZ5	10	0.5～10	220	1	0.7	220	1.2
		25	0.5～25		2			
		20	0.15～20	380	1.2			
		50	10～50		1.2			
9	S060	40	6～40	220 380	3	0.5 0.7		
10	DZ20G	100	16～100	380	75	0.2	220	20
		200	125～200		70			25
		400	250～400		80		440	30
		800	500～800		75			35

6. 塑料外壳式漏电保护器主要技术数据

塑料外壳式漏电保护器主要技术数据，如表 2–59 所示。

表 2–59　　塑料外壳式漏电保护器主要技术数据

序号	型　号	额定电流（A）	过流脱扣器范围（A）	电压（V）	电流（A）	cosφ	额定漏电动作电流（mA）	额定漏电不动作电流（mA）	漏电动作时间（s）
1	DZ5–20L	20	1、1.5、2、3、4、5、6.5、10、15、20	380	1.5	0.8	30、50、75	15、25、40	≤0.1
2	DZ15L	60	10、15、20、30、40、60	380	5	0.5	50、75、100	25、40、50	≤0.1
3	DZL–18	20	10、16、20	220			15、30	6、15	≤0.1
4	LD1	25 40 63					30、100、300、500	15、50、150、250	≤0.1

四、低压熔断器

1. 低压熔断器型号含义

R □ □ - □ / □

- □（第四位）— 熔体额定电流
- □（第三位）— 熔断器和底座的额定电流
- □（第二位）— 设计代号
- R — 低压熔断器
- □（第一位）— L—螺旋式熔断器；LS—螺旋式快速熔断器；T—有填料封闭管式熔断器；C—插入式熔断器；S—快速熔断器；M—无填料封闭管式熔断器

2. 低压熔断器技术数据

部分低压熔断器的技术数据，如表 2–60 所示。

表 2–60　　部分低压熔断器的技术数据

序号	型　号	额定低压（V）	熔断器额定电流（A）	熔断体额定电流（A）	额定分断能力（kA）
1	RT0	380、500	50 100 200 400 600 1000	5、10、15、20、30、40、50 30、40、50、60、80、100 80、100、120、150、200 150、200、250、300、350、400 350、400、450、500、550、600 500、600、700、800、900、1000	50（380V） 25（500V）
2	NT00	500、660	160	16、20、25、32、36、40、50、63、80、100、125、160	120（500V） 50（660V）
3	NT0	500、660	160	6、10、16、20、25、80、100、125、160	
4	NT1	500、660	250	80、100、125、160、200、250	
5	NT2	500、660	400	125、160、200、224、250、300、315、355、400	
6	NT3	500、660	630	315、355、400、425、500、680	
7	NT4	380	1000	800、1000	
8	RT20–000	500、660	160	4、6、10、16、20、25、32、40、50、63、80、100	120（cosφ=0.1～0.2）
9	RT20–00	500、660	160	125、160	
10	RT20–1	500、660	250	80、100、125、160、200、250	
11	RT20–2	500、660	400	125、160、200、250、315、400	

续表

序号	型　号	额定低压（V）	熔断器额定电流（A）	熔断体额定电流（A）	额定分断能力（kA）
12	RT20–3	500、660	600	315、400、500、630	120（cosφ=0.1～0.2）
13	RL6	500	25 63 100 200	2、4、6、10、16、20、25 35、50、63 80、100 125、160、200	50（cosφ=0.1～0.2）
14	RL7	660	25 63 100	2、4、6、10、16、20、25 35、50、63 80、100	25（cosφ=0.1～0.2）
15	RL8	380	16 63	2、4、6、10、16 20、25、35、50、63	50（cosφ=0.1～0.2）
16	RC1A	220、380	5	1、2、3、5	0.3（cosφ=0.4）
			10 15	2、4、6、8、10 6、10、12、15	0.5（cosφ=0.4）
			30	15、20、25、30	1.5（cosφ=0.4）
			60 100 200	30、40、50、60 60、80、100 100、120、150、200	3（cosφ=0.4）
17	RM10	交流 220、380、660	15	6、10、15	1.2
			60	15、20、25、30、35、40、45、50、60	3.5 2.5（660V）
			100 200	60、80、100 100、125、160、200	10 7（660V）
		直流 220、440	350 600	200、225、260、300、350 350、430、500、600	10
			1000	600、700、850、1000	12

五、低压空气隔离器、刀开关、负荷开关、隔离开关、熔断器组合电器

1. 型号含义

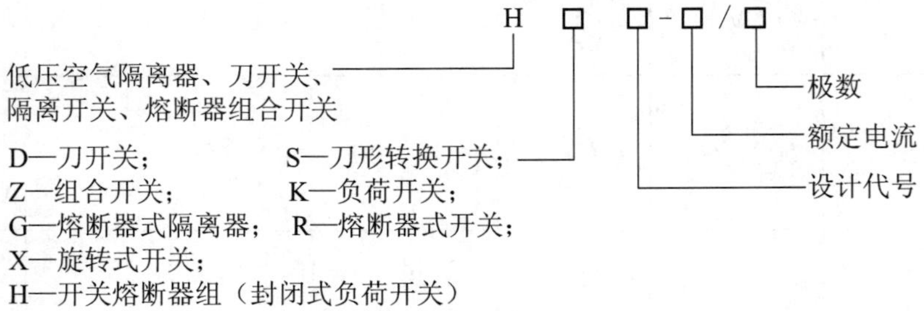

2. 低压刀开关、负荷开关、接触器、启动器的分类及应用

低压刀开关、负荷开关、接触器、启动器的分类、技术性能及应用，如表2–61所示。

表2–61 低压刀开关、负荷开关、接触器、启动器的分类、技术性能及应用

序号	设备	分类	技术性能	用途
1	刀开关	带灭弧罩	有明显断口，能带一定负荷通、断，不能作短路保护用	用于隔离，通断额定电流范围内负荷电流
		不带灭弧罩	有明显断口，不能带负荷通、断，不能作短路保护用	用于隔离
2	负荷开关	刀开关熔断器组合	由刀开关和熔断器串联组合而成。有封闭式和开启式两种。能带负荷电流通、断及作保护用，能明显断开。开启式分断能力小，开启式采用限流熔断器的达到较大的通、断能力	开启式用于电灯、电热回路，也用于控制、保护不频繁操作的小容量电动机。封闭式用于小容量配电线路以及操作次数较多的小容量电动机
		熔断器式刀开关	以RTO熔断器的刀形触头充作刀开关的触刀，简化负荷开关结构。能通、断负荷电流并作保护用，有明显断开，通、断能力大	用于配电线路保护，不用于控制电动机
3	接触器	交流接触器 直流接触器	其机械寿命和主、辅触头的电寿命很长，主触头靠灭弧罩消弧。能频繁通、断电机、电器的负荷电流，不作保护和明显断开用	用于交直流主电源、电动机、电容器等设备及高压断路器合闸回路的远距离控制及频繁操作

续表

序号	设备	分　类	技　术　性　能	用　　途
4	启动器	一般启动器	可操作电动机直接启动，有的可作反向运转操作，具有失压保护、过载保护功能，有的还具有短路保护、缺相保护功能	用于异步电动机启动、反转操作
		星—三角启动器	除一般启动器性能，能在启动时将电动机定子绕组由三角形接线转换为星形接线，启动完毕再恢复三角形接线	用于定子绕组首尾都引出的异步电动机降压启动，适于不频繁启动
		自耦减压启动器	除一般启动器性能，能在启动时将自耦变压器接入启动回路，启动完毕，退出自耦变压器	用于不频繁启动的异步电动机的降压启动，能减小启动电流
		电阻电抗减压启动器	除一般启动器性能，能在启动时将电阻或电抗串入启动回路，启动完毕，退出电阻或电抗	用于不频繁启动的异步电动机的降压启动

3. 各系列低压刀开关、负荷开关、隔离开关、熔断器组合的技术数据

（1）HD11～HD14 刀开关、HS11～HS13 刀型转换开关的型号含义如下：

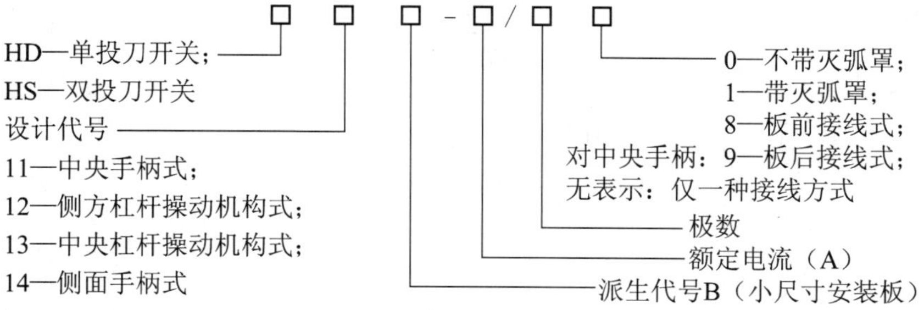

（2）HD11～HD14 刀开关、HS11～HS13 刀型转换开关的技术数据，如表 2–62 所示。

表 2–62　HD11（B）～HD14（B）、HS11（B）～HS13（B）型刀开关的技术数据

序号	项　目			数　据					
1	额定电压（V）			交流 380V、直流 220V、440V					
2	额定电流（A）			100	200	400	600	1000	1500
3	通断能力（A）	AC 380V、$\cos\varphi$=0.72～0.8		100	200	400	600	1000	1500
		DC　T=0.01～0.011s	220V	100	200	400	600	1000	1500
			440V	50	100	200	300	500	750

续表

序号	项目		数据					
4	机械寿命（次）		10000	10000	10000	5000	5000	5000
5	电寿命（次）		1000	1000	1000	500	500	500
6	1s 热稳定电流		6	10	20	25	30	40
7	动稳定电流峰值（kA）	杠杆操作式	20	30	40	50	60	80
		中央手柄式	15	20	30	40	50	—
8	操作力（N）		35	35	35	35	45	45

（3）HK 系列开启式负荷开关技术数据，如表 2–63 所示。

表 2–63　　HK 系列开启式负荷开关技术数据

序号	型号	额定电压（V）	极数	额定电流（A）	额定熔断短路电流（A）	额定通断电流（A）
1	HK2	220	2	10、15、30	500、500、1000	$4\times I_n$
		380	3	15、30 60	500、1000 1000	$2\times I_n$ $1.5\times I_n$
2	HK4	220	2	10、16、32、63	1000、15000、2000、2500	$4\times I_n$
		380	3	16、32、63	1500、2000、2500	$3\times I_n$
3	HK8	220	2	10、16、32	1000、1500、2000	$4\times I_n$
		380	3	16、32 63	1500、2000 2500	$2\times I_n$ $1.5\times I_n$

（4）HH 系列封闭式负荷开关技术数据，如表 2–64 所示。

表 2–64　　HH 系列封闭式负荷开关技术数据

序号	型号	额定电压（V）和极数	额定电流（A）	额定熔断短路电流（A）	额定通断电流（A）
1	HH3	220 和 2 380 和 3	10、15、20、30、60	500、1000、1000、2000、3000	$4\times I_n$
			100	4000	250
			200	6000	300

续表

序号	型号	额定电压（V）和极数	额定电流（A）	额定熔断短路电流（A）	额定通断电流（A）
2	HH4	415 和 3	15、30、60	500、1500、3000	$4 \times I_n$
			100	3000	250
			200		300
3	HH10	415 和 3	20、32、63、100	5000	$1.5 \times I_n$
4	HH10D				
5	HH12	415 和 3	20、32、63、100、200	5000	$4 \times I_n$
6	HH12D				

（5）HR3 系列熔断器式刀开关技术数据，如表 2–65 所示。

表 2–65　　HR3 系列熔断器式刀开关技术数据

型号	熔断器		刀开关分断能力（A）		熔断器分断能力（kA）	
	额定电流（A）	熔体额定电流（A）	AC380V $\cos\varphi \geqslant 0.5$	DC440V $T \leqslant 0.0045$s	AC380V $\cos\varphi \leqslant 0.3$	DC440V T=0.015～0.02s
HR3	100	30、40、50、60、80、100	100	100	50	25
	200	80、100、120、150、200	200	200		
	400	150、200、250、300、350、400	400	400		
	600	350、400、450、500、550、600	600	600	50	25
	1000	700、800、900、1000	1000	1000	25	

（6）低压 380V 的 CJ8、CJ10、CJ12 型交流接触器主要技术数据，如表 2–66 所示。

表 2–66　低压 380V 的 CJ8、CJ10、CJ12 型交流接触器主要技术数据

型　号	主触头		辅助触头		电动机功率（kW）			通断电流能力	
	额定电流（A）	极数	额定电流（A）	组合情况	220V	380V	500V	接通（A）	分断（A）
CJ10	5 10 20 40 60 100 150	3	5	1 动合 2 动合 2 动断	1.2 2.2 5.5 11 17 30 43	2.2 4 10 20 30 50 75	2.2 4 10 20 30 50 75	12 I_n	10 I_n
CJ12 CJ12B	100 150 250 400 600	2 3 4 5	10	5 动合 1 动断 或 5 动合 1 动断 或 5 动合 1 动断		50 75 125 200 300		12 I_n 12 I_n 12 I_n 10 I_n 10 I_n	10 I_n 10 I_n 10 I_n 8 I_n 8 I_n

六、低压开关柜

1. 低压开关柜型号含义

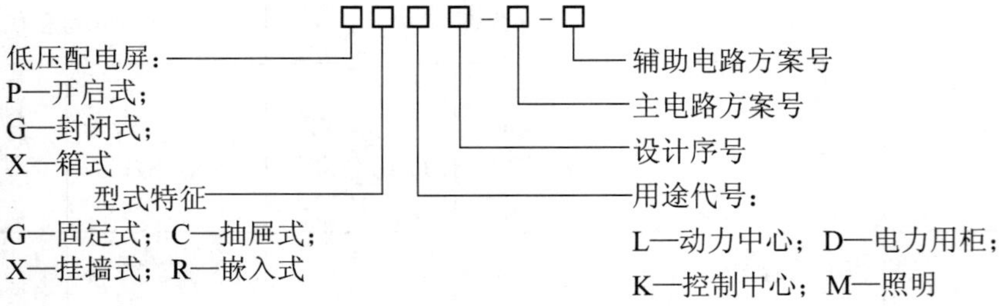

2. 低压开关柜型号、参数、规格

低压开关柜型号、参数、规格，如表 2–67 所示。

表 2–67　　低压开关柜型号、参数、规格

序号	型号	额定电压（V）	额定电流（A）	额定耐受电流（kA）	外形尺寸（mm）高×宽×深	用　途
1	GCK1	380 660	1000、1600 2000、2500	15 30 50	2200×800×1000 2200×800×500 2200×600×1000	电动机控制 自动控制
2	GCL1	660	200、400、600、630、800、1000、1250、1600、2000、2500、3150	50 80	2200×400×1200 2200×600×1200 2200×800×1200 2200×1000×1200	动力中心（PC）

续表

序号	型号	额定电压（V）	额定电流（A）	额定耐受电流（kA）	外形尺寸（mm） 高×宽×深	用途
3	GCL2	500	500～1250 1600、2000、2500	63	2270×660×1642 2270×800×1642 2270×1000×1642	动力中心（PC）
4	GCK3	500	30、40、75 电动机容量（kW）	31.5	2270×660×842	控制中心（MCC）
5	DOMINO	380 660	4、7.5、22、45、50、85、132、200 电动机容量（kW） 100～630（馈电） 100、200（照明）	50 115	以基本模数为基础加以组合 高：1 模=172 宽：1 模=172 深：1 模=172	配电 电动机控制 照明
6	GGD1、2、3	380	400、600、1000 100、1600 2000、2500、3150	15 30 50	2200×600×600 2200×800×600 2200×1000×600 2200×1200×600	动力 配电 照明
7	GGL1	380	630、800、1000 1250、1600、2000 2500	50	2200×600×1000 2200×800×600	动力 配电 照明
8	GBL1	380	630、1000	15 30	1800×400×400 1800×600×400 1800×800×400	动力 配电 照明
9	GCS	380 660	630、1000、1600 2000、2500、3150 4000	50 80	高以基本模数组合 高：1 模=160 宽：800、1000 深：1000、800	配电、电动机集中控制 无功补偿
10	GCDH	660	30～600 1500～3200 7.5～160（kVA）控制功率		高以基本模数组合 高：1 模=25 宽：600、800、1000	动力中心 控制中心 无功补偿
11	MSN	380 660	30～500（A） 1500～3150（A） 7.5～160（kVA）控制功率	60 100 130 250	高：2200 宽：400、600、800、1000、1200 深：600、100	配电 控制

续表

序号	型号	额定电压（V）	额定电流（A）	额定耐受电流（kA）	外形尺寸（mm） 高×宽×深	用途
12	PGL1、2	380	400、630、800、1000、1250、1600、2000、2500、3150	15	2200×400×600 2200×600×600 2200×800×600 2200×1000×600	动力 配电 照明
13	X XRM18	380 220	100		高：164、280 宽：144、169、194、230、280、355、430 深：100、125、145	户内照明 7kW以下电动机控制 单相计量

第五节 部分常用变压器技术数据

一、变压器型号

变压器型号含义如下：

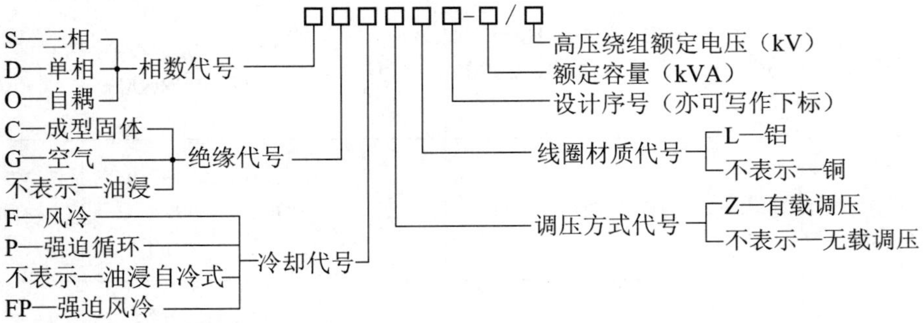

二、变压器技术数据

1. 三相 110kV 电力降压变压器

SF（P）7–110 系列三相双绕组电力降压变压器部分技术数据，如表 2–68 所示。

表 2–68 SF（P）7–110 系列三相双绕组电力降压变压器部分技术数据

序号	型号	S_N（kVA）	U_N（kV）		U_k（%）	接线组别	损耗（kW）		I_0（%）
			高压	低压			空载	短路	
1	SF7–6300/110	6300	110	11 10.5 6.6 6.3	10.5	YNd11	9.975	36.42 37.12 36.42 37.02	1.1/1.4

续表

序号	型　　号	S_N（kVA）	U_N（kV）		U_k（%）	接线组别	损耗（kW）		I_0（%）
			高压	低压			空载	短路	
2	SF7–10000/110	10000	110	11 10.5 6.6 6.3	10.5	YNd11	13.940	56.2 56 55.9 55.8	1.0/1.3
3	SF7–12500/110	12500	110	11 10.5 6.6 6.3	10.5	YNd11	15.925	69.1 68.5 70 69.6	1.0/1.3
4	SF7–16000/110	16000	110	11 10.5 6.6 6.3	10.5	YNd11	17.543	75.9 77.2 76 75.9	0.9/1.2
5	SF7–20000/110	20000	110	11 10.5 6.6 6.3	10.5	YNd11	25.250	97.365 97.26 98.68 98.14	0.9/1.2
6	SF7–31500/110	31500	110	11 10.5 6.6 6.3	10.5	YNd11	30.50	139.2	0.8/1.1
7	SF7–40000/110	40000	110	11 10.5 6.6 6.3	10.5	YNd11	42.74	167.80 167.00 161.93 158.40	0.7/1.0
8	SF7–50000/110	50000	110	11 10.5 6.6 6.3	10.5	YNd11	46.51	213.40 212.40 205.40 205.90	0.7/1.0
9	SF7–63000/110	63000	110	11 10.5 6.6 6.3	10.5	YNd11	53.50	250.80 250.80 242.80 242.10	0.6/0.9

注　1. 表中 I_0（%）一栏内，斜线下方数值为过渡标准。

2. 本系列带无励磁调压分接开关，调压范围 ±2×2.5%，温升标准：油顶层 55℃，50000kVA 和 63000kVA 为强油风冷，其余为风冷。

2. 三相 35kV 电力降压变压器

35kV SL7 系列三相双绕组电力降压变压器部分技术数据如表 2–69 所示。

表 2–69　35kV SL7 系列三相双绕组电力降压变压器部分技术数据

序号	型　号	S_N（kVA）	U_N（kV）		U_k（%）	接线组别	损耗（W）		I_0（%）
			高压	低压			空载	短路	
1	SL7–50/35	50	35	0.4	6.5	Yyn0	264	1302	2.8
2	SL7–100/35	100	35	0.4	6.5	Yyn0	367	2237	2.6
3	SL7–125/35	125	35	0.4	6.5	Yyn0	416	2570	2.5
4	SL7–160/35	160	35	0.4	6.5	Yyn0	476	3166	2.4
5	SL7–200/35	200	35	0.4	6.5	Yyn0	542	3740	2.2
6	SL7–250/35	250	35	0.4	6.5	Yyn0	636	4395	2.0
7	SL7–315/35	315	35	0.4	6.5	Yyn0	762	5370	2.0
8	SL7–400/35	400	35	0.4	6.5	Yyn0	920	5329	1.9
9	SL7–500/35	500	35	0.4	6.5	Yyn0	1083	7540	1.9
10	SL7–630/35	630	35	0.4	6.5	Yyn0	1245	9222	1.8
11	SL7–800/35	800	35	0.4	6.5	Yyn0	1520	10801	1.5
12	SL7–1000/35	1000	35	0.4	6.5	Yyn0	1830	13620	1.4
13	SL7–1250/35	1250	35	0.4	6.5	Yyn0	2193	16047	1.2
14	SL7–1600/35	1600	35	0.4	6.5	Yyn0	2594	19728	1.1
15	SL7–2000/35	2000	35	0.4	6.5	Yd11	3411	19567	1.1
16	SL7–2500/35	2500	35	0.4	6.5	Yd11	4030	23317 23523	1.1
17	SL7–3150/35	3150	35	0.4	7	Yd11	4844	26843 27062	1.0
18	SL7–4000/35	4000	35	0.4	7	Yd11	5680	31244 31513	1.0
19	SL7–5000/35	5000	35	0.4	7	Yd11	6768	36977 37254	0.9
20	SL7–6300/35	6300	35	0.4	7.5	Yd11	8250	41075 42461	0.9

3. 三相 10/6.3kV 电力降压变压器

10kV SL7 系列三相双绕组电力降压变压器部分技术数据，如表 2–70 所示。

表 2–70　10kV SL7 系列三相双绕组电力降压变压器部分技术数据

<table>
<tr><th rowspan="2">序号</th><th rowspan="2">型　号</th><th rowspan="2">S_N（kVA）</th><th colspan="2">U_N（kV）</th><th rowspan="2">U_k（%）</th><th rowspan="2">接线组别</th><th colspan="2">损耗（W）</th><th rowspan="2">I_0（%）</th></tr>
<tr><th>高压</th><th>低压</th><th>空载</th><th>短路</th></tr>
<tr><td>1</td><td>SL7–2000/10</td><td>2000</td><td>10</td><td>6.3</td><td>5.5</td><td>Yd11</td><td>3115.5</td><td>20108</td><td>1.0</td></tr>
<tr><td>2</td><td>SL7–2500/10</td><td>2500</td><td>10</td><td>6.3</td><td>5.5</td><td>Yd11</td><td>3710</td><td>23355</td><td>1.0</td></tr>
<tr><td>3</td><td>SL7–3150/10</td><td>3150</td><td>10</td><td>6.3</td><td>5.5</td><td>Yd11</td><td>4448</td><td>27117</td><td>0.9</td></tr>
<tr><td>4</td><td>SL7–4000/10</td><td>4000</td><td>10</td><td>6.3</td><td>5.5</td><td>Yd11</td><td>5344</td><td>32396</td><td>0.8</td></tr>
<tr><td>5</td><td>SL7–5000/10</td><td>5000</td><td>10</td><td>6.3</td><td>5.5</td><td>Yd11</td><td>6373</td><td>36632</td><td>0.8</td></tr>
<tr><td>6</td><td>SL7–6300/10</td><td>6300</td><td>10</td><td>6.3</td><td>5.5</td><td>Yd11</td><td>7662</td><td>41582</td><td>0.7</td></tr>
</table>

4. 调压变压器

（1）双绕组调压变压器的技术数据，如表 2–71 所示。

表 2–71　双绕组调压变压器技术数据

<table>
<tr><th rowspan="2">序号</th><th rowspan="2">型　　号</th><th colspan="3">电　压　组　合</th><th rowspan="2">接线组别</th><th rowspan="2">空载损耗（kW）</th><th rowspan="2">负荷损耗（kW）</th><th rowspan="2">空载电流（%）</th><th rowspan="2">阻抗电压（%）</th></tr>
<tr><th>高压（kV）</th><th>高压分接范围（%）</th><th>低压（kV）</th></tr>
<tr><td>1</td><td>S9–315/35</td><td rowspan="5">35</td><td rowspan="5">±5</td><td rowspan="5">0.4</td><td rowspan="5">Yyn0</td><td>0.61</td><td>4.77</td><td>1.4</td><td>6.5</td></tr>
<tr><td>2</td><td>S9–400/35</td><td>0.73</td><td>5.76</td><td>1.3</td><td>6.5</td></tr>
<tr><td>3</td><td>S9–800/35</td><td>1.23</td><td>9.90</td><td>1.05</td><td>6.5</td></tr>
<tr><td>4</td><td>S9–1250/35</td><td>1.76</td><td>14.67</td><td>0.85</td><td>6.5</td></tr>
<tr><td>5</td><td>S9–1600/35</td><td>2.12</td><td>17.55</td><td>0.75</td><td>6.5</td></tr>
<tr><td>6</td><td>S9–2000/35</td><td>35</td><td rowspan="3">±5</td><td rowspan="3">3.15
6.3
10.5</td><td rowspan="3">Yd11</td><td>2.72</td><td>17.82</td><td>0.75</td><td>6.5</td></tr>
<tr><td>7</td><td>S9–3150/35</td><td rowspan="2">35
38.5</td><td>3.80</td><td>24.30</td><td>0.70</td><td>7.0</td></tr>
<tr><td>8</td><td>S9–6300/35</td><td>6.56</td><td>36.90</td><td>0.60</td><td>7.5</td></tr>
<tr><td>9</td><td>SFZ9–3150/35</td><td rowspan="4">35
38.5</td><td rowspan="4">±3×2.5</td><td rowspan="4">6.3
10.5</td><td rowspan="4">Yd11</td><td>4.04</td><td>26.01</td><td>0.9</td><td>7.0</td></tr>
<tr><td>10</td><td>SFZ9–4000/35</td><td>4.84</td><td>30.69</td><td>0.9</td><td>7.0</td></tr>
<tr><td>11</td><td>SFZ9–5000/35</td><td>5.8</td><td>36.00</td><td>0.85</td><td>7.0</td></tr>
<tr><td>12</td><td>SFZ9–6300/35</td><td>7.04</td><td>38.70</td><td>0.85</td><td>7.5</td></tr>
</table>

续表

序号	型号	电压组合			接线组别	空载损耗（kW）	负荷损耗（kW）	空载电流（%）	阻抗电压（%）
		高压（kV）	高压分接范围（%）	低压（kV）					
13	SFZ9–31500/110	110	±8×1.25	11 10.5 6.3 6.6	YNd11	33.8	133	1.1	10.5
14	SFZ9–40000/110					40.0	156	1.0	10.5
15	SFPZ9–120000/220	220	±8×1.25	10.5 11 35 38.5	YNd11	99	347	0.8	12～14
16	SFPZ9–150000/220					117	405	0.7	12～14
17	SFPZ9–180000/220					135	468	0.7	12～14

（2）三绕组调压变压器的技术数据，如表 2–72 所示。

5. 三相 10/0.4kV 配电变压器

（1）SL7 系列铝绕组变压器技术数据，如表 2–73 所示。

（2）S7 系列铜绕组变压器技术数据，如表 2–74 所示。

（3）S9 系列铜绕组变压器技术数据，如表 2–75 所示。

（4）SZL7 系列铝绕组有载调压变压器技术数据，如表 2–76 所示。

（5）SZ7 系列铜绕组有载调压变压器技术数据，如表 2–77 所示。

（6）SCL1 系列环氧树脂浇注干式变压器技术数据，如表 2–78 所示。

（7）SC 系列环氧树脂浇注干式变压器技术数据，如表 2–79 所示。

（8）SC3 系列环氧树脂浇注干式变压器技术数据，如表 2–80 所示。

（9）SG3 系列空气绝缘干式变压器技术数据，如表 2–81 所示。

（10）BS7 系列全密闭电力变压器技术数据，如表 2–82 所示。

（11）BS9 系列全密闭电力变压器技术数据，如表 2–83 所示。

（12）SN8 系列农用变压器技术数据，如表 2–84 所示。

6. 新型节能配电变压器

S11 系列油浸式配电变压器的性能参数，如表 2–85 所示。

表 2–72 三绕组调压变压器技术数据

序号	型号	电压组合及分接范围			空载损耗（kW）	负荷损耗（kW）	阻抗电压（%）			空载电流（%）	接线组别	容量分配
		高压（kV）	中压（kV）	低压（kV）			高—中	高—低	中—低			
1	SFS9–20000/110	110±2×2.5%	35±2×2.5%	6.3	26	113	10.5	17～18	6.5	1.1	YN yn0 d11	
2	SFS9–25000/110	121±2×2.5%	38.5±2×2.5%	6.6	31	133				1.0		
3	SFS9–31500/110		35±5%	10.5	36.8	189				1.0		
4	SFS9–40000/110		38.5±5%	11	43.6	155				0.9		
5	SFSZ9–20000/110	110±8×1.25%	38.5±2×2.5%		28.6	112				1.5		
6	SFSZ9–25000/110				33.8	133				1.4		
7	SFSZ9–31500/110				40.2	157				1.4		
8	SFSZ9–40000/110				48.2	189				1.3		
9	SFSZ9–50000/110		38.5±5%		57	225				1.3		
10	SFSZ9–63000/110				67.8	270				1.2		

续表

序号	型号	电压组合及分接范围			空载损耗（kW）	负荷损耗（kW）	阻抗电压（%）			空载电流（%）	接线组别	容量分配
		高压（kV）	中压（kV）	低压（kV）			高—中	高—低	中—低			
11	SFPSZ9–90000/220	220±8×1.25%	69 121	10.5	93	351	12 ~ 14	22 ~ 24	7 ~ 9	0.9	YN yn0 d11	100/100/100 100/50/100 100/100/50
12	SFPSZ9–120000/220			11	115	432				0.9		
13	SFPSZ9–150000/220			35	136	513				0.8		
14	SFPSZ9–180000/220			38.5	156	630				0.8		
15	OSFPS9–120000/220				64	309	8 ~ 10	28 ~ 34	18 ~ 24	0.7	YN a0 d11	100/100/50
16	OSFPS9–150000/220				76	365				0.6		
17	OSFPS9–180000/220				86	419				0.6		
18	OSFPS9–240000/220				104	540				0.5		

表 2–73　SL7 系列铝绕组变压器技术数据

额定容量（kVA）	额定电压（kV）		额定电流（A）		损耗（W）		阻抗电压（%）			绕组阻抗（mΩ/相）				时间常数（s）
										电阻		电抗		
	一次	二次	一次	二次	空载	短路	U_k	U_R	U_X	正序	零序	正序	零序	
30	10	0.4	1.76	43.35	150	800	4	2.66	2.98	142.22	71.11	158.93	1.52	0.0035
50	10	0.4	2.94	72.25	190	1150	4	2.30	3.27	73.60	36.80	104.64	0.91	0.0045
63	10	0.4	3.70	91.04	220	1400	4	2.22	3.32	56.43	28.21	84.31	0.72	0.0047
80	10	0.4	4.70	115.60	270	1650	4	2.06	3.42	41.25	20.62	68.40	0.57	0.0052
100	10	0.4	5.88	144.50	320	2000	4	2.00	3.46	32.00	16.00	55.36	0.45	0.0054
125	10	0.4	7.35	180.63	370	2450	4	1.96	3.48	25.08	12.54	44.54	0.36	0.0056
160	10	0.4	9.41	231.21	460	2850	4	1.78	3.58	17.81	8.90	35.80	0.28	0.0065
200	10	0.4	11.76	289.01	540	3400	4	1.70	3.62	13.60	6.80	28.96	0.22	0.0067
250	10	0.4	14.70	361.27	640	4000	4	1.60	3.66	10.24	5.12	23.42	0.18	0.0073
315	10	0.4	18.52	455.20	760	4800	4	1.52	3.69	7.73	3.86	18.74	0.14	0.0077
400	10	0.4	23.52	578.03	920	5800	4	1.45	3.72	5.80	2.90	14.88	0.11	0.0081
500	10	0.4	29.41	722.54	1080	6900	4	1.38	3.75	4.41	2.20	12.00	0.09	0.0086
630	10	0.4	37.05	910.40	1300	8100	4.5	1.28	4.31	3.26	1.63	10.94	0.07	0.0106
800	10	0.4	47.05	1156.06	1540	9900	4.5	1.23	4.32	2.47	1.23	8.64	0.05	0.0111
1000	10	0.4	58.82	1445.08	1800	11600	4.5	1.16	4.34	1.85	0.92	6.94	0.04	0.0119
1250	10	0.4	73.52	1806.35	2200	13800	4.5	1.10	4.36	1.41	0.70	5.58	0.03	0.0126
1600	10	0.4	94.11	2312.13	2650	16500	4.5	1.03	4.38	1.03	0.51	4.38	0.02	0.0135

表 2–74 S7 系列铜绕组变压器技术数据

额定容量（kVA）	额定电压（kV）		额定电流（A）		损耗（W）		阻抗电压（%）			绕组阻抗（mΩ/相）				时间常数（s）
										电阻		电抗		
	一次	二次	一次	二次	空载	短路	U_k	U_R	U_X	正序	零序	正序	零序	
30	10	0.4	1.73	43.3	150	800	4	2.66	2.98	142.22	71.11	158.93	1.52	0.0035
50	10	0.4	2.89	72.2	190	1150	4	2.30	3.27	73.60	36.80	104.64	0.91	0.0045
80	10	0.4	4.62	115.5	270	1650	4	2.06	3.42	41.25	20.62	68.40	0.57	0.0052
63	10	0.4	3.64	91.04	220	1400	4	2.22	3.32	56.43	28.21	84.31	0.72	0.0047
100	10	0.4	5.78	144.51	320	2000	4	2.00	3.46	32.00	16.00	55.36	0.45	0.0055
125	10	0.4	7.23	180.63	370	2450	4	1.90	3.51	25.00	12.50	44.92	0.36	0.0057
160	10	0.4	9.24	231.21	460	2850	4	1.80	3.57	17.80	8.90	35.70	0.28	0.0063
200	10	0.4	11.56	289.02	540	3400	4	1.70	3.62	13.60	6.80	28.96	0.22	0.0067
250	10	0.4	14.45	361.27	640	4000	4	1.60	3.66	10.24	5.12	23.42	0.18	0.0072
315	10	0.4	18.20	455.20	760	4800	4	1.50	3.70	7.73	3.86	18.79	0.14	0.0077
400	10	0.4	23.12	578.03	920	5800	4	1.40	3.74	5.80	2.90	14.96	0.11	0.0082
500	10	0.4	28.90	722.54	1080	6900	4	1.30	3.78	4.42	2.21	12.09	0.09	0.0087
630	10	0.4	36.42	910.40	1300	8100	4.5	1.20	4.33	3.26	1.63	10.99	0.07	0.0107
800	10	0.4	46.24	1156.06	1540	9900	4.5	1.20	4.33	2.47	1.23	8.66	0.05	0.0111
1000	10	0.4	57.80	1445.09	1800	11600	4.5	1.10	4.36	1.85	0.925	6.97	0.04	0.0119
1250	10	0.4	72.25	1806.35	2200	13800	4.5	1.11	4.36	1.41	0.70	5.58	0.03	0.0126
1600	10	0.4	92.48	2312.13	2650	16500	4.5	1.00	4.38	1.03	0.51	4.38	0.02	0.0135
2000	10	0.4	115.60	2890.17	3000	19800	4.5	0.90	4.4	0.79	0.39	3.52	0.02	0.0141

表 2–75　　**S9 系列铜绕组变压器技术数据**

额定容量（kVA）	额定电压（kV）		额定电流（A）		损耗（W）		阻抗电压（%）			绕组阻抗（mΩ/相）				时间常数（s）
										电阻		电抗		
	一次	二次	一次	二次	空载	短路	U_k	U_R	U_X	正序	零序	正序	零序	
100	10	0.4	5.78	144.51	290	1500	4	1.50	3.70	24.00	12.00	59.20	0.45	0.0078
125	10	0.4	7.23	180.63	350	1750	4	1.40	3.74	17.92	8.96	47.87	0.36	0.0085
160	10	0.4	9.24	231.21	420	2100	4	1.30	3.78	13.12	6.56	37.80	0.28	0.0091
200	10	0.4	11.56	289.02	500	2500	4	1.25	3.79	10.00	5.00	30.32	0.22	0.0096
250	10	0.4	14.45	361.27	590	2950	4	1.20	3.81	7.55	1.88	24.38	0.18	0.0102
315	10	0.4	18.20	455.20	700	3500	4	1.10	3.84	5.64	2.82	19.50	0.14	0.0110
400	10	0.4	23.12	578.03	840	4200	4	1.00	3.87	4.20	2.10	15.48	0.11	0.0117
500	10	0.4	28.90	722.54	1000	5000	4	1.00	3.87	3.20	1.60	12.38	0.09	0.0123
630	10	0.4	36.42	910.40	1230	6000	4.5	0.90	4.40	2.42	1.21	11.17	0.07	0.0146
800	10	0.4	46.24	1156.06	1450	7200	4.5	0.90	4.40	1.80	0.90	8.80	0.05	0.0155
1000	10	0.4	57.80	1445.09	1720	10000	4.5	1.00	4.38	1.60	0.80	7.00	0.04	0.0139
1250	10	0.4	72.25	1806.35	2000	11800	4.5	0.90	4.40	1.20	0.60	5.63	0.03	0.0149
1600	10	0.4	92.48	2312.13	2450	11400	4.5	0.70	4.44	0.71	0.35	4.44	0.0285	0.0199

表 2–76　　**SZL7 系列铝绕组有载调压变压器技术数据**

额定容量（kVA）	额定电压（kV）		额定电流（A）		损耗（W）		阻抗电压（%）			绕组阻抗（mΩ/相）				时间常数（s）
										电阻		电抗		
	一次	二次	一次	二次	空载	短路	U_k	U_R	U_X	正序	零序	正序	零序	
200	10	0.4	11.56	289.02	540	3400	4	1.70	3.62	13.60	6.80	28.96	0.22	0.0067
250	10	0.4	14.45	361.27	640	4000	4	1.60	3.66	10.24	5.12	23.42	0.18	0.0072
315	10	0.4	18.20	455.20	760	4800	4	1.52	3.69	7.73	3.86	18.74	0.14	0.0077
400	10	0.4	23.12	578.03	920	5800	4	1.45	3.72	5.80	2.90	14.88	0.11	0.0081
500	10	0.4	28.90	722.54	1080	6900	4	1.38	3.75	4.41	2.20	12.00	0.09	0.0086
630	10	0.4	36.42	910.40	1400	8500	4.5	1.34	4.29	3.42	1.71	10.89	0.07	0.0101
800	10	0.4	46.24	1156.06	1660	10400	4.5	1.30	4.30	2.60	1.30	8.60	0.05	0.0105
1000	10	0.4	57.80	1445.09	1930	12100	4.5	1.21	4.33	1.93	0.96	6.92	0.04	0.0114
1250	10	0.4	72.25	1806.35	2350	14490	4.5	1.15	4.35	1.48	0.74	5.56	0.03	0.0119
1600	10	0.4	92.48	2312.13	3000	17300	4.5	1.08	4.36	1.08	0.54	4.36	0.02	0.0128

表 2–77 SZ7 系列铜绕组有载调压变压器技术数据

额定容量（kVA）	额定电压（kV）		额定电流（A）		损耗（W）		阻抗电压（%）			绕组阻抗（mΩ/相）				时间常数（s）
										电阻		电抗		
	一次	二次	一次	二次	空载	短路	U_k	U_R	U_X	正序	零序	正序	零序	
200	10	0.4	11.56	289.02	540	3400	4	1.70	3.62	13.60	6.80	28.96	0.22	0.0067
250	10	0.4	14.45	361.27	640	4000	4	1.60	3.66	10.24	5.12	23.42	0.18	0.0072
315	10	0.4	18.20	455.20	760	4800	4	1.52	3.69	7.73	3.86	18.74	0.14	0.0077
400	10	0.4	23.12	578.03	920	5800	4	1.45	3.72	5.80	2.90	14.88	0.11	0.0081
500	10	0.4	28.90	722.54	1080	6900	4	1.38	3.75	4.41	2.20	12.00	0.09	0.0086
630	10	0.4	36.42	910.40	1400	8500	4.5	1.34	4.29	3.42	1.71	10.89	0.07	0.0101
800	10	0.4	46.24	1156.06	1660	10400	4.5	1.30	4.30	2.60	1.30	8.60	0.05	0.0105
1000	10	0.4	57.80	1445.09	1930	12180	4.5	1.21	4.33	1.94	0.96	6.92	0.04	0.0114
1250	10	0.4	72.25	1806.35	2350	14490	4.5	1.15	4.35	1.48	0.74	5.56	0.03	0.0119
1600	10	0.4	92.48	2312.13	3000	17300	4.5	1.08	4.36	1.08	0.54	4.36	0.02	0.0128

表 2–78　**SCL1 系列环氧树脂浇注干式变压器技术数据**

额定容量（kVA）	额定电压（kV）		额定电流（A）		损耗（W）		阻抗电压（%）			绕组阻抗（mΩ/相）				时间常数（s）
										电阻		电抗		
	一次	二次	一次	二次	空载	短路	U_k	U_R	U_X	正序	零序	正序	零序	
100	10	0.4	5.78	144.50	530	1450	4	1.45	3.72	23.2	11.60	59.52	0.45	0.0081
160	10	0.4	9.24	231.21	740	1950	4	1.21	3.81	12.18	6.09	38.10	0.28	0.0100
200	10	0.4	11.56	289.01	830	2350	4	1.17	3.82	9.40	4.70	30.56	0.22	0.0101
250	10	0.4	14.45	361.27	980	2750	4	1.10	3.84	7.04	3.52	24.57	0.18	0.0109
315	10	0.4	18.20	455.20	1150	3250	4	1.03	3.86	5.24	2.62	19.60	0.14	0.0119
400	10	0.4	23.12	578.03	1400	3900	4	0.97	3.88	3.90	1.95	15.52	0.11	0.0126
500	10	0.4	28.90	722.54	1600	4850	4	0.97	3.88	3.10	1.55	12.41	0.09	0.0127
630	10	0.4	36.41	910.40	1800	5650	4	0.89	3.89	2.27	1.13	9.87	0.07	0.0138
800	10	0.4	46.24	1156.06	2100	6200	6	0.77	5.95	1.55	0.77	11.90	0.05	0.0244
1000	10	0.4	57.80	1445.08	2400	7300	6	0.73	5.95	1.16	0.58	9.52	0.04	0.0261
1250	10	0.4	72.25	1806.35	2900	8700	6	0.69	5.96	0.89	0.44	7.62	0.03	0.0272
1600	10	0.4	92.48	2312.13	3400	10500	6	0.65	5.96	0.65	0.32	5.96	0.02	0.0292
2000	10	0.4	115.60	2890.17	4700	12700	6	0.63	5.96	0.50	0.25	4.76	0.02	0.0303
2500	10	0.4	144.50	3617.71	5800	15400	6	0.61	5.96	0.39	0.19	3.81	0.01	0.0311

表 2–79　SC 系列环氧树脂浇注干式变压器技术数据

额定容量（kVA）	额定电压（kV）		额定电流（A）		损耗（W）		阻抗电压（%）			绕组阻抗（mΩ/相）				时间常数（s）
										电阻		电抗		
	一次	二次	一次	二次	空载	短路	U_k	U_R	U_X	正序	零序	正序	零序	
30	10	0.4	1.73	43.35	240	560	4	1.86	3.54	99.55	49.77	188.80	1.52	0.0060
50	10	0.4	2.89	72.25	320	1100	4	2.20	3.34	70.40	35.20	106.88	0.91	0.0048
80	10	0.4	4.62	115.60	330	1500	4	1.87	3.53	37.50	18.75	70.60	0.57	0.0059
100	10	0.4	5.78	144.50	380	1700	4	1.70	3.62	27.20	13.60	57.92	0.45	0.0067
125	10	0.4	7.22	180.63	380	2000	4	1.60	3.66	20.48	10.24	46.84	0.36	0.0072
160	10	0.4	9.24	231.21	550	2100	4	1.31	3.77	13.12	6.56	37.70	0.28	0.0091
200	10	0.4	11.56	289.01	600	2600	4	1.30	3.78	10.40	5.20	30.24	0.22	0.0095
250	10	0.4	14.45	361.27	790	2700	4	1.08	3.85	6.91	3.45	24.64	0.18	0.0113
315	10	0.4	18.20	455.20	840	3250	4	1.03	3.86	5.24	2.62	19.60	0.14	0.0119
400	10	0.4	23.12	578.03	950	3600	4	0.90	3.89	3.60	1.80	15.56	0.11	0.0137
500	10	0.4	28.90	722.54	1200	4000	4	0.80	3.91	2.56	1.28	12.512	0.09	0.0155
630	10	0.4	36.41	910.40	1500	6200	4	0.98	3.87	2.49	1.24	9.82	0.07	0.0125
800	10	0.4	46.24	1156.06	1500	8950	6	1.12	5.89	2.23	1.11	11.78	0.05	0.0168
1000	10	0.4	57.80	1445.08	2000	9100	6	0.91	5.93	1.45	0.72	9.48	0.04	0.0208
1250	10	0.4	72.25	1806.35	2300	11300	6	0.90	5.93	1.15	0.57	7.59	0.03	0.0210
1600	10	0.4	92.48	2312.13	2800	13700	6	0.85	5.94	0.85	0.42	5.94	0.02	0.0222
2000	10	0.4	115.60	2890.17	3500	16300	6	0.81	5.94	0.65	0.32	4.75	0.02	0.0232
2500	10	0.4	144.50	3612.71	3700	18800	6	0.75	5.95	0.48	0.24	3.80	0.01	0.0252

表 2–80　　SC3 系列环氧树脂浇注干式变压器技术数据

额定容量（kVA）	额定电压（kV）		额定电流（A）		损耗（W）		阻抗电压（%）			绕组阻抗（mΩ/相）				时间常数（s）
										电阻		电抗		
	一次	二次	一次	二次	空载	短路	U_k	U_R	U_X	正序	零序	正序	零序	
30	10	0.4	3.00	43.35	240	560	4	1.86	3.54	99.55	49.77	188.80	1.52	0.0060
50	10	0.4	2.89	72.25	340	890	4	1.78	3.58	56.96	28.48	114.56	0.91	0.0064
80	10	0.4	4.62	115.60	460	1110	4	1.38	3.75	27.75	13.87	75.00	0.57	0.0088
100	10	0.4	5.78	144.50	530	1335	4	1.33	3.77	21.36	10.68	60.32	0.45	0.0090
125	10	0.4	7.22	180.63	630	1570	4	1.25	3.79	16.07	8.03	48.51	0.36	0.0095
160	10	0.4	9.24	231.21	740	1900	4	1.18	3.82	11.87	5.93	38.20	0.28	0.0110
200	10	0.4	11.56	289.01	860	2220	4	1.11	3.84	8.88	4.44	30.72	0.23	0.0108
250	10	0.4	14.45	361.27	1000	2640	4	1.05	3.85	6.75	3.37	24.64	0.18	0.0116
315	10	0.4	18.20	455.20	1200	3150	4	1.00	3.87	5.07	2.53	19.65	0.14	0.0123
400	10	0.4	23.12	578.03	1350	3700	4	0.92	3.89	3.70	1.85	15.56	0.11	0.0133
500	10	0.4	28.90	722.54	1600	4440	4	0.88	3.90	2.84	1.42	12.48	0.09	0.0139
630	10	0.4	36.41	910.40	1850	5180	4	0.82	3.91	2.08	1.04	9.93	0.07	0.0152
630	10	0.4	36.41	910.40	1800	5270	6	0.83	5.94	2.12	1.06	15.08	0.07	0.0226
800	10	0.4	46.24	1156.06	2100	7490	6	0.93	5.92	1.87	0.93	11.84	0.05	0.0201
1000	10	0.4	57.80	1445.08	2450	7450	6	0.74	5.95	1.19	0.59	9.52	0.04	0.0254
1250	10	0.4	72.25	1806.35	2900	8980	6	0.71	5.95	0.91	0.45	7.61	0.03	0.0266
1600	10	0.4	92.48	2312.13	3400	18290	6	1.14	5.89	1.14	0.57	5.89	0.02	0.0164
2000	10	0.4	115.60	2890.17	4600	16010	6	0.80	5.94	0.64	0.32	4.75	0.02	0.0236
2500	10	0.4	144.50	3612.71	5500	18970	6	0.75	5.95	0.48	0.24	3.80	0.01	0.0252

表 2–81 SG3 系列空气绝缘干式变压器技术数据

额定容量（kVA）	额定电压（kV）		额定电流（A）		损耗（W）		阻抗电压（%）			绕组阻抗（mΩ/相）				时间常数（s）
										电阻		电抗		
	一次	二次	一次	二次	空载	短路	U_k	U_R	U_X	正序	零序	正序	零序	
30	10	0.4	1.73	43.35	257	648	4	2.16	3.36	115.20	57.60	179.20	1.53	0.0049
40	10	0.4	2.31	57.80	320	913	4	2.28	3.28	91.30	45.65	131.20	1.14	0.0045
50	10	0.4	2.89	72.25	383	1177	4	2.35	3.23	75.32	37.66	103.36	0.91	0.0043
63	10	0.4	3.64	91.04	429	1136	4	1.80	3.57	45.79	22.89	90.66	0.72	0.0063
80	10	0.4	4.62	115.60	499	1570	4	1.96	3.48	39.25	19.62	69.60	0.57	0.0056
100	10	0.4	5.78	144.50	563	1944	4	1.94	3.49	31.10	15.55	55.84	0.45	0.0057
125	10	0.4	7.22	180.63	663	2354	4	1.88	3.53	24.10	12.05	45.18	0.36	0.0059
160	10	0.4	9.24	231.21	759	2677	4	1.67	3.63	16.73	8.36	36.30	0.28	0.0069
200	10	0.4	11.56	289.01	940	3002	4	1.50	3.70	12.00	6.00	29.60	0.22	0.0078
250	10	0.4	14.45	361.27	1063	3526	4	1.41	3.74	9.02	4.51	23.93	0.18	0.0084
315	10	0.4	18.20	657.81	1286	4223	4	1.34	3.76	6.80	3.40	19.09	0.10	0.0088
400	10	0.4	23.12	578.03	1440	4536	4	1.13	3.84	4.53	2.26	15.36	0.11	0.0107
500	10	0.4	28.90	722.54	1688	5098	4	1.01	3.87	3.26	1.63	12.38	0.09	0.0120
630	10	0.4	36.41	910.40	1846	6990	6	1.10	5.89	2.81	1.40	14.95	0.07	0.0169
800	10	0.4	46.24	1156.06	2296	8926	6	1.11	5.89	2.23	1.11	11.78	0.05	0.0168
1000	10	0.4	57.80	1445.08	2750	9778	6	0.97	5.92	1.56	0.78	9.47	0.04	0.0193
1250	10	0.4	72.25	1806.35	2850	12096	6	0.96	5.92	1.23	0.61	7.57	0.03	0.0196
1600	10	0.4	92.48	2312.13	4249	11843	6	0.74	5.95	0.74	0.37	5.95	0.02	0.0256
2000	10	0.4	115.60	2890.17	5288	15746	6	0.78	5.94	0.62	0.31	4.75	0.02	0.0243
2500	10	0.4	144.50	3612.71	6380	19325	6	0.77	5.95	0.49	0.24	3.80	0.01	0.0246

表 2–82 **BS7 系列全密闭电力变压器技术数据**

额定容量（kVA）	额定电压（kV）		额定电流（A）		损耗（W）		阻抗电压（%）			绕组阻抗（mΩ/相）				时间常数（s）
										电阻		电抗		
	一次	二次	一次	二次	空载	短路	U_k	U_R	U_X	正序	零序	正序	零序	
315	6	0.4	30.34	455.20	760	4800	4	1.52	3.69	7.73	3.86	18.74	0.14	0.0077
400	6	0.4	38.53	578.03	920	5800	4	1.45	3.72	5.80	2.90	14.88	0.11	0.0081
500	6	0.4	48.16	722.54	1080	6900	4	1.38	3.75	4.41	2.20	12.00	0.09	0.0086
630	6	0.4	60.69	910.40	1300	8100	4.5	1.28	4.31	3.26	1.63	10.94	0.07	0.0106
800	6	0.4	77.07	1156.06	1540	9900	4.5	1.23	4.32	2.47	1.23	8.64	0.05	0.0111
1000	6	0.4	96.33	1445.08	1800	11600	4.5	1.16	4.34	1.85	0.92	6.94	0.04	0.0119
1250	6	0.4	120.42	1806.35	2200	13800	4.5	1.10	4.36	1.41	0.70	5.58	0.03	0.0126
1600	6	0.4	154.14	2312.13	2650	16500	6.0	1.03	5.91	1.03	0.51	5.91	0.02	0.0182
2000	6	0.4	192.67	2890.17	3100	20700	6.5	1.03	6.41	0.82	0.41	5.12	0.02	0.0198

表 2-83 **BS9 系列全密闭电力变压器技术数据**

额定容量（kVA）	额定电压（kV）		额定电流（A）		损耗（W）		阻抗电压（%）			绕组阻抗（mΩ/相）				时间常数（s）
										电阻		电抗		
	一次	二次	一次	二次	空载	短路	U_k	U_R	U_X	正序	零序	正序	零序	
315	6	0.4	30.34	455.20	670	3650	4	1.15	3.83	5.88	2.94	19.45	0.14	0.0105
400	6	0.4	38.53	578.03	800	4300	4	1.07	3.85	4.30	2.15	15.40	0.11	0.0114
500	6	0.4	48.16	722.54	960	5100	4	1.02	3.86	3.26	1.63	12.35	0.09	0.0120
630	6	0.4	60.69	910.40	1200	6200	4.5	0.98	4.39	2.49	1.24	11.14	0.07	0.0142
800	6	0.4	77.07	1156.06	1400	7500	4.5	0.93	4.40	1.87	0.93	8.80	0.05	0.0149
1000	6	0.4	96.33	1445.08	1700	10300	4.5	1.03	4.38	1.64	0.82	7.00	0.04	0.0135
1250	6	0.4	120.42	1806.35	1950	12000	4.5	0.96	4.39	1.22	0.61	5.61	0.03	0.0146
1600	6	0.4	154.14	2312.13	2400	14500	6	0.90	5.93	0.90	0.45	5.93	0.02	0.0209

表 2–84　　SN8 系列农用变压器技术数据

额定容量（kVA）	额定电压（kV）		额定电流（A）		损耗（W）		阻抗电压（%）			绕组阻抗（mΩ/相）				时间常数（s）
										电阻		电抗		
	一次	二次	一次	二次	空载	短路	U_k	U_R	U_X	正序	零序	正序	零序	
20	10	0.4	1.16	28.90	110	600	4	3.00	2.64	240.00	120.00	211.20	2.28	0.0027
30	10	0.4	1.73	43.35	130	800	4	2.66	2.98	142.22	71.11	158.93	1.52	0.0035
50	10	0.4	2.89	72.25	180	1150	4	2.30	3.27	73.60	36.80	104.64	0.91	0.0050
63	10	0.4	3.64	91.04	210	1400	4	2.22	3.32	56.43	28.21	84.31	0.72	0.0047
80	10	0.4	4.62	115.60	250	1650	4	2.06	3.42	41.25	20.62	68.40	0.57	0.0052
100	10	0.4	5.78	144.51	290	2050	4	2.05	3.43	32.80	16.40	54.88	0.45	0.0053
125	10	0.4	7.23	180.63	340	2450	4	1.96	3.48	25.08	12.54	44.54	0.36	0.0056
160	10	0.4	9.24	231.21	400	2850	4	1.78	3.58	17.81	8.90	35.80	0.28	0.0065
200	10	0.4	11.56	289.01	470	3680	4.5	1.84	4.10	14.72	7.36	32.80	0.22	0.0072
250	10	0.4	14.45	361.27	560	4300	4.5	1.72	4.15	11.00	5.50	26.56	0.18	0.0076
315	10	0.4	18.20	657.81	680	5100	4.5	1.61	4.20	8.22	4.11	21.33	0.10	0.0082
400	10	0.4	23.12	578.03	810	6100	4.5	1.52	4.23	6.10	3.05	16.92	0.11	0.0088
500	10	0.4	28.90	722.54	960	7150	4.5	1.43	4.26	4.576	2.28	13.63	0.09	0.0094

表 2-85　　　　　　　**S11 系列油浸式配电变压器的性能参数**

序号	额定容量（kVA）	额定电压（kV）		接线组别	空载损耗（W）	负荷损耗（W）	阻抗电压（%）	空载电流（%）
		一次	二次					
1	30				110	600	4	2.8
2	50				130	870	4	2.6
3	63				150	1040	4	2.5
4	80				180	1250	4	2.4
5	100				200	1500	4	2.3
6	125				240	1800	4	2.2
7	160				290	2200	4	2.1
8	200				330	2600	4	2.1
9	250	10 6.3 6	0.4	Yyn0 或 Dyn11	400	3050	4	2.0
10	315				480	3650	4	2.0
11	400				570	4300	4	1.9
12	500				680	5150	4	1.9
13	600				810	6200	4.5	1.8
14	800				980	7500	4.5	1.5
15	1000				1150	10300	4.5	1.2
16	1250				1360	12000	4.5	1.2
17	1600				1640	14500	4.5	1.1

第六节　部分并联电容器技术数据

一、浸渍剂型并联电容器型号

并联电容器主要用于提高工频电力系统的功率因数。浸渍剂型并联电容器型号如下：

B□□□-□-□□

并联电容器
介质代号
设计序号为1时可略去
额定电压（kV）
额定输出（kvar）或额定电容（μF）
相数或频率（kHz）
1—单相；
3—三相

尾注号：
B—可调式电容器；
G—高原地区用电容器；
TH—湿热地区用电容器；
H—污秽地区用电容器；
W—户外式电容器
（无尾注号时，为一般使用环境条件的产品）

二、浸渍剂型并联电容器参数

浸渍剂型并联电容器的参数，如表 2-86 所示。

表 2-86 浸渍剂型并联电容器的参数

序号	型号	额定容量（kvar）	额定电压（kV）	额定电容（μF）	相数	序号	型号	额定容量（kvar）	额定电压（kV）	额定电容（μF）	相数
1	BWF0.4–3–3	3	0.40	59.7	3	17	BW0.4–12–3	12	0.40	239	3
2	BW0.23–4–1	4	0.23	—	1	18	BW0.525–12–1TH		0.525	116	1
3	BW0.23–4–3		0.23	—	3	19	BW0.525–12–3TH		0.525	116	3
4	BW0.23–5–1	5	0.23	301.1	1	20	BW0.525–12–1		0.525	138	1
5	BW0.23–5–3		0.23	301.1	3	21	BW0.525–12–3		0.525	138	3
6	BWF0.4–5–3		0.40	99.5	3	22	BW0.4–12–3W		0.40	240	3
7	BWF0.4–5–3W		0.40	99.5	3	23	BW0.4–12–1TH		0.40	240	1
8	BW0.23–6–1	6	0.23	361	1	24	BW0.4–12–3TH		0.40	240	3
9	BW0.23–6–3		0.23	361	3	25	BWF0.525–12–1		0.525	138	1
10	BW0.4–10–1	10	0.40	199	1	26	BWF0.525–12–3		0.525	138	3
11	BW0.4–10–3		0.40	199	3	27	BW1.05–12–1		1.05	34.7	1
12	BW0.4–10–1TH		0.40	200	1	28	BW1.05–12–1W		1.05	34.7	1
13	BW0.4–10–3TH		0.40	200	3	29	BW3.15–12–1		3.15	3.85	1
14	BW0.525–10–1TH	12	0.525	116	1	30	BW3.15–12–1W		3.15	3.84	1
15	BW0.525–10–3TH		0.525	116	3	31	BW6.3–12–1		6.30	0.96	1
16	BW0.4–12–1		0.40	239	1	32	BW6.3–12–1W		6.30	0.96	1

续表

序号	型号	额定容量（kvar）	额定电压（kV）	额定电容（μF）	相数
33	BW11/$\sqrt{3}$ –12–1W	12	11/$\sqrt{3}$	—	1
34	BW10.5–12–1	12	10.5	0.347	1
35	BW10.5–12–1W	12	10.5	0.35	1
36	BW0.4–13–1	13	0.40	260	1
37	BW0.4–13–3	13	0.40	260	3
38	BW0.525–13–1	13	0.525	150	1
39	BW0.525–13–3	13	0.525	150	3
40	BW0.4–14–1	14	0.40	279	1
41	BW0.4–14–3	14	0.40	279	3
42	BW0.4–14–3W	14	0.40	279	3
43	BW0.4–14–3TH	14	0.40	280	3
44	BW0.525–14–1	14	0.525	162	1
45	BW0.525–14–3	14	0.525	162	3
46	BW0.525–14–3TH	14	0.525	162	3
47	BW1.05–14–1	14	1.05	42.5	1
48	BW6.3–14–1W	14	6.30	1.12	1
49	BW10.5–14–1W	14	10.5	0.43	3
50	BW0.4–15–1	15	0.40	—	1
51	BW0.4–15–3	15	0.40	—	3
52	BW0.525–15–1	15	0.525	—	1
53	BW0.525–15–3	15	0.525	—	3
54	BW1.05–15–1	15	1.05	—	1
55	BW0.4–16–1	16	0.40	318.5	1
56	BW0.4–16–3	16	0.40	318.5	3
57	BW0.525–16–1	16	0.525	318.5	1
58	BW0.525–16–3	16	0.525	318.5	3
59	BW3.15–16–1	16	3.15	5.13	1
60	BW3.15–16–3	16	3.15	5.12	1
61	BW6.3–16–1	16	6.30	1.28	1
62	BW6.3–16–1W	16	6.30	1.28	1

续表

序号	型　　号	额定容量（kvar）	额定电压（kV）	额定电容（μF）	相数	序号	型　　号	额定容量（kvar）	额定电压（kV）	额定电容（μF）	相数
63	BW11/ $\sqrt{3}$ –16–1		11/ $\sqrt{3}$	1.26	1	78	BW0.4–20–3		0.40	398	3
64	BW11/ $\sqrt{3}$ –16–1W	16	11/ $\sqrt{3}$	1.26	1	79	BWF0.4–20–3G		0.40	398	3
65	BW10.5–16–1		10.5	0.46	1	80	BWF0.4–20–1		0.40		1
66	BW10.5–16–1W		10.5	0.46	1	81	BWF0.4–20–3	20	0.40	—	3
67	BW0.525–18–1		0.525	207.9	1	82	BWM0.525–20–1		0.525	—	1
68	BW3.15–18–1		3.15	—	1	83	BWM0.525–20–3		0.525	—	3
69	BW3.15–18–1W		3.15	5.78	1	84	BWF0.525–20–1		0.525	231	1
70	BW6.3–18–1		6.30	1.44	1	85	BWF0.525–20–3		0.525	231	3
71	BW6.3–18–1W		6.30	1.44	1	86	BWF0.75–20–1		0.75	—	1
72	BW11/ $\sqrt{3}$ –18–1	18	11/ $\sqrt{3}$	1.42	1	87	BWF11/ $\sqrt{3}$ –22–1W		11/ $\sqrt{3}$	—	1
73	BW11/ $\sqrt{3}$ –18–1W		11/ $\sqrt{3}$	1.42	1	88	BWF6.3–22–1W	22	6.30	—	1
74	BW10.5–18–1		10.5	0.52	1	89	BWF10.5–22–1W		10.5	—	1
75	BW10.5–18–1W		10.5	0.51	1	90	BWF6.6/ $\sqrt{3}$ –25–1W		6.6/ $\sqrt{3}$	5.48	1
76	BW0.4–20–1G	20	0.40	398	1	91	BWF6.6/ $\sqrt{3}$ –25–1W	25	6.6/ $\sqrt{3}$	5.49	1
77	BW0.4–20–3G		0.40	398	1	92	BWF0.4–25–1		0.40	498	1

续表

序号	型　号	额定容量（kvar）	额定电压（kV）	额定电容（μF）	相数	序号	型　号	额定容量（kvar）	额定电压（kV）	额定电容（μF）	相数
93	BWF0.4–25–3	25	0.40	498	3	109	BWF6.3–25–1G	25	6.30	2	1
94	BWF$_2$0.4–25–1		0.40	498	1	110	BWF11/$\sqrt{3}$–25–1G		11/$\sqrt{3}$	1.97	1
95	BWF$_2$0.4–25–3		0.40	498	3	111	BWF11/$\sqrt{3}$–25–1		11/$\sqrt{3}$	1.97	1
96	BWF0.525–25–1		0.525	289	1	112	BWF11/$\sqrt{3}$–25–1W		11/$\sqrt{3}$	1.91	1
97	BWF0.525–25–3		0.525	289	3	113	BWF10.5–25–1		10.5	—	1
98	BWM0.525–25–1		0.525	—	1	114	BWF10.5–25–1W		10.5	0.72	1
99	BWM0.525–25–3		0.525	—	3	115	BWF10.5–25–1G		10.5	0.72	1
100	BWF0.63–25–1		0.63	200	1	116	BWF11–25–1W		11	0.66	1
101	BWF0.63–25–3		0.63	167	3	117	BWF3.15–26–1G	26	3.15	8.34	1
102	BWF0.75–25–1		0.75	141	1	118	BWF6.3–26–1G		6.30	2.09	1
103	BWF0.75–25–3		0.75	141	3	119	BWF11/$\sqrt{3}$–26–1G		11/$\sqrt{3}$	2.05	1
104	BWF11/$\sqrt{3}$–25–1W		11/$\sqrt{3}$	49.4	1	120	BWF10.5–26–1G		10.5	0.75	1
105	BWF3.15–25–1G		3.15	8.02	1	121	BWF0.75–30–1	30	0.75	169	1
106	BWF3.15–25–1W		3.15	8	1	122	BWF1.05–30–1		1.05	—	1
107	BWF6.3–25–1		6.30	2	1	123	BWF3.15–30–1		3.15	9.26	1
108	BWF6.3–25–1W		6.30	2	1	124	BWF3.15–30–1W		3.15	—	1

续表

序号	型　号	额定容量（kvar）	额定电压（kV）	额定电容（μF）	相数	序号	型　号	额定容量（kvar）	额定电压（kV）	额定电容（μF）	相数
125	BWF6.6/ $\sqrt{3}$ –30–1W	30	6.6/ $\sqrt{3}$	—	1	138	BWF10.5–30–1W	30	10.5	0.87	1
126	BWF6.6/ $\sqrt{3}$ –30–1		6.6/ $\sqrt{3}$	6.58	1	139	BWF10.5–30–1G		10.5	0.87	1
127	BWF11/2 $\sqrt{3}$ –30–1		11/ 2 $\sqrt{3}$	—	1	140	BWF10.5–30–1TH		10.5	0.87	1
128	BWF4–30–1		4.00	5.97	1	141	BWF11–30–1		11	0.79	1
129	BWF6.3–30–1		6.3	2.41	1	142	BWF11–30–1W		11	0.79	1
130	BWF6.3–30–1W		6.3	2.41	1	143	BWF12–30–1W		12	0.66	1
131	BWF6.3–30–1TH		6.3	2.41	1	144	BWF6.6/ $\sqrt{3}$ –33.4–1W	33.4	6.6/ $\sqrt{3}$	7.31	1
132	BWF6.3–30–1G		6.3	2.4	1	145	BWF11/ $\sqrt{3}$ –33.4–1W		11/ $\sqrt{3}$	2.64	1
133	BWF11/ $\sqrt{3}$ –30–1G		11/ $\sqrt{3}$	1.97	1	146	BWF3.15–40–1W	40	3.15	12.8	1
134	BWF11/ $\sqrt{3}$ –30–1		11/ $\sqrt{3}$	2.37	1	147	BWF6.6/ $\sqrt{3}$ –40–1W		6.6/ $\sqrt{3}$	8.76	1
135	BWF11/ $\sqrt{3}$ –30–1W		11/ $\sqrt{3}$	2.37	1	148	BWF6.3–40–1		6.3	3.21	1
136	BWF12/ $\sqrt{3}$ –30–1W		12/ $\sqrt{3}$	1.99	1	149	BWF6.3–40–1W		6.3	3.2	1
137	BWF10.5–30–1		10.5	0.87	1	150	BWF$_2$6.3–40–1W		6.3	3.21	1

续表

序号	型　号	额定容量（kvar）	额定电压（kV）	额定电容（μF）	相数	序号	型　号	额定容量（kvar）	额定电压（kV）	额定电容（μF）	相数
151	BFF6.3–40–1W	40	6.3	3.2	1	165	BWF6.3–50–1W	50	6.3	4.01	1
152	BWF11/$\sqrt{3}$–40–1		11/$\sqrt{3}$	3.16	1	166	BWF$_2$6.3–50–1		6.3	4.01	1
153	BWF11/$\sqrt{3}$–40–1W		11/$\sqrt{3}$	3.16	1	167	BWF$_2$6.3–50–1W		6.3	4.01	1
154	BWF10.5–40–1		10.5	1.15	1	168	BGF$_2$6.3–50–1W		6.3	4.01	1
155	BWF10.5–40–1W		10.5	1.15	1	169	BFF6.3–50–1W		6.3	4	1
156	BWF11–40–1		11	1.05	1	170	BWF11/$\sqrt{3}$–50–1W		11/$\sqrt{3}$	3.95	1
157	BWF11–40–1W		11	1.05	1	171	BGF11/$\sqrt{3}$–50–1W		11/$\sqrt{3}$	3.95	1
158	BWF1.05–50–1	50	1.05	144.4	1	172	BFF11/$\sqrt{3}$–50–1W		11/$\sqrt{3}$	3.95	1
159	BWF3.15–50–1W		3.15	16	1	173	BFM11/$\sqrt{3}$–50–1W		11/$\sqrt{3}$	3.95	1
160	BGF3.15–50–1W		3.15	16.1	1	174	BWF$_2$11/$\sqrt{3}$–50–1		11/$\sqrt{3}$	3.95	1
161	BWF11/2$\sqrt{3}$–50–1W		11/2$\sqrt{3}$	—	1	175	BWF$_2$11/$\sqrt{3}$–50–1W		11/$\sqrt{3}$	3.95	1
162	BWF6.6/$\sqrt{3}$–50–1W		6.6/$\sqrt{3}$	10.9	1	176	BWF12/$\sqrt{3}$–50–1W		12/$\sqrt{3}$	3.95	1
163	BWF6.6/$\sqrt{3}$–50–1		6.6/$\sqrt{3}$	10.9	1	177	BGF6.9–50–1W		6.9	3.34	1
164	BWF6.3–50–1		6.3	4	1	178	BWF10.5–50–1		10.5	1.44	1

续表

序号	型　号	额定容量（kvar）	额定电压（kV）	额定电容（μF）	相数	序号	型　号	额定容量（kvar）	额定电压（kV）	额定电容（μF）	相数
179	BWF10.5–50–1W	50	10.5	1.44	1	195	BWF10.5–60–1W	60	10.5	1.73	1
180	BFF10.5–50–1W		10.5	1.44	1	196	BWF11–60–1		11	1.58	1
181	BGF10.5–50–1W		10.5	1.44	1	197	BWF11–60–1W		11	1.58	1
182	BWF11–50–1		11	1.31	1	198	BWF11/ $\sqrt{3}$ –65–3W	65	11/ $\sqrt{3}$	5.14	1
183	BWF11–50–1W		11	1.31	1	199	BWF11–65–3W		11	1.71	1
184	BFF11–50–1W		11	1.31	1	200	BWF3.15–80–1W	80	3.15	25.6	1
185	BFM11–50–1W		11	1.31	1	201	BWF6.6/ $\sqrt{3}$ –80–1W		6.6/ $\sqrt{3}$	17.5	1
186	$BWF_2$12–50–1W		12	1.1	1	202	BWF6.3–80–1W		6.30	6.41	1
187	$BWF_2$12–50–1W		12	1.1	1	203	BWF11/ $\sqrt{3}$ –80–1W		11/ $\sqrt{3}$	6.31	1
188	BWF12.7–50–1W		12.7	0.98	1	204	BWF12/ $\sqrt{3}$ –80–1W		12/ $\sqrt{3}$	5.31	1
189	BWF19–50–1W		19	0.44	1	205	BWF10.5–80–1W		1.05	2.3	1
190	BWF1.05–60–1	60	1.05	173	1	206	BWF11–80–1W		11	2.1	1
191	$BWF_2$4–60–1		4	11.9	1	207	BWF12–80–1W		12	1.77	1
192	$BWF_2$4–60–1W		4	11.9	1	208	BWF1.05–100–1	100	1.05	288	1
193	BWF6.3–60–1W		6.3	4.81	1	209	BWF11/5 $\sqrt{3}$ –100–1W		11/ 5 $\sqrt{3}$	197	1
194	BWF11/ $\sqrt{3}$ –60–1W		11/ $\sqrt{3}$	4.73	1	210	BWF3.15–100–1W		3.15		1

续表

序号	型　号	额定容量（kvar）	额定电压（kV）	额定电容（μF）	相数	序号	型　号	额定容量（kvar）	额定电压（kV）	额定电容（μF）	相数
211	BGF3.15–100–1W		3.15	32.1	1	224	BFM11/$\sqrt{3}$–100–1W		11/$\sqrt{3}$	7.9	1
212	BWF11/2$\sqrt{3}$–100–1W		11/2$\sqrt{3}$		1	225	BBM11/$\sqrt{3}$–100–1W		11/$\sqrt{3}$	7.9	1
213	BGF3.3–100–1W		3.30	29.2	1	226	BGF11/$\sqrt{3}$–100–1W		11/$\sqrt{3}$	7.9	1
214	BFF6.3/$\sqrt{3}$–100–1W		6.3/$\sqrt{3}$	24	1	227	BWF11/$\sqrt{3}$–100–1		11/$\sqrt{3}$	7.9	1
215	BWF6.6/$\sqrt{3}$–100–1		6.6/$\sqrt{3}$	21.9	1	228	BWF11/$\sqrt{3}$–100–1W		11/$\sqrt{3}$	7.9	1
216	BWF6.6/$\sqrt{3}$–100–1W		6.6/$\sqrt{3}$	21.9	1	229	BFF11/$\sqrt{3}$–100–1W		11/$\sqrt{3}$	7.9	1
217	BGF3.3–100–1W	100	3.30	29.2	1	230	BWF11/$\sqrt{3}$–100–3W	100	11/$\sqrt{3}$	7.9	1
218	BFF6.3–100–1W		6.30	8.02	1	231	BWF12/$\sqrt{3}$–100–1W		12/$\sqrt{3}$	6.63	1
219	BGF6.3–100–1W		6.30	8.02	1	232	BGF12/$\sqrt{3}$–100–1W		12/$\sqrt{3}$	6.63	1
220	BGF11/$\sqrt{3}$–100–3W		11/$\sqrt{3}$	7.9	1	233	BWF10.5–100–1W		10.5	2.89	1
221	BWF$_2$11/$\sqrt{3}$–100–1W		11/$\sqrt{3}$	7.9	1	234	BFF10.5–100–1W		10.5	2.89	1
222	BWF$_2$11/$\sqrt{3}$–100–1W		11/$\sqrt{3}$	7.9	1	235	BGF10.5–100–1W		10.5	2.89	1
223	BFF$_2$11/$\sqrt{3}$–100–1G		11/$\sqrt{3}$	7.9	1	236	BWF10.5–100–1		10.5	2.89	1

续表

序号	型号	额定容量（kvar）	额定电压（kV）	额定电容（μF）	相数	序号	型号	额定容量（kvar）	额定电压（kV）	额定电容（μF）	相数
237	BWF$_2$11–100–1	100	11	2.63	1	251	BWF19–100–1W	100	19	0.88	1
238	BWF$_2$11–100–1W		11	2.63	1	252	BFF19–100–1W		19	0.88	1
239	BWF$_2$11–100–3W		11	2.63	1	253	BFF$_2$1–100–1W		21	0.72	1
240	BFF11–100–1G		11	2.63	1	254	BWF11/$\sqrt{3}$–120–3W	120	11/$\sqrt{3}$	9.48	3
241	BFF11–100–1W		11	2.63	1	255	BGF11/$\sqrt{3}$–120–3W		11/$\sqrt{3}$	9.48	3
242	BFM11–100–1W		11	2.63	1	256	BWF11–120–3W		10.5	3.16	3
243	BWF11–100–1		11	2.63	1	257	BFM6.3–134–1W	134	6.30	10.7	1
244	BWF11–100–1W		11	2.63	1	258	BFM11/$\sqrt{3}$–134–1W		11/$\sqrt{3}$	10.5	1
245	BGF11–100–3W		11	2.63	3	259	BFM10.5–134–1W		10.5	3.87	1
246	BGF11–100–1W		11	2.63	1	260	BFF3.15–150–1W	150	3.15		1
247	BWF11–100–1W		11	2.63	1	261	BFF11/$\sqrt{3}$–150–1W		11/$\sqrt{3}$		1
248	BWF$_2$12–100–1		12	2.21	1	262	BFF6.6/$\sqrt{3}$–167–1W	167	6.6/$\sqrt{3}$	36.6	1
249	BWF$_2$12–100–1W		12	2.21	1	263	BFF6.3–167–1W		6.30	13.4	1
250	BFF12–100–1W		12	2.2	1	264	BFF11/$\sqrt{3}$–167–1W		11/$\sqrt{3}$	13.2	1

续表

序号	型号	额定容量(kvar)	额定电压(kV)	额定电容(μF)	相数	序号	型号	额定容量(kvar)	额定电压(kV)	额定电容(μF)	相数
265	BFM11/$\sqrt{3}$–167–1W	167	11/$\sqrt{3}$	13.2	1	279	BGF6.3–200–1W	200	6.3	16	1
266	BFF12/$\sqrt{3}$–167–1W		12/$\sqrt{3}$	11.1	1	280	BGF11/$\sqrt{3}$–200–1W		11/$\sqrt{3}$	15.8	1
267	BFF10.5–167–1W		10.5	4.82	1	281	BFF11/$\sqrt{3}$–200–1W		11/$\sqrt{3}$	15.8	1
268	BFF11–167–1W		11	4.39	1	282	BFF$_2$11/$\sqrt{3}$–200–1W		11/$\sqrt{3}$	15.8	1
269	BFF3.15–200–1W	200	3.15	64.2	1	283	BBF11/$\sqrt{3}$–200–1W		11/$\sqrt{3}$	15.8	1
270	BFF11/2$\sqrt{3}$–200–1W		11/2$\sqrt{3}$	63.2	1	284	BFM11/$\sqrt{3}$–200–1W		11/$\sqrt{3}$	15.8	1
271	BFF$_2$11/2$\sqrt{3}$–200–1W		11/2$\sqrt{3}$	63.2	1	285	BBM11/$\sqrt{3}$–200–1W		11/$\sqrt{3}$	15.8	1
272	BFF$_2$11/2$\sqrt{3}$–200–1W		11/2$\sqrt{3}$	63.2	1	286	BBM$_2$11/$\sqrt{3}$–200–1W		11/$\sqrt{3}$	15.8	1
273	BFF6.6/$\sqrt{3}$–200–1W		6.6/$\sqrt{3}$	43.9	1	287	BGF11/$\sqrt{3}$–200–1W		11/$\sqrt{3}$	15.8	1
274	BWF16.5/$\sqrt{3}$–200–1W		16.5/$\sqrt{3}$	—	1	288	BGF12/$\sqrt{3}$–200–1W		12/$\sqrt{3}$	15.8	1
275	BFF6.3–200–1W		6.3	16	1	289	BGF12/$\sqrt{3}$–200–1W		12/$\sqrt{3}$	13.2	1
276	BFF$_2$6.3–200–1W		6.3	16	1	290	BGF11–200–1W		11	5.26	1
277	BBF6.3–200–1W		6.3	16	1	291	BGF11–200–3W		11	5.26	3
278	BFM6.3–200–1W		6.3	16	1	292	BFF11–200–1W		11	5.26	1

续表

序号	型　　号	额定容量（kvar）	额定电压（kV）	额定电容（μF）	相数	序号	型　　号	额定容量（kvar）	额定电压（kV）	额定电容（μF）	相数
293	BBF11–200–1	200	11	5.25	1	307	BFM11/$\sqrt{3}$ –334–1W	334	11/$\sqrt{3}$	26.4	1
294	$BBF_4$11–200–1W		11	5.25	1	308	BBM11/$\sqrt{3}$ –334–1W		11/$\sqrt{3}$	26.4	1
295	BFF12–200–1W		12	4.42	1	309	BBF11–334–1W		11	8.79	1
296	$BBF_4$12–200–1W		12	4.42	1	310	BBF11–334–1WG（H）		11	8.79	1
297	BWF12–200–1W		12	—	1	311	BFF11–334–1W		11	8.79	1
298	BFF19–200–1W		19	1.76	1	312	BBF12–334–1WG（H）		12	7.38	1
299	BBF11–300–1G（H）	300	11	7.89	1	313	BFF19–334–1W		19	2.95	1
300	BWF11–300–1W		11	7.89	1	314	BBF19–334–1W		19	2.95	1
301	BBF12–300–1G（H）		12	6.63	1	315	BWM19–334–1W		19	2.95	1
302	BWF12–300–1W		12	—	1	316	BFF20–334–1W		20	2.66	1
303	BWF11/$\sqrt{3}$ –334–1W	334	11/$\sqrt{3}$	26.4	1	317	BBF20–334–1W		20	2.66	1
304	BFF11/$\sqrt{3}$ –334–1W		11/$\sqrt{3}$	26.4	1	318	BBM20–334–1W		20	2.66	1
305	BBF11/$\sqrt{3}$ –334–1W		11/$\sqrt{3}$	26.4	1	319	BFM12/2–400–1W	400	12/2	35.4	1
306	BFF11/$\sqrt{3}$ –334–1WG		11/$\sqrt{3}$	26.4	1	320	BFM12/2–500–1W	500	12/2	44.2	1

第七节　部分电动机技术数据

一、鼠笼式异步电动机技术参数

鼠笼式异步电动机技术参数，如表 2–87 所示。

表 2–87　　　　鼠笼式异步电动机技术参数

序号	型　号	额定功率（kW）	满负载时				堵转电流/额定电流	堵转转矩/额定转矩	最大转矩/额定转矩
			电流（A）	转速（r/min）	效率（%）	功率因数			
1	Y801–2	0.75	1.8	2830	75	0.84	6.5	2.2	2.3
2	Y802–2	1.1	2.5	2830	77	0.86	7.0	2.2	2.3
3	Y90S–2	1.5	3.4	2840	78	0.85	7.0	2.2	2.3
4	Y90L–2	2.2	4.7	2840	80	0.86	7.0	2.2	2.3
5	Y100L–2	3.0	6.4	2870	82	0.87	7.0	2.2	2.3
6	Y112M–2	4.0	8.2	2890	85.5	0.87	7.0	2.2	2.3
7	Y132S1–2	5.5	11.1	2900	85.5	0.88	7.0	2.0	2.3
8	Y132S2–2	7.5	15	2900	86.2	0.88	7.0	2.0	2.3
9	Y160M1–2	11	21.8	2930	87.2	0.88	7.0	2.0	2.3
10	Y160M2–2	15	29.4	2930	88.2	0.88	7.0	2.0	2.3
11	Y160L–2	18.5	35.5	2930	89	0.89	7.0	2.0	2.2
12	Y180M–2	22	42.2	2940	89	0.89	7.0	2.0	2.2
13	Y200L1–2	30	56.9	2950	90	0.89	7.0	2.0	2.2
14	Y200L2–2	37	69.8	2950	90.5	0.89	7.0	2.0	2.2
15	Y225M–2	45	84	2970	91.5	0.89	7.0	2.0	2.2
16	Y250M–2	55	103	2970	91.5	0.89	7.0	2.0	2.2
17	Y280S–2	75	140	2970	92	0.89	7.0	2.0	2.2
18	Y280M–2	90	167	2970	92.5	0.89	7.0	2.0	2.2
19	Y315S–2	110	203	2980	92.5	0.89	6.8	1.8	2.2
20	Y315M–2	132	242	2980	93	0.89	6.8	1.8	2.2
21	Y315L1–2	160	292	2980	93.5	0.89	6.8	1.8	2.2
22	Y315L2–2	200	365	2980	93.5	0.89	6.8	1.8	2.2
23	Y801–4	0.55	1.5	1390	73	0.76	6.0	2.4	2.3

续表

序号	型号	额定功率（kW）	满负载时				堵转电流/额定电流	堵转转矩/额定转矩	最大转矩/额定转矩
			电流（A）	转速（r/min）	效率（%）	功率因数			
24	Y802–4	0.75	2.0	1390	74.5	0.76	6.0	2.3	2.3
25	Y90S–4	1.1	2.75	1400	78	0.78	6.5	2.3	2.3
26	Y90L–4	1.5	3.7	1400	79	0.79	6.5	2.3	2.3
27	Y100L1–4	2.2	5.03	1430	81	0.82	7.0	2.2	2.3
28	Y100L2–4	3.0	6.8	1430	82.5	0.81	7.0	2.2	2.3
29	Y112M–4	4.0	8.8	1440	84.5	0.82	7.0	2.2	2.3
30	Y132S–4	5.5	11.6	1440	85.5	0.84	7.0	2.2	2.3
31	Y132M–4	7.5	15.4	1440	87	0.85	7.0	2.2	2.3
32	Y160M–4	11.0	22.6	1460	88	0.84	7.0	2.2	2.3
33	Y160L–4	15.0	30.3	1460	88.5	0.85	7.0	2.2	2.3
34	Y180M–4	18.5	35.9	1470	91	0.86	7.0	2.0	2.2
35	Y180L–4	22	42.2	1470	91.5	0.86	7.0	2.0	2.2
36	Y200L–4	30	56.8	1470	92.5	0.87	7.0	2.0	2.2

二、绕线式异步电动机技术参数

绕线式异步电动机技术参数，如表 2–88 所示。

表 2–88　　绕线式异步电动机技术参数

序号	型号	额定功率（kW）	满负载时				最大转矩/额定转矩	转子	
			电流（A）	转速（r/min）	效率（%）	功率因数		电压（V）	电流（A）
1	YR315M–10	55	119	592	91.5	0.73	2.0	318	104
2	YR314S–4	110	199	1477	92.81	0.904	3.24	148	268
3	YR315M1–4	132	235	1479	93.43	0.915	3.28	180	262
4	YR315M2–4	160	284	1780	93.81	0.912	3.41	210	271
5	YR355M–4	185	341	1479	92.95	0.886	2.37	131	515
6	YR355M–4	200	367	1480	93.32	0.887	2.39	144	502
7	YR355M–4	200	398	1478	93.3	0.899	2.19	147	543

续表

序号	型　　号	额定功率（kW）	满负载时				最大转矩/额定转矩	转　子	
			电流（A）	转速（r/min）	效率（%）	功率因数		电压（V）	电流（A）
8	YR355M–4	250	453	1481	93.74	0.894	2.4	168	535
9	YR355L–4	280	505	1481	93.98	0.897	2.36	161	555
10	YR315S–6	75	145	978	91.7	0.86	2.47	93	293
11	YR315M1–6	90	170	978	92.2	0.871	2.30	105	312
12	YR315M2–6	110	207	978	92.8	0.871	2.26	120	332
13	YR315M3–6	132	246	979	93.27	0.874	2.22	140	340
14	YR355M–6	160	296	982	92.89	0.884	2.03	120	486
15	YR355M–6	185	343	983	93.02	0.879	2.03	135	499
16	YR355M–6	200	369	982	93.24	0.882	2.02	140	520
17	YR355L–6	220	405	983	93.34	0.883	2.03	151	523
18	YR315S–8	55	111	733	91.06	0.824	2.74	117	173
19	YR315M1–8	75	150	735	92.12	0.826	2.82	154	177
20	YR315M2–8	90	176	735	92.59	0.837	2.62	169	192
21	YR315M3–8	110	215	735	92.93	0.835	2.65	199	199
22	YR355M–8	132	262	733	92.44	0.828	2.32	168	287
23	YR355M–8	160	323	734	92.64	0.812	2.48	195	198
24	YR355L–8	185	368	733	92.98	0.822	2.27	210	321
25	YR355L–8	200	392	733	93.03	0.833	2.17	224	326
26	YR315S–10	45	101	584	90.41	0.752	2.72	87	189
27	YR315M1–10	55	121	585	91.03	0.759	2.72	106	199
28	YR315M2–10	75	164	586	91.79	0.76	2.73	135	202
29	YR315M–10	75	154	584	90.3	0.816	2.17	104	207
30	YR355M–10	90	185	584	90.4	0.819	2.1	116	290
31	YR355L–10	110	223	582	90.43	0.826	1.87	125	329
32	YR355L–10	132	266	582	91.0	0.828	1.86	143	344
33	YR355M–12	55	126	486	89.57	0.74	2.07	86	240
34	YR355L–12	75	170	486	90.08	0.743	1.94	100	280
35	YR355L–12	90	203	486	90.51	0.744	1.90	112	298

第三章

客户计算负荷

正确地确定客户的计算负荷是合理选择客户的变、配电站的电器设备、导线、电缆的依据。计算负荷确定过大会造成投资和资源的浪费，确定过小会造成安全运行的隐患。因此，计算负荷的确定是一项重要而严谨的工作。

计算负荷包括四个物理量：有功功率计算负荷 P_c，无功功率计算负荷 Q_c，视在功率计算负荷 S_c 和电流计算负荷 I_c。在电压一定和功率因数角 φ 确定的条件下，只要计算出其中任何一项，其他三相都可以确定。例如，先确定有功功率计算负荷 P_c，则可相继确定：$Q_c = P_c \tan\varphi$；$S_c = \sqrt{P_c^2 + Q_c^2}$；$I_c = \dfrac{S_c}{\sqrt{3}U_N}$。

对于不同类别（长时、短时、反复短时）的用电设备或不同类型的客户确定计算负荷的方法有所不同，如表 3–1 所示。

表 3–1　确定计算负荷的方法

序号	不同类型的客户		确定计算负荷的方法
1	单台用电设备	单台（长时、短时）电动机	取铭牌额定功率为 P_c
		单个（长时、短时）用电器	取设备标称容量为 S_c
		单台反复短时工作电动机	折算到暂载率为 25%额定容量
		单台反复短时工作变压器	折算到暂载率为 100%额定容量
2	数量较多容量差别不大的成组用电设备		需要系数法
3	数量较少容量差别很大的成组用电设备		二项式系数法
4	多组用电设备		同时系数法
5	大型企业		用电单耗法
6	高层住宅高层商业客户		用电负荷密度法
7	不同电压等级的网络客户		逐级相加法

第一节　反复短时单台用电设备的计算负荷确定

表征反复短时工作制电器设备的特点采用暂载率ε，其计算公式为

$$\varepsilon = \frac{\text{工作时间}}{\text{工作周期}} \times 100\%$$

（1）单台反复短时工作电动机的标准暂载率分15%、25%、40%、60%四种，在确定计算负荷时应全部折算到25%，其确定方程式为

$$P_c = \sqrt{\frac{\varepsilon}{\varepsilon_{25}}} P_N$$

例如，有1台10t桥式吊车，额定功率40kW，暂载率40%，则确定计算负荷为

$$P_c = \sqrt{\frac{\varepsilon}{\varepsilon_{25}}} \cdot P_N = \sqrt{\frac{40\%}{25\%}} \times 40 = 50.6 \text{（kW）}$$

（2）单台反复短时工作的电焊设备标准暂载率分20%、40%、50%、100%四种，在确定计算负荷时应全部折算到100%，其确定方程式为

$$S_c = \sqrt{\frac{\varepsilon}{\varepsilon_{100}}} \cdot S_N$$

例如，有1台电焊变压器额定容量42kVA，暂载率60%，$\cos\varphi$ =0.66，则确定计算负荷为

$$S_c = \sqrt{\frac{\varepsilon}{\varepsilon_{100}}} \cdot S_N = \sqrt{\frac{60\%}{100\%}} \times 42 = 32.5 \text{（kVA）}$$

第二节　数量较多容量差别不大的成组用电设备计算负荷确定

对于成组用电设备，如果数量较多容量差别不大，则计算负荷应采用需要系数法确定。其确定方程式为

$$P_c = K_n \cdot \sum P_N$$

式中　$\sum P_N$——成组用电设备中各台用电设备额定容量的总和。

各种成组用电设备的需要系数K_n可通过查表3–2确定，照明用电设备的需要系数可以通过查表3–3确定。

表 3–2　　　　　　　　用电设备的 K_n、$\cos\varphi$及 $\tan\varphi$

用电设备组名称	K_n	$\cos\varphi$	$\tan\varphi$
单独传动的金属加工机床:			
小批生产的金属冷加工机床	0.12～0.16	0.5	1.73
大批生产的金属冷加工机床	0.17～0.2	0.5	1.73
小批生产的金属热加工机床	0.2～0.25	0.55～0.6	1.51～1.33
大批生产的金属热加工机床	0.25～0.28	0.65	1.17
锻锤、压床、剪床及其他锻工机械	0.25	0.6	1.33
木工机械	0.2～0.3	0.5～0.6	1.73～1.33
液压机	0.3	0.6	1.33
生产用通风机	0.75～0.85	0.8～0.85	0.75～0.62
卫生用通风机	0.65～0.7	0.8	0.75
泵、活塞型压缩机、电动发电机组	0.75～0.85	0.8	0.75
球磨机、破碎机、筛选机、搅拌机	0.75～0.85	0.8～0.85	0.75～0.62
电阻炉（带调压器或变压器):			
非自动装料	0.6～0.7	0.95～0.98	0.33～0.2
自动装料	0.7～0.8	0.95～0.98	0.33～0.2
干燥箱、加热器等	0.4～0.6	1	0
工频感应电炉（不带无功补偿装置）	0.8	0.35	2.67
高频感应电炉（不带无功补偿装置）	0.8	0.6	1.33
焊接和加热用高频加热设备	0.5～0.65	0.7	1.02
熔炼用高频加热设备	0.8～0.85	0.8～0.85	0.75～0.62
表面淬火电炉（带无功补偿装置):			
电动发电机	0.65	0.7	1.02
真空管振荡器	0.8	0.85	0.62
中频电炉（中频机组）	0.65～0.75	0.8	0.75
氢气炉（带调压器或变压器）	0.4～0.5	0.85～0.9	0.62～0.48
真空炉（带调压器或变压器）	0.55～0.65	0.85～0.9	0.62～0.48
电弧炼钢炉变压器	0.9	0.85	0.62
电弧炼钢炉的辅助设备	0.15	0.5	1.73
点焊机、缝焊机	0.35，0.2*	0.6	1.33
对焊机	0.35	0.7	1.02

续表

用电设备组名称	K_n	$\cos\varphi$	$\tan\varphi$
自动弧焊变压器	0.5	0.5	1.73
单头手动弧焊变压器	0.35	0.35	2.68
多头手动弧焊变压器	0.4	0.35	2.68
单头直流弧焊机	0.35	0.6	1.33
多头直流弧焊机	0.7	0.7	1.02
金属、机修、装配车间、锅炉房用起重机（ε=25%）	0.1～0.15	0.5	1.73
铸造车间用起重机（ε=25%）	0.15～0.3	0.5	1.73
连锁的连续运输机械	0.65	0.75	0.88
非连锁的连续运输机械	0.5～0.6	0.75	0.88
一般工业用硅整流装置	0.5	0.7	1.02
电镀用硅整流装置	0.5	0.75	0.88
电解用硅整流装置	0.7	0.8	0.75
红外线干燥设备	0.85～0.9	1	0
电火花加工装置	0.5	0.6	1.33
超声波装置	0.7	0.7	1.02
X 光设备	0.3	0.55	1.52
电子计算机主机（中频机组）	0.6～0.7	0.8	0.75
电子计算机外部设备	0.4～0.5	0.5	1.73
试验设备（电热为主）	0.2～0.4	0.8	0.75
试验设备（仪表为主）	0.15～0.2	0.7	1.02
磁粉探伤机	0.2	0.4	2.29
铁屑加工机械	0.4	0.75	0.88
排气台	0.5～0.6	0.9	0.48
老炼台	0.6～0.7	0.7	1.02
陶瓷隧道窑	0.8～0.9	0.95	0.33
拉单晶炉	0.7～0.75	0.9	0.48
储能腐蚀设备	0.6	0.93	0.4
真空浸渍设备	0.7	0.95	0.33

* 点焊机的需要系数 0.2 仅用于电子行业。

表 3–3　　照明用电设备需要系数

建筑类别	K_n	建筑类别	K_n
生产厂房（有天然采光）	0.8～0.9	宿舍区	0.6～0.8
生产厂房（无天然采光）	0.9～1	医院	0.5
办公楼	0.7～0.8	食堂	0.9～0.95
设计室	0.9～0.95	商店	0.9
科研楼	0.8～0.9	学校	0.6～0.7
仓库	0.5～0.7	展览馆	0.7～0.8
锅炉房	0.9	旅馆	0.6～0.7

第三节　数量较少容量差别很大的成组用电设备计算负荷确定

对于成组用电设备，如果数量较少，单台容量相差悬殊，还需要考虑单台大容量负荷产生的负荷权重。其计算负荷采用二项式系数法确定，确定方程式为

$$P_c = b \times \sum P_N + c \times \sum P'_N$$

式中　$\sum P_N$ ——成组用电设备中各台用电设备额定容量的总和；

$\sum P'_N$ ——成组用电设备中，取 n 台用电量最大的用电设备额定容量的总和。

对于不同工业制的不同类用电设备，取用大功率用电设备的台数 n 应有所不同，如表 3–4 所示。

表 3–4　　取用大功率用电设备的台数 n

用电设备	金属切割机床	反复短时工作制	加热炉	电焊设备
n	5	3	2	1

取用二项式系数 b 和 c 可查二项式系数，如表 3–5 所示。

表 3–5　　二项式系数表

用电设备类别	n	二项式系数		$\cos\varphi$	$\tan\varphi$
		c	b		
大批生产和流水作业的热加工车间的机床电动机	5	0.5	0.26	0.65	1.17
大批生产的金属冷加工车间的机床电动机	5	0.5	0.14	0.50	1.73

续表

用 电 设 备 类 别	n	二项式系数		$\cos\varphi$	$\tan\varphi$
		c	b		
大批生产的金属冷加工车间的机床电动机，但为小批和单件生产	5	0.4	0.14	0.50	1.73
通风泵、水泵、空压机及电动发电机组	5	0.25	0.65	0.80	0.75
连续运输和翻砂车间内造砂用机械，非联动的	5	0.4	0.4	0.75	0.88
锅炉房、修理车间、装配车间和机房内的吊车（ε=25%）	3	0.2	0.06	0.5	1.73
翻砂铸造车间的吊车（ε=25%）	3	0.3	0.09	0.5	1.73
自动连续装料的电阻炉设备	2	0.3	0.7	0.95	0.33
非自动连续装料的电阻炉设备	1	0.5	0.8	0.95	0.33

第四节　多组用电设备的计算负荷确定

对于多组用电设备，由于各组需要系数不尽相同，各组最大用电负荷出现的时间也不尽相同，因此在将单组的计算负荷叠加后，还应该乘以同时系数，如有 m 组用电设备，则计算公式为

$$P_c = K_{op}\sum_{i=1}^{m}(P_c)_i = K_{op}\sum_{i=1}^{m}(K_n \cdot \sum P_N)_i$$

$$Q_c = K_{oq}\sum_{i=1}^{m}(Q_c)_i = K_{oq}\sum_{i=1}^{m}(K_n \cdot \sum P_N \cdot \tan\varphi)_i$$

式中，K_{op}、K_{oq} 分别为有功、无功计算负荷的同时使用系数，如表 3–6 所示。

表 3–6　　同 时 使 用 系 数

应用范围		K_{op}、K_{oq}	应用范围		K_{op}、K_{oq}
确定车间变电所低压母线的最大负荷时，所采用的同时使用系数	冷加工车间	0.7～0.8	确定配电站母线的最大负荷时，所采用的同时使用系数	计算负荷小于5000kW	0.9～1.0
	热加工车间	0.7～0.9		计算负荷为5000～10000kW	0.85
	动力站	0.8～1.0		计算负荷超过10000kW	0.8

第五节　大型工矿企业的计算负荷确定

对于大型企业可采用用电单耗法确定计算负荷。单耗法是根据该单位的

产品（或产值）用电单位消耗电量乘以产品（或产值）来推算用电量。

推算方法　　　　　　　用电量=单耗×产量

计算负荷　　　　　$P_c = \dfrac{用电量}{最大负荷利用小时数}$

[例 3–1] 某乡办年产 10 万 t 水泥厂，最大负荷利用小时数为 5000h，试按单耗法确定计算负荷。

解： 查表 3–13，规模在 20 万 t 以下，用电单耗为 80～110kWh/t，则

年用电量=(80～110)×100000＝8000000～11000000（kWh）

$$P_c = \frac{8000000}{5000} \sim \frac{11000000}{5000} = 1600 \sim 2200 \text{（kW）}$$

不同的行业的用电单耗，可查阅表 3–7～表 3–16。

一、煤炭工业

煤炭工业单位耗电，如表 3–7 所示。

表 3–7　　　　　　　　煤炭工业单位耗电

产品名称及规模	计算单位	单位耗电指标（kWh）	最大负荷利用小时（h）
原煤开采			
立井			
30 万 t	t	12～19	4000
45 万 t	t	13～21	4000
60 万 t	t	14～22	4000
90 万 t	t	15～22	5000
120 万 t	t	18～27	5000
150 万 t	t	20～35	5500
斜井			
10～15 万 t	t	7～12	4000
21 万 t	t	8～13	4000
30 万 t	t	9～14	4000
45 万 t	t	10～15	4000
60 万 t	t	10～18	4500
90 万 t	t	10～20	4500
平硐	t	7～10	4000
露天			

续表

产品名称及规模	计算单位	单位耗电指标（kWh）	最大负荷利用小时（h）
100 万 t	t	20～25	5000
150 万 t	t	23～28	5000
200 万 t	t	24～29	5500
300 万 t	t	25～30	5500
水力采煤			
立井	t	30～35	5000
斜井	t	24～26	5000
平硐	t	19～21	5000
炼焦用洗选厂			
60～90 万 t	t	4～6	4500
100～150 万 t	t	6～8	4500
200～300 万 t	t	7～9	4500
其他洗选厂	t	1.6～3	

二、石油工业

石油工业单位耗电，如表 3–8 所示。

表 3–8　　石油工业单位耗电

产品名称及规模	计算单位	单位耗电指标（kWh）	最大负荷利用小时（h）
一、天然石油开采			
深井泵法	t	15～45	7000～8000
空气液压法	t	75～105	7000～8000
二、天然石油加工			
年产万 t 以下	t	20～160	7000
50 万 t/年	t	50～70	7000
100 万 t/年以上	t	80～120	7000
三、人造石油			
页岩油			
5 万 t/年以下	t	350～450	6500
10～30 万 t/年	t	450	6500
50 万 t/年	t	530	6500

续表

产品名称及规模	计算单位	单位耗电指标（kWh）	最大负荷利用小时（h）
煤低温干馏			
焦油简易加工	t	200	6500
焦油加氢 1～5 万 t	t	1000～1300	7000
水煤气中压合成	t	2800	6500
天然气中压铁剂合			
成 1 万 t/年以下	t	1200～1300	6500
5 万 t/年	t	1300～1500	6500
四、输油管	km	0.032	7000～8000

三、黑色冶金工业

黑色冶金工业单位耗电，如表 3–9 所示。

表 3–9　　黑色冶金工业单位耗电

产品名称及规模	计算单位	单位耗电指标（kWh）	最大负荷利用小时（h）
一、钢铁联合企业			
小型（10 万 t 以下）	t 钢	250～300	5000
中型（10～60 万 t）	t 钢	300～350	5500
大型（60 万 t 以上）	t 钢	350～450	6500～7000
二、钢铁厂（转炉）			
年产 10 万 t	t 钢	240	5200
年产 30 万 t	t 钢	250	5500
年产 60 万 t	t 钢	250～300	5500
三、各部分耗电定额			
采矿:			
地下采矿	t 矿石	8～11	4500
露天采矿	t 矿石	3.4～5.2	4000
选矿:			
大型矿厂	t 精矿	25～30	5000
中型矿厂	t 精矿	18～25	5000
炼铁:			
普遍高炉	t 铁	8～10	5500～6000

续表

产品名称及规模	计算单位	单位耗电指标（kWh）	最大负荷利用小时（h）
电气高炉	t 铁	2500	6000
炼钢:			
转炉	t 钢	26～32	5500～6500
平炉炼钢:	t 钢		
大型钢厂	t 钢	6～9.5	5000～6500
中型钢厂	t 钢	7～15	5000～6500
小型钢厂	t 钢	9～24	5000～6500
电炉钢（热装）	t 钢	450～500	7000～8000
电炉钢（冷装）	t 钢	800～900	7000～8000
轧钢:			
小型轧钢厂	t 材	40～50	5000
大中型轧钢厂	t 材	70～90	5500～6000
钨铁	t	3000～3300	7000～8000
钒铁	t	1600	7000～8000
50%硅铬合金	t	3600	7000～8000
初轧机	t	40～50	6000
钢梁钢轨及型钢	t	40～78	6500
钢板:			
薄板	t	70	6500
2300m/m 中板轧机	t	55	6500
热轧薄板	t	130～180	6500
钢管机组:			
无缝钢管	t	150～200	6500
电焊钢管	t	75	6500
气焊钢管	t	35	6500
钢丝	t	20～25	7000
焦化			
20 万 t/年以下	t	30	6000
20 万 t/年以上	t	20	6500
烧结	t	15～21	6500
四、铁合金			
碳素铬铁	t	3000～3600	7000～8000
矽铬合金 50%	t	5000～5800	7000～8000

续表

产品名称及规模	计算单位	单位耗电指标（kWh）	最大负荷利用小时（h）
矽铬合金 30%	t	3100	7000～8000
中碳铬铁（熔剂法）	t	2100	7000～8000
中碳铬铁（无熔剂法）	t	1700	7000～8000
低碳铬铁	t	2300	7000～8000
高碳铬铁	t	2500	7000～8000
矽铁 45%	t	4800～5200	7000～8000
矽铁 75%	t	8500～9000	7000～8000
矽铁 83%	t	12100	7000～8000
碳素锰铁	t	2800	7000～8000
矽锰合金	t	4100	7000～8000
中碳锰铁	t	1850	7000～8000
30%硅铬合金	t	3200	7000～8000
硅锰合金	t	4100	7000～8000
锰铁	t	1650	7000～8000

四、有色冶金工业

有色冶金工业单位耗电，如表 3–10 所示。

表 3–10　　有色冶金工业单位耗电

产品名称及规模	计算单位	单位耗电指标（kWh）	最大负荷利用小时（h）
一、矿石开采			
坑内采矿	t 矿石	10～18	4500
露天砂矿	t 矿石	10～12	3000
露天采矿	t 矿石	5～6	5500
二、选矿			
铜浮选	t 矿石	20～30	5000
铅锌浮选法	t 矿石	30～40	5000
钨锡砂矿选矿厂	t 矿石	20～26	5000
三、冶炼			
冶炼粗铜:			
鼓风炉（到转炉出粗铜为止）	t	450～550	7000

续表

产品名称及规模	计算单位	单位耗电指标（kWh）	最大负荷利用小时（h）
反射炉（到转炉出粗铜为止）	t	800～1000	7000
电炉（到冰铜为止）	t	6000～7000	7000
电解铜:			
粗铜到电解铜	t	430～500	7000
铝:			
氧化铝（烧结法）	t	600～510	6500
氧化铝（联合法）	t	400	6500
电解铝	t	18000～19000	7000
铅:			
粗炉（鼓风炉）	t	230	6500
电铅（由粗铅到电铅）	t	160～240	7000
锌:			
粗锌（鼓风炉）	t	560～700	6500
电锌（由粗锌到电锌）	t	3800～4300	7000
镁:			
矽铁热还原法	t	14000	6500
电解镁	t	24000	7000
钛:			
海绵钛	t	2500	6500
电解钛	t	45000	7000
钨锡:			
锡精炼（反射炉还原）	t	100～130	7000
锡冶炼（电炉）	t	2000	7500
钨冶炼（粉末冶金法）	t	5500	7000
钼:			
钼采选矿	t矿石	30	5000
钼冶炼	t	15000	7000
锑:			
锑采选矿	t矿石	50	5000
锑冶炼	t	1200	7000
电解锰	t	8000	7000
四、有色金属			
铝紫黄铜板材加工	t	300～340	6500

续表

产品名称及规模	计算单位	单位耗电指标（kWh）	最大负荷利用小时（h）
铝紫黄铜管棒线材加工	t	250～280	6500
铜加工（板带条材，管棒线材）	t	1000	7000
铝加工（板带条材，管棒线材）	t	800	7000
轧制铝材	t	2000～3000	7000

五、机械工业

机械工业单位耗电，如表 3–11 所示。

表 3–11　　　　机械工业单位耗电

产品名称及规模	计算单位	单位耗电指标（kWh）	最大负荷利用小时（h）
一、重型机械			
重型机械	t	1500～2500	4500～5000
矿山机械	t	1700～2700	4500～5000
起重机械	t	300～500	4500～5000
矿山通用设备			
提升机	台	450	4500～5000
螺旋机	台	750	4500～5000
化学炼油设备	t	250～350	4500
化肥设备	t	70～150	4500
铸锻设备			
锻压设备	t	350～400	5000
铸造设备	t	760	5000
铸锻件	t	220～350	4500
二、建筑工程机械			
风动工具	台	60～100	4500
破碎提升机械	t	300～400	4500
推土机	t	800～2000	4500
挖掘机械	t	1400～2800	4500
三、交通设备及轴承			
汽车制造	辆	3500～6000	5000
汽车修理	辆	500	4500

续表

产品名称及规模	计算单位	单位耗电指标（kWh）	最大负荷利用小时（h）
汽车配件	套	100	4500
蒸汽机车	台	15000～60000	4500
车箱	台	7000～15000	4500
中小型轮船制造	t	40～60	4000
自行车	辆	20～25	4000
轴承	万套	45000	4500
四、农业机械			
拖拉机	台	5000	5000
推土机	台	7040	4500
收割机	台	110	4500
双轮双铧犁	台	40～60	4500
五、纺织机械			
1151 型布机	台	215	4500
细纱机	台	2400	4500
梳棉机	台	500	4500
六、机床量刃具			
各种大型机床	台	2500～3100	5000
各种中型机床	台	1500～2000	4500
各种小型机床	台	500～1000	4000
量具刃具	万件	6500～12000	4500
砂轮	t	3000～3200	4500
七、动力机械			
1. 锅炉			
中小型锅炉（40t/h 以下）	t	800～1200	4500
大型锅炉	t	2000～6000	5000
2. 汽轮机	kW	10～16	5000
3. 煤气机	kW	22～37	4500
4. 柴油机	kW	8.8～14.7	4500
5. 水泵	t	120～200	4500
八、电机电器仪表			
汽轮发电机	kW	6～8	5000
水轮发电机	kW	7～8	5000
电动机	kW	3～8	4500

续表

产品名称及规模	计算单位	单位耗电指标（kWh）	最大负荷利用小时（h）
变压器	kVA	2～4	5000
高压开关	t	250～330	4500
电力电容器	kvar	1～3	4500
高压电瓷	t	300～500	4500
钢芯铝线	t	750	4500
3～10kV 电力电缆	km	820～940	4500
电磁线	t	1500～2000	4500
继电器及电器仪表	只	3～5	4500
光学仪器	台	5～10	4500

六、化学工业

化学工业单位耗电，如表 3–12 所示。

表 3–12　　化学工业单位耗电

产品名称及规模	计算单位	单位耗电指标（kWh）	最大负荷利用小时（h）
一、化肥			
合成氨:			
无烟煤或焦炭	t	2500	7000
褐煤	t	3200	7000
焦炉气（部分氧化法）	t	2600	7000
天然气（部分氧化法）	t	2600	7000
天然气（蒸气变换法）	t	2100	7000
磷肥:			
普通过磷酸钙	t	15	6000
钙美磷肥:			
高炉法	t	45	6000
电炉法	t	1000	6000
过重磷酸钙:			
湿热法	t		6000
电热法	t	2600	7000
磷氮混合肥	t	64	6000

续表

产品名称及规模	计算单位	单位耗电指标（kWh）	最大负荷利用小时（h）
氮钾混合肥	t	120	6000
二、基本化学			
硫酸:			
塔式法	t	40～60	6000
接触法	t	80～100	6000
烧碱:			
隔膜法	t	2500～2700	6500
水银法	t	3000～3400	6500
苛化法	t	100	
盐酸（31%）	t	80	6000
液态氯	t	130	6000
漂白粉（有效氯32%）	t	20	6000
硝酸	t	100	6000
纯碱	t	152	6000
氢氧化钾	t	2167	6000
硫化钠	t	45	6000
赤磷	t	16500	7000
硼砂	t	303	6000
氰化钠	t	2500	6000
三、有机合成			
电石	t	3150	7000
合成酒精	t	23	7000
乙二醇:			
99.8%液氯	t	500	
蒸发氯	t	305	
乙烯	t	6300	7000
甲醛	t	60	7000
醋酸	t	300	7000
苯酚	t	27	7000
氯化苯	t	57	7000
苯胺	t	100	7000
硝基苯	t	310	7000

续表

产品名称及规模	计算单位	单位耗电指标（kWh）	最大负荷利用小时（h）
苯二甲酸酐	t	1340	7000
双氰胺	t	930	7000
三聚氰胺	t	2900	7000
三聚氰胺甲醛塑料:			
石棉填料	t	750	7000
纸浆填料	t	1460	7000
聚氯乙烯塑料:			
悬浮法	t	815	7000
浮液法	t	1270	7000
过氯乙烯塑料	t	1900	7000
三氯乙烯塑料	t	230	7000
聚氯乙烯塑料	t	5500	7000
聚苯乙烯塑料	t	563	7000
有机玻璃	t	1650	7000
塑料加工:			
油压机	t	2400～2700	6000
螺杆压机	t	4000	5000
注压	t	3200～4000	5000
挤压	t	900	6000
辗压	t	1300～1800	6000
涂覆	t	1100	6000
卡普隆单体	t	3500	7000
卡普隆纤维:			
长纤维	t	8000	7000
短纤维	t	6000	7000
尼龙 66 树脂	t	1400	7000
聚丙烯晴	t	8000	7000
聚丙烯晴纤维	t	2300～3600	7000
聚氯乙烯纤维	t	3500	7000
聚乙烯醇（维尼龙单体）	t	3200	7000
维尼龙纤维	t	4700	6500
醋酸纤维单体	t	1400	7000
酸醋纤维（包括电石）	t	11000	7000

续表

产品名称及规模	计算单位	单位耗电指标（kWh）	最大负荷利用小时（h）
人造丝:			
粘胶长丝	t	7400	7000
粘胶短丝	t	2000	7000
粘胶强力丝	t	5300	7000
氯丁橡胶	t	1288	7000
合成橡胶:			
石油废气	t	2950	7000
石油废气及酒精各半	t	7400	7000
自制乙炔	t	15000	7000
汽车轮胎	t	920	5000
橡胶加工:			
年产 6 万 t	t	670	5000
年产 0.3 万 t	t	900	5000
年产 0.1 万 t	t	1540	5000
年产 0.05 万 t	t	2470	5000
一氯醋酸	t	160	6000
三氯苯	t	176	6000
大氯苯	t	225	6000
五氯酚钠盐	t	660	6000
“六六六”	t	11～13	6000
DDT	t	210～230	6000
五氯酚	t	176	6000
毒酚	t	380	6000
1605	t	2324	6000
1095	t	3500	6000
青霉素	t	153	6000
链毒素	t	131	6000
畜用金霉素	t	330	6000

七、建筑材料工业

建筑材料工业单位耗电，如表 3–13 所示。

表 3–13　　　　　　　　建筑材料工业单位耗电

产品名称及规模	计算单位	单位耗电指标（kWh）	最大负荷利用小时（h）
一、水泥			
400 混合矽酸盐水泥			
40 万 t 以上	t	65～85	6000～6500
40～20 万 t	t	70～95	6000～6500
20 万 t 以下	t	80～110	5000～5500
高铝水泥	t	1000～1500	6000
土法生产矽酸盐水泥	t	25～35	
二、玻璃			
纺织纤维	t	12000	6000～6500
玻璃棉	t	770	6000
玻璃钢	t	650	6000
玻璃管	t	210	4500
矿棉	t	95～100	4500
磨光玻璃	m^2	15	5500
钢化玻璃	m^2	11.8	4500
平板玻璃	箱	3.2	4500
三、其他			
耐火砖	t	25～30	4500
普通砖瓦	千块	10	2000
机制砖	千块	84	3000
日用陶瓷	万件	411.6	4000
玻璃瓶:			
酒瓶	千个	52～84	4000
罐头瓶	千个	45～64	4000
玻璃杯	千个	85	4000
枕木防腐	m^3	6.4～7.3	4000

八、造纸工业

造纸工业单位耗电，如表 3–14 所示。

表 3–14　造纸工业单位耗电

产品名称及规模	计算单位	单位耗电指标（kWh）	最大负荷利用小时（h）
一、纸张			
印刷纸:			
稻草	t	700	5700
草料	t	630	6000
麦草	t	825	6300
蔗渣	t	675	6500
风干芦苇	t	650	6300
芦苇	t	660	6500
干蔗渣	t	690	6300
凸板纸	t	500～670	6300
胶板纸	t	400～700	6500
包装纸			
水泥袋纸	t	400～800	6000
柏油厚纸	t	550～900	6000
有光纸	t	500～900	6500
卷烟纸	t	1000～1500	6200
书写纸			
一般书写纸	t	400～530	6000
特书写纸	t	635	6000
新闻纸	t	320～465	6500
石棉纸	t	300	6000
二、纸板			
黄纸板	t	200～300	6000
油毡原纸	t	430～470	6200
单面白板纸	t	190	6300
箱板纸	t		6000
三、纸浆			
本色棉杆纸浆	t	150	6000
本色稻草纸浆	t	100～350	6000
本色木纸浆	t	210～300	6000
漂白稻草浆	t	200～350	6000
机制木浆	t	1150～1400	6000

续表

产品名称及规模	计算单位	单位耗电指标（kWh）	最大负荷利用小时（h）
漂白芦苇浆	t	200～250	6000
人造丝浆	t	585	6000
四、造纸联合企业			
凸板纸	t	650～900	6500
胶板纸	t	600～900	6500
有光纸	t	800～1000	6500
机制纸	t	900～1300	6500

九、纺织工业

纺织工业单位耗电，如表 3–15 所示。

表 3–15　　纺织工业单位耗电

产品名称及规模	计算单位	单位耗电指标（kWh）	最大负荷利用小时（h）
一、棉纺织			
全能棉纺织厂			6000
棉沙	件	170～180	
棉纱	锭	180～220	
棉布	万 m	1100	
半能棉纺织厂			6000
棉纱	件	160～180	
棉布	万 m	900	
帆布	t	1100	
漂染	匹	2～3	5500
针织品	打	1～1.2	5500
二、丝纺织			
6400 绪缫丝厂	全厂	160（kW）	5000～5500
600M 丝绸印染厂	全厂	139（kW）	5000～5500
1200M 丝绸印染厂	全厂	352（kW）	5000～5500
1800M 丝绸印染厂	全厂	580（kW）	5000～5500
500 台织绸厂	全厂	1153（kW）	5000～5500
丝织品	m	0.4～0.7	

续表

产品名称及规模	计算单位	单位耗电指标（kWh）	最大负荷利用小时（h）
三、毛纺织			
毛纺织	锭	2000～2100	6000
毛线	kg	1.2～1.5	6000
毛毯	条	2～3	6000

十、食品工业

食品工业单位耗电，如表3–16所示。

表3–16　　食品工业单位耗电

产品名称及规模	计算单位	单位耗电指标（kWh）	最大负荷利用小时（h）
一、糖			
蒸糖（亚硫酸法）	t	112～170	4000
蔗糖（碳酸法）	t	93～196	4000
甜菜糖	t	26	4000
二、盐	t	590	4000
三、油	t		
花生榨油	t	100	4000
大豆榨油	t	900	4000
棉籽榨油	t	785	4000
四、糠醛		330～420	
五、酒			
白酒蒸馏	t	5～9	4000
啤酒	t	40	4000
酒精	t	36～43	4500
六、面粉			
小型面粉厂	t	59	4500
大中型面粉厂	t	44	4500

第六节　高层住宅高层商业客户的计算负荷确定

居民小区、饭店、酒楼、宾馆、商店、写字楼等可按建筑规模和用电负

荷密度确定计算负荷，其计算公式为

$$P_c=P_dS$$

式中　P_c——单位面积负荷密度，可按照 3–17 表查得；

S——供电面积。

表 3–17　　饭店、宾馆、商店、办公写字楼住宅楼用电负荷密度

类　别	负荷密度 P_d（W/m^2）	类　别	负荷密度 P_d（W/m^2）	类　别	负荷密度 P_d（W/m^2）
办公写字楼	80	大饭店	60	大厦	160
中小型商场	80	医院	80	小型宾馆	50
大中型商场	100	学校	70	居民区	45
大宾馆	60	仓库	70		

［例 3–2］ 某城镇居民新村，供电面积为 50000m^2，试确定计算负荷。

解： 查表 3–17，选用 P_d＝45W/m^2，则

$$P=P_dS=45\times50000=2250\times10^3\text{（W）}=2250\text{（kW）}$$

考虑同时系数取 K_{op}＝0.9，则确定计算负荷为

$$P_c=P\times K_{op}=2250\times0.9=2025\text{（kW）}$$

第七节　不同电压等级的网络客户的计算负荷确定

对于不同电压等级的网络客户可采用逐级相加法计算负荷，从用电端开始，逐级向电源端推移计算。

以图 3–1 不同电压等级的工厂用电为例，计算步骤如下：

（1）先确定用电设备的计算负荷，然后计算车间干线和车间变电所低压母线 1 处的计算负荷，包括照明电力。

（2）确定车间变电所低压侧总计算负荷，加上车间变电所 2 处的损耗功率，得到车间变电所高压侧 3 处的计算负荷。

（3）确定所有车间变电所高压侧的计算负荷，加上厂区高压配电线 4 的损耗功率，就得到工厂总降压变电所低压侧 5 处的计算负荷。

（4）确定工厂总降压变电所侧的计算负荷，加上主变压器 6 的损耗功率，得到总降压变电所高压侧 7 处的计算负荷，即为全厂进线处的总计算负荷。

还应当注意，当配电网中某个环节如设有无功功率补偿设备（如补偿电

容器），则应在确定此装设地点前的计算负荷时应将无功补偿考虑在内。

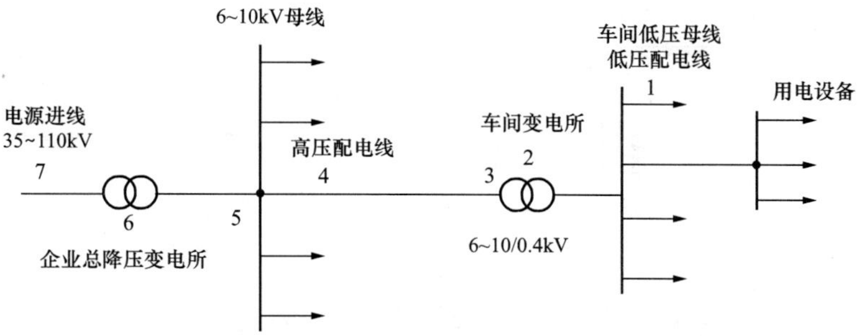

图 3-1　不同电压等级的工厂用电

第四章

供　电　质　量

第一节　提高供电可靠性

供电可靠性是指对客户持续而不间断供电的可靠程度。配电系统停电原因大致可分为七种，即：① 上级系统拉闸限电；② 外部系统故障直接引起停电；③ 用户电气设备故障；④ 用电管理人员过失引起停电；⑤ 操作过失；⑥ 设备检修；⑦ 其他原因。

一、供电可靠性指标评估

1. 供电可靠性指标的评估方法

供电可靠性指标的评估方法，如表 4–1 所示。

表 4–1　　供电可靠性指标的评估方法

序号	方　法	内　　容
1	纵向评估	对同一特征的指标或对同一分类的指标，在不同年度（时期）之间进行对比，对指标变化的趋势和变化的幅度进行分析并评估
2	横向评估	对同一特征的指标或对同一分类的指标，与评价单位所在区域的网公司指标平均值进行对比；与公司系统指标平均值进行对比；与其他地（市）单位之间进行指标对比，对偏差较大的指标进行分析并评估

2. 供电可靠指标的计算方法

供电可靠指标的计算方法，如表 4–2 所示。

表 4–2　　供电可靠指标的计算方法

序号	指标	计　　算　　式	说　明
1	供电可靠率	$\text{供电可靠率}=\left(1-\dfrac{\text{用户平均停电时间}}{\text{统计期间时间}}\right)\times 100\%$	用户平均停电时间在一年中计入（h）

续表

序号	指标	计算式	说明
2	用户平均停电时间	$$\text{用户平均停电时间}=\frac{\sum(\text{每次停电的持续时间}\times\text{每次停电用户数})}{\text{用户总数}}$$	（h/户）
3	用户平均停电次数	$$\text{用户平均停电次数}=\frac{\sum(\text{每次停电的用户数})}{\text{总用户数}}$$	
		$$\text{用户平均停电次数}=\frac{\sum\begin{pmatrix}\text{每次停电}\\\text{的用户数}\end{pmatrix}-\sum\begin{pmatrix}\text{每次受外部影响}\\\text{的停电用户数}\end{pmatrix}}{\text{总用户数}}$$	不计外部影响
4	用户平均预安排停电次数	$$\text{用户平均预安排停电次数}=\frac{\sum(\text{每次预安排停电用户数})}{\text{总用户数}}$$	
		$$\text{用户平均预安排停电次数}=\frac{\sum\begin{pmatrix}\text{每次预安排}\\\text{停电用户数}\end{pmatrix}-\sum\begin{pmatrix}\text{每次限电停}\\\text{电用户数}\end{pmatrix}}{\text{用户总数}}$$	不计系统电源不足限电
5	用户平均限电停电时间	$$\text{用户平均限电停电时间}=\frac{\sum\begin{pmatrix}\text{每次限电停}\\\text{电持续时间}\end{pmatrix}\times\sum\begin{pmatrix}\text{每次限电停}\\\text{电用户数}\end{pmatrix}}{\text{用户总数}}$$	
6	用户平均故障停电次数	$$\text{用户平均故障停电次数}=\frac{\sum(\text{每次故障停电的用户数})}{\text{用户总数}}$$	
7	系统故障停电率	$$\text{系统故障停电率}=\frac{\text{系统总故障停电次数}}{\text{系统总长度}}\times100\%$$	[次/（100km·年）]
8	架空线路故障率	$$\text{架空线路故障}=\frac{\text{架空线路故障次数}}{\text{架空线路累计长度(km)}}\times100\%$$	[次/（100km·年）]
9	电缆线路故障率	$$\text{电缆线路故障率}=\frac{\text{电缆线路故障次数}}{\text{电缆线路累计长度(km)}}\times100\%$$	[次/（100km·年）]
10	配电变压器故障率	$$\text{配电变压器故障率}=\frac{\text{配电变压器故障次数}}{\text{配电变压器总台数}}\times100\%$$	[次/（100台·年）]
11	断路器故障率	$$\text{断路器故障率}=\frac{\text{断路器故障次数}}{\text{断路器总台数}}\times100\%$$	[次/（100台·年）]
12	配电可靠率	$$\text{配电可靠率}=\left(1-\frac{\text{配电变压器平均停电时间}}{\text{统计期间时间}}\right)\times100\%$$	
	配电变压器平均停电时间	$$\text{配电变压器平均停电时间}=\frac{\sum\begin{pmatrix}\text{每次停电}&\times&\text{每次停配电}\\\text{持续时间}&&\text{变压器台数}\end{pmatrix}}{\text{配电变压器总台数}}$$	
	外部影响停电率	$$\text{外部影响停电率}=\frac{\text{变压器平均停电时间}}{\text{配电变压器平均停电时间}}\times100\%$$	

3. 用电负荷分级

供电企业应提高供电可靠性，减少设备检修次数和由于电力系统事故引起的客户停电次数及每次停电持续的时间。供电可靠性用供电企业每年对客户停电的时间和次数来考核。

供电设备计划检修应做到统一安排，在计划检修时，对 35kV 及以上电压供电客户的停电次数，每年不得超过 1 次；对 10kV 及以上电压供电客户的停电次数，每年不得超过 3 次。从满足供电安全准则和客户用电要求来考虑，电网供电可靠性用年平均供电可用率衡量，即

$$R=(1-\sum n_i t_i/8760N)\times 100\% \qquad (4-1)$$

式中 R——年平均供电可用率；

N——统计客户总数；

n_i——一年之中第 i 次停电影响的客户数；

t_i——一年之中第 i 次停电持续的时间（h）；

8760——365（天）×24（h）＝8760（h）。

国家规定：年平均供电可用率不低于 95%。根据对供电可靠性的要求，用电负荷可以分为三级，并采取不同要求的电源供电，如表 4–3 所示。

表 4–3　　用电负荷分级

负荷分级	中断供电造成的后果	供电电源
一级负荷	（1）人身伤亡； （2）重要设备损坏、生产长期不能恢复或经济损失重大； （3）政治、军事和社会治安影响巨大； （4）环境污染严重	双电源； 必要时配备用电源或保安电源
二级负荷	（1）严重减产或停工； （2）局部地区交通阻塞； （3）大部分城镇居民的生活被打乱	一般情况单电源； 大容量时可以考虑双回路
三级负荷	损失不大	单电源

4. 供配电系统的可靠性要求

供配电系统的可靠性要求，如表 4–4 所示。

表 4–4　　供配电系统的可靠性要求

类型	配电网	故　障	要　求
城市配电网	高压变电所	失去任一回线或失去一组变压器	必须保证向下一级配电网供电
		一组降压变压器故障停运	不得发生电压过低，不允许设备过负荷

续表

类型	配电网	故　障	要　求
城市配电网	高压配电网	一条架空线路或一条电缆故障	不得发生电压过低，不允许设备过负荷
	计划停运期间	又发生故障停运	允许部分停电，但应在规定时间内恢复供电
	低压电网	一台变压器或电网故障	允许部分停电，但应在规定时间内将完好区段切换至邻近电网恢复供电
客户	双回路供电	失去一回路	应不停电
	三回路供电	失去一回路	应不停电
		失去两回路	应满足50%～70%供电
	一回和多回路	电源全停电	恢复供电目标时间为一回路故障处理时间
	开环网络中	环网故障	恢复供电目标时间为操作所需时间

二、提高供电可靠性的组织措施

提高供电可靠性的组织措施，如表4–5所示。

表4–5　　　　提高供电可靠性的组织措施

序号	措　施	目　的
1	分解指标	找出影响供电可靠率的直接原因，编制可靠性指标的滚动计划，对可靠性指标进行超前控制
2	加强计划和临时停电的管理	尽量缩短停电的时间，加强协调配合及进行其他改革。统筹安排计划停电，使输、变、配电施工一条龙同时进行；利用事故处理的机会进行预接开关或其他设备的检修工作；一次停电多方维护
3	制定具体的供电可靠性管理及考核方法	完善事故处理等相关制度，使供电可靠性管理工作日趋完善，尽量减少停电时间，提高供电可靠性
4	加强对基础资料的收集和整理	对基础资料的完善有助于准确统计出供电可靠率，从而找出影响供电可靠的主要原因而及时进行改善
5	加强配电系统的资料管理工作	尽快使用微机处理制图，使资料与改造同步
6	加强供电部门与用户之间的配合联系	注意抓好宣传工作，减少重复停电及破坏性停电

三、提高供电可靠性的技术措施

提高供电可靠性的技术措施，如表4–6所示。

表 4–6 提高供电可靠性的技术措施

序号	措　施	内　容
1	加大电网改造力度	提高供电可靠性
2	依靠科技进步提高供电可靠性	通过在线监测、红外测温等科学手段，按实际需要进行停电检修；在保证安全的情况下开展带电作业的研究，减少设备停电时间；采用免维护或减少维护设备，延长设备检修周期；根据实际情况改变设备到期必修的惯例
3	配电网络保护自动化	实现将故障区段隔离、诊断及恢复、网络的过负荷监测、实时调整和变更电网运行方式和负荷转移等来减少停电频率
4	加强线路绝缘	提高架空线路绝缘等级；新建的线路尽可能使用电缆，加大敷设电缆条数；在地理因素复杂的环境，将裸导线更换为绝缘导线，以提高抵御自然灾害的能力
5	尝试将每年单一的配电设备检修计划改为根据设备的具体技术状况改变	根据实际运行存在的缺陷多少及严重性，以及是否有配电网施工作业同时进行等情况灵活处理、进行状态检修
6	改良接线	保证线路以灵活方式和适当负荷水平运行，特别是多用户的线路
7	提高线路绝缘子等级	在污染及雷害较严重的地区，10kV 架空线路绝缘子可考虑采用 20kV 等级
8	以低压电缆取代原来的接户线	低压网改造应逐步以低压电缆取代原来的接户线，解决因用户负荷增加而尽显容量不足引起的故障
9	完善台区改造	台架升高，避免发生由用户引起的事故性停电。在台区改造时严格按照设计标准，实行规划一步到位，改造分步实施，加强与城建规划、市政建设协调配合，做好宣传工作，解决实际工作中存在的问题；加快低压台区改造的力度
10	加强配网维护与巡查工作	多用户、常发故障线路，发现缺陷应及时处理，提高设备完好水平
11	尽量按照环网方式设计	一步到位
12	预防事故，做好事故后的抢修工作	作为台风多发地区，密切注意天气预报，做好事故预想和采取相应的防范措施来减轻其影响

第二节　改善电能质量

我国电力系统电能质量的理想标准有三项，即：① 频率是工业频率为标准 50Hz；② 电压是相应电压等级的稳态额定电压；③ 波形是正弦波形状。

即使人们可以从发电机出口得到优质的电能，但是由于电力系统是发电、输电、用电同时完成的整体系统，所以来自整个网络的动态参数都会影响着电能质量，如电力系统运行方式的改变、不同类型的事故发生、客户的不规范用电……这些动态因素都能使得电能质量不能够保持在理想的标准状态。虽然严格的标准达不到，但是只要不超过允许的波动范围，人们依然认为其电能质量是合格的。

电能质量的优劣是依据国家制定的电能质量标准来衡量的，其中包含五项电能指标指标。只要在限定条件下不超出标准中所规定的允许变动范围，可以认为其电能质量是合格的，电力系统会因此而运行在正常状态。

如果电能质量标准中有一项指标超出了允许偏差范围，就可以判断电能质量为不合格，系统也会因此而进入非正常运行状态。

电能质量的合格率是电力企业的主要考核指标之一，直接关系到国民经济的整体效益。电能质量标准的五项指标如表 4–7 所示。

表 4–7　　电能质量标准

序号	电能质量	国家标准编号	主　题
1	电力系统频率允许偏差	GB/T 15945—1995	限定标准频率及允许偏差
2	供电电压允许偏差	GB/T 12325—1990	限定稳态额定电压及对应电压等级的允许偏差
3	电压允许波动和闪变	GB/T 12326—2000	限定冲击性负荷引起的暂态电压波动及灯闪不适度
4	三相电压允许不平衡度	GB/T 15543—1995	限定系统正常运行时负序分量引起的电压不平衡
5	公用电网谐波	GB/T 14549—1993	限定谐波源负荷注入电网的高次谐波电压、电流

保证电能质量不仅仅是供电企业单方面来完成的，还需要靠客户的规范用电来配合。当客户的用电不规范时，各种形式的干扰源负荷向电力系统注入的干扰量超出规定范围，同样会造成电能质量的下降。用电检查员有责任监控客户端的用电状况，限制客户端不规范用电干扰源对电力网产生的干扰量，保证电力网的电能质量五项指标不超过允许偏差，从而使电力系统正常运行。

一、频率指标

1. 标准频率及允许偏差

我国电力系统交流电压、电流的标准额定频率为 50Hz。在不同运行状况下，供电频率允许偏差如表 4–8 所示。

表 4–8　　供电频率允许偏差

电力系统运行状况		允许偏差
正常状况	电网装机容量在 300 万 kW 及以上	± 0.2Hz
	电网装机容量在 300 万 kW 以下	± 0.5Hz
	客户冲击负荷引起的系统频率变动	不得超过 ± 0.2Hz
非正常状况		不得超过 ± 1.0Hz

2. 频率偏差过大产生的危害

电力系统中的发电和用电设备，都是按照额定频率设计和制造的，只有在额定频率附近运行时，才能发挥最佳的技术性能和取得最好的经济效益。频率偏差过大，对发电和用电设备的运行都将产生不利的影响，其带来的危害如表 4–9 所示。

表 4–9　　供电频率超出允许偏差带来的危害

状态	危害	举例
低频运行	损坏设备	发电厂汽轮机低压叶片共振、断裂；客户电动机烧毁
	影响产量	动力设备受影响，机械传动效率减低，产量下降
	降低产品质量	电动机转速、功率下降，各行各业废品率上升
	增大损耗	原材料消耗增大、一次能源消耗增大，发电厂煤耗、汽耗、厂用电上升
	自动化设备误动作	检测元件失准，计算机控制出错，数控设备误动，印刷产品失真
	影响通信、广播、电视	电钟记录减速，音响、视频失真
	发电厂出力下降	火电厂风机、水泵出力下降发电机温度上升；变压器铁耗增加温度上升
	电网瓦解	电网运行稳定度下降，励磁机转速下降，调励能力下降，一旦失调，系统电压急剧下降，直至电网崩溃

续表

状态	危害	举例
高频运行	旋转设备损坏	发电机、电动机和所有旋转设备转速上升，功率增加，因超出原设计的机械应力而遭到破坏
	自动化设备误动作	检测元件失准，计算机控制出错，数控设备误动，印刷产品失真
	影响通信、广播、电视	电钟记录减速，音响、视频失真
	危及安全	危及到汽轮机的保安器使机组突然甩负荷

3. 维持电力系统有功功率平衡保障频率稳定

由于电能不能大量地廉价储存，因此在任何时刻，发电机发出的有功功率之和应等于该时刻电力系统综合负荷所消耗的有功功率与各元件的有功功率损耗之和，简述为：发电量等于用电量。电力系统的有功功率平衡方程可用下式表示

$$\sum P_{\mathrm{G}} = \sum P + \sum P_{\mathrm{c}} + \sum \Delta P \tag{4–2}$$

式中 $\sum P_{\mathrm{G}}$ ——同步发电机发出的有功功率总和（工作容量）；

$\sum P$ ——系统有功负荷的总和；

$\sum P_{\mathrm{c}}$ ——各发电厂厂用有功功率总和；

$\sum \Delta P$ ——电力网有功损耗的总和。

当发电量等于用电量时，频率稳定不变；当发电量大于用电量时，频率上升；当发电量小于用电量时，频率下降。由于用电量在不断地变化，所以发电量也需要跟随用电量的变化而变化，这样电力系统有功功率平衡方程式满足动态平衡才能保证频率不变。因此，电网的装机容量和调峰能力起着至关重要的作用。

电力系统发电设备的可用容量除满足系统负荷的需要外，还应预留一部分作为备用的容量，才能够随时应对用电负荷的变动，从而使得电力系统频率不超过允许偏差，并保证连续不间断地向客户供电。电力系统发电设备的备用容量，如表 4–10 所示。

表 4–10　　电力系统发电设备的备用容量

项目	用途	容量储备	备注
负荷备用容量	适应短时间内负荷波动及一天内计划外的负荷增长	系统中接于母线的旋转备用设备，容量为最大发电负荷的 2%～5%	根据不同季节考虑水火电之间的协调及线路输送能力的限制进行合理分配

续表

项目	用　　途	容量储备	备　　注
事故备用容量	当电力系统内某些机组发生事故时或电厂预想出力突然下降时避免系统停电	为系统最大负荷的10%，且不小于系统中最大一台机组的容量	事故备用可以是停机备用，一般按水、火电担负的工作容量的比例进行分配
检修备用容量	满足可以周期性地检修系统内所有机组和设备的要求而设置的容量	在电力平衡时通过安排年检修计划确定。初步计算时可取系统最大负荷的8%～15%	计划检修应尽量利用负荷季节性低落时的空出容量，空出容量不足才需设置检修备用容量

系统的频率稳定是靠不断的调频来保证的。当系统发电设备的备用容量足够大时，就可以满足负荷的随时变化，不断的调整各发电机的出力从而维持系统频率稳定在允许偏差范围之内。当系统发电设备的备用容量不够大时，则需要按计划对负荷实行削峰填谷用电。客户端故障产生的过电流负荷可以依赖继电保护装置切除故障点恢复频率稳定，电源端故障在全部备用容量投入仍不能保证频率下限偏差的情况下，则需要甩掉三级负荷或已经合同约定的可停电负荷来维持频率稳定。

电力系统稳定频率的调节方法，如表4–11所示。

表4–11　　电力系统稳定频率的调节方法

序号	调频分类	调节方法	说　　明
1	一级调频	发电机调速系统自动调节	在小范围内灵敏调节
2	二级调频	人为利用调频器或调频电厂完成调节	在较大范围调节
3	三级调频	系统调度人员根据预测数据调节	有计划控制调节
4	事故调频	迅速投入旋转备用设备； 迅速投入低频率减负荷装置或自动按频率减负荷	电源故障发电量不足
5	危机调频	采取起动备用发电机组，切除部分负荷、将系统解列成多个小系统、分离厂用电等措施	抑制频率下降，避免发生频率崩溃

二、稳态电压指标

1. 标准电压及允许偏差

我国电网的供电电压大体可分为五个等级，即：① 低压为1kV以下；② 中压为1～10kV；③ 高压为10～330kV；④ 超高压为330～1000kV；⑤ 特高压为 1000kV 以上。

根据部颁《供电营业规则》规定，低压供电额定电压为单相 220V，三相 380V；高压供电额定电压为 10kV、35kV、110kV、220kV。加于各用电设备的电压最理想为其额定值。电力系统用于控制与调整电压的母线称为中枢母线，中枢母线上的电压及其偏移范围应符合调压方式的要求，对应不同等级的额定电压允许偏移范围应不超过表 4–12 所列的规定值。

表 4–12　　电力系统供电电压允许偏差

额定电压	允许偏差
35kV 及以上	±10%
10kV 及以下三相	±7%
220V 单相	+7%，−10%
农村电力网	正常运行+7.5%，−10%；事故运行+10%，−15%

电力系统运行时的实际电压偏差量可按下式计算

$$\text{电压偏差}(\%)=\frac{\text{实测电压}-\text{额定电压}}{\text{额定电压}}\times 100\%$$

2. 电压偏差过大的危害

各种用电设备都规定有额定工作电压，且在额定电压下运行时经济技术综合指标能取得最佳的效果。若电压偏差过大，则会对用电设备的安全和经济运行造成不利，同时对电力系统本身的安全和经济运行也不利。

电力系统供电电压超过允许偏差带来的危害，如表 4–13 所示。

表 4–13　　电力系统供电电压超过允许偏差带来的危害

电力设备和用电设备		电压过高	电压过低
用电设备	照明设备	寿命下降	亮度下降
	异步电动机	对绕组绝缘不利	转矩下降，电流增大，绕组温度升高，加速绝缘老化，带机械负载时，停转或不能启动
	电子设备	严重降低设备的寿命，且影响安全	工作不稳定，失真严重，无法正常工作，甚至损坏
电力系统	发电厂异步电动机拖动的厂用机械	对绕组绝缘不利	出力将减少，影响到锅炉、汽轮机和发电机的出力，并使效率降低
	变压器、线路	对绝缘不利，影响安全运行	过负荷，损耗加大，严重时引起跳闸，导致供电中断或系统并列运行解列，降低系统并列运行的稳定性

3. 维持电力系统无功功率平衡保障电压稳定

电力系统的无功功率电源与无功功率负荷平衡是维持电力系统电压水平的必要条件。简述为：容性无功（无功电源）等于感性无功（无功负荷）。

电力系统无功功率平衡方程为

$$\sum Q_G + \sum Q_C = \sum Q + \sum Q_{ce} + \sum \Delta Q \tag{4-3}$$

式中 $\sum Q_G$——同步发电机发出的无功功率总和；

$\sum Q_C$——无功补偿设备发出的无功功率总和（包括同步调相机、并联电容器、静止补偿器及输电线路容纳中电容无功功率等）；

$\sum Q$——系统无功负荷的总和；

$\sum Q_{ce}$——厂用无功功率总和；

$\sum \Delta Q$——电力网无功损耗的总和。

当容性无功等于感性无功时，电压不变；当容性无功大于感性无功时，电压升高；当容性无功小于感性无功时，电压下降。由于系统感性负荷消耗交变磁场的无功需求不断改变，因此系统的无功功率电源补偿的容性无功也应该随之而改变，这样才能够保证电力系统无功功率平衡方程的动态平衡，从而维持稳态电压不变。

电力系统的无功电源与无功负荷，如表 4–14 所示。

表 4–14　　电力系统的无功电源与无功负荷

系统的无功功率电源（电容性）	系统的无功功率负荷（电感性）
同步发电机	异步电动机
同步调相机	电抗器
并联电容器	变压器
静止无功补偿装置	电力线路
大容量新型静止无功发生器	各种用电器

为维持电力系统的无功功率平衡，应有一定的无功电源备用容量。同步发电机在额定功率因数（0.8～0.9）下运行，留有一定的有功功率备用容量，也保持一定的无功功率备用容量。当系统电压过低时，首先要增加系统的无功电源，保持系统无功平衡。无功电源的设置，除发电厂里的发电机以外，需根据配电网中无功电源的经济配置及运行上的要求，确定集中补偿无功功率的措施，并要求广大的电力客户分散补偿无功功率。无功补偿设备的设置则根据无功分层（电压层次）、分区（地区、县或站网络）、就地平衡以及便

于调整电压的原则来进行设置。无功补偿设备的容量需要根据调压要求及系统对功率因数的要求来进行计算。

4. 影响电压偏差的主要原因

电力系统供电电压超过允许偏差的主要原因，如表4–15所示。

表4–15　　电力系统供电电压超过允许偏差的主要原因

序号	原　　因	解　决　方　法
1	供电距离超过合理的供电半径	选择近电源点供电
2	供电导线选择截面不当，电压损失过大	准确慎重计算负荷，合理选择导线截面
3	线路过负荷运行	提高供电电压等级或切除计划外负荷
4	用电功率因数过低，无功电流大，加大了电压损失	提高功率因数
5	调压措施缺乏或使用不当，如变压器分接头摆放不当	合理调压并选择合适的分接头
6	补偿电容器采用了“死补”，不能够自适应无功需求	采用并联电容器自动投切控制

5. 提高功率因数

有功功率是视在功率的一部分，有功功率在视在功率中所占的比重，称为功率因数。有功功率、无功功率、视在功率和功率因数之间的关系可用功率三角形来表示，如图4–1所示。

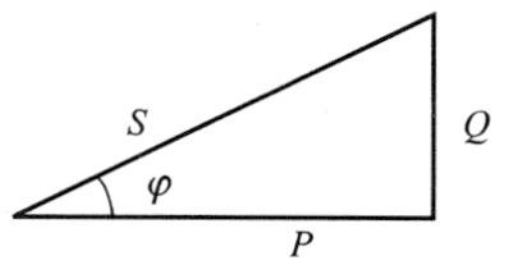

图4–1　功率三角形

由功率三角形可知

$$S=\sqrt{P^2+Q^2}\;;\quad \cos\varphi=\frac{P}{S}=\frac{1}{\sqrt{1+\left(\frac{Q}{P}\right)^2}} \tag{4–4}$$

式中　S——视在功率，kVA；

P——有功功率，kW；

Q——无功功率，$Q=Q_L-Q_C$，kvar；

φ——功率因数角。

由功率三角形可以看出，在一定的有功功率下，功率因数的高低与无功功率的大小有关。当用电企业需要的感性无功功率增大，其视在功率也增大，

第四章　供电质量

功率因数会降低，但如果无功电源补偿到位，就可以使功率因数提高。所以，用电企业功率因数的高低，反映了用电设备的合理使用状况、电能的利用程度和用电管理水平。

对用电企业功率因数的考核通常是以一个月的平均功率因数进行的，是通过企业一个月内消耗的实用有功电量和无功电量计算而得，其计算公式为

$$\cos\varphi = \frac{W_P}{\sqrt{W_P^2 + W_Q^2}} = \frac{1}{\sqrt{1+\left(\frac{W_Q}{W_P}\right)^2}} \tag{4-5}$$

式中 W_P——月实用有功电量，kWh；

W_Q——月实用无功电量，kvarh。

按照国家的规定，功率因数的标准值分为0.9、0.85、0.8三个级别。供电部门每月定时来用电企业考核月平均功率因数的大小，再与国家规定的功率因数标准值比较，从而决定对用电企业所交纳电费是奖励还是惩罚，并决定应采取的防范措施。用电企业功率因数过低的主要原因，如表4–16所示。

表4–16 用电企业功率因数过低的主要原因

序号	原　因	举　例
1	电感性用电设备配套不合适和使用不合理	用电设备长期轻负荷或空载运行
2	大量使用电感性用电设备	如异步电动机，交流电焊机，感应电炉等
3	变压器的负荷率和年利用小时数过低	变压器长期轻负荷或空载运行
4	线路中的无功功率损耗过大	高压输电线路的感抗值比电阻值大好几倍
5	无功补偿设备装置的容量不足	企业用电设备所消耗的无功功率主要靠发电机供给

当功率因数低于国家规定的功率因数值标准值时，需要采用相应的方式进行补偿来提高功率因数，其补偿方案如表4–17所示。

表4–17 用电企业功率因数过低时的补偿方案

序号	用电场所	补偿方案	作　用	特　点
1	大型变电站	同步调相机	在过励磁情况下，向系统发出感性无功功率。在欠励磁情况下，从系统吸收感性无功功率	响应速度慢、噪声大、损耗大

续表

序号	用电场所	补偿方案	作　　用	特　　点
2	降压变压器低压母线或大型用电设备	电力电容器	用于提高母线（或负荷）的功率因数，减少电力网的电压损耗，提高母线的电压水平	安装方便，可集中或分散安装。容量较大的补偿装置须装设自动投切控制装置
		静补装置	改善电压质量，提高供电电压合格率；提高功率因数，减少无功潮流，降低配网及变压器的损耗，提高经济效益	调节速度快，迅速跟踪补偿无功功率的突然频繁变化，调节平滑，运行维护简单，损耗小
3	各种场所	大容量新型静止无功发生器	通过改变输出电压的幅值来实现与交流系统交换无功功率。当输出电压的幅值大于系统电压幅值时输出滞后的无功功率；当输出电压的幅值小于系统电压幅值时吸收滞后的无功功率	可从额定滞后工况到额定超前工况连续调节输出无功，有快速的动态响应速度，在抑制系统的功率振荡和提高系统稳定性方面有最好的效果

提高功率因数可以降低线路损耗，改善电压质量，减小设备容量，提高设备供电能力，节省用电企业的电费开支，使发、供电和用电等部门均得到明显的效益。为了促进客户对无功功率补偿以改善电能质量，我国颁发了《功率因数调整电费办法》。实质是鼓励客户为提高功率因数而增加投资。在功率因数高于规定标准时，供电企业将减收电费，使客户可得到经济补偿回收投资；在功率因数低于规定标准时，供电企业将增收电费，作为客户理应负担的超购无功电力电费。电容补偿相量图，如图 4–2 所示。

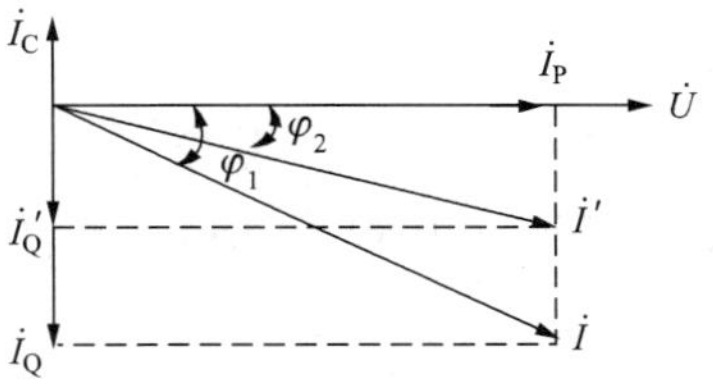

图 4–2　电容补偿相量图

对于功率因数已达到国家规定的功率因数标准值的客户，或离供电电源点较近、供电电压较高的用电企业不需再加大无功电源的资金投入，还要注意防止无功功率的倒送。

6. 并联电容器补偿容量的确定

并联电容器补偿的容量可以按下式确定

$$Q_C = P(\tan\varphi_1 - \tan\varphi_2) = Pq_0 \tag{4–6}$$

式中　Q_C ——补偿的容性无功容量；

q_0 ——补偿率（查表 4–18）。

如图 4–2 所示，φ_1 为补偿前的功率因数角，φ_2 为补偿后的功率因数角。

并联电容器的补偿的电容容量可以按照下式确定

$$C=\frac{Q_C}{\omega U^2}\times 10^{-6}=\frac{Q_C}{2\pi\times 50\times U^2}\times 10^{-6}\ (\mu F) \tag{4-7}$$

在有功功率 P 一定时，首先通过表 4–18 查得补偿率，然后使用式（4–6）计算需要补偿的容性无功功率，最后用式（4–7）确定投切电容器的安装容量。

对于电动机等用电设备进行个别补偿时，应以空载时补偿后的功率因数接近于 1 为宜，以免因过补偿引起过电压而损坏电气绝缘。单独补偿的电动机补偿容量可以按下式确定

$$Q_C=\sqrt{3}UI_0 \tag{4-8}$$

式中　I_0——电动机的空载电流。

表 4–18　　补　偿　率　q_0　　单位：kvar/kW

$\cos\varphi_1$ \ $\cos\varphi_2$	0.80	0.82	0.84	0.86	0.88	0.90	0.92	0.94	0.96	0.98	1.00
0.40	1.54	1.60	1.65	1.70	1.75	1.87	1.87	1.93	2.00	2.09	2.19
0.42	1.41	1.47	1.52	1.57	1.62	1.68	1.74	1.80	1.87	1.96	2.16
0.44	1.29	1.34	1.39	1.44	1.50	1.55	1.61	1.69	1.75	1.84	2.04
0.46	1.18	1.23	1.28	1.34	1.39	1.44	1.50	1.57	1.64	1.73	1.93
0.48	1.08	1.12	1.18	1.23	1.29	1.34	1.40	1.46	1.54	1.62	1.83
0.50	0.98	1.04	1.09	1.14	1.19	1.25	1.31	1.37	1.44	1.52	1.73
0.52	0.89	0.94	1.00	1.05	1.10	1.16	1.21	1.28	1.35	1.44	1.64
0.54	0.81	0.86	0.91	0.97	1.02	1.07	1.13	1.20	1.27	1.36	1.56
0.56	0.73	0.78	0.83	0.89	0.94	0.99	1.05	1.12	1.19	1.28	1.48
0.58	0.66	0.71	0.76	0.81	0.87	0.92	0.98	1.04	1.12	1.20	1.41
0.60	0.58	0.64	0.69	0.74	0.79	0.85	0.91	0.97	1.04	1.13	1.33
0.62	0.52	0.57	0.62	0.67	0.73	0.78	0.84	0.90	0.98	1.06	1.27
0.64	0.45	0.50	0.56	0.61	0.66	0.72	0.77	0.84	0.91	1.00	1.20
0.66	0.39	0.44	0.49	0.55	0.60	0.65	0.71	0.78	0.85	0.94	1.14
0.68	0.33	0.38	0.43	0.48	0.54	0.59	0.65	0.71	0.79	0.88	1.08
0.70	0.27	0.32	0.38	0.43	0.48	0.54	0.59	0.66	0.73	0.83	1.02
0.72	0.21	0.27	0.32	0.37	0.42	0.48	0.54	0.60	0.67	0.76	0.96
0.74	0.16	0.21	0.26	0.31	0.37	0.42	0.48	0.54	0.62	0.71	0.91
0.76	0.10	0.16	0.21	0.26	0.31	0.37	0.43	0.49	0.56	0.65	0.85

续表

$\cos\varphi_1$ \ $\cos\varphi_2$	0.80	0.82	0.84	0.86	0.88	0.90	0.92	0.94	0.96	0.98	1.00
0.78	0.05	0.11	0.16	0.21	0.26	0.32	0.38	0.44	0.51	0.60	0.80
0.80	—	0.05	0.10	0.16	0.21	0.27	0.32	0.39	0.46	0.55	0.73
0.82	—	—	0.05	0.10	0.16	0.21	0.27	0.34	0.41	0.49	0.70
0.84	—	—	—	0.05	0.11	0.16	0.22	0.28	0.35	0.44	0.65
0.86	—	—	—	—	0.05	0.11	0.17	0.23	0.30	0.39	0.59
0.88	—	—	—	—	—	0.06	0.11	0.18	0.25	0.34	0.54
0.90	—	—	—	—	—	—	0.06	0.12	0.19	0.28	0.49

无功补偿装置的分类和功能，如表 4–19 所示。

表 4–19　　　　无功补偿装置的分类和功能

<table>
<tr><th>序号</th><th colspan="4">类　型</th><th>功　能</th></tr>
<tr><td rowspan="3">1</td><td rowspan="3">串联补偿装置</td><td colspan="3">110kV 级以下电网中的串联电容补偿装置</td><td>减少电路电压降，降低受端电压波动，提高供电电压，在闭合电网中，改善潮流分布，减少有功损耗</td></tr>
<tr><td colspan="3">220kV 级以上电网中的串联电容补偿装置</td><td>增强系统稳定性，提高输电能力</td></tr>
<tr><td colspan="3">同期调相机</td><td>向电网提供可无级连续调节的容性和感性无功，维持电网电压，并可以强励补偿容性无功，提高电网的稳定性</td></tr>
<tr><td rowspan="4">2</td><td rowspan="4">并联补偿装置</td><td rowspan="4">并联电容补偿装置</td><td rowspan="2">并联电容器补偿装置</td><td>断路器投切的并联电容器装置</td><td rowspan="2">向电网提供无阶梯调节的容性无功，以补偿多余的感性无功，减少电网有功损耗和提高电网电压</td></tr>
<tr><td>晶闸管投切的并联电容器装置</td></tr>
<tr><td rowspan="2">交流滤波装置</td><td>断路器投切的交流滤波装置</td><td rowspan="2">在向电网提供可阶梯调节的容性无功的同时，给电网的谐波电流提供一个阻抗近似为零的通路，以降低母线谐波电压正弦波形畸变率，进一步提高电压质量</td></tr>
<tr><td>晶闸管投切的交流滤波装置</td></tr>
</table>

续表

序号	类型			功能
2	并联补偿装置	静止无功补偿装置	相控电抗器型	（1）改善配电系统的电压质量，提高供电电压合格率； （2）提高功率因数，减少无功潮流，降低配网及变压器的损耗，提高经济效益；抑制冲击性负荷引起的电压波动和闪变； （3）减少非线性负荷引起的电压影响和谐波干扰，改善电能质量； （4）使三相负荷平衡化或降低不对称负荷下三相电压和电流的不平衡度； （5）抑制流入电网的谐波，提高用电质量； （6）增强电力网的静态和动态稳定； （7）降低暂态和动态过电压
			自饱和感性无功器型	
			直流励磁饱和电抗器性	
		电抗补偿装置	并联电抗补偿装置	向电网提供可阶梯调节的感性无功，补偿电网的剩余容性无功，保证电压稳定在允许范围内
			超高压并联电抗器	并联与 330kV 及以上超高压线路上，补偿输电线路的充电功率，以降低系统的工频过电压水平，并兼有减少潜供电流、便于系统并网、提高送电可靠性等功能

7. 用户无功补偿方式和接线方式

为了提高企业无功功率补偿装置的经济效益，减少无功功率的流动，无功补偿因遵循就地补偿的原则。用户无功补偿方式和接线方法，如表 4–20 所示。

表 4–20　　用户无功补偿方式和接线方法

方式	类型	接线图	说明
补偿方式	个别补偿	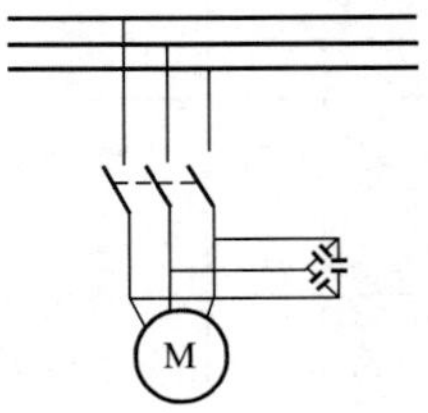	适用于：低压网络、连续运行的设备、补偿容量较大； 优点：补偿效果好； 缺点：利用率低

续表

方式	类型	接线图	说明
补偿方式	分组补偿	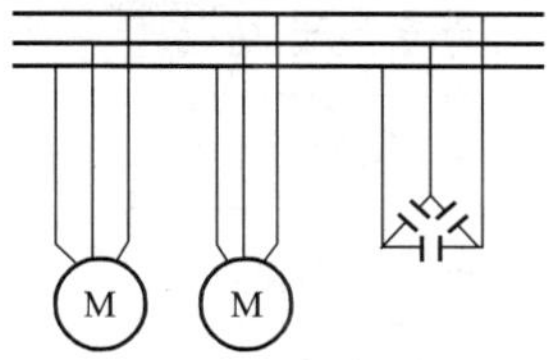	适用于：车间配电盘母线； 优点：利用率较高
	集中补偿	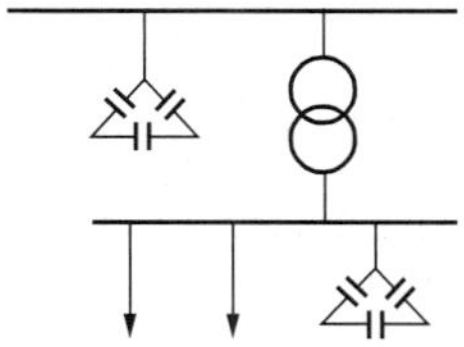	适用于：变电所高压或低压母线； 优点：利用率较高； 缺点：不能减少客户内部配电网络的无功负荷所引起的损耗
接线方法	三角形接线	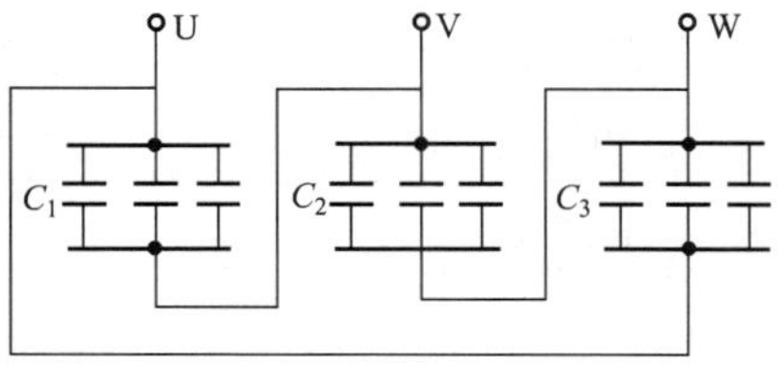	适用于：低压电容器组、10kV配电网、短路容量较小的工矿企业客户变电所和配电线路
	星形接线	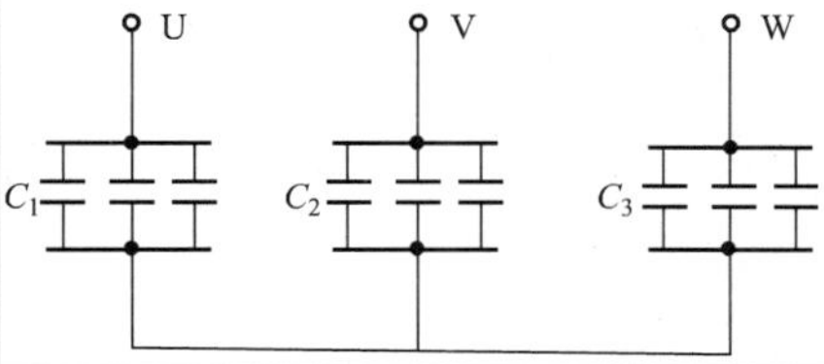	适用于：高压电容器组

8. 并联电容器自动投切控制方式

为了实时补偿动态改变的感性无功功率，应自动及时的投切电容器，使无功补偿遵循就地平衡的原则。电容器自动投切的容量随着负荷所需要的感性无功功率的变化而改变。并联电容器自动投切的控制保障了动态无功的需求，有效稳定稳态电压的额定值，提高功率因数，降低线路电能损耗，保障电能质量。

并联电容器自动投切控制方式，如表 4–21 所示。

表 4–21　　并联电容器自动投切控制方式

并联电容器	控制方式	投切容量
高压	电压型	根据配电系统的电压变化规律，确定适当的电压调整值投切
	电流型	根据配电系统的负荷电流的大小投切
	程序控制型	根据一定的生产规律编制投切程序，按固定的程序投切

续表

并联电容器	控制方式	投　切　容　量
高压	无功功率型	根据电力系统无功功率或无功电流的大小投切
	功率因数型	根据功率因数的高低，利用功率因数继电器控制投切
	综合自动控制性	采用功率因数型与电压型相结合方式
低压	时间型	非生产时间全部切除，一班制或二班制生产时，按时间自动投入
	功率因数型	根据功率因数的高低，利用功率因数继电器控制投切

三、电压波动和闪变

引起电压波动和闪变的冲击性负荷是电力系统中对电能质量产生干扰的负荷。当冲击性负荷用电不规范时，干扰量会超出允许偏差范围，使电能质量下降。对于这种干扰源，需要采取相应的方法来抑制。

1. 电压波动和闪变的限值

（1）任何一个波动负荷用户在电力系统公共连接点产生的电压波动限值和变动频度、电压等级有关。在限定条件下，波动用户单独引起的电压变动不得超过表 4–22 中的限值。

表 4–22　　　　电 压 变 动 限 值

变动频度 电压变动	变动限值 r（次数/h）				电压等级说明
	$r \leqslant 1$	$1 < r \leqslant 10$	$10 < r \leqslant 100$	$100 < r \leqslant 1000$	
高压限值（%）	3	2.3	1.5	1	$35\text{kV} < U_N \leqslant 220\text{kV}$
中压限值（%）	4	3	2	1.25	$1\text{kV} < U_N \leqslant 35\text{kV}$
低压限值（%）	4	3	2	1.25	$U_N \leqslant 1\text{kV}$

（2）电力系统公共连接点，使用闪变仪测取波动负荷引起的短时间闪变值（测量周期为 10min）和长时间闪变值（测量周期为 2h）应满足表 4–23 中所列的限值。

表 4–23　　　　各级电压下闪变的限值

系统电压等级	高压	中压	低压
短时间闪变值	0.8	0.9	1.0
长时间闪变值	0.6	0.7	0.8

（3）闪变限值根据用户的负荷大小、其协议容量占供电容量的比例以及系统电压分别按以下三级规定。

第一级，满足表 4–24 的限值可以不经过闪变核算，允许直接接入电网。

表 4–24　　用户第一级限值

限值 r（次数/min）	$K=\Delta S/S_{Scmax}$（%）			说　明
	高压	中压	低压	
$r\leqslant 10$	0.1	0.4	0.4	ΔS—波动负荷视在功率的变动； S_{SC}—公共连接点的短路容量
$10<r\leqslant 200$	0.1	0.2	0.2	
$200<r$	0.1	0.1	0.1	

第二级，根据用户闪变的发生值和限值比较，每个用户按其协议用电容量和供电容量值比，考虑上一级对下一级的传递影响，满足表 4–25 的限值可接入电网。

表 4–25　　不同电压等级间闪变传递系数

传递方向	高压向中压传递	高压向低压传递	中压向低压传递
范围	0.8～1.0	0.8～1.0	0.95～1.0
一般取值	0.9	0.9	1.0

第三级，当用户超标之后，应根据不同的实际情况可按表 4–26 中所列的处理原则进行处理。

表 4–26　　超标后的处理原则

序号	超　　标　　后	处　理　原　则
1	超标概率很低（如每周不超过 1% 时间）	可以酌情放宽限值
2	实际闪变水平较低	可以酌情放宽限值
3	实际闪变水平较高	减小分配指标，采用补偿设备，采取必要的措施

2. 电压波动及闪变的原因

电压的波动及闪变，实际上是一种无功功率效应，当一些大型的电弧设备或轧机负荷产生的功率波动反射入电网时，即引起供电电压的波动，并影响其相邻用户的电气设备的运行，当电压波动幅度及频率达到一定值时，将会出现闪变效应，对照明设备、电视机及其他负荷产生不利影响。

产生无功功率波动的主要设备包括以下两种类型：

（1）短时重复制工作负荷，如卷扬机、轴压机等；

（2）冲击性负荷，如直流电弧炉、弧焊机等。

上述两类负荷会引起电压降落，设备重复工作时会造成电压波动。

快速变动负荷流过网络（网络参数为 R、X）引起的电压降落 Δu。设负荷视在功率为 S，负荷电流、电压的相角为 φ，S_k 为负荷连接点的最小短路功率，则电压降落可由式（4–9）表示

$$\Delta u = \frac{S}{S_k\sqrt{1+\left(\frac{R}{X}\right)^2}}\left(\frac{R}{S}\cos\varphi + \sin\varphi\right)\times 100\% \tag{4–9}$$

一般网络的 $R<<X$，工程上可以取 $R/S=0$，$R/X=0$，又因为 $Q=S\sin\varphi$，所以

$$\Delta u = \frac{Q}{S_k}\times 100\% \tag{4–10}$$

式（4–10）说明：Δu 与负荷无功功率成正比。当负荷变化并向系统吸收大量无功功率时，如果由系统提供全部无功电流，则会引起供电电压降落，反之，当负荷恢复变化前的状态时，供电电压将被提升，负荷不断重复上述两种状态，将会使电网电压频繁降落，从而形成电压波动。

电压波动作用在白炽灯上，当波动的幅度和频率达到一定范围时，将会引起灯光闪动，对人的视觉产生不良刺激作用，这就是所谓的闪变。

3. 电压波动计算或评估

（1）电压波动的计算公式，如表 4–27 所示。

表 4–27　　电压波动的计算公式

序号	分　类	计算公式	说　明
1	平衡的三相负荷	$d \approx \frac{\Delta S_i}{S_{sc}}\times 100\%$	ΔS_i—负荷容量的变化量； S_{sc}—考查点的短路容量
2	在高压电网中	$d \approx \frac{\Delta Q_i}{S_{sc}}\times 100\%$	一般 $X_L \gg R$
3	某一相间单相负荷变化	$d \approx \frac{\sqrt{3}\cdot\Delta S_i}{S_{sc}}\times 100\%$	

（2）电压闪变的评估方法，如表 4–28 所示。

表 4–28　　电压闪变的评估方法

电压变动的类型	短时间闪变值评估方法
各种类型电压波动（再线评估）	使用闪变仪直接测量
已确定的所有电压波动	仿真法，直接测量法
周期性等间隔电压波动	曲线法
电压变动间隔时间大于 1s 的电压波动	闪变时间分析法、仿真法、直接测量法

4. 电压波动及闪变的危害

电压波动及闪变的危害，如表 4–29 所示。

表 4–29　　电压波动及闪变的危害

序号	分类	举　例
1	电子设备	计算机计算出错，数控生产设备控制紊乱，自控设备失控或控制精度下降，通信仪器传输错漏，广播、电视的发射和接收失真，照明灯具闪烁，甚至会影响以上设备的使用寿命
2	动力设备	电动机转速不均匀直接影响产品的质量

5. 对产生电压波动或闪变的设备可采用的抑制措施

对产生电压波动或闪变的设备可采用的抑制措施，如表 4–30 所示。

表 4–30　　对产生电压波动或闪变的设备可采用的抑制措施

序号	措　施	举　例
1	改进设备的运行操作和工艺	大型电动机用降压启动等技术；电弧炉电极升降用自动调节器；将废钢块破碎再投炉
2	设备接入供电容量更大的供电点或高一级电压的系统	提高供电电压，减小相对波动值
3	装设动态无功补偿装置	对电弧炉应用静止无功补偿器可有效地抑制冲击电弧引起的电压波动和闪变

四、三相电压允许不平衡度

1. 三相不平衡度允许偏差

在三相对称系统中，U、V、W 三相电量大小相等且相序互差 120°，这时三相瞬时总功率将会平衡，保持定值，所以三相对称系统又称三相平衡系统。

电力系统在正常运行（不包括故障状态）中，由三相元件或三相负荷引起的电压不平衡，应限定在电能质量指标规定的“三相电压允许不平衡度”范围之内，如表 4–31 所示。

表 4–31　　　　三相电压允许不平衡度

序号	客　　户	电压不平衡度允许值
1	电力系统公共连接点正常电压	稳态不得超过 2%，短时不得超过 4%
2	接于公共连接点的客户	引起该点正常电压变动一般不得超过 1.3%

研究不平衡电路理论上采用对称分量法：即将任何一组不对称的三相电压或电流分解成正序、负序、零序分量。将三相不对称网络或负荷化成正序、负序、零序等效电路，由此求得各对应分量，再将分量合成为总量。在工程上，可以采用实测或近似计算来获得实际的电压不平衡度，其确定方法如表 4–32 所示。

表 4–32　　　　确定三相电压的不平衡度

序号	方　　法	表　达　式	说　　明
1	实测法	$\varepsilon=\sqrt{\frac{1}{m}\sum_{k=1}^{m}\varepsilon_k^2}$	使用不平衡度测量仪在 3s 内侧取 m 次（$m\geqslant6$），每次测量值为 ε_k
2	准确计算法	$\varepsilon_U=\frac{U_2}{U_1}\times100\%$	U_1—三相电压正序分量的方均根值； U_2—三相电压负序分量的方均根值
3	没有零序分量的三相系统中	$\varepsilon_U=\sqrt{\frac{1-\sqrt{3-6L}}{1+\sqrt{3-6L}}}\times100\%$	$L=\frac{U_U^4+U_V^4+U_W^4}{(U_U^2+U_V^2+U_W^2)^2}$
4	正序阻抗等于负序阻抗时的近似计算	$\varepsilon_U=\frac{\sqrt{3}I_2U}{10S_k}\times100\%$	U—线电压； I_2—电流负序分量； S_k—公共连接点的三相短路容量
5	相间单相负荷引起电压不平衡的近似计算	$\varepsilon_U=\frac{S_L}{S_k}\times100\%$	S_L—单相负荷容量； S_k—公共连接点的三相短路容量

2. 三相不平衡的危害

当三相系统不平衡时，三相瞬时总功率和三相电磁转矩随时间而变化，因而对发、配电元件及用电设备（尤其是三相旋转电机）的运行产生危害，如表 4–33 所示。

表 4–33　　三相电压不平衡的危害

序号	电气设备	危　害
1	旋转电机	转子产生附加损耗及发热，从而引起电机整体或局部温升，此外反向磁场产生附加力矩会使电机出现振动
2	发电机	在定子中还会形成一系列高次谐波
3	以负序分量为启动元件的保护装置	引起发生误动作，直接威胁电网运行
4	硅整流设备	出现非特征谐波，如 2 次、4 次谐波等
5	发电机、变压器	控制最大相电流为额定值，则其余两相就不能满载，因而设备利用率下降，反之如要维持额定容量，将会造成负荷较大的一相过负荷，而且还会出现磁路不平衡致使波形畸变，设备附加损耗增加等

3. 改善方法

由不对称负荷引起的电网三相电压不平衡可以采用的解决方法，如表 4–34 所示。

表 4–34　　三相电压不平衡可以采用的解决方法

序号	解　决　方　法
1	将不对称负荷分散接在不同的供电点，以减少集中连接造成不平衡度超标问题
2	使用交叉换相等办法使不对称负荷合理分配到各相，尽量使其平衡化
3	加大负荷接入点的短路容量，如改变网络或提高供电电压级别提高系统承受不平衡负荷的能力
4	装设平衡装置

五、公用电网谐波

1. 谐波电压和谐波电流的允许值

良好的交流电压、电流波形，应该是正弦波形。但是，电力系统中所存在的谐波源负荷将高次谐波注入电网，使正弦波形发生畸变，因此谐波电压和谐波电流都应加以限制，以便于用电设备正常使用电能。

（1）谐波电压。公用电网谐波电压允许值，如表 4–35 所示。

表 4–35　　　　　　　　公用电网谐波电压允许值

电网标称电压（kV）	电压总谐波畸变率（%）	各次谐波电压含有率（%）	
		奇　次	偶　次
0.38	5.0	4.0	2.0
6	4.0	3.2	1.6
10	4.0	3.2	1.6
35	3.0	2.4	1.2
66	3.0	2.4	1.2
110	2.0	1.6	0.8

（2）谐波电流。全部用户向公共连接点注入的谐波电流分量不应超过表 4–36 所规定的允许值。

表 4–36　　　　　　公共连接点注入的谐波电流分量允许值

标准电压（kV）	谐波次数	2	3	4	5	6	7	8	9	10	11	12	13
	短路容量（MVA）	谐波电流允许值（A）											
0.38	10	78	62	39	62	26	44	19	21	16	28	13	24
6	100	43	34	21	34	14	24	11	11	8.5	16	7.1	13
10	100	26	20	13	20	8.5	15	6.4	6.8	5.1	9.3	4.3	7.9
35	250	15	12	7.7	12	5.1	8.8	3.8	4.1	3.1	5.6	2.6	4.7
66	500	16	13	8.1	13	5.4	9.3	4.1	4.3	3.3	5.9	2.7	5.0
110	750	12	9.6	6.0	9.6	4.0	6.8	3.0	3.2	2.4	4.3	2.0	3.7

标准电压（kV）	谐波次数	14	15	16	17	18	19	20	21	22	23	24	25
	短路容量（MVA）	谐波电流允许值（A）											
0.38	10	11	12	9.7	18	8.6	16	7.8	8.9	7.1	14	6.5	12
6	100	6.1	6.8	5.3	10	4.7	9.0	4.3	4.9	3.9	7.4	3.6	6.8
10	100	3.7	4.1	3.2	6.0	2.8	5.4	2.6	2.9	2.3	4.5	2.1	4.1
35	250	2.2	2.5	1.9	3.6	1.7	3.2	1.5	1.8	1.4	2.7	1.3	2.5
66	500	2.3	2.6	2.0	3.8	1.8	3.4	1.6	1.9	1.5	2.8	1.4	2.6
110	750	1.7	1.9	1.5	2.8	1.3	2.5	1.2	1.4	1.1	2.1	1.0	1.9

2. 电力谐波的主要危害

电力谐波的主要危害，如表 4–37 所示。

表 4–37　　　　　　　电力谐波的主要危害

<table>
<tr><th>序号</th><th>设　备</th><th colspan="2">主　要　危　害</th></tr>
<tr><td>1</td><td>旋转电机电工设备</td><td colspan="2">铁损和铜损增加，设备整体或局部过热，温度上升从而加速绝缘老化，缩短寿命；
谐波转矩还会引起电机的振动，使噪声增加，产生谐波过电压</td></tr>
<tr><td rowspan="2">2</td><td rowspan="2">静止设备</td><td>谐波电流</td><td>谐波电流在设备和网络上产生损耗。在牵引变压器、电炉变压器及整流变压器和向谐波负荷供电变压器以及输电线路，上述损耗增加相当大。谐波电流还会引起外壳、外层硅钢片和某些紧固件发热，并可能引起变压器振动，噪声增加</td></tr>
<tr><td>谐波电压</td><td>谐波电压对电容器及电缆的介质有较大影响，谐波电压以正比于其幅值电压的形式增加了介质的电场强度，从而缩短设备寿命，而畸变波形峰值过电压直接损害电容器和电缆的介质绝缘。对电容器组而言，相对偏低的谐波电压可能会引起较大的谐波电流。由谐波引起的主设备事故中，有约 70%发生在电容器组上或由其引发</td></tr>
<tr><td rowspan="2">3</td><td rowspan="2">保护、自动装置和控制设备</td><td>保护和自动装置</td><td>电力系统中以负序滤过器为启动元件或含有对频率及波形敏感元件的保护和自动装置，会因谐波的影响而发生误动作，严重危及电力系统的安全运行。国内多种型号的距离保护都有因谐波和负序干扰而误动作的记录，有的保护装置因频繁误动而不得不退出运行</td></tr>
<tr><td>控制设备</td><td>对整流控制设备和数控设备的运行产生干扰，使控制灵敏度下降或控制失误</td></tr>
<tr><td rowspan="2">4</td><td rowspan="2">有功及无功计量装置</td><td>有功计量</td><td>有功计量正确性在两方面受影响。其一是感应式电能表在谐波频率下的工作特性产生变化；其二是谐波源用户会产生谐波有功并送回系统产生发热损耗，这部分功率与基波功率相抵消，影响有功电能计量的合理性</td></tr>
<tr><td>无功计量</td><td>常用的无功功率表计及控制器不能反映含有谐波时的广义无功功率，从而使无功计量及功率因数测控受影响。目前大多数进口的电能计量仪及功率因数控制器等都能正确解决上述问题</td></tr>
<tr><td>5</td><td>通信系统</td><td colspan="2">谐波在电网传输过程中通过电容耦合、电磁感应和电气传导对邻近的通信系统造成干扰，不但损害信号的清晰度，严重时会对通信设备造成损坏</td></tr>
</table>

3. 电力系统的谐波源负荷

典型非线性负荷可分为以下两大类。

（1）含有半导体非线性元件的谐波源，是电力系统的主要谐波源。这类设备在电力系统中广泛存在，随着硅整流技术的发展和不断完善，晶闸管等电力电子元件在各行各业中得到日益广泛的应用，大到直流输电用的整流和逆变装置，小到电视机电源、电池充电器等，遍布于电力系统的各个电压等级。它们按一定规律开闭不同电路，将谐波电流注入电力系统。这些装置的容量、接线和工作状况差别很大，取用的电流也不尽相同。

（2）含有电弧或铁磁非线性元件的设备。一般说来它们引起的谐波问题没有半导体元件严重，但在特殊情况下它们也可能产生较严重的谐波。在不同行业中分布的各种谐波源负荷，如表 4–38 所示。

表 4–38　　电力系统的谐波源负荷

序　号	行　　业	主　要　设　备
1	冶金	整流、换流、轧机、电弧炉、其他电弧、变频热及变频调速
2	化工及电解化工	整流、电石炉、电焊
3	机械	整流、轧机、变频、电弧设备
4	金属、纸类、塑料加工	整流、轧机、变频、电弧炉、电炉
5	交通	电气机车、电车、地铁的整流
6	通信	电台、电话、卫星、广播机房整流
7	民用	日光灯及各类家用电器
8	小型发配电设备	电力变压器、铁芯电抗器等含有磁路不对称和饱和特性的设备

4. 各种谐波源的特征谐波分量

各种非线性负荷以电流源的形式存在，其电流波形呈现非正弦的形状，并注入电力系统产生高次谐波，力图改变发电机所提供的标准正弦波。在各次谐波分量中影响较大且有一定规律的称为特征谐波分量，不同谐波源电路的特征谐波分量不同。在表 4–39 中所列出的是一些典型的谐波源负荷的电流波形和特征谐波分量。

表 4–39　　　　典型谐波源负荷的电流波形和特征谐波分量

序号	名称	电路原理图	流入电网的电流波形图	特征谐波	备注
1	单相半波可控整流电路	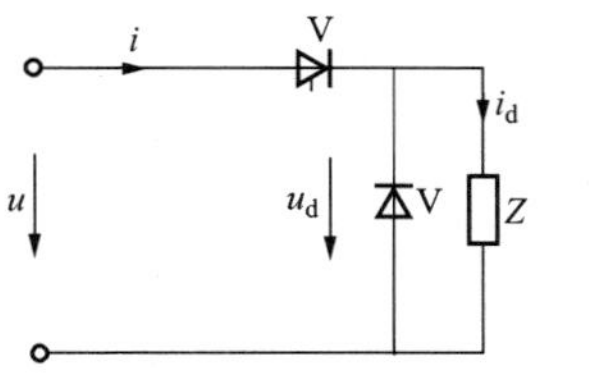	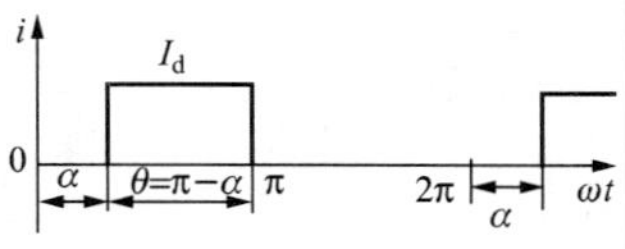	谐波丰富	大电感负荷有续流二极管
2	单相全控桥式整流电路	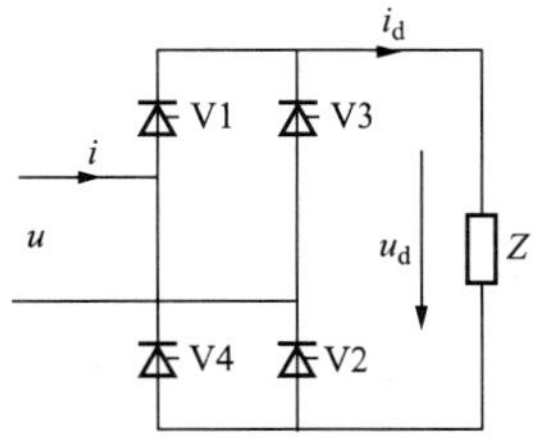	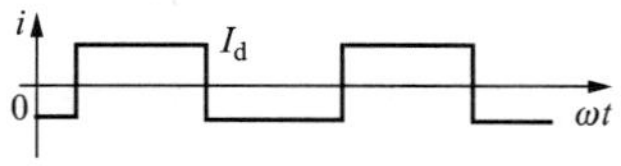	奇次谐波	可实现逆变
		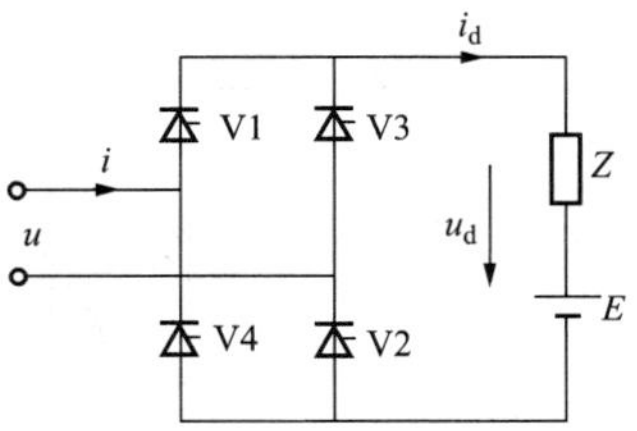	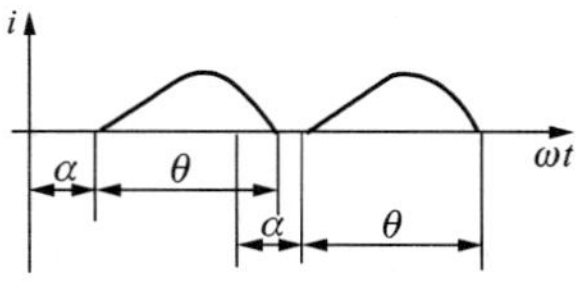	奇次谐波	接反电动势负荷有直分量，可实现逆变
3	单相半控桥式整流电路	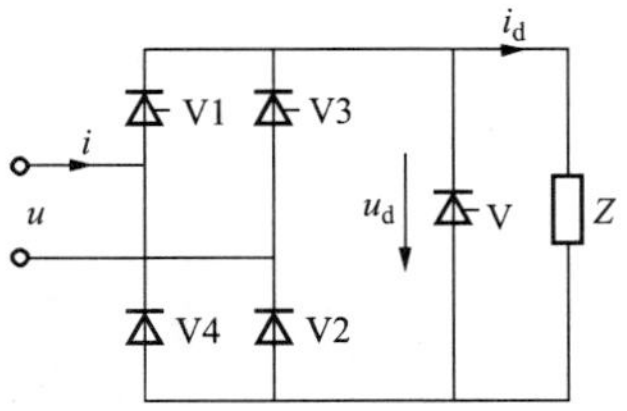	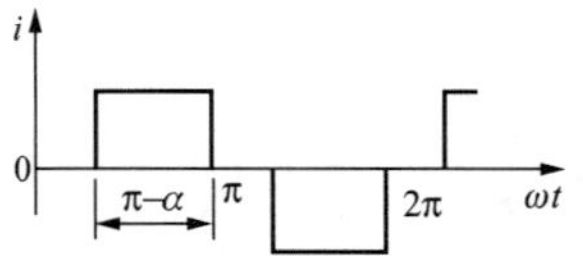	奇次谐波	有续流二极管
		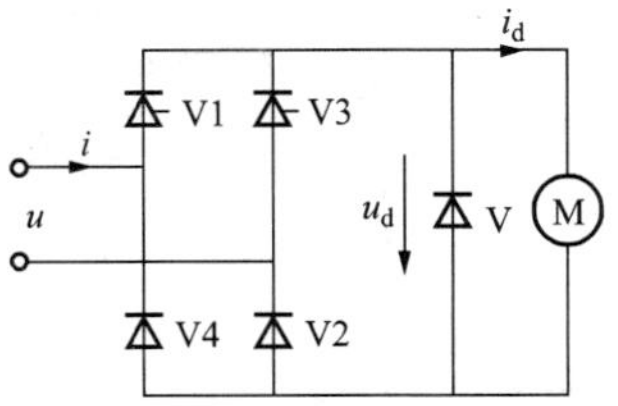	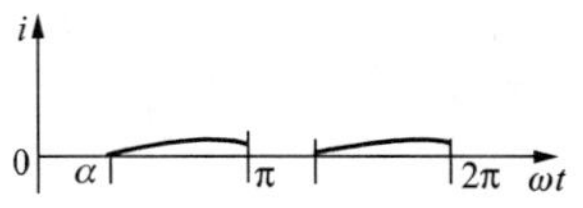	奇次谐波	接反电动势负荷有直分量
4	三相半波可控整流电路	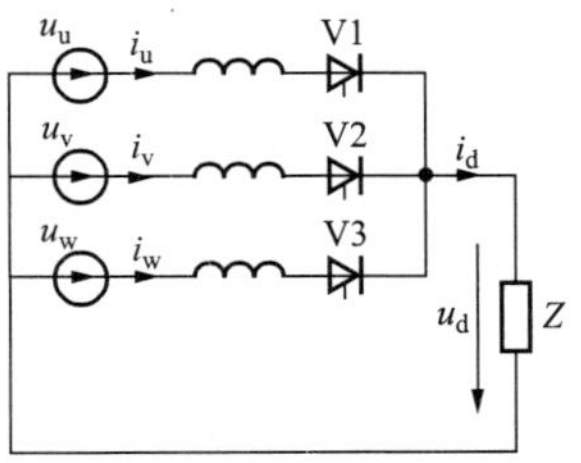	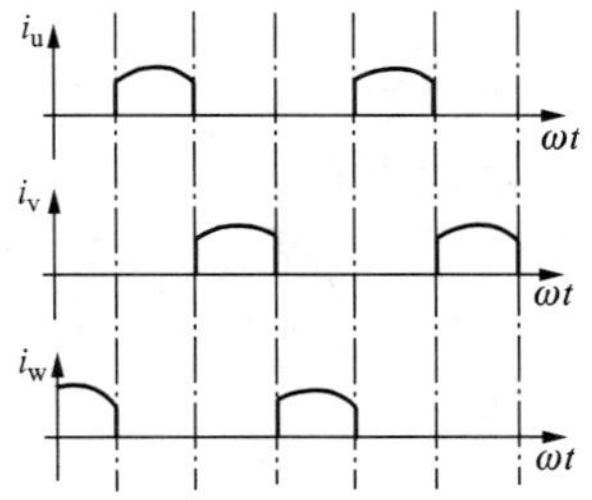	$3k\pm1$ 次谐波	k 为自然数，有直流分量

续表

序号	名称	电路原理图	流入电网的电流波形图	特征谐波	备注
5	三相全控桥式整流电路	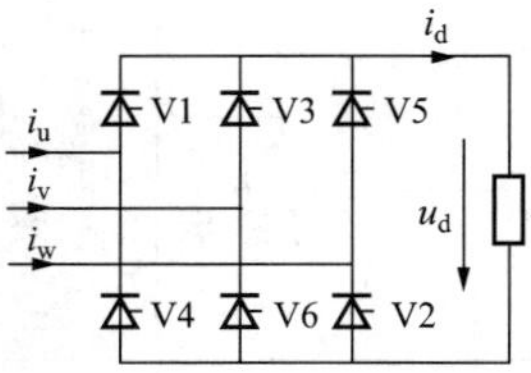	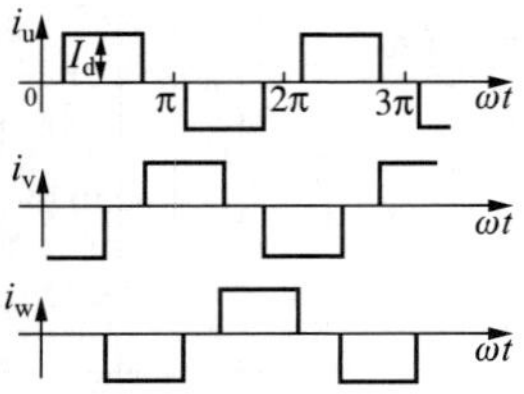	$6k\pm1$ 次谐波	可实现逆变
6	三相半控桥式整流电路	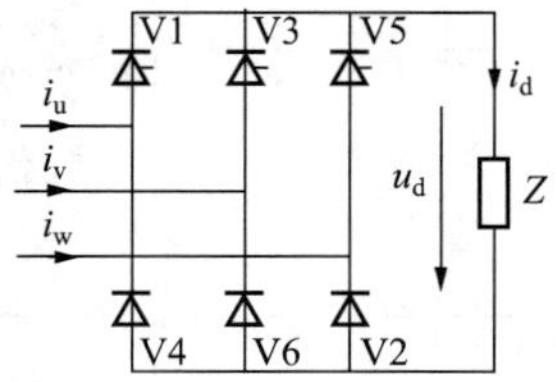	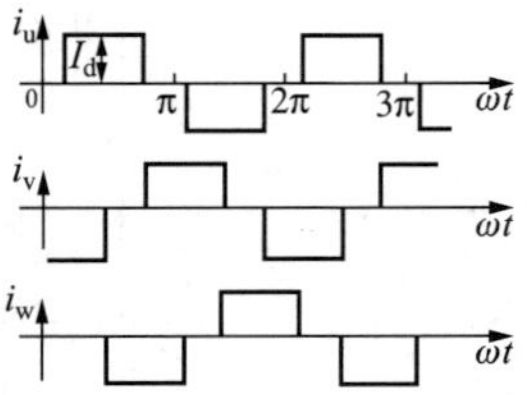	$6k\pm1$ 次谐波	有非特征谐波
		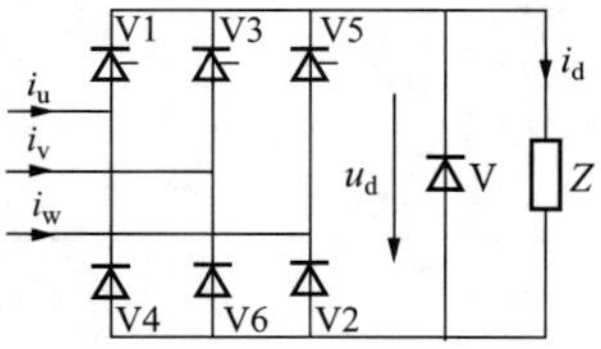	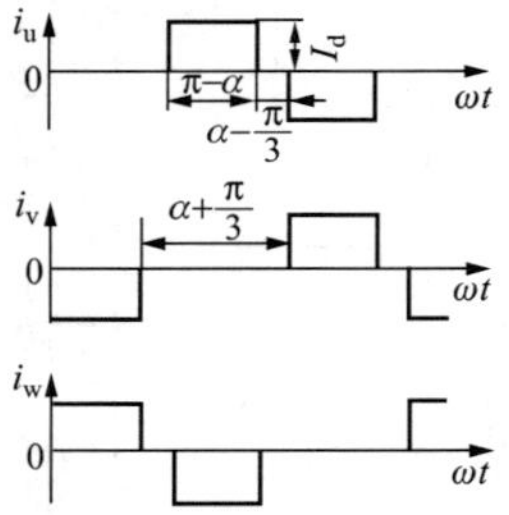	$6k\pm1$；当$\alpha\leqslant\pi/3$时波形同上；当$\alpha>\pi/3$时不连续	有续流二极管，有$6k\pm2$次谐波
7	变压器	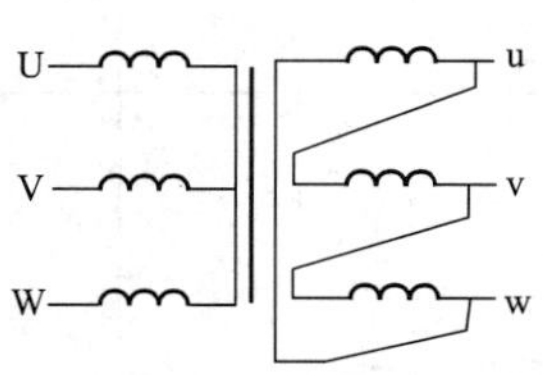	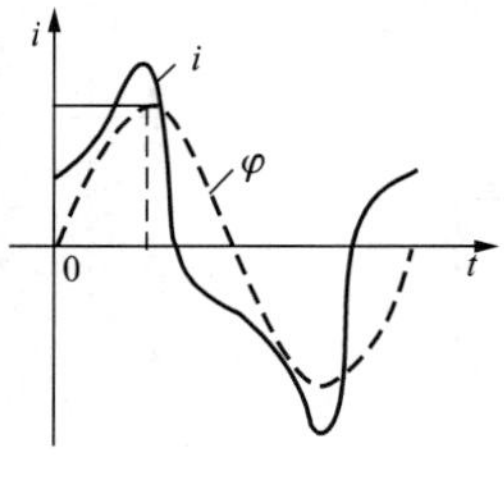	$6k\pm1$ 次谐波以5次、7次为主	有一侧接成三角形
8	电气机车	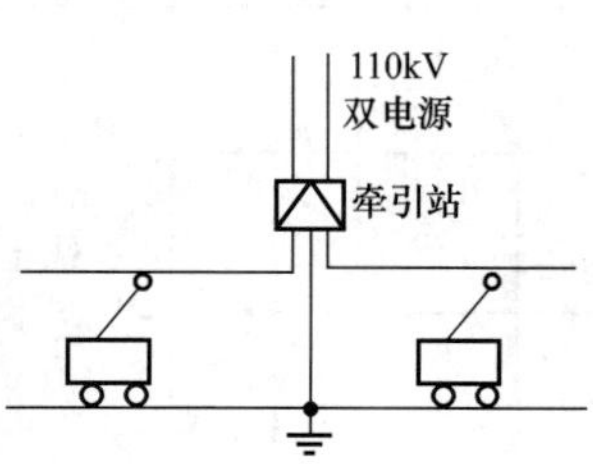	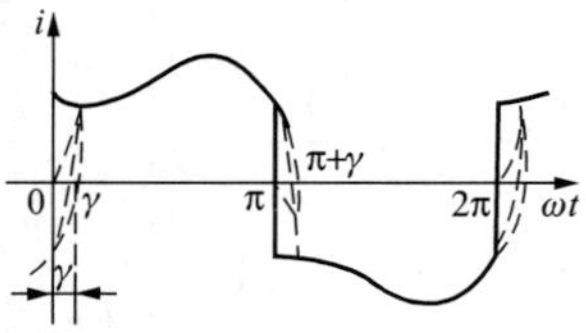	奇次谐波	

续表

序号	名称	电路原理图	流入电网的电流波形图	特征谐波	备注
9	电视机	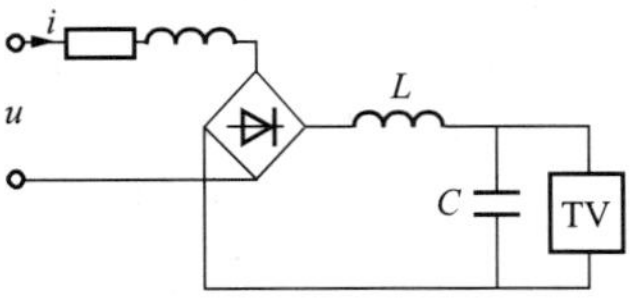	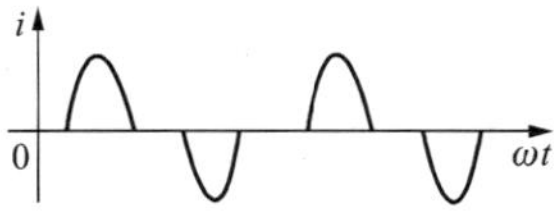	奇次谐波	黑白电视机
			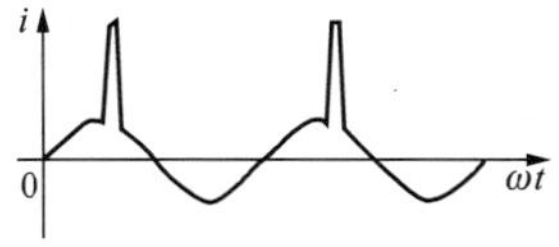	奇次谐波	彩色电视机
10	充电器	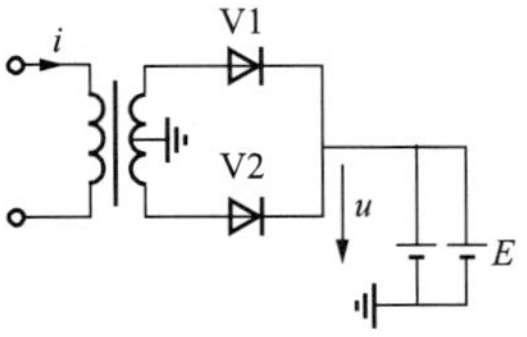	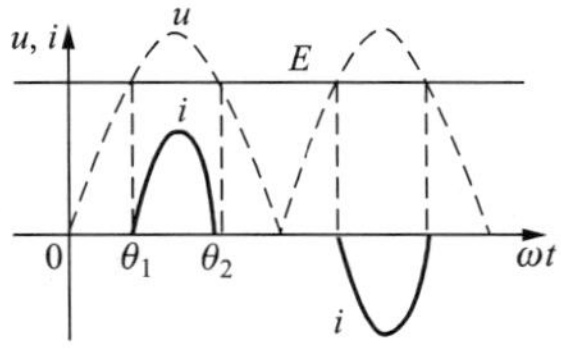	奇次谐波	

5. 电网谐波的监督管理

电网谐波监督管理的任务是采取各种有效的措施，加强对谐波源负荷的管理，监督电力客户谐波源注入电网的谐波电流不超过国标规定的允许值，从而把电网中的谐波电压控制在国家标准规定的允许范围内，其具体监督管理如表4–40所示。

表4–40　　　　公用电网谐波的监督管理

序号	监督管理	措　施	内　　容
1	谐波监督管理的基本要求	设置监测点	在监测点例如：主要发电厂、变电所、接有大容量谐波源、无功补偿装置、滤波装置的连接点装设价格适宜的谐波监测仪器，在线监测电网谐波的变化
		日常监测	24h连续或定时监测，测量周期可选择5、10、15、30min
		专门监测	大容量谐波源、无功补偿装置、滤波装置接入电网的前后，均需进行专门的测试；带有相位控制的家用电器和低压电器大量接入电网时，需适时进行监测；特别需要防止谐波的谐振放大
		事故分析	电网或电气设备发生异常事故，要根据异常状况及时测量分析，查明是否谐波引发

续表

序号	监督管理	措　施	内　容
2	谐波源接入电网的审定	查明谐波源参数和电网参数	（1）谐波源参数：设备的型号、容量、台数、额定电压、额定电流、接线方式、运行控制方式、控制参数或各次谐波发生量，以及电源变压器的参数和连接方式； （2）系统参数：谐波源与电网连接点的额定电压、短路容量、谐波电压和谐波阻抗
		谐波计算	根据谐波源注入电网的谐波电流和公共连接点的谐波阻抗，计算谐波电流在系统中产生的谐波电压，还应计算原有谐波电压和新接入的谐波源在系统中新生成的谐波电压及其合成量，特别要注意是否会产生谐振放大
3	核对是否超标	如果谐波源注入电网的各次谐波电流及电网谐波电压均符合标准的规定，则允许该谐波源接入电网。否则，应采取措施抑制，再经审定后方能接入电网	
4	采取限制谐波的技术措施	对于三相整流电路可以增加换流装置的相数或脉冲数	
		改变谐波源的配置或工作方式，例如：具有谐波互补性的装置应集中，非互补性的应分散或分时交替使用	
		对于谐波丰富无法确定特征谐波分量，但对系统电流波形的干扰量不太大的谐波源负荷可以加大谐波源接入点的短路容量或改由高一级电压供电，以增加系统承受谐波的能力	
		对于特征谐波分量明显，有影响的谐波次数较少的谐波干扰源应就近安装无源滤波装置抑制谐波的干扰	
		合理选择电容器组的串联电抗器，避免电容器对谐波的谐振放大，同时还要防止无功到送	
		对于谐波丰富，无法确定特征谐波分量，对系统电流波形的干扰量大的谐波干扰源，如电弧炉负荷，应就近安装有源滤波器等新型抑制谐波的措施	
		在电网薄弱、短路容量较或大容量波动性谐波源处装设静止无功补偿装置	
5	谐波实测	检定新的谐波源接入电网后，注入电网的谐波电流和在电网中生成的谐波电压是否超标，实测之后如有超标，仍需加大抑制力度，重新审定	

第三节 降低供电损耗

一、供电损耗

在电能的输送和分配的过程中，电流经过线路和变压器等设备，会产生电能损耗，这些损耗称为供电损耗也简称线损。供电损耗的构成可以按其特点进行分类，如表4–41所示。

二、线损率

线路损失量占供电量的百分比称为线路损失率，简称线损率，其计算公式为

$$线损率=\frac{线路损失电量}{购电量}\times 100\%=\frac{购电量-售电量}{购电量}\times 100\%$$

表4–41 供电损耗的构成可以按特点分类

分类	产生原因	特点	性质
固定损耗	(1)主、配电变压器的空载损耗; (2)电缆、电容器的介质损耗; (3)调相机的空载损耗; (4)电能表电压线圈的损耗; (5)35kV及以上线路的电晕损耗	不随负荷电流的变化而变化，与电压成正比	属于可计算的技术性损耗
可变损耗	(1)主变压器的负荷损耗; (2)配电变压器的负荷损耗; (3)输电线路上的负荷损耗; (4)配电线路上的负荷损耗; (5)低压线路上的负荷损耗; (6)接户线上的负荷损耗	随负荷电流的变化而变化，与电流的平方成正比	属于可计算的技术性损耗
不明损耗	(1)仪用互感器配套不合理或变比错误; (2)电能表接线错误或故障; (3)电流互感器二次阻抗超过允许值引起计量误差; (4)电压互感器二次压降超过允许值引起计量误差; (5)在互感器二次回路临时工作后未记录或未追补电量; (6)在营业工作中漏抄、漏计、错算及倍率差错; (7)抄表时间不对应引起的误差; (8)客户违章窃电; (9)权力电、人情电、关系电、福利电等	理论计算的损失电量和实际损失电量的差值。与管理因素有关	属于不可计算的管理性损耗

供电企业要追求社会效益和经济效益的最大化，在购电量一定的情况下，减少损失电量就等于增加了售电量，同时也降低了供电成本，增加了经营利润。因此，线损率成为衡量供电企业经济效益和管理水平的重要指标之一，这项指标牵动着电网的发、供、变、用电等各环节的运行情况。因为线路所统计的总损失电量又可分为理论线损和管理线损，所以线损率又可分为理论线损率和管理线损率，其计算公式为

$$\begin{aligned}线损率 &= \frac{理论线损量+管理线损量}{购电量}\times 100\% \\ &= \frac{理论线损量}{购电量}\times 100\% + \frac{管理线损量}{购电量}\times 100\% \\ &= 理论线损率+管理线损率\end{aligned}$$

理论线损是指使用线损理论所计算的电网技术性线损，但是理论线损总是小于统计的总线损，二者的差值是由管理漏洞所产生，差值越小，说明管理工作中的疏漏越少。管理线损无法计算，只能通过统计的实际线损减去计算的理论线损来评估，即

$$管理线损率=线损率-理论线损率$$

三、理论线损计算方法

理论线损的计算方法，如表 4–42 所示。

表 4–42　　理论线损的计算方法

理论线损	计算方法	计 算 公 式	说 明
常规计算	架空线路线损计算	$\Delta W = 3(I_1^2+I_2^2+\cdots+I_{24}^2)R\times 24$	I_i—代表日每小时平均电流
	电缆线路损耗计算	$\Delta W = 3I^2 r_0 l\times 24$	I—代表日 24h 均方根电流
	电力电容器损耗计算	$\Delta W = Q_C \cdot \tan\delta \times 24$	δ—绝缘介质损失角，$\tan\delta$ 取 0.004
线路损耗的常用计算方法	损失因数法 $\Delta W = \Delta P_{max} FT$	一般电网：$F = 0.3f + 0.7f^2$ 供输电网：$F = 0.083f + 1.036f^2 - 0.12f^3$	F—损失因数； T—计算时段； F—负荷率，计算式 $f = \dfrac{P_{av}}{P_{max}}$
	均方根电流法 $\Delta W = 3I^2R\times 24$	$I = \dfrac{1}{6}\sqrt{\dfrac{1}{2}\sum_{i=1}^{24}\dfrac{P_i^2+Q_i^2}{U_i^2}}$	P_i、Q_i、U_i—代表日每小时的实测值
	最大负荷损耗小时数法	$\Delta W = \Delta P_{max} t = 3I_{max}^2 Rt$	仅用于规划设计计算

续表

理论线损	计算方法	计算公式	说明
变压器损耗的常用计算方法	均方值法	$\Delta W=\left[\Delta P_0+\Delta P_k\left(\dfrac{I}{I_N}\right)^2\right]\times 24$	I—变压器日均方根电流； I_N—额定电流
	逐台计算法	$\Delta W=\Delta P_0 t+\Delta P_k\left(\dfrac{I_{max}}{I_N}\right)^2 Ft$	I_{max}—实测最大电流； F—损失因数
	查对表法	$\Delta W_p=\Delta P_0 t+\dfrac{\Delta P_k A^2 K}{t_1 S_N^2\cos^2\varphi}$ $\Delta W_Q=\dfrac{I_0\%S_N}{100}t+\dfrac{U_k\%S_N}{100}\left(\dfrac{S}{S_N}\right)^2 Kt_1$	ΔW_p—有功损耗电量； ΔW_Q—无功损耗电量； t—运行时间； t_1—月用电小时数； K—生产班次系数； A—月用电量
配电网等值电阻计算方法	线路等值电阻	$R_{eg.L}=\dfrac{\sum\limits_{i=1}^{m}I_i^2R_i}{I_\Sigma^2}=\dfrac{\sum\limits_{i=1}^{m}S_i^2R_i}{S_\Sigma^2}$	m—节段数； R_i—第 i 段线路电阻； I_i—第 i 节段电流； S_i—第 i 节段容量
	变压器等值电阻	$R_{eg.T}=\dfrac{U^2\sum\limits_{i=1}^{n}P_{ki}}{(\sum\limits_{i=1}^{n}S_{ni})^2}$	n—变压器台数； S_{ni}—第 i 台变压器额定容量； P_{ki}—第 i 台变压器额定短路损耗； P_{0i}—第 i 台变压器额定空载损耗； I—变电出口总电流的均方根值
	配电网等值电阻	$R_{eg}=R_{eg.L}+R_{eg.T}$	
	配电线路总电能损耗	$\Delta W=3I^2(R_{eg.L}+R_{eg.T})t+\sum\limits_{i=1}^{n}P_{0i}t$	

［例 4–1］确定线路均方根电流 I。

解：随机抽取一个代表日，在 24h 内连续测取每小时实测代表电流，作为每小时的平均电流 I_1、I_2、…、I_{24}，则该代表日的均方根电流为

$$I=\sqrt{\frac{1}{24}(I_1^2+I_2^2+\cdots+I_{24}^2)}=\sqrt{\frac{1}{24}\sum_{i=1}^{24}I_i^2}$$

［例 4–2］10kV 配电线路如图 4–3 所示，b、c 点功率因数 0.8，负荷率 f=0.5，试求年电能损失量。

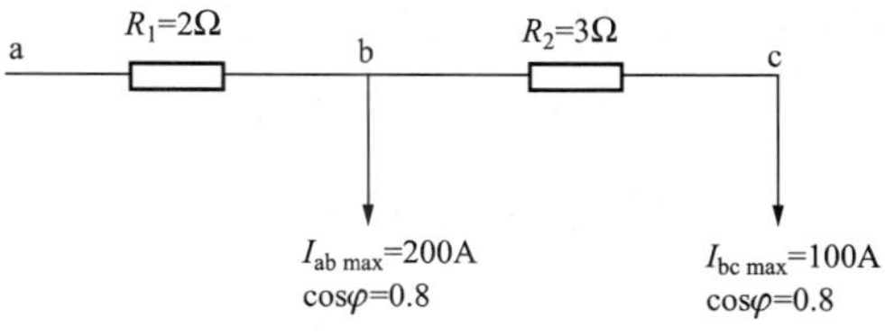

图 4–3　10kV 配电线路图

解：采用损失因数法，则 ab 段线路最大电流为

$$I_{ab\,max}=200+100=300\text{（A）}$$

bc 段线路最大电流为

$$I_{bc\,max}=300-100=100\text{（A）}$$

功率损耗为

$$\begin{aligned}\Delta P_{max} &= 3I_{ab\,max}^2 \bullet R_1 + 3I_{bc\,max}^2 \bullet R_2 \\ &= 3\times300^2\times2+3\times100^2\times3 \\ &= 630\times10^3(\text{W}) = 630(\text{kW})\end{aligned}$$

取损失因数 $F=0.3f+0.7f^2=0.3\times0.5+0.7\times0.5^2=0.325$，则有

$$\Delta W=\Delta P_{max}FT=630\times0.325\times365\times24=1793610\text{（kWh）}$$

答：该线路年电能损失量为 1793610kWh。

［例 4–3］某企业降压变电所内装设一台 SFL1–20000/110 型变压器，电压为 110/11kV，高压侧额定电流为 105A，已知ΔP_0=22kW、ΔP_k=135kW，代表日实测负荷电流为 40、40、40、40、40、50、50、60、60、60、60、55、55、60、65、65、70、70、70、70、70、60、50、40，试计算变压器全月的损耗。

解：采用均方值法进行如下计算。

（1）变压器高压侧日均方根电流为

$$I=\sqrt{\frac{\sum_{i=1}^{24}I_i^2}{24}}=\sqrt{\frac{1}{24}(40^2\times6+50^2\times3+55^2\times2+60^2\times6+65^2\times2+70^2\times5}$$

$$=56.9\ (\text{A})$$

（2）变压器全月的线损为

$$\Delta W=\left[\Delta P_0+\Delta P_k\left(\frac{I}{I_N}\right)^2\right]\times24\times30=\left[22+135\times\left(\frac{56.9}{105}\right)^2\right]\times24\times30$$

$$=44383.8\,(\text{kWh})$$

答：变压器全月的线损为 44383.8kWh。

［例 4–4］有一台 S9 型照明和动力合一的三相 100kVA 变压器，空载损耗为 290W，额定短路损耗为 1500W，损失因数为 0.4，并测得最大使用电流为 115A。试求：该变压器一个月的综合电能损耗。

解：使用逐台计算法进行如下计算：

变压器额定电流为

$$I_N=\frac{S}{\sqrt{3}U_N}=\frac{100\times10^3}{\sqrt{3}\times380}=152\text{（A）}$$

$$\Delta W=\Delta W_0+\Delta W_k=\Delta P_0 t+\Delta P_k\left(\frac{I_{max}}{I_N}\right)^2 Ft$$

$$=290\times10^{-3}\times30\times24+1150\times\left(\frac{115}{152}\right)^2\times10^{-3}\times0.4\times30\times24$$

$$=208.8+246=454.8\,(\text{kWh})$$

答：该变压器一个月的综合电能损耗为 454.8kWh。

［**例 4–5**］使用查对表法确定变压器的损耗。

（1）变压器损耗查对表制定原则，如表 4–43 所示。

表 4–43　　　　变压器损耗查对表制定原则

变压器用途	月用电量和月用电小时数（30 天/月）
一般变压器	将变压器负荷分为 10 个等级，10%负荷为第一级，每增加 10%为一级，每一级月用电量取其上限值
同时供给一班制、二班制、三班制工作设备的变压器	三班制用电设备超过全部用电设备的 75%，按三班制计（24h/天）
	二班制用电设备超过全部用电设备的 75%，按二班制计（16h/天）
	三班制和二班制用电设备容量总合超过全部用电设备容量的 40%，按二班制计，其余不足部分按一班制计
农业抗旱、排涝为主的变压器	抗旱、排涝期间按实际供电时间计算班次。非抗旱、排涝期间（仍有照明和碾米机等动力）按一班制计
非工业客户变压器	按一班制计（8h/天）
专供照明变压器	按一班制计（8h/天）

生产班次系数 K 为：一班制取 3；二班制取 1.5；三班制取 1。

为了简化计算负荷功率因数 $\cos\varphi$ 按 0.7 计。

（2）实用举例：某小型企业现有一台 S9 型 10/0.4kV、30kVA 的变压器，铭牌标定：$\Delta P_0=0.13\text{kW}; \Delta P_k=0.6\text{kW}; I_0\%=2.1; U_k\%=4$。月用电量为 4500kWh，二班制生产。试求该月变压器的有功、无功损耗电量。

解：$$\Delta W_p=\Delta P_0 t+\frac{\Delta P_k A^2 K}{t_1 S_N^2\cos^2\varphi}=0.13\times24\times30+\frac{0.6\times4500^2\times1.5}{16\times30\times30^2\times0.7^2}$$

$$=93.6+86=179.6\,(\text{kWh})$$

$$\because S=\frac{A}{t_1\cos\varphi}=\frac{4500}{480\times0.7}=13.4 \text{（kVA）}$$

$$\therefore \Delta W_Q=\frac{I_0\%S_N}{100}t+\frac{U_k\%S_N}{100}\left(\frac{S}{S_N}\right)^2Kt_1$$

$$=\frac{2.1\times30}{100}\times720+\frac{4\times30}{100}\left(\frac{13.4}{30}\right)^2\times1.5\times480$$

$$=453+172.8=625.8\ (\text{kvarh})$$

答：该变压器月有功损耗为1796kWh，变压器的月无功损耗为625.8kvarh。

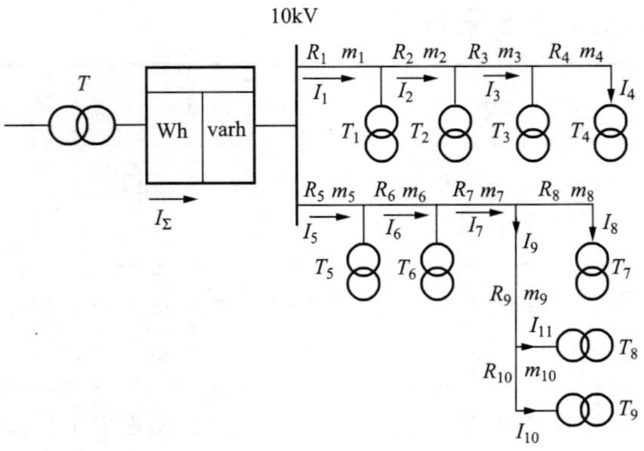

图4–4　10kV配电网络图

［例 4–6］ 10kV 配电网络如图4–4所示，共有 n 台变压器和 m 个节段构成，计算配电网等值电阻 R_{eg}，并计算 t 时段的总损耗。

解：设各台变压器和各节段均承受相同电压，则 $U_i=U_N=10kV$（ΔU_i 下降很少时可以忽略，ΔU_i 下降过多时可以考虑并联电容器就地补偿）。

由图4–4得知，共9台变压器，故 $n=9$；10个节段，故 $m=10$。

（1）配电网线路等值电阻 $R_{eg.L}$ 可以采用电流计算，也可以采用容量计算，则有

$$R_{eg.L}=\frac{\sum_{i=1}^{m}I_i^2R_i}{I_\Sigma^2}=\frac{\sum_{i=m_1}^{m_{10}}I_i^2R_i}{I_\Sigma^2}$$

$$=\frac{I_1^2R_1+I_2^2R_2+\cdots+I_{10}^2R_{10}}{I_\Sigma^2}$$

式中，I_Σ 为变电出口总电流；I_i 为 i 节段运行电流，其中 $I_7=I_8+I_9$，$I_9=I_{10}+I_{11}$。因此得

$$R_{eg.L}=\frac{\sum_{i=1}^{m}S_i^2R_i}{S_\Sigma^2}=\frac{\sum_{i=m_1}^{m_{10}}S_i^2R_i}{S_\Sigma^2}=\frac{S_1^2R_1+S_2^2R_2+\cdots+S_{10}^2R_{10}}{P_\Sigma^2+Q_\Sigma^2}$$

式中，P_Σ 和 Q_Σ 变电所出口记录的总功率；S_i 为 i 节段运行容量。

（2）配电网变压器等值电阻 $R_{eg.T}$ 的计算式为

$$R_{\mathrm{eg.T}}=\frac{U^2\sum_{i=1}^{n}P_{\mathrm{ki}}}{(\sum_{i=1}^{n}S_{\mathrm{ni}})^2}=\frac{U^2\sum_{i=T_1}^{T_9}P_{\mathrm{ki}}}{(\sum_{i=1}^{n}S_{\mathrm{ni}})^2}=\frac{(10\times10^3)^2(P_{\mathrm{k1}}+P_{\mathrm{k2}}+\cdots+P_{\mathrm{k9}})}{(S_{\mathrm{n1}}+S_{\mathrm{n2}}+\cdots+S_{\mathrm{n9}})^2}$$

式中，P_{ki}和S_{ni}在第i台变压器铭牌或资料中查取。

配电网等值电阻为

$$R_{\mathrm{eg}}=R_{\mathrm{eg.L}}+R_{\mathrm{eg.T}}$$

（3）配电网t时段的总损耗计算式为

$$\Delta W=3I^2(R_{\mathrm{eg.L}}+R_{\mathrm{eg.T}})t+\sum_{i=1}^{9}P_{0\mathrm{i}}t=3I_{\Sigma}^2R_{\mathrm{eg}}t+(P_{01}+P_{02}+\cdots+P_{09})t$$

式中，I_{Σ}为变电所记录出口的总均方根电流；$P_{0\mathrm{i}}$可在第i台变压器铭牌或资料中查取。

四、降低损耗措施

根据损耗的性质不同应采取相应的降损措施，如表4–44所示。

表4–44　　根据损耗的性质不同应采取相应的降损措施

序号	损耗性质	降低损耗措施
1	线路技术性损耗	（1）配电网升压改造； （2）合理调整运行电压； （3）提高功率因数； （4）合理调整负荷； （5）合理选择导线截面； （6）合理安排设备检修
2	变压器技术性损耗	（1）合理选择变压器； （2）均衡变压器的三相负荷； （3）合理经济运行； （4）变压器技术改造
3	管理性损耗	（1）合理划分电能损耗管理范围； （2）全面开展电能损耗理论计算； （3）严格执行抄、核、收制度； （4）加强电能计量管理； （5）开展电能损耗的统计、分析、检查、总结及经验交流工作； （6）建立和完善各项管理制度； （7）加强对农村电工的管理

五、线路技术性损耗的降损措施

1. 配电网升压改造

在参数可比的条件下，电能的损耗随供电电压提高的平方成反比下降，简化电压等级，减少变压层次，提高电压等级，是降低线损的有效措施。配电网升压效果见表 4–45。

表 4–45　配电网升压效果表

序号	升压前电网原额定电压（kV）	升压后电网额定电压（kV）	升压后线损降低百分数（%）
1	0.22	0.38	66.4
2	3	10	91
3	6	10	64
4	10	35	91.8
5	35	110	89.88
6	110	220	75

2. 合理调整运行电压

在额定电压允许波动的幅度内，当输送功率不变时，运行电压提高，电流相应降低，电能损耗下降；反之，运行电压降低，电流相应增加，电能损耗上升。

电压提高的百分数为

$$\Delta U\% = \frac{U_2 - U_1}{U_1} \times 100\%$$

式中，U_1 为改变前的运行电压；U_2 为改变后的运行电压。

功率损耗降低百分数为

$$\Delta P\% = \left[1 - \frac{1}{(1+\Delta U\%)^2}\right] \times 100\%$$

电网运行电压升降与功率损耗升降的关系，见表 4–46。

表 4–46　电网运行电压升降与功率损耗升降的关系

电压提高 ($\Delta U\%$)	功率损耗降低 ($\Delta P\%$)	电压降低 ($\Delta U\%$)	功率损耗增加 ($\Delta P\%$)
1	2	1	2.03

续表

电压提高 ($\Delta U\%$)	功率损耗降低 ($\Delta P\%$)	电压降低 ($\Delta U\%$)	功率损耗增加 ($\Delta P\%$)
2	4	2	4.12
3	5.75	3	6.28
4	7.55	4	8.5
5	9.3	5	10.8
6	11	10	23.46
7	12.7	15	38.4

［**例 4–7**］某 10kV 配电线路，实际运行电压为 9.8kV，月损失电量为 15 万 kWh，如将运行电压提高到 10.3kV，输送功率保持不变，试求每月降损多少？

解：电压提高百分数为

$$\Delta U\% = \frac{U_2 - U_1}{U_1} \times 100\% = \frac{10.3 - 9.8}{9.8} \times 100\% = 5.1\%$$

功率损耗降低百分数为

$$\Delta P\% = \left[1 - \frac{1}{(1+\Delta U\%)^2}\right] \times 100\% = \left[1 - \frac{1}{(1+5.1\%)^2}\right] = 9.47\%$$

每月降损电量为 15×9.47%=1.42 万 kWh。

3. 提高功率因数

在配电网中，存在大量的电感性供电设备，感性供电设备吸收了电力系统大量的无功功率，使功率因数下降，从而导致电网电能损耗增大。如图 4–5 所示，功率因数从 $\cos\varphi_1$ 提高到 $\cos\varphi_2$，在输送的有功功率不变时，则其降低的百分数计算式为

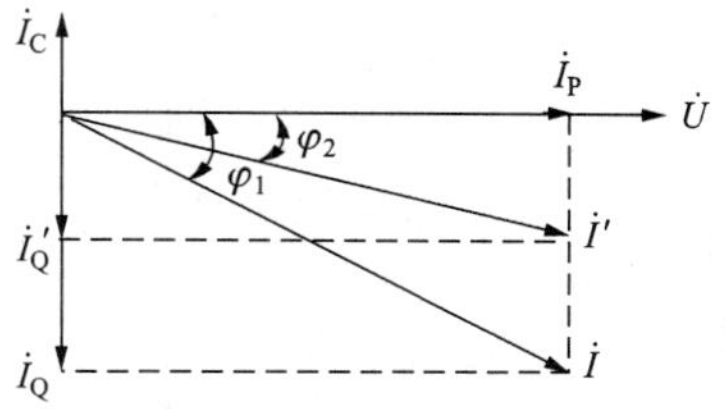

图 4–5　提高功率因数图

$$\Delta P\% = \left[1 - \left(\frac{\cos\varphi_1}{\cos\varphi_2}\right)^2\right] \times 100\%$$

功率因数改变与电能损耗的改变关系如表 4–47 所示，当功率因数上升时电能损耗减小，当功率因数下降时电能损耗增大。

表 4–47　　　　功率因数改变与电能损耗的改变关系

cosφ由所列数值提高到 0.95	0.50	0.60	0.65	0.70	0.75	0.80	0.85	0.90
降低电能损耗百分数（%）	72.3	60.1	53.2	45.7	37.6	29.1	20	10.3
cosφ由 1 降低到所列数值	0.60	0.65	0.70	0.75	0.80	0.85	0.90	0.95
增加电能损耗百分数（%）	178	136	104	78	56	38	23	11

[例 4–8] 某供电企业，每年供电损失电量为 245 万 kWh（可变部分），如果功率因数从 0.7 提高到 0.9，则求每年该供电企业少损失多少电量。

解： $\Delta P\% = \left[1-\left(\dfrac{\cos\varphi_1}{\cos\varphi_2}\right)^2\right]\times 100\% = \left[1-\left(\dfrac{0.7}{0.9}\right)^2\right]\times 100\% = 39.5\%$

提高功率因数前损失电量为：245×39.5%＝97.775（万 kWh）

提高功率因数后损失电量为：245－97.775＝147.2（万 kWh）

答： 提高功率因数之前，年供电损失电量为 245 万 kWh，提高功率因数之后，年供电损失电量为 147.2 万 kWh。则一年该供电企业少损失电量为 97.775 万 kWh。

4. 合理调整负荷

如图 4–6 所示，用电负荷波动的幅度与线路损耗有密切的关系。在相同的用电条件下，用电负荷平稳，损耗电量就小；用电负荷波动幅度大，线路损耗电量就大。设平稳电流为 *I*，波动电流为Δ*I*，则电流不平稳时的损耗电量比电流平稳时的损耗电量增大的百分数为

$$\frac{\Delta I^2}{I^2}\times 100\%$$

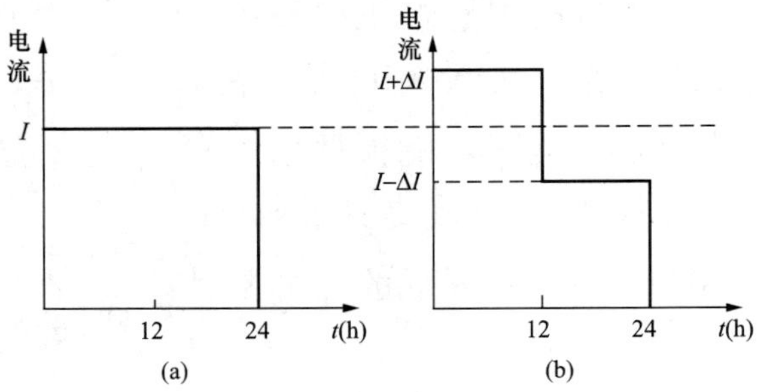

图 4–6　用电的负荷平稳与波动

（a）平稳负荷；（b）波动负荷

5. 合理选择导线截面

（1）按电压损耗选择导线截面。

预选导线截面 $$S=\frac{PL\rho}{U_N\Delta U_R}$$

低压导线预选导线截面 $$S=\frac{PL}{c\Delta U\%}$$

上两式中 S ——导线面积，mm^2；

P ——输送功率，kW；

L ——导线长度，km；

ρ ——导线电阻率，铝为 31.5Ω·mm²/km，铜为 18.8Ω·mm²/km；

U_N ——线路额定电压，kV；

ΔU_R ——导线在电阻中产生的电压损耗，V；

$\Delta U\%$ ——允许的电压损耗；

c ——电压损耗计算常数：单相 220V 铝导线取 7.7，铜导线取 12.9；三相四线 380/220V 铝导线取 46，铜导线取 77。

计算之后，预选与计算结果相近的标准导线，然后对导线的机械强度和正常发热进行效验，最后经效验之后选择导线的截面。

导线机械强度效验的目的是：选则导线的截面不得小于架空导线的最小截面，这样才能避免断线事故发生，如果预选的截面小于最小截面，则应选择高一档的导线，如表 4–48 所示。

表 4–48　　架空导线的最小截面（mm^2）

导线种类	高压配电线路		低压配电线路	接 户 线
	居民区	非居民区		
铝绞线及铝合金线（LJ）	35	25	16	绝缘线 4.0
钢芯铝绞线（LGJ）	25	16	16	
铜线（TJ）	16	16	直径 3.2mm	绝缘铜线 2.5

导线正常发热效验的目的是：在标准环境温度（25℃）下，导线持续工作的最高允许温度不超过+70℃，并以此条件制定导线的持续允许载流量 I_p，计算负荷的最大电流 I_{max} 应该小于导线的持续允许载流量，即 $I_{max} \leqslant I_p$，这样才能保证导线持续工作的温度不超过＋70℃。在环境温度为 25℃时，裸导线的允许载流量如表 4–49 所示。

表 4–49　导线最高允许工作温度为 70℃（环境温度为 25℃）时，裸导线的允许载流量

导线型号	允许载流量（A）	导线型号	允许载流量（A）	导线型号	允许载流量（A）
LJ–10	75	LGJ–16	105	TJ–4	50
LJ–16	105	LGJ–25	135	TJ–6	70
LJ–25	135	LGJ–35	170	TJ–10	95
LJ–35	170	LGJ–50	220	TJ–16	130
LJ–50	215	LGJ–70	275	TJ–25	180
LJ–70	265	LGJ–95	335	TJ–35	220
LJ–95	325	LGJ–120	380	TJ–50	270
LJ–120	375	LGJ–150	445	TJ–70	340
LJ–150	440	LGJ–185	515	TJ–95	415
LJ–185	500	LGJ–240	610	TJ–120	485
LJ–240	610	LGJ–300	700	TJ–150	570
		LGJ–400	865	TJ–185	645

当环境温不等于标准温度时，允许载流量会发生相应的变化。例如，当工作环境温度高于标准环境温度时，导线的载流量会下降；反之，工作环境温度低于标准环境温度时，导线的载流量会上升。多数情况下，工作环境温度与标准环境温度不同，需要通过校正系数折算到标准温度下的等效允许载流量。其校正系数 K 列于表 4–50 之中。

表 4–50　裸导线载流量温度校正系数

环境温度（℃）	–5	0	+5	+10	+15	+20	+25	+30	+35	+40	+45	+50
校正系数 K	1.29	1.24	1.2	1.15	1.11	1.05	1.0	0.94	0.88	0.81	0.74	0.67

［例 4–9］当周围空气温度为+10℃时，求 LJ–50 型导线的允许电流。

解：查表 4–49 可知：LJ–50 型导线在标准环境温度下的允许电流为 $I_p = I_{25} = 215\text{ A}$。查表 4–50 可知：在+10℃时的校正系数 K=1.15，则有

$$I_{10} = KI_p = 1.15 \times 215 = 247.25 \text{（A）}$$

式中　I_{10}——在+10℃时导线的允许电流。

答：当周围空气温度为+10℃时，LJ–50 型导线的允许电流为 247.25A。

［例 4–10］有一条 380V 三相架空线路，长 450m，所带负荷为 20kW，$\cos\varphi$=0.8，环境温度为+35℃。请根据允许电流选择铝导线截面。

解：（1）计算最大负荷电流为

$$I_{max}=\frac{P_{max}}{\sqrt{3}U_N\cos\varphi}=\frac{20\times10^3}{\sqrt{3}\times380\times0.8}=38.03\text{（A）}$$

（2）环境温度为+35℃，取 $I_{max}\leqslant I_{35}$，I_{35} 取值应大于 38.03A。

（3）折算到标准环境温度+25℃，查表 4–48 可知：K=0.88，则有

$$I_p=I_{25}=\frac{I_{35}}{K}=\frac{38.03}{0.88}=43.22\text{（A）}$$

（4）预选导线型号 LJ–10，导线截面 S=10mm²，允许电流 75A 大于 43.22A。

（5）效验机械强度。查表 4–48 可知：低压配电线路满足机械强度要求的铝绞线最小截面为 16mm²，故应选择 LJ–16 型号标准导线。

（6）导线截面已经放大为 S=16mm²，故更能够满足长期工作的发热要求。

答：选择铝导线截面为 S=16mm²，型号 LJ–16。

（2）按经济电流密度选择导线截面。

如果导线截面选择偏小，节约有色金属减小投资，但是导线电阻增大，线路损耗增大。如果导线截面选择偏大，导线电阻减小，线路损耗减小，但是增加有色金属加大投资。综合考虑两方面的因素，确定符合最大经济效益的导线截面积，并称其为经济截面积 S_J。对应经济截面积的电流密度称为经济电流密度 J。我国规定的经济电流密度，见表 4–51。

表 4–51　　经济电流密度 J（A/mm²）

导线材料	年最大负荷利用小时数的经济电流密度 J（A/mm²）							
	500～1500h	2000h	2500h	3000h	3500h	4000h	5000h	6000h
10kV 及以下 LJ 型导线	2.0	1.46	1.30	1.18	1.08	1.0	0.87	0.76
10kV 及以下 LGJ 型导线	—	1.69	1.52	1.38	1.26	1.16	1.0	0.82
10kV 及以下 TJ 型导线	—	3.0		2.25				1.75

选择经济截面积公式

$$S_J=\frac{I_{man}}{J}$$

［例 4–11］已知线路负荷最大电流 250A，年最大负荷利用小时数为 6000h，采用 LGJ 型导线架设，试求导线的经济截面。

解： 查表 4–51 可知：$J=0.82$，则有

$$S_J=\frac{I_{man}}{J}=\frac{250}{0.82}=304.8\ (mm^2)$$

采用双回线路供电，即每一回线路的导线截面为

$$S=\frac{304.8}{2}=152.4\ (mm^2)$$

答： 选用 LGJ–150 型钢芯铝绞线双回路供电。

采用经济电流密度所选择的导线截面比按照发热条件选择的截面大，一般都能满足发热条件的要求。在选用导线时，短时间按照持续允许电流运行，长时间可以按照经济电流运行。各种不同导线型号的经济电流，如表 4–52 所示。

表 4–52　　各种不同导线型号的经济电流 I

运行小时（h） 经济电流（A） 导线型号	3000	4000	5000	6000
LGJ–35	48	41	35	29
LGJ–50	69	58	50	41
LGJ–70	97	81	70	57
LGJ–95	131	110	95	78
LJG–120	166	139	120	98
LGJ–150	207	174	150	123
LJ–35	41	35	30	27
LJ–50	59	50	44	38
LJ–70	83	70	61	53
LJ–95	112	95	83	72
LJ–120	142	120	104	91
LJ–150	177	150	131	114

续表

导线型号 \ 经济电流（A） \ 运行小时（h）	3000	4000	5000	6000
TJ–35	79	79	79	61
TJ–50	113	113	113	88
TJ–70	158	158	158	123
TJ–95	214	214	214	166
TJ–120	270	270	270	210
TJ–150	338	338	338	263

6. 合理安排设备检修

设备检修将改变配电网的接线方式，造成线损电量大大增加。因此，要加强设备检修的计划性，合理的安排设备检修，尽量缩短检修时间和尽量带电检修。

六、变压器技术性损耗的降损措施

1. 合理选择变压器

根据不同的环境、不同的负荷、不同的容量应合理地选用电力变压器，如表 4–53 所示。

表 4–53　　合理选择变压器

类　别	条　　件	合理选择或优先选择
根据不同场所合理选择变压器的类型	变电所	S9 系列低损耗油浸式节能变压器
	防火、环境潮湿、多尘	SCL 系列环氧树脂浇筑的干式变压器
	化学腐蚀性气体、蒸汽、导电或可燃粉尘、纤维	SL14 系列密闭式变压器
	多雷区、土壤电阻率高的地区	SZ 系列防雷变压器
	电压要求偏差小稳定性高	SZL7、SZ9 系列有载调压变压器

续表

类别	条件	合理选择或优先选择
根据不同负荷级别合理选择变压器的台数	一、二级负荷	应采用两台变压器
	一、二级负荷比重大且双电源供电	一般装设两台变压器，特殊场合采用多台小容量变压器
	季节性负荷、昼夜负荷变动较大	选用两台，负荷高时用一台，负荷低时用一台
	三级负荷	选择一台
	一般情况	选择一台
合理选择变压器的容量	装设一台变压器	按75%～85%负荷选择
	装设两台变压器	明备用时，按100%负荷选择; 暗备用时，按70%～80%负荷选用

2. 均衡三相负荷

定期测量变压器的三相负荷，使之不平衡度限定在规程规定的范围之内，若不平衡度达不到规程规定的要求，应重新分配三相负荷，尽量达到三相负荷平衡。

变压器的三相负荷不平衡度$\delta\%$的计算公式为

$$\delta\%=\frac{\text{最大相电流}(I_{\max})-\text{最小相电流}(I_{\min})}{\text{最大相电流}(I_{\max})}\times100\%$$

三相平均电流的计算公式为

$$I_{\text{av}}=\frac{1}{3}(I_{\text{U}}+I_{\text{V}}+I_{\text{W}})$$

三相负荷平衡时的节电计算公式为

$$\Delta A=I_{\text{av}}^2[(K_1^2+K_2^2+K_3^2-3)R+K_0^2R_0]Ft\times10^{-3}\ \text{(kWh)}$$

其中 $$K_1=\frac{I_{\text{U}}}{I_{\text{av}}},\quad K_2=\frac{I_{\text{V}}}{I_{\text{av}}},\quad K_3=\frac{I_{\text{W}}}{I_{\text{av}}},\quad K_0=\frac{I_0}{I_{\text{av}}}$$

式中，F为损失因数；R为相线电阻；R_0为中线电阻；t为时间。

3. 合理经济运行

电力变压器运行经济与否，是以变压器损耗的大小来衡量的，变压器的经济运行方式如表4–54所示。

表 4–54　　　　　　　　　　变压器的经济运行方式

变压器	分类	条件	原则	备注
主变压器经济运行	单台双绕组变压器运行	$\Delta P_0 = (S/S_N)^2 \Delta P_k$	效率最高	ΔP_0—空载损耗; ΔP_k—短路损耗
	多台同容量双绕组变压器运行	$S > S_N\sqrt{n(n+1)\dfrac{\Delta P_0 + c_r\Delta Q_0}{\Delta P_k + c_r\Delta Q_k}}$	投运 n+1 台变压器	c_r—无功经济当量（kW/kvar），取 0.06～0.1; n—已运行的变压器台数 $\Delta Q_0 = I_0\% S_N \times 10^{-2}$ 变压器的空载无功损耗为 $\Delta Q_k = U_k\% S_N \times 10^{-2}$ 变压器的短路无功损耗
		$S < S_N\sqrt{n(n-1)\dfrac{\Delta P_0 + c_r\Delta Q_0}{\Delta P_k + c_r\Delta Q_k}}$	投运 n–1 台变压器	
		$S_N\sqrt{n(n-1)\dfrac{\Delta P_0 + c_r\Delta Q_0}{\Delta P_k + c_r\Delta Q_k}} < S$ $S < S_N\sqrt{n(n+1)\dfrac{\Delta P_0 + c_r\Delta Q_0}{\Delta P_k + c_r\Delta Q_k}}$	投运 n 台变压器	
	多台不同容量变压器	作变压器的损耗曲线	查曲线对应负荷最低点	
配电变压器经济运行	合理选择类型	一般变电站	SL7、S7、S9 系列	低耗节能式
		防火、环境潮湿、多尘	SCL 系列	干式
		腐蚀性气体、导电或可燃粉尘、纤维	SL14 系列	密闭式
		多雷区、土壤电阻率高的地区	SZ 系列	防雷式
		电压要求偏差小稳定性高	SZL7、SZ9 系列	有载调压式
	合理选容量	功率因数和效率最高	40% ～ 70% 额定容量	
	减少轻负荷和空载变压器的运行	季节性用电且连续性要求不高	空载时及时退出	如农业排灌
		经常轻负荷	采用母子变压器	根据负荷切换
		经常空载或轻负荷	采用自动投切装置	

注　c_r——无功经济当量，是指安装 1kvar 无功容量可以减少有功损耗的值，量纲为 kW/kvar，系统负荷最小时取 0.06，系统负荷最大时取 0.1；$c_r\Delta Q$——等效有功损耗。

［例 4–12］某 35kV 变电所，有 3 台相同容量的 S9–2500/35 型变压器并联运行，已知ΔP_0=3.2kW，ΔP_k=20.7kW，$I_0\%$=0.75，$U_k\%$=6.5，c_r=0.06。试求：当负荷变化时经济运行变压器的台数。

解：
$$\Delta Q_0 = I_0\% S_N \times 10^{-2} = 0.75\times 2500\times 10^{-2} = 18.75 \text{（kvar）}$$

$$\Delta Q_k = U_k\% S_N \times 10^{-2} = 6.5\times 2500\times 10^{-2} = 162.5 \text{（kvar）}$$

$$\because S_N\sqrt{n(n-1)\frac{\Delta P_0 + c_r\Delta Q_0}{\Delta P_k + c_r\Delta Q_k}} < S < S_N\sqrt{n(n+1)\frac{\Delta P_0 + c_r\Delta Q_0}{\Delta P_k + c_r\Delta Q_k}}$$

$$\therefore 2500\sqrt{2\times 1\times\frac{3.2+0.06\times 18.75}{20.7+0.06\times 162.5}} < S < 2500\sqrt{2\times 3\times\frac{3.2+0.06\times 18.75}{20.7+0.06\times 162.5}}$$

计算结果：$1625 < S < 2548.28$

答：当变压器实际负荷小于 1625kVA 时，应投入 1 台变压器运行；当变压器实际负荷大于 2548.28kVA 时，应投入 3 台变压器运行；当变压器实际负荷在 1625～2548.28kVA 之间时，应投入 2 台变压器运行。

［例 4–13］有两台不同容量的变压器并联运行，第一台型号为 S9–630/10，第二台型号为 S9–1000/10。试确定经济运行变压器的台数。

解：（1）每台变压器损耗与负荷的关系式为

$$\Delta P = (\Delta P_0 + c_r\Delta Q_0) + (\Delta P_k + c_r\Delta Q_k)\left(\frac{S}{S_N}\right)^2$$

以此方程作出两台变压器的损耗曲线 1、2，如图 4–7 所示。

（2）两台变压器运行时的总损耗与负荷的关系式为

$$\sum\Delta P = \Sigma(\Delta P_0 + c_r\Delta Q_0) + \sum(\Delta P_k + c_r\Delta Q_k)\left(\frac{S}{\Sigma S_N}\right)^2$$

以此方程作出两台变压器共同运行的损耗曲线 3，如图 4–7 所示。

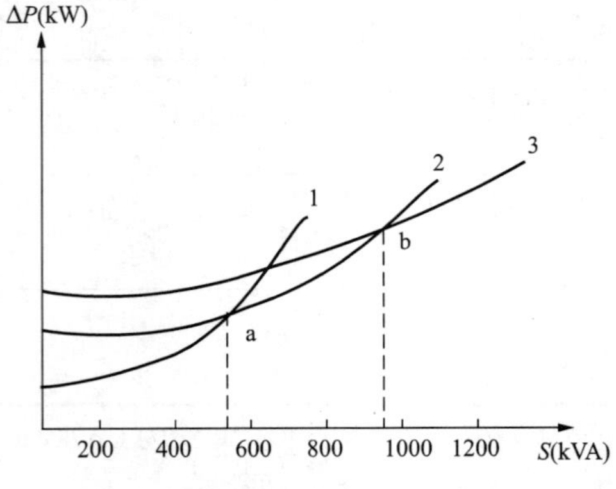

图 4–7　变压器的损耗曲线

（3）损耗曲线的交点，就是确定经济运行变压器的分界点，损耗最小即对应最低的损耗曲线。

当负荷小于 a 点时，则应投入一台 S9–630/10 型变压器运行最经济；

当负荷大于 a 点和小于 b 点时，则应投入一台 S9–1000/10 型变压器运行最经济；

当负荷大于 b 点时，则应将两台变

压器都投入运行最经济。

4. 变压器技术改造

（1）更换过负荷变压器。变压器经常处于过负荷运行状态，将会使其效率降低，线损增大，应该及时更换。

（2）采用高效率、低损耗变压器。SJ 型变压器与节能型变压器损耗的比较见表 4–55。

表 4–55　　SJ 型变压器与节能型变压器损耗比较

变压器容量（kVA）	空载损耗ΔP_0（kW）				负荷损耗ΔP_k（kW）			
	SJ	S7	S9	S11	SJ	S7	S9	S11
30	0.30	0.15	0.13	0.1	0.85	0.80	0.6	0.6
50	0.44	0.19	0.17	0.13	1.325	1.15	0.87	0.87
63（75）	0.59	0.22	0.2	0.15	1.875	1.4	1.04	1.04
80	—	0.27	0.24	0.18	—	1.65	1.25	1.25
100	0.73	0.32	0.29	0.21	2.4	2.0	1.5	1.5
125	—	0.37	0.34	0.24	—	2.45	1.8	1.8
160（180）	1.2	0.46	0.4	0.27	4.1	2.85	2.2	2.2
200（240）	1.6	0.54	0.48	0.33	5.1	3.4	2.6	2.6
250	—	0.64	0.56	0.4	—	4.0	3.05	3.05
315	1.9	0.76	0.67	0.48	6.2	4.8	3.65	3.65
400（420）	2.1	0.92	0.8	0.57	7.7	5.8	4.3	4.3
500（560）	2.5	1.08	0.96	0.68	9.4	6.9	5.1	5.1
630（750）	4.1	1.3	1.2	—	11.9	8.1	6.2	—
800	—	1.54	1.4	—	—	9.9	7.5	—
1000	4.9	1.8	1.7	—	15.0	11.6	10.3	—

（3）采用变容量变压器。当选用变容量变压器时，应以最大负荷不超过其额定容量和经常负荷不超过 1/4 额定容量为宜，如表 4–56 所示。

表 4-56　　采用变容量变压器

序号	变容量	改变方法
1	串、并联型变容量变压器	将变压器的高、低压绕组各分成两段，每段都保持原来的匝数。两段绕组并联运行时，原额定容量不变；两段绕组串联运行时，容量为原额定容量的一半
2	星形、三角形变容量变压器	当负荷未超过变压器的额定容量范围运行时，变压器高压绕组三角形连接，低压绕组星形连接，绕组连接方式为Dyn11；当负荷低于最佳负荷且不大于变压器的额定容量的一半时，变压器高压绕组星形连接，低压绕组星形连接匝数增加73%，绕组连接方式为Yy0

七、管理性损耗的降损措施

对于管理性损耗无法通过线损理论来计算，只能通过理论计算估计管理性线损的上限，为线损指标提供科学的理论依据，对制订降损措施起到指导作用。对于管理性的损耗，只能通过加强管理来限制。

管理性损耗的降损措施，如表 4-57 所示。

表 4-57　　管理性损耗的降损措施

序号	降损措施	工作内容
1	合理划分电能损耗管理范围	根据电力网电气结构，按供电范围和电气元件将电力网线损分区、分压、分线、分电气元件。将线损管理责任分解落实到相关部门、班组、个人
2	全面开展电能损耗理论计算	加强理论线损计算和潮流实测工作，为线损指标管理提供科学的理论依据，对制订降损措施起到指导作用
3	严格执行抄、核、收制度	按规定程序完成抄收工作，提高抄见准确度，认真执行负荷制度；加强用电检查岗位责任，减少计量错误接线的责任差错；重点查处违章用电和窃电；对不明线损力求查明，杜绝人为损失电
4	加强电能计量管理	计量点计量装置应齐全、准确、可靠，按规程实行定期现场效验与轮换，确保高压计量电能表合格率达到90%以上。无论何种情况均不允许甩表用电
5	开展电能损耗的统计、分析、检查、总结及交流	开展营业普查工作及线损分析会议。查电表封盖、查互感器变比和倍率、查用设备绝缘状况、查无表用电和偷漏电、查账卡
6	建立和完善各项管理制度	完善线损管理制度，加大考核力度，加强线损分析，加强营业管理
7	加强对农村电工的管理	加强职业道德培训，加强电工专业知识的培训，加强相关法律、法规知识的培训，加强营销专业知识的培训

第五章

安 全 用 电 管 理

电力已经成为国民经济各个领域和人民生活不可缺少的部分。随着用电量的大量增加，安全用电的矛盾却越来越突出，如果不引起重视，不注意安全，则会造成人身伤亡事故和国家财产的巨大损失。

第一节　安全用电管理组织措施与技术措施

一、安全用电管理组织措施

安全用电管理组织措施，如表 5–1 所示。

表 5–1　　安全用电管理组织措施

序号	工作制度	组织措施内容	说明
1	工作票	（1）根据工作性质、工作范围的不同，工作票可分为第一种工作票，第二种工作票； （2）工作票的有效期以批准的检修期为限； （3）紧急事故处理可不填写工作票，但应履行工作许可手续，做好必要的安全措施； （4）按规程规定，一些工作可以采用口头或电话命令，但需要进行清晰的记录	工作票是准许在电气设备或线路上工作的书面命令
2	工作许可	（1）工作许可人需要认真审查工作票所列安全措施； （2）工作许可人会同工作负责人到现场亲自检查安全措施，以手触试，证明检修设备确无电压； （3）对工作负责人指明带电设备的位置和注意事项； （4）工作许可人不得擅自变更安全措施	工作许可是指在进行电气工作之前，必须完成的许可手续
3	工作监护	（1）监护人（工作负责人）需向工作人员交待现场安全措施； （2）监护人员始终在现场； （3）在容易出现事故的地方，应当增设专责监护人； （4）及时纠正工作人员违反安全操作规程要求的行为	工作监护制度用以保证正确的操作，避免发生人身伤害事故

续表

序号	工作制度	组织措施内容	说明
4	工作间断、转移、终结	（1）工作间断分为日内间断和日间间断两种； （2）在同一电气连接部分用同一工作票依次在几个工作地点转移工作时，全部安全措施由值班员在开工前一次做完，不需要再办理转移手续，但工作负责人需要向工作人员重新交待现场安全措施； （3）工作终结后，需要清理现场，拆除所有接地线，临时遮拦和标示牌，并得到值班调度员或值班负责人的命令，方可合闸送电	

二、安全用电管理技术措施

安全用电管理技术措施，如表 5–2 所示。

表 5–2　　安全用电管理技术措施

序号	工作程序	技术措施内容	说明
1	停电	（1）必须把停电的设备和被检修的设备各方面的电源完全断开，工作时有明显的断点，禁止在只经断路器断开电源的设备上工作； （2）工作人员正常活动和工作时，与带电设备之间应保持一定的安全距离	工作人员与带电设备之间的安全距离见表 5–3
2	验电	验电时必须使用电压等级合适而且合格的验电器	
3	装设接地线	装设接地线时必须由两人进行，先接接地线，后接导体端。拆接地线时与此顺序相反	
4	悬挂标示牌 装设遮拦	（1）在一经合闸即可送电到工作地点的断路器和隔离开关的操作上应悬挂“禁止合闸，有人工作”的标示牌； （2）为使检修人员与带电体保持一定的距离，应装设临时遮拦	标示牌式样见表 5–4

工作人员与带电设备之间的安全距离，如表 5–3 所示。

表 5–3　　工作人员与带电设备之间的安全距离

电压（kV）	0.12～17	20～35	60～110	220	350	500
安全距离（m）	0.7	1.00	1.50	3.0	4.0	5.0

标示牌式样，如表 5–4 所示。

表 5–4　　标示牌式样

序号	名称	悬挂处所	式样		
			长×宽（mm）	颜色	字样
1	禁止合闸有人工作	一经合闸即可送电到施工设备的断路器和隔离开关的操作把手上	200×100 80×50	白底	红字
2	禁止合闸线路有人工作	线路断路器和隔离开关把手上	200×100 80×50	红底	白字
3	在此工作	室外和室内工作地点施工设备上	250×250	绿底，中间有白圆圈	黑字写于白圆圈中
4	止步，高压危险！	施工地点临近带电设备的遮栏上；禁止通行的过道上；高压试验地点；室外构架上；工作地点临近带电设备的横梁上	250×200	白底红边	黑字，有红色箭头
5	由此上下	工作人员上下的铁架、梯子上	250×250	绿底，中间有白圆圈	黑字写于白圆圈中
6	禁止攀登高压危险	工作人员上下的铁架，临近能上下的另外铁架上，运行中变压器的梯子上	250×200	白底红边	黑字

第二节　电气安全用具

一、常用电气绝缘安全用具

常用电气绝缘安全用具分为基本绝缘安全用具和辅助安全用具两大类，见表 5–5。

表 5–5　　常用电气绝缘安全用具的分类

分类	基本绝缘安全用具	辅助安全用具
高压设备	绝缘拉杆、绝缘夹钳、高压验电器	绝缘手套、绝缘靴、绝缘垫、绝缘毯、绝缘台
低压设备	绝缘手套、装有绝缘柄的工具、验电笔	绝缘台、绝缘垫、绝缘靴、绝缘毯、绝缘鞋

二、常用电气安全用具试验

常用电气安全用具试验一览表，如表 5–6 所示。

表 5–6　　　　常用电气安全用具试验一览表

序号	名　称	电压等级（kV）	周　期	交流耐压（kV）	时间（min）	泄漏电流（mA）	附　注
1	绝缘棒	6～10	每年一次	44	5		
		35～154		4 倍相电压			
2	绝缘挡板	6～10	每年一次	30	5		
		35		80			
3	绝缘罩	35	每年一次	80	5		
4	绝缘夹钳	35 及以下	每年一次	3 倍线电压	5		
		110		200			
5	验电器	6～10	每 6 月一次				发光电压不超过额定电压的 25%
		20～35					
6	绝缘手套	高压	每 6 月一次		1	≤9	
		低压				≥2.5	
7	橡胶绝缘靴	高压	每 6 月一次	15	1	≤7.5	
8	核相器电阻器	6	每 6 月一次	6	1	1.7～2.4	
		10		10		1.4～1.7	
9	绝缘绳	高压	每 6 月一次	10.5	5		

三、电气登高安全用具试验周期和标准

电气登高安全用具的试验周期和标准，如表 5–7 所示。

表 5–7　　　　　　电气登高安全用具的试验周期和标准

分类	名　　称		试验静拉力（kg）	试验净重（允许工作倍数）	试验周期	外表检查周期	试验时间（min）	试验荷重
登高工具	安全带	大皮带	225		半年	1 年	5	
		小皮带	150					
	安全腰绳		225		半年	1 年	5	
	踩板		225		半年	1 年	5	
	脚扣		100		半年	1 年	5	
	竹（木）梯				半年	1 年	5	180kg
起重工具	白棕绳			2	1 年	1 月	10	
	钢丝绳			2	1 年	1 月	10	
	铁链			2	1 年	1 月	10	
	电葫芦及滑车			1.25	1 年	1 月	10	
	扒杆			2	1 年	1 月	10	
	夹头及卡子			2	1 年	1 月	10	
	吊钩			1.25	1 年	1 月	10	
	绞磨			1.25	1 年	1 月	10	

第三节　电 气 防 火 防 爆

一般火灾是由热源和易燃物导致的，而电气火灾是由电热源和易燃物导致的。根据电流热效应原理：电流通过导体时，电流会使导体发热，持续的发热高温可能引起火灾或电气设备爆炸，这将造成重大的人身伤害和设备损坏，甚至出现电力供应中断事故。

一、电气火灾和爆炸原因

电气火灾和爆炸的原因，如表5–8所示。

表5–8　　电气火灾和爆炸的原因

序号	类型	原因
1	易燃易爆环境	（1）变电所存在易燃易爆物质，许多地方潜在火灾和爆炸的可能性； （2）电缆的绝缘是由易燃材料制成的，电缆夹层和电缆隧道容易发生电缆火灾
2	电气设备过热	（1）线路或电气设备发生短路引起燃烧，导致火灾和爆炸； （2）线路或电气设备过负荷； （3）电气设备或导线连接点接触不良而发热； （4）电气设备的铁芯发热； （5）电气设备散热不良
3	电火花和电弧	（1）电气设备正常运行时，开关的分合，熔断器的熔断，继电器触点的动作均产生电弧； （2）绝缘损坏发生短路故障时，绝缘闪络，电晕放电时产生电弧或电火花
4	静电	带上静电的导体或绝缘体，当其具有较高的电位时，会使周围空气游离而产生火花放电

二、电气防火防爆措施

电气防火防爆措施，如表5–9所示。

表5–9　　电气防火防爆措施

序号	措施	内容
1	合理选择电气设备	（1）正确选择保护、信号装置，合理确定并确保电气设备和线路在严重过负荷或发生故障时，准确、及时切断故障； （2）开关、熔断器、导线等与设备容量要匹配，选用设备要留有余量； （3）在有严重腐蚀、尘埃的环境中，要选用防爆产品
2	保证电气设备安装工程质量	各种电气设备安装要稳固，高度、间隔要符合规程要求，保持标准的防火间距，导线、开关等连接要紧固

续表

序号	措施	内容
3	保证电气设备的正常维护与运行	经常巡视检查电气设备绝缘是否良好，胶木是否烧焦，连接部件是否松动，瓷瓶有无损伤，充油设备是否漏油，各种监测仪表是否正常
4	保持良好的散热通风	设备所处位置要注意通风，发热设备上不能覆盖杂物
5	改善环境条件，排除易燃易爆物质	（1）加强密封，防止易燃易爆物质的泄漏； （2）打扫环境卫生，保持良好的通风； （3）加强对易燃易爆物质的管理，防患于未然
6	强化安全管理，排除电气火源	（1）在易燃易爆区域的电气设备应采用防爆型设备； （2）在易燃易爆区域内，线路采用绝缘合格的导线，导线连接良好可靠，严禁明敷设； （3）加强设备的运行管理，防止设备过热、过负荷、绝缘损坏等造成短路； （4）易燃易爆场所内的电气设备，其金属外壳应可靠接地（或接零），以便在发生碰壳接地短路时迅速切除火源； （5）突然停电有可能引起火灾和爆炸的场所应有两路能自动切换的电源

三、电气火灾扑灭

当发生火灾时，应采取正确、果断、有力的措施进行扑灭火灾。在抢救过程中，要特别注意避免人身触及带电体所造成人身的伤亡事故。电气火灾扑灭措施，如表5–10所示。

表5–10　　电气火灾扑灭措施

序号	措施		内容	说明
1	切断电源		发生火灾后，应迅速拉开刀闸，切断电源，以防事故扩大的造成人身触电伤亡事故	
2	带电灭火	二氧化碳灭火器	液态桶装的气体灭火剂，当液态二氧化碳喷射时，体积扩大400～700倍，冷却凝结为霜状干冰，干冰在燃烧区直接变成气体，吸热降温并使燃烧物与空气隔离，从而达到灭火的目的	发生电气火灾时，若无法切断电源，只能带电灭火

续表

序号	措施	内容		说明
2	带电灭火	1211灭火器	不导电、高效、低毒、腐蚀性小。靠喷射时的蒸发吸热产生适当的冷却作用，灭火后没有灭火痕迹。特别适用于油类电气设备及有机溶剂火灾	发生电气火灾时，若无法切断电源，只能带电灭火
		干粉灭火器	干粉在火区覆盖燃烧物并受热产生二氧化碳和水蒸气，因而有隔热、吸热和冲淡空气中含氧量及中断燃烧连锁反应的作用	
3	断电灭火	（1）灭火人员应尽可能站在上风侧进行灭火； （2）灭火时若发现有毒烟气（如电缆燃烧时）应戴防毒面具； （3）灭火过程中应防止全厂（所）停电，以免给灭火带来困难； （4）室内着火切勿急于打开门窗，以防空气对流加重火势		

常用灭火器的用途、效能和使用方法，如表5-11所示。

表5-11　　常用灭火器的用途、效能和使用方法

序号	灭火器	规格	药剂	用途	效能	使用方法
1	二氧化碳灭火器	2kg以下 2～3kg 5～7kg	瓶内装有压缩成液态的二氧化碳	不导电； 扑救电气、精密仪器、油类和酸类火灾。不能扑救钾、钠、镁、铝等物质火灾	接近着火地点保持3m远	一手拿着喇叭筒对着火源，另一手打开开关
2	四氯化碳灭火器	2kg以下 2～3kg 5～8kg	瓶内装有四氯化碳液体，并加有一定压力	不导电； 扑救电气设备火灾。不能扑救钾、钠、镁、铝、乙炔、二硫化碳等物质火灾	3kg喷射时间30s射程7m	只要打开开关，液体就可喷出
3	干粉灭火器	8kg 50kg	钢筒内装有钾盐或钠盐干粉，并备有盛装压缩气体的小钢瓶	不导电； 可扑救电气设备火灾。不宜扑救旋转电机火灾。可扑救石油产品、油漆、有机溶剂、天然气和天然气设备火灾	8kg喷射时间14～18s射程4.5m； 50kg喷射时间50～55s射程6～8m	提起圆环，干粉即可喷出

续表

序号	灭火器	规　格	药　剂	用　途	效　能	使用方法
4	1211 灭火器	1kg 2kg 3kg	钢筒内装有二氟一氯一溴甲烷，并充填压缩氮	不导电； 扑救油类、电气设备、化工纤维原料等初起火灾	1kg 喷射时间 6～8s 射程 2～3m	拔下铅封或横销，用力压下压把即可
5	泡沫 灭火器	10L 65~130L	筒内装有碳酸氢钠、发沫剂和硫酸铝溶液	不导电； 扑救油类和其他易燃液体火灾。不能扑救忌水和带电物体的火灾	10L 喷射时间 60s 射程 8m； 60L 喷射时间 170s 射程 13.5m	倒过来稍加摇动或打开开关，药剂即喷出

第四节　人身触电及防护

一、电流对人体的伤害

1. 触电

触电是指人体触及带电体时，电流通过人体对人体造成伤害。电流对人体的伤害又可分为电击和电伤两类，如表 5–12 所示。

表 5–12　　电击与电伤

序号	类别	伤害部位	效　应	现　象
1	电击	人体内部器官	热、化学	呼吸中枢麻痹，肌肉痉挛，心室颤动，呼吸停止
2	电伤	人体外部	热、化学、机械	电灼伤，电烙印，皮肤金属化

2. 人体对电流的生理反应

人体对电流的生理反应，如表 5–13 所示。

表 5–13　　人体对电流的生理反应

序号	名　称	定　义	工频交流（mA）		直流（mA）
			男	女	
1	感知电流	使人有感觉但不遭受伤害的最小电流	1.1	0.7	5
2	摆脱电流	人体触电后能自主摆脱的最大电流	＞16	＜10	50
3	致命电流	在较短时间内，危及生命的最小电流	＞50 心跳停止；＜100 使人致死		

3. 电流强度对人体的影响

电流强度对人体的影响，如表 5–14 所示。

表 5–14　　电流强度对人体的影响

电流强度（mA）	电流对人体的影响	
	交　流　电	直　流　电
0.6～1.5	手指开始感觉麻刺	无感觉
2～3	手指强烈麻刺、颤抖	无感觉
5～7	手部痉挛	热感
8～10	手部剧痛、还能摆脱电源	热感增加
20～35	手迅速麻痹、不能摆脱带电体、呼吸困难	手部开始痉挛
50～80	心室开始颤动	手部痉挛、呼吸困难
90～100	呼吸麻痹、心室经 3s 后发生麻痹而停止跳动	呼吸麻痹

4. 人体电阻

当外加电压一定时，流过人体的电流取决于人体的电阻，不同条件下人体所呈现的电阻不同。大多数人体电阻的平均值，如表 5–15 所示。

表 5–15　　人体电阻的平均值

加于人体的电压（V）	人 体 电 阻（Ω）			
	皮肤干燥	皮肤潮湿	皮肤湿润	皮肤浸入水中
10	7000	3500	1200	600
25	5000	2500	1000	500
50	4000	2000	875	440
100	3000	1500	770	375
250	2000	1000	650	325

当电压越高，人体电阻值越小，流过电流时间持续越长，对人体的危害就会越大。条件相同时，流过人体心脏的电流是最致命的电流，其中以人体的左手至双脚的电流通路流过心脏的电流比例为最大，也是人体最容易受到伤害的通路。

5. 人体触电的种类

人体触电的种类，如表 5–16 所示。

表 5–16　　人体触电的种类

序号	类型	触电形式		说明
1	直接接触触电	单相触电	三相四线制单相触电	危害极大
			三相三线制单相触电	危害较小
		两相触电	三相四线制或三相三线制两相触电	致命危害
2	间接触电	跨步电压触电		带电导线掉在地上，以接地点为圆心形成分布电位
		接触电压触电		电气设备绝缘损坏，漏电时人体接触带电体触电
		与带电体的距离小于安全距离触电		小于安全距离，电场强度将空气击穿，在人体与带电体间产生电弧触电

二、预防触电的技术措施

1. 技术措施

预防触电的技术措施是保证运行或检修人员生命安全的必要措施，预防触电的技术措施如表 5–17 所示。

表 5–17　　　　　　　　　　预防触电的技术措施

<table>
<tr><th>序号</th><th>类型</th><th colspan="2">内　容</th><th>说　明</th></tr>
<tr><td rowspan="4">1</td><td rowspan="4">安全接地</td><td rowspan="2">保护接地（三相三线制）</td><td>中性点不接地系统</td><td>只要适当选择电气设备外壳的接地电阻值，可以避免人体触电</td></tr>
<tr><td>中性点直接接地系统</td><td>电气设备外壳采用保护接地，仅能减轻触电危险程度，并不能保证人身安全</td></tr>
<tr><td rowspan="2">保护接零及零线重复接地（三相四线制）</td><td>中性点直接接地系统</td><td>人体接触到故障设备的外壳仍可避免人体触电；
如果零线断开会失去保护作用</td></tr>
<tr><td>零线重复接地</td><td>即使零线断开，断线之后的设备相当于依然保护接地，触电危险相对减小</td></tr>
<tr><td>2</td><td>绝缘</td><td colspan="2">采用绝缘材料将导电部分封闭、遮盖、隔离。绝缘强度按电气设备技术规程要求进行检测</td><td>防止人体触及带电体</td></tr>
<tr><td>3</td><td>屏护</td><td colspan="2">将不便于绝缘或绝缘不足以保障安全的电气设备和线路的带电部分采用屏护装置隔开</td><td>屏护装置有：遮栏、护罩、护网、隔板、箱匣等</td></tr>
<tr><td>4</td><td>间距</td><td colspan="2">在带电体与地面之间，带电体与带电体之间，带电体与其他设备之间均需保证一定的安全距离</td><td>变配电设备间最小允许距离见表 5–18；
电缆在沟道最小距离见表 5–19</td></tr>
<tr><td>5</td><td>安全电压</td><td colspan="2">我国规定安全电压等级为：42V、36V、24V、6V</td><td>指人体较长时间接触而不发生触电危险的电压</td></tr>
</table>

2. 变配电设备间最小允许距离

变配电设备间最小允许距离，如表 5–18 所示。

表 5–18　　变配电设备间最小允许距离　　单位：cm

项目		额定电压（kV）							
		<1	1～3	6	10	15	20	35	60
带电体与接地体不同相间	户内	1.5～3	7.5	10	12.5	15	18	30	65
	户外	—	20	20	20	30	30	40	55
带电体至网状遮拦	户内	10	17.5	20	22.5	25	28	40	65
	户外	—	30	30	30	40	40	50	70
带电体至无孔遮拦	户内	5	10.5	13	15.5	18	21	33	28
带电体至栅拦	户内	10	82.5	85	87.5	90	93	105	130
	户外	—	95	95	95	105	105	115	135
裸导体至地面	户内	—	283	240	243	245	245	260	280
	户外	—	270	270	270	280	280	290	310
裸导体间至水平净距	户内	—	185	190	193	198	210	210	235
	户外	—	220	220	230	230	240	240	260

3. 电缆在沟道最小距离

电缆在沟道最小距离，如表 5–19 所示。

表 5–19　　电缆在沟道最小距离　　单位：cm

项目			电缆隧道	电缆沟
高度			180	—
电缆架间水平净距 电缆架间与壁净距			100 90	30 30
电缆层间净距	电缆外径	≤7.5	20	15
		>7.5	25	20
	控制与通信电缆		10	10
电力电缆水平净距			3.5（但不小于）	3.5（但不小于）

第五节　电气安全运行管理

电气装置的运行维护与安全生产、安全用电的关系很大。经过长期的工作实践逐步形成的有效措施，电气安全工作制度和规程，可以确保人身和设备的安全。

一、变配电所两票四制

变配电所的两票四制，如表 5–20 所示。

表 5–20　　变配电所的两票四制

序号	类型	内容		说明
1	两票	工作票	第一种工作票	在高压设备上工作需要全部停电或部分停电者；高压室内的二次接线和照明等回路工作，需要将高压设备停电或作安全措施者
			第二种工作票	带电作业和在带电设备外壳上工作；在控制盘和低压配电盘、配电箱、电源干线的工作，在二次回路工作而无需将高压设备停电的工作

续表

序号	类型	内容		说明
1	两票	操作票	操作任务、操作顺序、发令人、监护人及操作时间	（1）对高压断路器、隔离开关、负荷开关、高压熔断器等设备进行倒闸操作时必须填写工作票； （2）对下列情况例外： 1）发生人身或设备事故的紧急拉闸； 2）根据生产情况或必须随时进行的操作； 3）根据本单位情况的操作； （3）任何倒闸操作，不论是否填写操作票，均应由两人进行
2	四制	交接班制度	交接班时必须履行交接手续	正在处理事故时，不得交接班
		巡回检查制度	值班人员对运行设备要定期进行巡回检查	在设备过负荷或出现恶劣天气等情况时应进行特殊巡视检查
		设备缺陷管理制度	在巡视、检修、安装时，发现各类设备缺陷，应立即登入缺陷记录簿中	发现缺陷后应尽可能立即处理，如不属于紧急和危及安全运行的问题，可以列入小修计划一并解决
		整洁卫生制度	变配电室内外及电气设备应保持整洁	

二、电气设备安全运行

电气设备运行中，应经常掌握其运行参数和分析设备的运行状况，以便发现问题并及时采取措施和进行处理。电气设备安全运行应建立并执行的安全运行制度，如表5–21所示。

表5–21　电气设备安全运行制度

序号	制度	内容	说明
1	值班制度	对运行中的电气装置，应设有专人或兼职人员进行值班，监视设备的运行参数	发现有异常运行情况，应及时采取措施

续表

序号	制　度	内　　容	说　　明
2	运行记录制度	运行中的值班人员要每日24h正点将有关运行参数和发生的变化记录下来	作为分析、判断的依据
3	运行分工专责制	将运行中的设备根据其复杂程度分成若干单元，按值班人员的技术水平高低，分工负责进行检查	
4	建立专门机构	整理、分析运行资料，及时提出改进安全运行的措施	
5	制定各项保证安全制度	根据电气装置的复杂程度，制定现场安全操作规程、运行规程和各种保证安全的制度	
6	缺陷管理制度	发现缺陷要登记、上报和指定人员及时处理	

三、电气设备运行管理

电气设备的运行管理是一项复杂、细致和繁琐的工作，其目的是为了保证安全运行。电气设备运行管理的项目，如表5–22所示。

表5–22　　　　电气设备运行管理的项目

序号	项目类型	项　目　内　容	说　　明
1	经常进行技术检测	（1）绝缘监督； （2）油务监督； （3）继电保护监督； （4）电测仪表监督	各种监督项目按常规试验、监测的方法进行
2	组织重点突出的技术检测	（1）每年雷雨季节前应组织防雷检查和检修； （2）夏季到来之前经进行降温、防风、防雨、防汛等检查； （3）应组织防冻、防风、防小动物的检查	每年根据季节特点，组织专题技术检查

续表

序号	项目类型	项 目 内 容	说 明
3	电气设备管理	（1）设备的技术资料、事故分析报告、缺陷、检修等资料的管理； （2）设备的定期预防性试验和周期性试验对电气运行装置进行检测的管理	加强设备管理工作及时掌握设备运行动态，确保设备安全运行
4	运行管理	（1）电气运行日志须按时抄记； （2）事故记录、缺陷记录、操作记录应清晰明确； （3）各种图表正确、完整并与现场相符； （4）有关人员岗位职责要分工明确； （5）检查现场运行各项规程、制度应齐全； （6）检查继电保护装置整定值应与电力系统下达的定值相符	加强运行管理，严格执行安全规章制度，防止电气误操作

第六节 现场巡视检查

定期检查除了要充分了解用户在管理方面的情况并阅读与查问各种及技术资料外，还应进行在设备现场巡视，检查设备现状、核对设备台账等工作。

一、现场巡视检查注意事项

现场巡视检查注意事项，如表5–23所示。

表5–23　　现场巡视检查注意事项

序号	项 目 内 容	说 明
1	不允许进入运行设备遮栏内	到用户现场进行巡视检查，应有用户电气负责人陪同进行
2	人体与带电部分要保持足够的、符合安全规程的距离	
3	一般不应接触运行设备的外壳，如需要触摸时，应先查明其外壳的接地线是否良好	
4	对运行中的开关柜、继电保护盘等巡视检查，要注意防止误碰跳闸按钮和操动机构	

二、现场巡视检查项目与要求

1. 变配电所巡视检查项目与要求

变配电所巡视检查的项目与要求，如表 5–24 所示。

表 5–24　　变配电所巡视检查的项目与要求

序号	巡视检查的项目与要求
1	变配电场所不能设置在有可能发生火灾、爆炸危险、空气污染、剧烈震动的环境中
2	采用砖结构建筑、混凝土地面，地面应高出周围地面 150～300mm，以防积水
3	室门应向外开，并采用轻型铁门或包有铁皮的木门
4	与变配电气相通的电缆沟、电缆隧道等处能防止雨水、地下水渗入并能防止小动物进入，电缆沟盖板应使用非可燃性材料制作
5	户外变电所变压器的周围，固定栅栏的高度大于或等于 1.7m。变压器底部与地面之间有大于或等于 0.3m 的距离，若装有两台变压器时，两者净距需大于或等于 1.5m
6	高压配电装置可单独设置，当高压开关柜少于 4 台时，可将高低压配电装置布置于同一室，若单列不止，两者距离应大于或等于 2m
7	变压器室应通风良好，通风口用混凝土或金属百叶窗，且内侧加装网孔小于或等于 10mm 的金属网，保证任何季节安全运行
8	变压器室的门应上锁，并挂“高压危险”的警告牌及安全色标
9	户内配电装置最小通道宽度，单排列的操作通道为 1.5m，维修通道为 0.8m；双排列的操作通道为 2m，维修通道为 1m
10	变配电设备遮栏高度不低于 1.7m
11	扑灭电气火灾需要使用：氮气、二氧化碳、1202、2042、1211、1301 灭火器的数量及规格符合要求
12	绝缘棒、绝缘靴、绝缘手套、绝缘垫、高压试电器、安全接地用具按时试验检修，绝缘用具每年至少试验一次且必须在使用期限内使用
13	接地装置和放电装置状况是否良好
14	内部绝缘及配电柜结构合理

2. 电力变压器巡视检查项目与要求

电力变压器巡视检查的项目与要求，如表 5–25 所示。

表 5–25　　电力变压器巡视检查的项目与要求

序　号	巡视检查的项目与要求	
1	变压器外部检查（按周期）	变压器套管应清洁，无破损，无裂纹，无放电痕迹
		声音正常
		油色呈淡黄色，油位高度符合油标管的刻度要求，无漏油现象
		母线和电缆无异常现象
		油温一般不得超过 85℃，最高不得超过 95℃
		防爆管的隔膜应完整
2	变压器的冷却和变压器室	强迫油循环水冷式的变压器，油冷却器的油压应比水压高 101.325～151.988kPa
		变压器室的门、窗、门闩应完整，房屋不能漏雨，照明和温度适宜
		变压器室的门和墙上应清楚的写明变压器的名称和厂（所）内的编号。门外应挂警告牌，写明“高压危险”字样
3	监视测量仪表和保护装置	变压器用熔断器作保护装置时，其熔断器的性能必须满足极限熔断电流、灵敏度和选择性的要求
		发电厂、变电所的主变压器及主要的厂（所）用变压器，应安装测量上层油温的温度表
		强迫油循环水冷式变压器，应装设指示给水中断、油循环停止和油温过高的信号装置

续表

序　号	巡视检查的项目与要求	
4	电气部分	检查电缆和母线应无异常现象
		击穿熔断器应配备合理并完好
		各种标示牌和相色的漆应清洁鲜明
		装有气体继电器的油浸式变压器顶盖沿气体继电器的方向应有（1～1.5）%升高坡度
		气体继电器和温度表到控制电缆这一段的导线应采用耐油导线，无耐油导线时，应将气体继电器 0.5m 以内的导线用白布带扎紧，并涂上耐油的绝缘漆
5	其他要求	变压器的外壳上应标明厂（所）内编号，单相变压器应按相涂色（一般可按最高电压一侧的相别涂色）
		发电厂和变电所内的主要变压器的引出线上应按相涂色
		油浸式电力变压器的变压器室和室外变电所，应设置适当的消防设备和事故储油设施
6	技术资料应齐全	

3. 电力电缆巡视检查项目与要求

电力电缆巡视检查的项目与要求，如表 5–26 所示。

表 5–26　　　　电力电缆巡视检查的项目与要求

序号	巡视检查的项目与要求	
1	电缆对地面和建筑物的最小允许距离	直埋电缆的埋置深度（由地面至电缆外皮）：1～35kV 为 0.7m
		电缆外皮至建筑物的地下基础为 0.6m

续表

<table>
<tr><th>序号</th><th colspan="2">巡视检查的项目与要求</th></tr>
<tr><td rowspan="2">2</td><td rowspan="2">电缆相互接近时的最小净距</td><td>10kV 以下电缆之间为 0.1m；10～25kV 之间应不小于 0.25m</td></tr>
<tr><td>不同部门使用的电缆，包括通信电缆的相互距离为 0.5m</td></tr>
<tr><td rowspan="3">3</td><td rowspan="3">电缆与地下管道间接近和交叉的最小允许距离</td><td>电缆与热力管道接近的净距为 0.5m</td></tr>
<tr><td>电缆与其他管道接近或交叉的净距为 0.5m</td></tr>
<tr><td>电缆相互交叉的净距为 0.5m</td></tr>
<tr><td>4</td><td colspan="2">被挖出的电缆应用木板衬护悬吊，悬吊点之间的距离不小于 1.5m，不得用铁丝和绳子不加托板直接悬吊电缆</td></tr>
<tr><td>5</td><td colspan="2">铠装电缆或铅包、铝包电缆的金属外皮在两端应可靠接地，接地电阻应不大于 10Ω</td></tr>
<tr><td>6</td><td colspan="2">电缆穿越路面和建筑物及引出地面的高度在 2m 以下的部分，均应穿在保护管内，保护管内径应不小于电缆外径的 1.5 倍，每根一管</td></tr>
<tr><td>7</td><td colspan="2">敷设电缆的地面应装设走向标志，以利运行和检修</td></tr>
</table>

4. 照明装置及移动电具巡视检查的项目与要求

照明装置及移动电具巡视检查的项目与要求，如表 5–27 所示。

表 5–27　　照明装置及移动电具巡视检查的项目与要求

序　号	巡视检查的项目与要求
1	所有移动电具的绝缘电阻不应小于 2MΩ，引线和插头应完整无损，引线必须用三芯（单相电具）、四芯（三相电具）坚韧橡皮线或塑料护套软线，截面至少在 $0.5mm^2$ 以上，引线不得有接头，不宜过长，一般不得超过 5m
2	所有移动电具宜装动作电流不大于 30mA、动作时间不大于 0.1s 的剩余电流动作保护器

续表

序号	巡视检查的项目与要求	
3	36V以下低电压线路装设应整齐清楚，所有插座必须为专用插座	
4	所有灯具、开关、插销应适应环境的需要，如在特别潮湿有腐蚀性蒸汽和气体、有易燃易爆的场所和户外，因分别采用合适的防潮、防爆、防雨的灯具和开关	
5	220V灯头离地面的高度	潮湿、危险场所和户外，不低于2.5m
		生产车间、办公室等，一般不低于2m
		必须放低时，不应低于1m，但从灯头到离地2m处的灯线要加绝缘套管，并对灯具采取防护措施
6	开关和插座离地高度不低于1.3m。插座也可低装，但离地不应低于15cm	
7	局部照明及移动式和提灯的工作电压应按其工作环境选择适当的安全电压。机床或钳工台上的照明灯应用36V级以下的低电压；锅炉、蒸发器和其他金属容器内的行灯电压不允许超过12V。低压灯的导线和电具绝缘强度不低于交流250V	
8	插座和开关应完整无损、安装牢固，外壳或罩盖应完好、操作灵活、接头可靠	
9	露天的灯具、开关应采用防雨式，安装必须牢固可靠	
10	不乱拉、乱接临时线和临时灯。生产需要应办理临时线申请手续，定期检查，过期拆除	
11	临时线为绝缘良好的橡皮线，悬空或沿墙敷设。架设时，户内离地高度不得低于2.5m；户外离地高度不得低于3.5m；道路交叉处离地高度不得低于6m；临时线与设备、水管、热水管、门窗之间的距离应在0.3m以外	

5. 架空线及户内外布线巡视检查项目与要求

架空线及户内外布线巡视检查的项目与要求，如表 5–28 所示。

表 5–28　　架空线及户内外布线巡视检查的项目与要求

序　号	巡视检查的项目与要求
1	导线截面必须满足机械强度的要求，导线的线距、与周围设施的距离、过路时的对地高度应符合有关规定
2	架空线严禁跨越易燃易爆建筑的屋顶
3	拉线要架设在导线反方向的着力点上，或线路不平衡张力、合力的作用点上，拉线与线路的方向应对正，角度拉线应与线路的分角线对正，防风拉线与线路垂直
4	电杆拉线的夹角小于 45°，受环境限制时应不小于 30°
5	不同线路共杆时，低压线在高压线下方，对 10kV 的直线杆两端间距不小于 1m。通信广播线路在低压线路下方，其间距不小于 1.5m，低压线路多层排列直线杆层间距离不得小于 0.6m，相邻导线截面间距不得小于 0.4m，分支或转角不小于 0.3m
6	三相四线供电系统中零线截面不小于该线路相线截面的一半，且不小于最小允许截面，单相制的零线截面与相线截面相同
7	不同电压、不同频率的导线不允许穿入同一金属管内（同一设备和同一相组所有回路电压在 65V 以下除外，三相四线制照明回路除外）
8	金属管布线时，管内及管口需光滑无毛刺并可靠接地或接零
9	户内、外明线装设的导线，穿过墙壁应用瓷管，钢管或塑料管保护，穿过楼板应用钢管或硬塑料管保护。通向户外的塑料管，一线一管。在两条线交叉时，贴近敷设面的导线上应套绝缘管

6. 防雷和接地保护巡视检查的项目与要求

防雷和接地保护巡视检查的项目与要求，如表 5–29 所示。

表 5–29　　防雷和接地保护巡视检查的项目与要求

<table>
<tr><th>序　号</th><th colspan="2">巡视检查的项目与要求</th></tr>
<tr><td>1</td><td colspan="2">装有避雷针的建筑物上严禁架设低压线、通信线和广播线</td></tr>
<tr><td>2</td><td colspan="2">避雷针的安装应满足机械强度和耐腐蚀的要求，避雷针宜用直径不小于 25mm 和壁厚不小于 2.75mm 的钢管或直径不小于 20mm 的圆钢，并镀锌</td></tr>
<tr><td>3</td><td colspan="2">避雷线应大于或等于 35mm^2 的镀锌螺纹钢</td></tr>
<tr><td>4</td><td colspan="2">避雷带或避雷网宜用镀锌钢材，圆钢最小直径 8mm，扁钢厚度不小于 4mm，截面积不小于 60mm^2</td></tr>
<tr><td>5</td><td colspan="2">阀型避雷器应垂直安装，其密封良好，瓷件封口及胶合处无破裂，轻摇时内部无不正常响声，接地引下线如为铜线，应不小于 16mm^2，如为圆钢应大于或等于 48mm^2</td></tr>
<tr><td>6</td><td colspan="2">防雷装置应定期进行检查和预防性试验，接闪器及引下线等如腐蚀 30%以上者应予以更换</td></tr>
<tr><td>7</td><td colspan="2">中性点不直接接地的三相三线供电系统应采用接地保护</td></tr>
<tr><td>8</td><td colspan="2">中性点接地的三相四线制供电系统应采用接零保护，变压器中性点工作接地，架空分支线和干线沿线每公里及终端处应重复接地</td></tr>
<tr><td>9</td><td colspan="2">接零保护的低压供电系统中电缆和架空线引入的配电柜处应重复接地，不允许在零线上装设熔断器和开关</td></tr>
<tr><td>10</td><td colspan="2">同一低压供电系统中，不应一部分设备外壳接零保护，另一部分接地保护</td></tr>
<tr><td>11</td><td colspan="2">凡因绝缘破坏而可能带有危险的电气设备及电气装置其金属外壳和框架应可靠接地，接地电阻小于或等于 4Ω</td></tr>
<tr><td rowspan="3">12</td><td rowspan="3">接地体镀锌，截面符合规定</td><td>防雷接地体最小截面：圆钢直径 10mm；角钢 50mm×50mm×5mm；扁钢厚 4mm，截面 100mm^2；钢管厚 3.5mm，直径 50mm</td></tr>
<tr><td>一般接地体最小截面：圆钢直径 8mm；角钢厚 4mm；扁钢厚 4mm，截面 48mm^2；钢管厚 3.5mm</td></tr>
<tr><td>一般接地装置的接地干线最小截面：圆钢直径 6mm；角钢厚 3mm；扁钢截面 24mm^2</td></tr>
</table>

续表

序　号	巡视检查的项目与要求	
13	各种接地装置的接地电阻符合规定	大接地短路电流系统：$R≤200/I$，当 $I>400A$ 时 $R≤0.5Ω$
		小接地短路电流系统：高低压设备共用时，$R≤120/I$；仅用于高压设备时，$R≤250/I$。一般不大于 10Ω
		低压电力系统：并联运行电气设备总容量为 100kVA 以上时，$R≤4Ω$；若不超过 100kVA 时，重复接地电阻 $R≤10Ω$

7. 油断路器、隔离开关、负荷开关、跌落式熔断器、互感器巡视检查项目与要求

油断路器、隔离开关、负荷开关、跌落式熔断器、互感器巡视检查的项目与要求，如表 5–30 所示。

表 5–30　　油断路器、隔离开关、负荷开关、跌落式熔断器、互感器巡视检查的项目与要求

序　号	项　　目	要　　求
1	油断路器和隔离开关	油断路器关的油位应在上限与下限之间；油色正常，无渗漏；排气管应完好、无损
		油断路器操作灵活，准确可靠，合闸机构指示正确
		故障跳闸后的油断路器，应检查套管有无断裂、引线有无烧伤、油箱有无变形
		油断路器和隔离开关的操动机构应有可靠的连锁装置，并保护合闸时只有先合上隔离开关才能合上油断路器；拉闸时先拉开油断路器，才能拉开隔离开关
		隔离开关放连接拉杆的瓷瓶应无裂纹、无放电痕迹，销子无脱落

续表

序号	项目	要求
2	负荷开关和跌落式熔断器	负荷开关只能用来切断和接通正常线路，其消弧装置应完好。合闸时，触头应动作一致，各相前后相差不应超过 3mm
		负荷开关和操动机构应灵活可靠
		跌落式熔断器断开后，带电部分与地面的垂直距离在室外应大于或等于 4.5m，在室内应大于或等于 3m
		跌落式熔断器应倾斜安装，与垂直线保持 10°～30° 夹角
		有爆炸、火灾危险及剧烈震动的场所，不能使用跌落式熔断器
		开关各部件应完好无损，操动机构安全可靠，有额定电压、电流值和分合位置的标志
3	互感器	电压互感器一、二次侧均有熔断器保护（二次侧可用自动开关），一次侧断路器断开后，其二次回路应有防止电压反馈的措施
		电压互感器如内部有噪声、放电声、烟味或臭味等异常情况时，应停电处理，不得用隔离开关断开故障回路，应切断上一级油断路器
		电流互感器二次回路导线截面 $2.5mm^2$，无中间接头连接可靠且不得装设开关或熔断器

8. 电力电容器巡视检查项目与要求

电力电容器巡视检查的项目与要求，如表 5–31 所示。

表 5–31　　电力电容器巡视检查的项目与要求

序号	巡视检查的项目与要求
1	电容器不得装在高温、多尘、潮湿及有易燃易爆和腐蚀性气体的场所
2	当电容器的外壳严重漏油、鼓肚、瓷套管严重放电、闪络响声或严重过热时，应立即退出运行

续表

序　号	巡视检查的项目与要求
3	电容器应有温度指标，室内不得超过40℃，否则应装机械通风。电容器外壳温度不超过60℃
4	运行中的电容器组，三相电流应保护平衡，相间不平衡电流应不大于5%
5	电容器组应有欠压保护，当母线电压低到额定值的60%左右时，能够自动切除
6	户外落地安装电容，在电容器底部距地面应大于或等于0.4m，地面应有防潮措施，四周应设网孔不大于20mm×20mm网状遮拦，高度大于或等于1.7m。电容器应通风良好，进风窗应装网孔不大于10mm×10mm的钢网
7	电容器应有可靠的度短路保护装置和过负荷装置
8	电容器组应装放电回路，禁止带负荷合闸，电容器停运后，至少放电3min方可再次合闸

9. 临时线路巡视检查项目与要求

临时线路巡视检查的项目与要求，如表5–32所示。

表5–32　　临时线路巡视检查的项目与要求

序　号	巡视检查的项目与要求
1	申请临时用电，填写“临时接线装置申请单”
2	临时线路不可超时使用，超过时间后需办理延长使用手续
3	临时线户内离地高度高于2.5m，户外离地高度高于3.5m
4	临时线路设有总开关和熔断器
5	设备的金属外壳应良好接地
6	分路线使用丁字接法且使用绝缘包扎
7	临时线必须放在地面上的部分要有可靠保护
8	临时线中间接头要使用防拉断接头
9	临时线与设备，门窗的距离在0.3m以上，与道路交叉时高于6m
10	临时线用绝缘良好的绝缘线敷设

10. 爆炸危险场所巡视检查项目与要求

爆炸危险场所巡视检查的项目与要求，如表5–33所示。

表5–33　　爆炸危险场所巡视检查的项目与要求

序　号	巡视检查的项目与要求
1	电气设备选择防爆型，油温和型号符合有关规定
2	在有过负荷的地方安装过负荷保护
3	照明设备选防爆型，防爆照明灯具按规定保持防爆结构，保护装置完整，灯具表面温度不超标
4	采用电缆或钢管布线时，导线截面符合要求，绝缘符合要求
5	电气设备的金属外壳可靠接地
6	设备线盒密封完好

11. 手持电动工具巡视检查项目与要求

手持电动工具巡视检查的项目与要求，如表5–34所示。

表5–34　　手持电动工具巡视检查的项目与要求

序　号	巡视检查的项目与要求
1	外壳、手柄无裂缝和破损
2	保护接地线或保护接零线连接正确牢固
3	软电缆或软线完好无损
4	插头完整无损
5	开关动作正常
6	电气保护装置完好
7	机械防护装置完好
8	工具转动部分转动灵活

续表

序　号	巡视检查的项目与要求
9	铁壳工具的电源线单相采用三芯、三相采用四芯护套软线
10	长期搁置未使用、使用前工具绝缘电阻不小于 2MΩ
11	工具放置在干燥、无腐蚀场所
12	三相插座的接地线插孔单独使用导线接至接地段
13	使用场所的保护接地电阻小于 4Ω
14	互套软线的接头良好
15	专人保管
16	工具的借出或回收时，由保管人员作日常检查
17	每季度全面检查一次

第七节　用电事故调查与管理

凡是用电单位发生人身触电伤亡，主要电气设备损坏，以及因用户原因引起系统跳闸等事故时，应及时向当地的用电管理机构报告。用电检查人员接到事故报告后，凡属重大事故的，应立即赶赴现场进行调查了解。事故调查的目的是找出事故的真正原因，提出相应的对策改进用电工作，做到“前车覆，后车诫”。

一、用电事故常见类型

用电事故常见类型，如表 5–35 所示。

表 5–35　　　　用电事故常见类型

序　号	事故类型	内　　容	说　明
1	人身触电事故	因用户用电设备或用电线路绝缘破坏或其他原因造成人身触电伤亡	重大事故
2	重大设备事故	因用户内部使用维护操作不当等原因，造成一次侧受电电压的主要设备损坏（主变压器、高压电动机、一次变电所高压配电设备）	重大事故

续表

序　号	事故类型	内　　容		说　　明
3	用户原因引起跳闸事故	公用线路用户	由于用户内部发生的电气事故引起其他用户的停电或引起系统波动而造成的大量减负荷	系统跳闸事故属重大事故
		专线或公用线路用户	由于用户事故造成地区电压大幅度下降，使其他用户大量用电设备受到影响而减产或中断生产	
		专线供电用户	由于用户事故使变电所（或发电厂）的出线端断路器跳闸，没有影响到其他用户	非系统跳闸事故
		用户内部事故	由于用户内部故障，用户进线断路器正确跳闸，但因供电线路原因而扩大为系统事故	非系统跳闸事故扩大为重大事故
4	用户厂内停电事故	单电源供电用户	由于用户内部事故的原因造成本厂全厂停电而使生产停顿	全厂停电事故
		双电源供电用户	正常时为分段运行方式，其中一段因事故断电而另一段正常运行	非全厂停电事故
			如另一段是保安电源，虽及时投入仍造成生产停顿	全厂停电事故
5	电气火灾事故	用户生产场所因电气设备或线路故障引起火灾		视损失情况而确定事故是否重大

二、用电事故调查与分析

用电事故的调查与分析，如表 5–36 所示。

表 5-36　　　　用电事故的调查与分析

序　号	项　目	内　　容	说　　明
1	电气事故现场检查	（1）检查继电保护装置的动作情况； （2）查阅用户当时的有关资料； （3）检查事故设备的损坏部位及损坏程度； （4）对于误操作事故，应检查事故现场与当事人的口述情况是否相符	现场调查与检查的情况应根据事故本身的需要而定
2	事故调查必须明确的事项	（1）事故发生前设备和系统的运行状况； （2）事故发生的经过和处理情况； （3）事故发展和扩大的原因； （4）指示仪、保护装置、自动装置的动作情况； （5）事故发生开始停电的时间，恢复送电的时间和全部停电的时间； （6）损坏设备的名称，容量和损坏的程度； （7）规程制度在执行过程中暴露的问题； （8）企业管理和业务技术培训方面的问题； （9）设备在检修、设计、制造、安装质量等方面的问题； （10）事故的性质及主要责任者、次要责任者、扩大责任者、各级领导在事故中的过失和应付责任； （11）事故造成的损失，包括停止生产的损失和设备损坏的损失	
3	事故调查中的安全措施	（1）尽快限制事故的发展，同时尽快恢复正常供电； （2）严禁情况不明就主观臆断和瞎指挥； （3）严禁对情况不明的电气设备强送电； （4）严禁移动或拆除带电设备的遮拦，更不允许进入遮拦以内； （5）应与电力调度部门密切联系，及时反映情况	
4	事故分析	在弄清现场基本情况，进行了事故后的鉴定试验并恢复用户正常供电后，将所有收集到的有关资料加以汇总整理，会同有关人员一起进行研究分析	

三、用电事故管理

用电事故管理，如表 5–37 所示。

表 5–37　　　　用 电 事 故 管 理

序号	项目	内　　容		参考指标
1	事故报告	（1）所有事故均应填写事故报告。事故报告应由发生事故单位电气负责人填写，经事故单位主管领导和安全部门审核后上报； （2）对性质比较严重或原因复杂的事故报告和事故调查报告书，应由事故调查小组提出		
2	用电事故考核指标	$\text{系统事故率}=\dfrac{\text{年事故次数}}{\text{年售电量}}$ [次/(10亿kWh·年)]		系统事故率≤1
		$\text{设备损坏率}=\dfrac{\text{年损坏主设备台数}}{\text{用户主设备总台数}}$ [台/(100台·年)]		设备损坏率≤1
		$\text{触电死亡率}=\dfrac{\text{用户触电死亡人数}}{\text{年售电量}}$ [人/(10亿kWh·年)]		触电死亡率≤1
3	管理措施考核指标	用户继电保护效验率	$\text{效验率}=\dfrac{\text{实际效验保护套数}}{\text{应效验保护套数}}\times100\%$	效验率≥98%
		用户电气设备预防性试验完成率	$\text{完成率}=\dfrac{\text{实际试验设备台数}}{\text{应试验设备台数}}\times100\%$	完成率≥98%
		用户档案建档率	$\text{建档率}=\dfrac{\text{已建档户数}}{\text{管理用户总数}}\times100\%$	建档率=100%
		用户定期 安全检查完成率	$\text{安检率}=\dfrac{\text{实际检查户数}}{\text{应检查户数}}\times100\%$	安检率≥95%
		用户电工培训考核率	$\text{考核率}=\dfrac{\text{实际培训考核电工人数}}{\text{应培训考核电工人数}}\times100\%$	考核率≥95%

第八节　双电源与自发电客户安全措施

凡同一客户引进两回路及以上供电线路（不论电压等级）并能将两路及以上供电线路在内部互相连锁或并列运行的客户，均称为双电源客户。

自电网引进一回供电线路，但客户有独立的自备电源并能互相切换或并列的客户，视同双电源管理。

不同系统或不同回路的电源是禁止随便并联运行的，供电企业为了确保供用电双方的安全生产，提高用户用电的可靠性，防止因双电源或自发电机组倒送至公用电网而造成人身伤亡或设备损坏等恶性事故，必须严格按国家有关法律和规程（条例）规定，签订有关协议，以加强管理。

双电源与自发电客户安全措施，如表 5–38 所示。

表 5–38　　双电源与自发电客户安全措施

序　号	内　　容
1	客户要求双电源供电需向当地供电部门先提出申请，必须按照供电部门批准的供电方案进行设计，经核准后方可施工。对审核的设计不得擅自改变
2	双电源用电客户投入运行前，必须作核相检查，以防非同相并列
3	双电源客户凡不允许并列电源运行者，需装设可靠的连锁装置
4	双电源客户其主、备用电源严禁擅自向其他用户转供电，不得自行改变常用、备用的运行方式。常用线路与备用线路开关之间应加装闭锁装置，以防止两电源并联运行。不得超过批准的备用用电容量用电
5	对装有电源自动投入装置的用户，一般应在电源断路器的电源侧加装一组隔离开关，以备在电源检修时有一个明显的断开点
6	电力系统双回线供电电源进线应设置在同一配电室内，两路电源之间装设四极双投隔离开关或其他确实安全可靠的连锁装置，以防止互相倒送电
7	两条以上线路同时供电，分段运行或环网运行，各带一部分负荷。因故不能安装机械的或电气的连锁装置的用户，线路的停电检修或倒换负荷，都必须由当地供电部门的电力系统调度负责调度，用电单位不得擅自操作。用户与调度部门应就调度方式签订调度协议

续表

序　号	内　　　　　容
8	严格执行安全规程中有关倒闸操作的规定
9	设置操作模拟图板；制订现场操作规程；备齐有关安全运行和管理的规程制度及包括运行日志在内的各项记录；培训有关电工，考核合格后上岗
10	无连锁装置的高压双电源用户需同供电企业调度部门签订调度协议。其倒闸操作必须按照调度协议执行，运行方式和倒闸方式应在供电合同中予以明确
11	高压双电源客户的变电值班室，必须装设专用电话并保障其畅通
12	低压双电源客户不允许并列，用电客户有自备发电机或自备电源与电网连接处必须装设双投刀开关，不得使用电气闭锁
13	双电源客户的电气值班员必须熟悉“双电源管理办法”的要求及调度协议内容、设备调度权限的划分及运行方式的有关规定
14	双电源客户必须向供电企业的调度部门和用电检查部门报送值班人员名单，如值班人员有变动，必须书面通知供电企业的调度和用电检查部门
15	10kV备用电源自动投入装置基本要求按继电保护与自动装置的要求
16	与公用电网连接的地方小水电、小火电、小热电，除采取上述安全措施外，还必须按与供电部门签订的调度协议规定执行
17	用户与供电部门还应建立倒闸操作、事故异常情况、高压设备异动的联系制度

第六章

电能计量

第一节 电能计量装置管理

一、电能计量装置分类及准确度等级

1. 电能计量装置分类

根据《电能计量装置技术管理规程》（DL/T 448—2000）的规定，运行中的电能计量装置按其所计量电能量的多少和计量对象的重要程度分五类（Ⅰ、Ⅱ、Ⅲ、Ⅳ、Ⅴ）进行管理，见表6–1。

表6–1　电能计量装置分类

类别	所计电量及计量对象的重要程度
Ⅰ	月平均用电量500万kWh及以上或变压器容量为10000kVA及以上的高压计费用户、200MW及以上发电机、发电企业上网电量、电网经营企业之间的电量交换点、省级电网经营企业与其供电企业的供电关口计量点的电能计量装置
Ⅱ	月平均用电量100万kWh及以上或变压器容量为2000kVA及以上的高压计费用户、100MW及以上发电机、供电企业之间的电量交换点的电能计量装置
Ⅲ	月平均用电量10万kWh及以上或变压器容量为315kVA及以上的计费用户、100MW以下发电机、发电企业厂（所）用电量、供电企业内部用于承包考核的计量点、考核有功电量平衡的110kV及以上的送电线路电能计量装置
Ⅳ	负荷容量为315kVA以下的计费用户、发供电企业内部经济技术指标分析、考核用的电能计量装置
Ⅴ	单相供电的电力用户计费用电能计量装置

2. 准确度等级配置和二次回路压降规定

各类电能计量装置应配置的电能表、互感器的准确度等级不应低于表6–2所示的数值。

表6–2　　准确度等级配置和二次回路压降规定

电能计量装置类别	准确度等级				电压互感器二次回路电压降
	有功电能表	无功电能表	电压互感器	电流互感器	
Ⅰ	0.2S或0.5S	2.0	0.2	0.2S或0.2*	不大于额定二次电压的0.2%
Ⅱ	0.5S或0.5	2.0	0.2	0.2S或0.2*	
Ⅲ	1.0	2.0	0.5	0.5S	不大于额定二次电压的0.5%
Ⅳ	2.0	3.0	0.5	0.5S	
Ⅴ	2.0	—	—	0.5S	

* 0.2级电流互感器仅指发电机出口电能计量装置中配用。

二、计量点设置及计量方式

1. 电能计量点设置

贸易结算用电能计量装置，原则上应设置在供用电设施产权分界处；如果产权分界处不具备装设电能计量装置的条件或为了方便管理将电能计量装置设置在其他合适位置的，其线路损耗应由产权所有者负担。高压供电，在受电变压器低压侧计量的，应加计变压器损耗。电能计量点的设置，如表6–3所示。

表6–3　　电能计量点的设置

计量类别	用户类型及计量点设置
高供高计	高压供电、变压器容量为315kVA及以上用户： （1）计量点设在用户变电所的电源进线处，有几路电源安装几套计量装置，这种方案较适合按最大需量计收基本电费的用户； （2）对于一个变电所内有多台主变压器的用户，计量点设在每台主变压器的高压侧，这种方案较适合按变压器容量计收基本电费的用户
高供低计	35kV公用配电网供电、容量在500kVA以下的，或10kV供电、容量在315kVA以下的用户，计量点设在变压器的低压侧
低供低计	低压供电用户和居民用户，计量点应设置在进户线附近的适当位置

2. 电能计量方式

电能计量方式，如表 6–4 所示。

表 6–4 电能计量方式

序号	计量方式
1	单相供电的用户装设单相电能计量装置，三相供电的用户装设三相电能计量装置。用户单相供电容量超过 10kW 时，宜采用三相供电
2	实行两步制电价的用户，当受电变压器的负荷率约在 67%及以上时，宜装设最大需量电能表或有计量最大需量功能的多功能电能表
3	对考核用电功率因数的用户，装设两只具有止逆装置的感应式无功电能表或一只可计量感性无功和容性无功的静止式无功电能表；需要供、受电双向计量时，应分别装设两只具有止逆装置的感应式无功电能表或一只可计量感性无功和容性无功的静止式无功电能表，也可装设一只四象限多功能电能表。 《功率因数调整电费办法》规定用户功率因数的计算公式为 $\cos\varphi = P/\sqrt{(\lvert Q_L \rvert + \lvert Q_C \rvert)^2 + P^2}$
4	对低压供电的用户，其负荷电流为 50A 及以下时，电能计量装置接线宜采用直接接入式，其负荷电流为 50A 以上时，宜采用经电流互感器接入式。
5	执行分时电价的用户和要考核负荷曲线的并网小水、火电站，应装设具有分时计量功能的复费率电能表或多功能电能表
6	有两路及以上线路分别来自两个及以上的供电点或有两个及以上的受电点的用户，应分别装设电能计量装置
7	用户的一个受电点内若有不同电价类别的用电负荷时，应分别装设计费用电能计量装置
8	对有供、受电量的地方电网和有自备电厂的用户，应在并网点分设计量供、受电量的电能计量装置或采用四象限计量有功、无功电能的电能表
9	城镇居民生活用电，装设专用或公用计费电能表，装设公用计费电能表的各用户，可自行装设分户电能表。用户临时用电，一般应装设临时计费电能表

三、电能计量装置技术规范

电能计量装置技术规范，如表 6–5 所示。

表 6–5　　　　　　　　电能计量装置技术规范

序号	电能计量装置的技术规范内容
1	接入中性点绝缘系统的电能计量装置，应采用三相三线有功、无功电能表。接入非中性点绝缘系统的电能计量装置，应采用三相四线有功、无功电能表或 3 只感应式无止逆单相电能表
2	接入中性点绝缘系统的 3 台电压互感器，35kV 及以上的宜采用 Yy 方式接线；35kV 以下的宜采用 Vv 方式接线。接入非中性点绝缘系统的 3 台电压互感器，宜采用 YNyn 方式接线。其一次侧接地方式和系统接地方式相一致
3	低压供电，负荷电流为 50A 及以下时，宜采用直接接入式电能表；负荷电流为 50A 以上时，宜采用经电流互感器接入式的接线方式
4	对三相三线制接线的电能计量装置，其 2 台电流互感器二次绕组与电能表之间宜采用四线连接。对三相四线制连接的电能计量装置，其 3 台电流互感器二次绕组与电能表之间宜采用六线连接
5	贸易结算用的电能计量装置原则上应设置在供用电设施产权分界处；在发电企业上网线路、电网经营企业间的联络线路和专线供电线路的另一端应设置考核用电能计量装置
6	Ⅰ、Ⅱ、Ⅲ类贸易结算用电能计量装置应按计量点配置计量专用电压、电流互感器或者专用二次绕组。电能计量专用电压、电流互感器或专用二次绕组及其二次回路不得接入与电能计量无关的设备
7	计量单机容量在 100MW 及以上发电机组上网贸易结算电量的电能计量装置和电网经营企业之间购销电量的电能计量装置。宜配置准确度等级相同的主副两套有功电能表
8	35kV 以上贸易结算用电能计量装置中电压互感器二次回路，应不装设隔离开关辅助接点，但可装设熔断器；35kV 及以下贸易结算用电能计量装置中电压互感器二次回路，应不装设隔离开关辅助接点和熔断器
9	安装在用户处的贸易结算用电能计量装置，10kV 及以下电压供电的用户，应配置全国统一标准的电能计量柜或电能计量箱；35kV 电压供电的用户，应配置全国统一标准的电能计量柜或电能计量箱

续表

序号	电能计量装置的技术规范内容
10	贸易结算用高压电能计量装置应装设电压失压计时器。未配置计量柜（箱）的，其互感器二次回路的所有接线端子、试验端子应能实施铅封
11	互感器二次回路的连接导线应采用铜质单芯绝缘线。对电流二次回路，连接导线截面积应按电流互感器的额定二次负荷计算确定，至少应不小于 $4mm^2$。对电压二次回络，连接导线截面积应按允许的电压降计算确定，至少应不小于 $2.5mm^2$
12	互感器实际二次负荷应在 25%～100%额定二次负荷范围内；电流互感器额定二次负荷的功率因数应为 0.8～1.0；电压互感器额定二次功率因数应与实际二次负荷的功率因数接近
13	电流互感器额定一次电流的确定，应保证其在正常运行中实际负荷电流达到额定值的 60%左右，至少不小于 30%。否则应选用高动热稳定电流互感器以减小变比
14	为提高低负荷计量的准确性，应选用过负荷 4 倍及以上的电能表
15	经电流互感器接入的电能表，其标定电流宜不超过电流互感器额定二次电流的 30%，其额定最大电流应为电流互感器额定二次电流的 120%左右。直接接入式电能表的标定电流应按正常运行负荷电流的 30%左右进行选择
16	执行功率因数调整电费的用户，应安装能计量有功电量、感性和容性无功电量的电能计量装置；按最大需量计收基本电费的用户应装设具有最大需量计量功能的电能表；实行分时电价的用户应装设复费率电能表或多功能电能表
17	带有数据通信接口的电能表，其通信规约应符合《多功能电能表通信规约》（DL/T 645—1997）的要求
18	具有正、反向送电的计量点应装设计量正向和反向有功电量以及四象限无功电量的电能表

四、电能计量装置安装及竣工验收

1. 电能计量装置安装前准备

电能计量装置安装前的准备，如表 6–6 所示。

表 6–6　　电能计量装置安装前的准备

序号	内　　容
1	核对装接单所列的计量装置是否与客户的供电方式和申请容量相适应
2	凭装接单到表库领用电能表、互感器，并核对电能表、互感器是否与装接单一致
3	检查电能表的校验封印、接线图、检定合格证、资产标记是否齐全、校验日期是否在 6 个月内，外壳是否良好，圆盘是否卡住
4	检查互感器的铭牌、极性标志是否完整、清晰，接线螺丝是否完好，鉴定合格证是否齐全
5	检查所需的材料及工具、仪表等是否配足带齐
6	电能表在运输途中应注意防震、防摔，应放在专用防震箱内；路面不平、震动较大时，应采取有效措施减少震动能够

2. 电能计量装置安装

电能计量装置的安装应严格按照通过审查的施工设计或客户的业扩工程的供电方案进行，并执行表 6–7 的规定。

表 6–7　　电能计量装置的安装规定

序号	内　　容
1	安装的电能计量器具必须经有关电力企业的电能计量技术机构检定合格
2	使用电能计量柜的客户，或发、输、变电工程中电能计量装置的安装可由施工单位进行，其他贸易结算用的电能计量装置均应由供电企业安装
3	安装应执行电力工程安装规程的有关规定和其他相关规定
4	安装完工应填写竣工单，整理有关的原始数据资料，做好验收交接准备

（1）电能表的安装规范，如表 6–8 所示。

表 6-8　　　　　　　　　　　电能表的安装规范

序号	项　　目	内　　　　　容
1	安装场所	（1）周围环境应干净明亮，不易受损、受震，无磁场及烟灰影响； （2）无腐蚀性气体或宜蒸发液体的腐蚀； （3）运行安全可靠，抄表读数、校验、检查、轮换方便； （4）原则上装于室外的走廊、过道内及公共的楼梯间，或装于专用配电间内（二层及以下）。高层住宅一户一表，易集中安装与二层及以下的公共楼梯间内； （5）装表点的气温不超过电能表标准规定的工作温度范围，对 P、S 组别为 0～+40℃；对 A、B 组别为–20～+50℃
2	一般安装规范	（1）高供低计的客户，计量点到变压器低压侧的电器距离不宜超过 20m； （2）电能表的安装高度：对计量屏，应使电能表水平中心线距地面在 0.6～1.8m 的范围内；对安装与墙壁的计量箱易为 1.6～2.0m 的范围； （3）装在计量屏（箱）内及电能表板上的开关、熔断器等设备应垂直安装，上端接电源，下端接负荷。相序应一致，从左起排列为 U、V、W 或 U（V、W）、N； （4）电能表的空间距离及表与表之间的距离均不小于 10cm。每只电能表除挂表螺丝外至少还有一只定位螺丝，使表中心线向各方向的角度不大于 1°； （5）安装在绝缘板上的三相电能表，若有接地端钮，应将其可靠接地或接零； （6）在多雷地区，计量装置应装设防雷保护，如安装阀型避雷器、压敏电阻或将接户线入户前的电杆绝缘子铁脚接地； （7）在装表接电时，必须严格按照接线盒内的图纸施工。对于无图纸的电能表，应先查明其内部接线。若在现场难以查明电能表的内部接线，应将表退回
		（1）装表接线时必须遵守以下接线原则： 1）单相电能表必须将相线接入电流线圈； 2）三相电能表必须按正相序接线； 3）三相四线电能表必须接零线； 4）电能表的零线必须与电源零线直接接通，进出有序，不许互相串联，不允许采用接地、接金属外壳等方式代替； 5）进表导线与电能表接线端钮应为同种金属导体。 （2）进表线导体裸露部分必须全部插入接线盒内，并将端钮螺丝逐个拧紧。线小孔大时，应采取有效的补救措施。带电压连片的电能表，安装时应检查其接触是否良好

续表

序号	项目	内容
3	零散居民客户和单相供电的经营性照明客户	（1）电能表应安装在户外临街的墙上，临街安装确有困难时，可安装在客户室内进门处。装表点应尽量靠近沿墙敷设的接户线，并便于抄表和巡视，电能表的安装高度，应使电能表的水平中心线及地面 1.8～2.0m; （2）电能表的安装，采用表板加专用标箱的方式。每一用户的表板上安装单相电能表一块，封闭电能表的专用表箱一个，瓷插式熔断器两个，单相刀开关一只； （3）专用电能表箱应统一设计，其作用为：保护电能表；加强封闭性能；防止窃电；防雨、防潮、防腐蚀、防阳光直射； （4）电能表的电源侧应采用电缆或护套线从接户线的支持点直接引入表箱，电源侧不装设熔断器，也不应有破口、接头的地方； （5）电能表的负荷侧，应在表箱处的表板上安装瓷插式熔断器和总开关，熔体的熔断电流宜为电能表额定最大电流的 1.5 倍左右； （6）电能表及电能表箱均应分别加封，客户不得擅自启封
4	高层住宅居民客户	（1）以单元为单位集中安装电能表。在每一单元的一层（或二层，或一二层之间的楼梯间）安装公用电能表箱 1～2 个，将该单元所有的电能表均集中装于其中。表箱的安装高度一般为 1.6～2.0m; （2）表箱应有便于抄表的观察窗。电能表及电能表箱均应分别加封，客户不得自行启封； （3）表箱内应装有总进线熔断器及专用接线盒，电源进入表箱后，先进入总熔断器，然后通过专用接线盒，再分配到各客户的电能表； （4）由电能表箱至各客户的线路上，必须装设瓷插熔断器。熔体的熔断电流宜为电能表额定最大电流的 1.5 倍左右

（2）电流互感器的安装规范，如表 6–9 所示。

表 6–9　　电流互感器的安装规范

序号	内容
1	安装必须牢固，外壳的金属外露部分应可靠接地
2	同一组电流互感器按同一方向安装，以保证该组电流互感器一次及二次回路电流的正方向均为一致，并尽可能易于观察铭牌

续表

序号	内　　　　容
3	二次侧不允许开路，对双次级互感器只用一个二次回路，另一个次级应可靠接地
4	低压电流互感器的二次侧可以不接地。这是因为低压计量装置使用的导线、电能表及互感器的绝缘等级相同，可能承受的最高电压也基本一致；另外二次绕组接地后，整套装置一次回路对地的绝缘水平要下降，易使有绝缘弱点的电能表或互感器在高电压作用时（如受雷击）损坏。从减小遭受雷击损坏出发，也可以不接地为佳

（3）电压互感器的安装规范，如表 6–10 所示。

表 6–10　　　　　　　　电压互感器的安装规范

序号	内　　　　容
1	连接时注意极性、组别、相别，不能弄错
2	在二次回路上工作时，应注意不要使电压互感器二次侧短路，否则会使电压互感器因过热而烧坏
3	二次侧必须有一端接地。对于有两台单相电压互感器按 Vv 连接成三相时，其二次侧 V 相接地。对于三台单相三绕组电压互感器按 YNyn 连接成三相时，在变电所内二次侧一般应采用中性点接地

（4）计量屏（箱）的安装规范。

客户计费电能计量装置应具有可靠的防窃电措施。一般直接接入式电能表应装在计量箱内。对带有互感器装置的，必须安装在专用计量屏或计量箱内。

在计量屏（箱）内，电源与计量装置之间宜装设隔离开关或熔断器，熔丝的选择应比电能表后总熔丝大一个等级。在计量屏（箱）的金属外壳应有接地端钮。计量箱与墙壁的固定点不少于 3 个，以保证箱体不会前后左右移动。

计量屏（箱）的安装规范，如表 6–11 所示。

表 6–11　　　　　　　　　　计量屏（箱）的安装

序号	分类	内容	
1	低压非照明电能计量装置	专用变压器供电的低压计费客户	（1）将变压器低压套管封闭，在低压配电间内装设低压计量屏并安装为变压器过来的第一屏。变压器至计量屏之间的电器距离不得超过 20m，应采用电力电缆或绝缘导线连接，中间不允许装设隔离开关等开断设备，电力电缆或绝缘导线不允许采用地埋的方式。 （2）对于严重窃电，屡查屡犯的农村客户，采用将变压器低压套管封闭，在变压器封闭套管侧装设电能计量箱的方式
		由公用变压器供电的动力客户	宜在产权分界处装设低压计量箱计量
		实行电量承包试点农电站	一般应采用高压计量箱计量
2	农村及小容量高压客户宜采用高压计量箱	（1）高压计量箱附在组合互感器箱的侧面，这样高压计量箱一般距地面较高，且具高压带电部分很近，运行维护及抄表可采用遥测、遥控的方式； （2）高压计量箱与组合互感器分离，通过电缆引下，另外安装，这种方法便于抄表监视，但需注意的是由于电流互感器二次负荷容量相对较小，故高压计量箱与组合互感器之间的电缆不宜过长，电缆必须穿入钢管或硬塑料管内加以保护； （3）采用高压计量箱，结构简单，体积较小，安装方便，价格低廉，尤其在农村降损防窃电方面，效果明显	

3. 电能计量装置竣工验收

电能计量装置安装完工后，要进行细致的竣工验收工作，以保证施工质量及电能计量的准确性。电能计量装置竣工验收，如表 6–12 所示。

表 6–12　　　　　　　　　　电能计量装置的竣工验收

序号	项　目	内　容
1	验收技术资料	（1）电能计量装置计量方式原理接线图，一、二次接线图，施工设计图和施工变更资料； （2）电压、电流互感器安装使用说明书、出厂检验报告、法定计量检定机构的检定证书； （3）计量柜（箱）的出厂检验报告、说明书； （4）二次回路导线或电缆的型号、规格、长度； （5）电压互感器二次回路中的熔断器、接线端子的说明书； （6）高压电器设备的接地及绝缘试验报告； （7）施工过程中需要说明的其他资料

续表

序号	项　目	内　　　　容
2	现场核查内容	（1）计量器具型号、规格、计量法定标志、出厂编号应与计量检定证书和技术资料的内容相符； （2）产品外观质量应无明显瑕疵和受损； （3）安装工艺质量应符合有关标准规定； （4）电能表、互感器及其二次回路接线情况应和竣工图纸一致
3	验收试验	（1）检查二次回路中间触点、熔断器、试验接线盒的接触情况； （2）电流、电压互感器实际二次负荷及电压互感器二次回路电压降的测量； （3）接线正确性检查； （4）电流、电压互感器现场检验
4	验收结果处理	（1）经验收的电能计量装置应由验收人员及时实施封印；封印的位置为互感器二次回路的各接线端子、电能表接线端子、计量柜（箱）门等；实施铅封后应由运行人员或客户对铅封的完好签字认可； （2）经验收的电能计量装置应由验收人员填写验收报告，注明“计量装置验收合格”或“计量装置验收不合格”及整改意见，整改后再行验收； （3）验收不合格的电能计量装置禁止投入使用； （4）验收报告及验收资料应归档

五、电能计量装置运行管理

1. 运行档案管理

运行档案管理，如表6–13所示。

表6–13　　运行档案管理

序号	内　　　　容
1	电能计量技术机构应用计算机对投运的电能计量装置建立运行档案，实施对运行电能计量装置的管理并实现与相关专业的信息共享
2	运行档案应由可靠的备份和用于长期保存的措施。并能方便地进行分用户类别、分计量方式和按计量器具分类的查询统计
3	电能计量装置运行档案的内容包括客户基本信息及其电能计量装置的原始资料

2. 运行维护及故障处理

运行维护及故障处理，如表6–14所示。

表 6–14　　运行维护及故障处理

序号	内　　容
1	安装在发、供电企业生产运行场所的电能计量装置，运行人员应负责监护，保证其封印完好，不受人为损坏。安装在客户处的电能计量装置，由客户负责保护完好，装置本身不受损坏或丢失
2	当发现电能计量装置故障时，应及时通知电能计量技术机构进行处理。贸易结算用电能计量装置故障，应由供电企业的电能计量技术机构依照《中华人民共和国电力法》及其配套法规的有关规定进行处理
3	电能计量技术机构对发生的计量故障应及时处理，对造成的电量差错，应认真调查、认定，分清责任，提出防范措施。并根据有关规定处理
4	对于窃电行为造成的计量装置故障或电量差错，用电管理人员应注意对窃电事实的依法取证，应当场对窃电事实写出书面认定材料，由窃电方责任人签字认可
5	对造成电能计量差错超过 10 万 kWh 及以上者，应及时上报省级电网经营企业用电管理部门

3. 现场检验

现场检验，如表 6–15 所示。

表 6–15　　现　场　检　验

序号	内　　容
1	电能计量技术机构应制定电能计量装置的现场检验管理制度。编制并实施年、季、月度现场检验计划。现场检验应执行 SD109 和《电能计量装置技术管理规程》的有关规定。现场检验应严格遵守《电业安全工作规程》
2	现场检验所用标准器准确度等级至少应比被检品高两个准确等级，其他指示仪表的准确度等级不低于 0.5 级，量限应配置合理。电能表现场检验标准应至少每 3 个月在试验室比对一次
3	现场检验电能表应采用标准电能表法，利用光电采样控制或被试表所发电信号控制开展检验。宜使用可测量电压、电流、相位和带有错接线判别功能的电能表现场检验仪。现场检验仪应有数据存储和通信功能
4	现场检验时不允许打开电能表罩壳和现场调整电能表误差。当现场检验电能表误差超过电能表准确的等级值时应在 3 个工作日内更换

续表

序号	内容
5	新投运或改造后的Ⅰ、Ⅱ、Ⅲ、Ⅳ类高压电能表计量装置应在1个月内进行首次现场检验
6	Ⅰ类电能表至少每3个月现场检验一次；Ⅱ类电能表至少每6个月现场检验一次；Ⅲ类电能表至少每年现场检验一次
7	高压互感器每10年现场检验一次，当现场检验互感器误差超差时，应查明原因，制定更换或改造计划，尽快解决，时间不得超过下一次主设备检修完成日期
8	运行中的电压互感器二次回路电压降应定期进行检验。35kV及以上电压互感器二次回路电压降，至少每两年检验一次。当二次回路负荷超过互感器额定二次负荷或二次回路电压降超差时应及时查明原因，并在1个月内处理
9	运行中的低压电流互感器宜在电能表轮换时进行变比、二次回路及其负荷检查
10	现场检验数据应及时存入计算机管理档案，并应用计算机对电能表历次现场检验数据进行分析，以考核其变化趋势

4. 电能计量印证管理

电能计量印证管理，如表6–16所示。

表6–16　　电能计量印证管理

序号	项目	内容
1	电能计量印、证的种类	（1）检定证书； （2）检定结果通知书； （3）检定合格证； （4）测试报告； （5）封印（检定合格印、安装封印、现校封印、管理封印及抄表封印）； （6）注销印
2	各类证书和报告应执行国家统一的标准格式	各种封印和注销印的格式、式样应由省级电网经营企业统一规定。电能计量管理机构应制定电能计量印证的管理办法
3	计量印、证的制作	（1）计量印、证应定点监制，由电能计量技术机构负责统一制作和管理； （2）所有计量印、证必须编号（计量钳印字头应有编号）并备案；编号方式应统一规定； （3）制作计量印、证时应优先考虑选用防伪性能强的产品

续表

序号	项　　目	内　　　　容
4	计量印、证的使用	（1）电能计量印、证的领用发放只限于电能计量技术机构内从事计量管理、检定、安装、轮换、检修的人员，领取的计量印证应与其所从事的工作相适应；其他人员严禁领用； （2）计量印、证的领取必须经电能计量技术机构负责人审批，领取时印模必须和领取人签名一起备案。使用人工作变动时必须交回所领取的计量印、证； （3）从事检定工作的人员只限于使用检定合格印；从事安装和轮换的人员只限于使用安装封印；从事现场检验的人员只限于使用现校封印；电能计量技术机构的主管和专责工程师（技术员）有权使用管理封印；运行中计量装置的检定合格印和各类封印未经本单位电能计量技术机构主管或专责工程师（技术员）同意不允许启封（确因现场检验工作需要，现场检验人员可启封必要的安装封印）；抄表封印只适用于必须开启柜（箱）才能进行抄表的人员，且只允许对电能计量柜（箱）门和电能表的抄读装置进行加封；注销印适用于对淘汰电能计量器具的封印； （4）现场工作结束后应立即加封印，并应由用户或运行维护人员在工作票封印完好栏上签字；实施了各类封印的人员应对自己的工作负责，日常运行维护人员应对检定合格印和各类封印的完好负责； （5）经检定的标准计量器具或装置，应在其显著位置黏贴标记；合格的，黏贴检定合格标记；不合格的，黏贴检定不合格标记；对暂时停用的应黏贴停用或封存标记； （6）经检定的工作计量器具，合格的，检定人员加封检定合格印，出具“检定合格证”；对计量器具检定结论有特殊要求时，合格的，检定人员加封检定合格印，出具“检定证书”，不合格的，出具“检定结果通知书”； （7）“检定证书”、“检定结果通知书”必须字迹清楚、数据无误、无涂改，且有检定、核验、主管人员签字，并加盖电能计量技术机构计量检定专用章； （8）安装封印只准对计量二次回路接线端子、计量柜（箱）及电能表表尾实施封印； （9）电能计量技术机构应根据本单位的具体情况，制定出与本标准印、证管理相适应的实施细则，明确本单位电能计量印、证的发放范围及使用权限，以及违反管理规定的处罚办法等
5	计量印、证的年审、更换	（1）电能计量技术机构应制定计量印、证的年审制度并严格执行；每年应对所有计量印、证以及使用情况进行一次全面的检查核对； （2）计量合格印和各类封印应清晰完整。出现残缺、磨损时应立即停止使用并及时登记收回和作废、封存。需更换的应按照第3项的规定重新制作更换。更换后应重新办理领取手续

5. 周期检定（轮换）与抽检

周期检定（轮换）与抽检，如表 6–17 所示。

表 6–17　　周期检定（轮换）与抽检

序号	内　　容
1	电能计量技术机构应根据电能表运行档案、《电能计量装置技术管理规程》（DL/T 448—2000）规定的轮换周期、抽样方案和地理区域、工作量情况等，应用计算机，制定出每年、（月）电能表的轮换和抽检计划
2	运行中的Ⅰ、Ⅱ、Ⅲ类电能表的轮换周期一般为 3～4 年。运行中Ⅳ类电能表的轮换周期为 4～6 年。但对同一厂家、型号的静止式电能表可按上述轮换周期，到周期抽检 10%，做修调前检验，若满足第 4 条要求，则其他运行表记允许延长一年使用，待第二年在抽检，直到不满足第 4 条要求时全部轮换。Ⅴ类双宝石电能表的轮换周期为 10 年
3	对所有轮换拆回的Ⅰ～Ⅴ类电能表应抽取其总量的 5%～10%（不少于 50 只）进行修调前的检验，且每年统计合格率
4	Ⅰ、Ⅱ类电能表的修调前检验合格率为 100%，Ⅲ类电能表的修调前检验合格率不低于 98%。Ⅳ类电能表的修调前检验合格率不低于 95%。
5	运行中的Ⅴ类电能表，从装出第 6 年起，每年应进行分批抽样，做修调前检验，以确定整批表是否继续运行
6	低压电流互感器从运行的第 20 年起，每年应抽取 10%进行轮换和检定，统计合格率应不低于 98%，否则应加倍抽取、检定、统计合格率，直到全部轮换
7	对安装了主副电能表的电能计量装置，主副电能表应有明确标志，运行中主副电能表不得随意调换，对主副表的现场检验和周期检定要求相同。两只表记录的电量应同时抄录。当主副电能表所计电量之差与主表所计电量的相对误差小于电能表准确度等级的 1.5 倍时，以主电能表所计电量作为贸易结算的电量；否则应对主副电能表进行现场检验，只要主电能表不超差，仍以其所计电量为准；主电能表超差而副表不超差时才以副电能表所计电量为准；两者都超差时，以主电能表的误差计算退补电量，并及时更换超差表计

6. 运输

待装电能表和现场检验用的计量标准器、试验用仪器仪表在运输中应有可靠、有效的防震、防尘、防雨措施。经剧烈震动或撞击后，应重新对其进行检定。

电能计量技术机构应配置进行高、低压电能计量装置安装、轮换和现场检验所必需的具有良好减震性能的专用电力计量车。专用电力计量车不准挪作他用。

第二节　电能计量装置技术要求

一、电能表技术要求

采用误差性好、准确度高、起动电流小、超载能力强、抗倾斜、防窃电、可实现抄表自动化管理且表损低的全电子电能表，推广电子式或长寿命等低耗高质电能表。

1. 单相感应式长寿命技术电能表技术要求

单相感应式长寿命技术电能表技术要求，如表 6–18 所示。

表 6–18　　单相感应式长寿命技术电能表技术要求

<table>
<tr><th>序号</th><th>要　求</th><th colspan="2">内　　容</th></tr>
<tr><td>1</td><td>标准的电量值</td><td colspan="2">（1）准确度等级：2.0 级；
（2）标准参比电压：220V；
（3）标准电流规格：1.5（6）A、5（20）A、5（30）A、10（40）A、10（60）A、20（80）A；
（4）标准参比频率：50Hz；
（5）计量单位：kWh</td></tr>
<tr><td rowspan="3">2</td><td rowspan="3">机械和结构要求</td><td>一般要求</td><td>电能表的设计和结构应能保证在额定条件下使用时不引起任何危险</td></tr>
<tr><td>外壳表盖底座</td><td>（1）外壳：电能表应有能实现铅封的外壳，只有破坏铅封后才能触及表内部件；
（2）表盖：应采用阻燃、无色透明，机械强度高、抗老化的材料（如聚碳酸酯）制作，不应使用再生材料；
（3）底座：应采用延伸型底座，即底板与端钮和地板连接在一起，采用阻燃、高刚性、绝缘性能良好的注射型酚醛塑料注塑成型，接线盒应有脉冲输出端子</td></tr>
<tr><td>基架材料</td><td>应采用高强度不易变形的结构型材料</td></tr>
</table>

续表

序号	要　求	内　　　容	
2	机械和结构要求	计度器	（1）采用不易变形的高强度合金夹板，轴孔应不需加油润滑，轴针为不锈钢材质，在运行中不应有金属与金属之间的摩擦，无锈蚀、无斑痕出现，字轮字体应清晰，能防紫外线，不褪色。传动齿轮必须采用高强度热塑性纯白色聚甲醛材料制造； （2）计度器的机械负载影响误差改变量（$0.05I_b$、$\cos\varphi=1.0$ 条件下）不大于 0.5%； （3）表底数出厂时应尽量接近零（99999.0～0.0kWh）
		转盘	（1）蜗杆应光洁，圆盘应平整； （2）圆盘边缘应光洁和无凹陷裂纹，边缘上黑色记数标志为：8～12mm，并应清晰平整无疵点，且转盘处于防潜位时色标正对观察口； （3）轴杆与蜗杆应一体化
		阻尼磁钢	采用高强度的铝镍钴 37 及以上的强磁性材料，并应具有温度补偿特性。磁钢支架的组合，可以与基架一次压铸成型，也可以将磁钢支架与基架加弹簧垫圈螺丝紧固组合。基架和磁钢支架组合后，不产生移位
		上下轴承	（1）应采用经试验验证的不易氧化的强磁性、高稳定度材料（如黏结铝镍钴八类或具有温度补偿的铁氧体材料）组成磁轴承； （2）磁轴承的支撑点为不易破裂的合成石墨衬套或铝镍钴及高强度不锈钢导针（包含上、下导针），上、下轴承应同心； （3）在功率因数 $\cos\varphi$ 为 1.0、电流为 0～I_{max}、电压为（0.8～1.2）U_n 时，不应发生噪声
		驱动电磁元件	电压线圈可采用环氧树脂浇铸或塑封，为提高防雷击性能必须承受 8kV 冲击电压试验。电流、电压铁芯宜采用高速自动冲床加工，表面应光滑、平整，无气隙、刮伤、锈迹。电压、电流铁芯与基架的组合应是加强式紧固，紧固方式：宜铆压或采用螺钉加弹簧垫圈紧固，保证接触可靠
		端钮盒与表面电流线圈之间的连接	在端钮盒中，每相元件间的隔离设计应充分考虑避免因接线不慎而造成短路。接线柱与表内电流线圈之间的连接必须采用钎焊或压接方式，采用压接方式的电流线圈引线接合部必须为扁形或环状，表面除漆钝化或镀锡。接线端子为黄铜钝化或镀锡。接线螺钉应采用十字和一字通用螺钉

续表

序号	要　求	内	容
2	机械和结构要求	调整装置	调整装置不能处于极限状态，所有调整装置必须防震。功率因数调整装置应牢固，且具有限位机构，防止铜片从铁芯内旋出
		止逆装置	电能表应具有止逆装置（不推荐采用双向计度器）
		端子	端钮盒应有两个供脉冲输出的输出端子
		电压引线	电压引线需具有表内连接
		表内配件	表内所有器件均能防锈蚀、防氧化。端钮盒电流接线柱连接表内电流线的方式，应为压接，也可以用嵌入式双螺钉旋紧
		接线图	每只电能表应标出接线图
		铭牌	铭牌标志应清晰，可防紫外线辐射、不褪色。铭牌上留有条形码标志的位置，编码方式可采用自动喷码、激光刻印或钢冲压，编码应满足字体大、对比强、易读取及满足使用 25 年以上不褪色的要求，不允许采用不干胶黏贴。条形码按国家有关标准规定执行，表示方式应根据买方需要由供货厂家编制
		铅封	应有可靠的双封印位置，出厂时厂家只加封其中一个。应选用具有防撬、防伪功能和明显标志厂家的铅封
		包装	产品包装应选用可降解材料或可再生材料，不应选用泡沫塑料
3	电气要求	功率消耗	（1）电压线路：在参比电压、参比温度和参比频率下，电能表电压线路的有功功率和视在功率消耗应不超过 1W 和 5VA； （2）电流线路：在基本电流、参比温度和参比频率下，电能表电流线路的视在功率消耗不应超过 1VA

续表

序号	要　求	内　　容	
3	电气要求	短时过电流影响	（1）电能表应能承受 $50I_{max}$（或 7000A，取低值），并保持 $25I_{max}$（或 3500A，取低值）1ms。试验后，误差改变量不超过 ±1.5%（$I=I_b$，$\cos\varphi=1.0$）； （2）电能表在 $1.2I_{max}$ 下运行 2h 应不损坏。试验后，电能表应能正常工作，并且误差满足准确度等级的要求
		起动	在额定电压、电流为 $0.05I_b$ 和功率因数 $\cos\varphi=1$ 的条件下，电能表转盘应连续转动
		潜动	电流线路无电流（对于经电流互感器接入的电能表，电流回路在功率因数 $\cos\varphi$ 为 1.0 的条件下，通 1/5 的起动电流），电压线路加 80%和 110%的参比电压时，转盘不应旋转完整的一圈，当色标处于铭牌窗口中心位置时，其色标不应完全转出窗口
		准确度要求	如表 6–19 所示的单相感应式长寿命技术电能表的误差限
4	使用寿命	产品的设计和各种元器件选用应保证整表使用寿命≥25 年	

表 6–19　　单相感应式长寿命技术电能表的误差限

序号	负荷电流	功率因数 $\cos\varphi$	误差限（%）
1	$0.05I_b$	1.0	±1.6
2	$0.1I_b$	0.5L	±1.6
3	$0.1I_b$	1.0	±0.8
4	$0.2I_b$	0.5L	±1.2
5	I_b	1.0	±0.8
6	I_b	0.5L	±0.8
7	I_{max}	1.0	±1.2
8	I_{max}	0.5L	±1.2

2. 单相电子式电能表技术要求

单相电子式电能表技术要求，如表 6–20 所示。

表 6–20　　　　单相电子式电能表技术要求

序号	要　求	内　　容	
1	标准的电量值	（1）准确度等级：2.0 级； （2）标准参比电压：220V； （3）标准电流规格：1.5（6）A、5（20）A、5（30）A、10（40）A、10（60）A、20（80）A； （4）标准参比频率：50Hz； （5）计量单位：kWh	
2	误差特性要求	电流范围和误差（$U=U_n$）	（1）功率因数 1.0：电流值 $0.05I_b \leqslant I_b < 0.1I_b$，电能表误差限 ± 1.0%；电流值 $0.1I_b \leqslant I_b \leqslant I_{max}$，电能表误差限 ± 0.8%； （2）功率因数 0.5L 及 0.8C：电流值 $0.1I_b \leqslant I_b < 0.2I_b$，电能表误差限 ± 1.0%；电流值 $0.2I_b \leqslant I_b \leqslant I_{max}$，电能表误差限 ± 0.8%
		电压范围和误差（$I=I_b$）功率因数 1.0 及 0.5L	（1）电压值 $0.8U_n \leqslant U \leqslant 1.2U_n$ 电能表误差限 ± 0.8%； （2）电压值 $0.7U_n \leqslant U < 0.8U_n$ 电能表误差限 ± 1.4%； （3）电压值 $1.2U_n < U \leqslant 1.3U_n$ 电能表误差限 ± 1.4%
		起动	在参比电压、参比频率和功率因数 cosφ 为 1 的条件下，负荷电流为 $0.002I_b$ 时电能表应能起动并连续记录
		潜动	当电能表施加参比电压的 115%而电流线路通入 $0.0004I_b$ 电流时，电能表测试输出不应产生多于一个的脉冲
3	元器件的选配	主要元器件的确认	每个供货厂家应提供本批次电能表选用的计量专用芯片、电解电容、压敏电阻、计度器、晶振、片式二极管、片式电阻、片式电容、光耦等主要元器件明细表，说明其生产厂家、型号、规格、主要性能特点。此明细经供、需双方认可后作为订货合同的附件，并作为电能表到货验收的依据。厂家若需对经供、需双方确认的主要元器件作改动，需提前向订货单位和上级省电网公司解释原因，提交书面申请，并报经省电网公司同意

续表

序号	要　求	内	容
3	元器件的选配	计量专用芯片	应使用线性度好、性能稳定可靠的电能计量专用芯片
		电解电容	应使用 105℃、5000h 及以上的长寿命电解电容
		压敏电阻	电压输入部分应使用 20kΩ的优质压敏电阻
		计度器	使用机械计度器或电子显示器显示被记录的电能值。机械计度器应全封闭并有止逆功能。计度器的步进电机应有足够的交流电磁场屏蔽能力，在单独的情况下应能抵抗 50mT 磁感应强度的交流电磁场影响。机械计度器的底数出厂时应置于 99999.0～00000.0kWh 之间。电子显示器应选用长寿命、抗静电性能好、温度范围为–35～+70℃的名牌液晶显示器。电池应选用不可充电的柱状锂电池，在完全停电状态下可维持电能表停电显示 12 个月以上，停电时应能显示“当前总电量”（常显）
4	结构要求	铭牌	铭牌标志应清晰，可防紫外线辐射、不褪色。铭牌上留有条形码标志的位置，编码方式可采用自动喷码、激光刻印或钢冲压，编码应满足字体大、对比强及满足使用 10 年以上不褪色的要求，不允许采用不干胶黏贴。条形码按国家有关标准规定执行，表示方式应根据买方需要由供货厂家编制
		表盖	密封防尘、防水并有一定的强度，由能抗变形、抗腐蚀、抗老化的阻燃透明聚碳酸酯或非透明 ABS 工程塑料制成。上下盖结合部应有环形闭合的密封圈。若用 ABS 工程塑料做表壳时，上盖的透明窗口与上盖的结合应密封牢固，透明部分应采用透明度好的聚碳酸酯制作
		底座	底壳和接线端座采用一体化连接，由阻燃、高刚性、绝缘性能优良的注射型酚醛塑料注塑成型
		封印	表壳应能实施封印，只有破坏封印后才能触及表内部件。应有可靠的双封印位置，出厂时厂家只加封其中一个。应选用具有防撬、防伪和厂家明显标志的封印

续表

序号	要　求	内　　　　容	
5	电气要求	功率消耗	（1）电压线路：在参比电压、参比温度和参比频率下，电能表电压线路的有功功率和视在功率消耗不应超过0.5W和6VA; （2）电流线路：在基本电流、参比温度和参比频率下，电能表电流线路的视在功率消耗不应超过1VA
		过电流能力	电能表在 $1.2I_{max}$ 负荷电流下运行2h后应能正常工作，并且误差满足准确度等级的要求
		短时过电流能力	电能表在 $9I_b$ 过电流（最大不超过100A）下运行30s后应能正常工作，并且误差满足准确度等级的要求
		过电压能力	电能表在承受 $1.9U_n$ 过电压持续2h后应能正常工作，并且误差满足准确度等级的要求
		输出接口	提供光电隔离的无源脉冲输出接口，便于校表及集抄通讯，脉冲宽度为80ms±20ms。输出接口能从正面触及，并能用适当的测试设备监视
6	使用寿命	电能表设计和各种元器件选用应保证整表使用寿命≥10年	

3. 三相感应式长寿命技术电能表技术要求

三相感应式长寿命技术电能表技术要求，如表6–21所示。

表6–21　　三相感应式长寿命技术电能表技术要求

序号	要　求	内　　　　容	
1	机械和结构要求	底座	与端钮盒一体，采用阻燃、高刚性、绝缘性能优良的注射型酚醛塑料，或优于此种性能的材料制成
		表盖	采用阻燃、无色透明、不易破碎、抗老化的材料（如聚碳酸酯）制作，不应使用再生材料
		基架	采用高强度铝合金材料压铸，或高强度钢板（厚度大于2mm）冲压成型并经高温退火处理，以保证其在长期使用过程中不因内应力的逐渐消除而发生机械变形，钢板冲压支架表面必须电泳喷漆

续表

序号	要　求	内　　容	
1	机械和结构要求	阻尼磁钢	采用高稳定度的铝镍钴 37 及以上的双极性强磁性材料，并应具有温度补偿特性。磁钢支架组合与基架用螺钉加弹簧垫圈的紧固连接
		上、下轴承	采用高稳定度的黏结铝镍钴八类或具有温度补偿的铁氧体材料组成磁轴承，磁轴承的支撑点为不易破碎的合成石墨衬套及高强度不锈钢导针（包含上、下导针）。上、下轴承应同心。在功率因数为 1，电流为 $0 \sim I_{max}$，电压为（0.8～1.2）U_n时，不应发出噪声
		计度器	采用不易变形的高强度合金夹板，轴孔应不需加油润滑，轴针为不锈钢材质，在传动系统中不应有金属与金属之间的摩擦。字轮字体应清晰，能防紫外线辐射，不褪色，传动齿轮须采用高强度热塑性纯白色聚甲醛材料制造。计度器的机械负载影响误差改变量（$0.05I_b$、$\cos\varphi=1.0$ 条件下）不大于 ±0.3%
		转盘	转轴与蜗杆联体（即蜗杆在转轴上车削而成）或采用优质塑料蜗杆，蜗杆应光洁，圆盘应平整。圆盘边缘应光滑、无凹陷裂纹，边缘上黑色计数标志为 8～10mm，并应清晰平整无疵点
		电磁元件	电压线圈可采用环氧树脂浇铸或塑封，为提高防雷击性能必须能承受 8kV 冲击电压试验。电流、电压铁芯宜采用高速自动冲床加工，表面应光滑、平整，无气隙、刮伤、锈迹。电压电流铁芯组合与基架的结合应是加强式紧固，紧固方式宜铆压或采用螺钉加弹簧垫圈紧固，保证结合可靠
		端钮盒、接线端子和接线螺钉	（1）端钮盒中每相元件间的隔离设计应充分考虑避免因接线不慎而造成短路； （2）接线端子与表内电流线圈之间的连接必须采用钎焊或压接方式，采用压接方式的电流线圈引线接合部必须为扁形或为环状，表面除漆钝化或镀锡，接线螺钉应加弹簧垫圈；对直接接入式的电能表，电压元件应内连接。接线端子为黄铜钝化或镀锡； （3）接线螺钉的底部应平整，应高强度和耐腐蚀，采用十字和一字通用螺钉

续表

序号	要　求	内	容
1	机械和结构要求	调整装置	调整装置不能处于极限位置，所有调整装置必须防震。功率因数调整装置应牢固，且具有限位机构，防止铜片由铁芯内旋出
		止逆装置	应具有防止倒转的止逆装置
		表内清洁度	表内所有元器件均能防锈蚀、防氧化，元器件表面和电能表内部应干净整洁，无锈迹、灰尘和金属末
		铭牌	标志应清晰，可防紫外线辐射，不褪色；编码方式可采用自动喷码、激光蚀刻和钢冲压，但无论采用何种方式都必须达到长期不褪色、字体大、对比强、易读取的要求。铭牌上必须留有条形码标志位置，且可按订货单位要求将条形码直接印刷在铭牌上，不允许采用不干胶黏贴
		铅封	应有可靠的双铅封位置，出厂时厂家只加封其中一个，应选用具有防撬、防伪功能和明显厂家标志的铅封
		包装	产品包装应具有良好的防震性能，应选用可降解材料或可再生材料，不应选用泡沫塑料
2	电气要求	标准电压、电流规格	（1）电压规格：57.7V；100V；220V；380V； （2）电流规格：1.5（6）A；5（20）A；5（30）A；10（40）A；10（60）A；20（80）A
		功耗	（1）电压线路：在参比电压、参比温度和参比频率下，电能表每一电压元件的有功功率损耗不应超过1W，视在功率损耗不应超过5VA； （2）电流线路：在基本电流、参比温度和参比频率下，电能表每一电流元件的视在功率损耗不应超过1VA
		过电压能力	三相四线电能表应能承受1.9U_n持续4h不损坏，并能正确工作。当仪表恢复到标称工作温度时，误差的变化不应超过表6–22和表6–23中允许误差绝对值的50%

续表

序号	要　求	内	容
3	准确度要求	三相电流平衡时的误差限	电能表在《交流电能表》（JJG 307—1988）规定的参比条件下，三相电流平衡时的误差限不应超过表 6–22 和表 6–23 的规定
		三相电流不平衡时的误差	（1）误差限：电能表在《交流电能表》（JJG 307—1988）规定的参比条件下，三相电流不平衡时的误差限不应超过表 6–24 的规定； （2）各元件间的误差之差：同一只电能表各元件间在同一个负荷点的误差之差，不得大于其等级指数（如 1 级表各元件间误差之差绝对值不得大于 1%）
4	起动、潜动	在额定电压，电流为 0.5%I_b和功率因数 cosφ 为 1 的条件下，电能表的转盘应连续转动； 电流线路无电流（对于经电流互感器接入的电能表电流回路在功率因数为 1.0 的条件下，通 1/5 的起动电流），电压线路加 80%和 110%的参比电压时转盘不应旋转完整的 1 圈。当色标处于铭牌窗口中心位置时，电能表应能停止	
5	使用寿命	电能表设计和各种元器件选用应保证整表使用寿命≥20 年	

表 6–22　　有功电能表三相电流平衡时的误差限

电流值	功率因数 cosφ	误差限（%）	
		1 级	2 级
$0.05I_b$	1	±1.0	±2.0
$0.1I_b \sim I_{max}$	1	±0.7	±1.2
$0.1I_b$	0.5（感性）	±1.0	±2.0
	0.8（容性）		
$0.2I_b \sim I_{max}$	0.5（感性）	±0.7	±1.2
	0.8（容性）		

表 6–23　　无功电能表三相电流平衡时的误差限

电流值	功率因数 cosφ	误差限（%）	
		2 级	3 级
$0.1I_b$	1（感性或容性）	±2.0	±3.0
$0.2I_b \sim I_{max}$	1（感性或容性）	±1.4	±2.0
$0.2I_b$	0.5（感性或容性）	±2.0	±3.0
$0.5I_b \sim I_{max}$	0.5（感性或容性）	±1.4	±2.0

表 6–24　有功、无功电能表三相电流不平衡时的误差限

负荷点	功率因数 cosφ	有功电能表误差限（%）		无功电能表误差限（%）	
		1 级	2 级	2 级	3 级
$0.2I_b$	1	±2.0	±3.0	±3.0	±4.0
I_b	1	±2.0	±3.0	±3.0	±4.0
	0.5（感性）	±2.0	±3.0	±3.0	±4.0

4. 三相电子式多功能电能表技术要求

三相电子式多功能电能表技术要求，如表 6–25 所示。

表 6–25　三相电子式多功能电能表技术要求

序号	要求	内容	
1	技术指标	基本技术指标见表 6–26	
2	功能要求	安全防护	（1）所有参数、功能设置、需量清零等对表的操作（除校验时间外）必须加硬件防护； （2）三级密码管理，一级：超级用户（用户名、口令可更改，便于厂家向供电公司移交），可进行授权二级用户、所有功能设置；二级：设置用户，由超级用户授权（分配用户名及初始口令），可进行所有授权功能的设置、电能表抄读；三级：校时密码，此密码只能用于校对表内时钟，并且每天只能使用一次，每次最多调整 10min； （3）所有通信接口（RS–485、光电接口、手持电脑接口）均需加口令防护，进行安全验证； （4）电能表安装后电量不允许清零； （5）电能表出厂后误差不允许调整，并有有效措施防止或识别通过软、硬件改变误差； （6）连续 5 次输入密码错误后电表自动封闭 24h，期间不允许进行任何设置工作； （7）密码核对成功后电表开放设置功能 30min，其后电表将自动关闭设置功能；若还需要进行设置需重新进行密码核对
		失压记录	（1）三相全失压（相当于停电），若此时电流回路有电流，电能表应记录累计失压时间（分辨率为 min），电流判断阀值为 $5\%I_b$，电压判断阀值为 $50\%U_n$；在三相全失压的情况下，表内的电池累计工作时间应不小于 1 年； （2）三相中任一相或两相失压，电能表均应正常工作并分相记录累计失压时间，同时记录最近 5 次发生时刻、发生状态和相应的错误电量（正反向有功电量、正反向无功电量）；电压判断阀值为 $50\%U_n$； （3）失压判断时间小于 60s； （4）能在电表液晶显示屏上直接显示有无失压情况

续表

序号	要求	内容	
2	功能要求	失流记录	（1）当电表有三相工作电压时，缺一相或两相电流，记录分相记录累计失流时间，同时记录最近5次发生时刻、发生状态和相应的错误电量（正反向有功电量、正反向无功电量）。电流判断阀值为启动电流; （2）失流判断时间小于60s; （3）能在电表液晶显示屏上直接显示有无失流情况
		无功计量	（1）无功四个象限可分别计量; （2）无功正反向电量可设置成任意两个象限电量之和; （3）可显示无功正反向电量及四象限电量; （4）无功能分时计量
		费率时段	每天应有四费率八时段。并备有两套及以上不同的费率及时段，其启用时间可以任意预置，且能预置周休及节假日对费率时段的要求
		结算时间	结算时间可设定为一天中的任意整点时刻（出厂时初设值默认为每月1日0时），结算电量至少能保存3个结算周期
		电量冻结	可通过RS–485总线广播电量冻结命令，选择冻结有功正向或反向各费率电量和总电量，无功当前工作的两个象限各费率电量及总电量，并可通过《多功能电能表通信规约》（DL/T 645—1997）协议命令读出
		脉冲输出	具备二路LED显示脉冲及四路光耦或继电器脉冲输出
		通信接口	有电气隔离的RS–485接口，且波特率可设置，其范围为1200～9600bps或以上。通信规约应符合《多功能电能表通信规约》（DL/T 645—1997）的要求
		常数	电能表的常数必须保证1%I_b或1%I_n、$\cos\varphi=1$时每个脉冲间隔<1.5min
		负荷曲线	提供按照用户设定的时间间隔对选定的内容进行滚动数据记录功能，可设定1、5、10、15、20、30、60min七种数据采样时间间隔，采样可选择：有功正反向总电量、无功四象限总电量、电压（UVW）、电流（UVW）、功率因数（UVW总）、有功瞬时功率（UVW总）和无功瞬时功率（UVW总）。七组数据可采用相同的时间间隔或不同的时间间隔，可选择几个或全部作为记录内容。每点记录有4个字节的时标，记录数据采样时的“月、日、时、分”，总存储空间不小于128K字节

续表

序号	要求	内容	
2	功能要求	电量显示	可显示当前的电流、电压、功率值、功率因数
		事件记录	可记录最近5次的需量复零日期及时间、最近5次的编程日期及时间和最近5次打开表盖的日期及时间，此事件记录无法用软件清除
		停电抄表	停电后，能抄读到当前电量和最近一次结算电量
		非接触停电抄表	停电后，能通过非接触的方式（如遥控、闪光等）唤醒电表，以便用抄表器抄表
		负荷监控	当负荷超过某一设定的需量值（出厂时需量周期初设值默认为15min）时，具有报警和输出控制信号的功能
		接线通用	可通过软件设置选择“三相三线”或“三相四线”的接线方式
		超级电容	电能表在停电后可使用内部超级电容维持电能表时钟工作24h以上，其后采用表内电池维持时钟
		特殊计量功能	电能表应有计量线损（俗称铜损，主要是 $I^2 \times t/T$）、变损（俗称铁损，主要是 $U^2 \times t/T$）及互感器合成误差（主要是 $\tan\varphi \times t/T$）累计计量功能，其计量结果能设置在预留的计度（存储）器，与有功、无功电能量同步读取
		电压合格率	电能表在设置允许电压上、下限后应有按月统计电压合格率功能，其统计结果能设置在预留的计度（存储）器，与有、无功电能量同步读取
3	误差要求	误差控制见表6–27和表6–28	

续表

序号	要求	内　　　容	
4	元器件和结构	主要元器件选用	（1）每个供货厂家应提供电能表选用的计量专用芯片、CPU、液晶、电解电容、压敏电阻、电流互感器、电压互感器、晶振、片式二极管、片式电阻、片式电容、光耦、电池等主要元器件明细表，说明其生产厂家、型号、规格、主要性能特点（其中要求电解电容应 105℃，4000h 及以上；直接接入式电能表的压敏电阻应 20kΩ及以上），经省电网公司计量管理部门和厂家双方确认后，作为本省电能表到货验收的依据； （2）每次签订购货合同时，卖方应向买方提供此主要元器件明细表，经买卖双方认可后作为合同附件； （3）厂家若需对经双方确认的主要元器件作改动，需提前向订货单位和管辖的省电网公司解释原因，并经省电网公司同意
		铭牌	符合 GB/T 17215 中 4.2.13.1 条款的规定，同时具有数字编号和条码编号，表示方式应根据买方需要由供货厂家编制，可防紫外线的辐射，在使用寿命内不褪色
		表壳	应具有阻燃、密封、防尘、防潮、防水性能，并有一定的强度，由能抗变形、腐蚀、老化的阻燃材料制成
		计时误差测试端钮	应提供日计时误差的检测端子，且此端子必须隔离输出
		抄表及全失压电池	应使用不可充电的柱状锂电池，此电池电量应在显示屏显示出来，电池应方便用户更换
		时钟电池	应使用不可充电的柱状锂电池，可维持电表时钟连续运行 5 年以上
		辅助电源	0.2S 级电能表必须有辅助电源，并可通过软件设置为 TV 优先或辅助电源优先，当优先电源失压时自动切换到另一个电源；0.5S 级电能表的辅助电源为可选项
		表底电量	电能表出厂时表底数应为 0～0.3kWh（尽可能在 0 位置）
		铅封	应有可靠的双铅封位置。出厂时厂家只加封其中一个，应选用具有防撬、防伪功能和厂家明显标志的铅封

续表

序号	要求	内容	
5	电气要求	功耗	每相电压回路≤2W 和 5VA，每相电流回路≤2.5VA
		电压范围	任意一相输入电压≥$0.5U_n$ 时，电能表应能正常工作；当输入电压≤$1.5U_n$ 时，电能表应能长期工作。输入电压为 $0.7U_n$～$1.3U_n$ 时误差应满足表 6–28 的要求
		过电压能力	三相四线电能表应能承受 $1.9U_n$ 历时 4h 不损坏；直接接入式三相四线电能表应能承受峰值 1200V 的瞬时过电压历时 10s 不损坏
6	软件要求	设读软件	产品应提供基于 Windows 主流版本的中文版设读软件，软件能方便抄读电表内部记录的数据并下载到电脑硬盘中，下载的文件应可以用 Excel 软件进行分析
		掌上电脑	产品应提供设读用的掌上电脑和基于掌上电脑的现场设读软件，现场抄读通信方式采用非接触红外方式
7	寿命要求	产品的设计和元器件选用应保证整表使用寿命≥10 年。产品从验收合格之日起，如买方按“使用说明书”的规定进行运输、保管、安装和使用，当该批次产品一年内的累计故障率≥3%、两年内的累计故障率≥5%时（从验收合格之日算起），则应整批免费更换；3 年之内免费更换故障表，5 年之内免费维修，终身提供技术服务和维修（免人工费）	

表 6–26　　三相电子式多功能电能表基本技术指标

表类别	等级	电流量限	起动电流	防潜电流	误差要求
经互感器接入式	0.2S	5（10）A	5mA	1mA	见表 6–27 三相电子式多功能电能表的电流范围和误差要求
		1（2）A	1mA	0.2mA	
	0.5S	5（10）A	5mA	1mA	
		1（2）A	1mA	0.2mA	
	1	5（10）A	5mA	1mA	
		1（2）A	1mA	0.2mA	
直接接入式	1	6～8 倍表	$0.002I_b$	—	
	2	6～8 倍表	$0.002I_b$	—	

注　防潜电流是指加入该电流时经互感器接入式电能表不应发多于一个脉冲，以防电能表发生潜动。

表 6–27　　三相电子式多功能电能表的电流范围和误差要求

（三相平衡负荷，电压 $U=U_n$）

表类别	电流范围	功率因数 cosφ	误差限（%）			
			0.2S 级	0.5S 级	1 级	2 级
经电流互感器接入式	$0.01I_n \leqslant I < 0.05I_n$	1	±0.32	±0.7	±1.0	±2.0
	$0.05I_n \leqslant I \leqslant I_{max}$	1	±0.16	±0.35	±0.5	±1.0
	$0.02I_n \leqslant I < 0.1I_n$	0.5 滞后、0.8 超前	±0.32	±0.7	±1.0	±2.0
	$0.1I_n \leqslant I \leqslant I_{max}$	0.5 滞后、0.8 超前	±0.16	±0.35	±0.5	±1.0
直接接入式	$0.03I_b \leqslant I < 0.1I_b$	1			±1.0	±2.0
	$0.1I_b \leqslant I \leqslant I_{max}$	1			±0.5	±1.0
	$0.1I_b \leqslant I < 0.2I_b$	0.5 滞后、0.8 超前			±1.0	±2.0
	$0.2I_b \leqslant I \leqslant I_{max}$	0.5 滞后、0.8 超前			±0.5	±1.0

注　I_n 是指电流互感器的二次额定电流；I_b 是指电能表的标定电流。

表 6–28　　三相电子式多功能电能表工作电压范围和误差要求

（三相平衡负荷，电流 $I=I_n$ 或 I_b）

表类别	电压范围	功率因数 cosφ	误差限（%）			
			0.2S 级	0.5S 级	1 级	2 级
经电压互感器接入式	$0.9U_n \leqslant U \leqslant 1.1U_n$	1、0.5（L）、0.8（C）	±0.16	±0.35	±0.5	±1.0
	$0.8U_n \leqslant U < 0.9U_n$	1、0.5（L）、0.8（C）	±0.2	±0.5	±1.0	±2.0
	$1.1U_n < U \leqslant 1.2U_n$	1、0.5（L）、0.8（C）	±0.2	±0.5	±1.0	±2.0
直接接入式	$0.8U_n \leqslant U \leqslant 1.2U_n$	1、0.5（L）、0.8（C）			±0.5	±1.0
	$0.7U_n \leqslant U < 0.8U_n$	1、0.5（L）、0.8（C）			±1.0	±2.0
	$1.2U_n < U \leqslant 1.3U_n$	1、0.5（L）、0.8（C）			±1.0	±2.0

二、计量用电流互感器技术要求

计量用电流互感器技术要求，如表6–29所示。

表6–29　　计量用电流互感器技术要求

序号	要求		内　　容
1	结构要求		（1）结构宜采用固体绝缘整体浇注的形式，表面应光洁、平整、色泽均匀；一、二次接线端子极性标志和一次额定电流值应同时浇注出，字体清晰； （2）具有一次绕组的电流互感器，一次绕组应采用平板型出线端子并附有供连接用的全套紧固零件。穿心式的电流互感器穿心孔不应小于表6–30中的数值； （3）电流互感器的二次接线端子的螺钉直径应为6mm，螺钉头为外六角加十字槽。螺钉应为铜或铜合金制成，螺钉的连接处应有平坦的金属表面，螺钉及连接处应有可靠的防锈镀层。接线螺钉中心线对互感器底部的距离应不小于20mm； （4）二次接线端子应有用聚碳酸酯制成的透明防护罩。此防护罩应可方便加封，应能防止直接或间接接触到接线螺钉； （5）铭牌标志应清晰，可防紫外线辐射，在使用寿命期内不褪色。编码方式可采用自动喷码和激光蚀刻（不能采用钢凿码），必须达到长期不褪色、易读取的要求；铭牌上必须留有条形码标志位置，且可按订货单位要求将条形码直接印刷在铭牌上；铭牌与互感器本体应紧密结合，应能防伪和防撬，不允许采用不干胶进行黏贴； （6）在互感器的本体位于二次接线端子面的上方，应用激光蚀刻出电流互感器的编号，其字体高度应不小于8mm
2	电气要求	额定一次电流	额定一次电流600A及以下的电流互感器应能在200%的额定一次电流下长期运行。额定一次电流600A以上的电流互感器应能在120%的额定一次电流下长期运行。推荐一次电流标准值依次列写（单位A）：10；15；20；25；30；40；50；60；75；100；120；150；200；250；300；400；500；600；750；1000；1200；1500；2000；2400；3000；4000；5000
		额定二次电流	额定二次电流标准值为1A和5A。在额定安匝数较小（≤150）时，宜选用额定二次电流为1A的电流互感器
		额定二次负荷	（1）低压、5（A）：额定负荷≥10（VA）；下限负荷3.75（VA）； （2）低压、1（A）：额定负荷≥1（VA）；下限负荷0.15（VA）； （3）6kV、10kV、5（A）：额定负荷≥15（VA）；下限负荷3.75（VA）； （4）6kV、10kV、1（A）：额定负荷≥2（VA）；下限负荷0.15（VA）。 说明：二次负荷的功率因数应根据实际的情况而定，可为0.8（感性）或1.0，但应在铭牌上注明

续表

序号	要求	内容	
3	绝缘要求	一次绕组工频耐受电压	电流互感器的耐压值（kV）见表 6–31
		二次绕组绝缘	二次绕组之间及对地绝缘的额定短路工频耐压为 3kV。有末屏的电流互感器其末屏端子对二次绕组及地的绝缘的额定短时工频耐压为 5kV
		绕组匝间绝缘	绕组匝间绝缘应能承受短时工频耐压 4.5kV（峰值）。对某些型式（如低安匝）的电流互感器，可允许采用较低的试验电压
		局部放电水平	对于设备最高电压为 7.2kV 及以上的电流互感器允许的局部放电水平应不超过表 6–32 的规定值
		二次绕组对外部表面的耐受电压	对低压穿心式的电流互感器，其二次绕组对其外表面任何部位，应能承受 3kV 工频电压历时 1min
4	使用环境	环境温度	–25～55℃
		环境湿度	≤95%
5	准确度等级和误差要求	准确度等级	计量用的电流互感器准确度等级为 0.2S
		误差限	电流互感器在额定负载范围内允许的误差限见表 6–33
		变差	电流互感器在 5%～120（200）%I_n 时比值差和相位差的变差，应不超过其等级的 2 个修约间距，且其上升和下降时的误差均应符合表 6–33 的要求。 注明一下：0.2S 级电流互感器的修约间距为：比值差 0.02%；相位差 1′
		误差的重复性	电流互感器在 20%I_n 时重复测量 6 次以上，其比值差和相位差的标准偏差应≤1 个修约间距

续表

序号	要求	内容	
5	准确度等级和误差要求	剩磁影响	电流互感器充磁处理前后的误差之差，不得超过表6–33中允许误差限的1/3，且充磁处理前后的误差均应满足表6–33
		邻近一次导体影响	在电流互感器旁边通有$2I_n$的工频电流通过时，其误差的改变应≤1/4的表6–33允许误差
		一次导体分布	对穿心式的电流互感器，穿心导线的分布位置应不受限制。一次导线在下述位置时其误差都应满足表6–33的要求，一次导线在不同位置引起的误差变化最大值（最大误差－最小误差的绝对值）应≤1/5的表6–33的允许误差。圆孔：孔内的任何位置；长方孔：距垂直中心线的距离≤孔长的40%的任何位置
6	寿命要求	产品的设计和材料的选用应保证整个互感器平均使用寿命≥15年。产品从验收合格之日起，如买方按“使用说明书”的规定进行运输、保管、安装和使用，当产品出现质量问题时，要求厂家5年之内免费更换新互感器	

表6–30　　穿心式电流互感器的穿心孔要求

额定一次电流值（A）	75～100	150～300	400～500	600～750	1000～2000
圆　孔（mm）	ϕ30	ϕ35	ϕ45	ϕ55	ϕ75
长方孔（mm）			80 × 25	82 × 30	100 × 50

表6–31　　电流互感器的耐压值

额定电压(方均根值,kV)	设备最高电压(方均根值,kV)	1min 工频耐压（干式和湿试,方均根值,kV）
6	7.2	30/23，20
10	12	42/30，28

注　1. 斜线上的数据为设备外绝缘干状态之耐压。
　　2. 括号内的数据适用于直接接地系统。

表 6–32　允许的局部放电水平

系统接地方式	局部放电电压（kV）	局部放电允许水平（固体绝缘，视在放电量，pC）
中性点绝缘系统或非有效接地系统	$1.2U_m$	50
	$1.2U_m/\sqrt{3}$	20
中性点有效接地系统	U_m	50
	$1.2U_m/\sqrt{3}$	20

注　1. 若中性点接地方式没有明确，局部放电水平可按中性点绝缘或非有效接地系统考虑。
2. 局部放电的允许值，对于非额定频率也是适用的。
3. 表中两组允许值由制造厂按对应的测量电压任选其一。

表 6–33　电流互感器允许的误差限

等级	比值差（±%）（在下列额定电流百分数时）						相位差（±′）（在下列额定电流百分数时）					
	1	5	20	100	120	200	1	5	20	100	120	200
0.2S	0.6	0.28	0.16	0.16	0.16	0.2	24	12	8	8	8	10

注　120%额定电流的误差限适用于额定一次电流＞600A 的电流互感器；200%额定电流的误差限适用于额定一次电流≤600A 的电流互感器。

三、计量用电压互感器技术要求

计量用电压互感器技术要求，如表 6–34 所示。

表 6–34　计量用电压互感器技术要求

序号	要求	内　容
1	结构要求	（1）电压互感器应结构宜采用固体绝缘整体浇注的形式，表面应光洁、平整、色泽均匀；一、二次接线端子极性标志应同时浇注出，字迹清晰； （2）电压互感器应有一个及以上独立的二次计量绕组； （3）电压互感器的二次接线端子的螺钉直径应为 6mm，螺钉头为外六角加十字槽；螺钉应为铜或铜合金制成，螺钉的连接处应有平坦的金属表面，螺钉及连接处应有可靠的防锈镀层。接线螺钉中心线对互感器底部的距离应不小于 20mm； （4）二次接线端子应有采用聚碳酸酯制成的透明防护罩，此防护罩应可方便加封； （5）铭牌标志应清晰，可防紫外线辐射，在使用寿命期内不褪色；编码方式可采用自动喷码、激光蚀刻（不能采用钢凿码），必须达到长期不褪色、易读取的要求；铭牌上必须留有条形码标志位置，且可按订货单位要求将条形码直接印刷在铭牌上；铭牌与互感器本体应紧密结合，应能防伪和防撬，不允许采用不干胶进行黏贴； （6）在互感器的本体位于二次接线端子面的上方，应用激光蚀刻出电压互感器的编号，其字体高度应不小于 8mm； （7）三相电压互感器的铁芯应相互独立

续表

序号	要求	内容	
2	电气要求	额定一次电压	10kV；10kV/$\sqrt{3}$；
		额定二次电压	计量绕组的额定二次电压为：100V；100V/$\sqrt{3}$
		额定二次负荷	计量绕组的额定二次负荷应在下列数值中选取：10、15、25、30、50、75VA；额定功率因数为0.8（感性）
		过电压能力	电压互感器应能承受200%的额定一次工频电压，且在200%U_n时误差不大于1.5倍的允许误差
3	绝缘要求	一次、二次、接地端子之间工频耐压	接地式电压互感器一次绕组接地端与外壳、夹件等的短时工频耐受电压为3kV； 二次绕组之间及对地的短时工频耐受电压为3kV
		额定绝缘水平	一次绕组的额定绝缘水平和耐受电压见表6–35
		局部放电水平	对于设备最高电压为7.2kV及以上的电磁式电压互感器，其局部放电水平应不超过表6–36的规定值
4	使用环境	环境温度	–25～55℃
		环境湿度	≤95%
5	准确度等级和误差要求	准确度等级	计量用的电压互感器（或电压互感器的计量绕组）的准确度等级为0.2级
		误差限	电压互感器一次电压范围为80%U_n～120%U_n，其在额定负荷范围内允许的误差限见表6–37
		误差的重复性	电压互感器在100%U_n时重复测量6次以上，其比值差和相位差的标准偏差应≤1个修约间距。 注明：修约间距是指0.2级电压互感器的修约间距为：比值差0.02%；相位差1′
6	寿命要求	产品的设计和材料的选用应保证整个互感器平均使用寿命≥15年。产品从验收合格之日起，如买方按“使用说明书”的规定进行运输、保管、安装和使用，当产品出现质量问题时，要求厂家：5年之内免费更换新互感器	

表 6–35　　电压互感器的额定绝缘水平和耐受电压　　单位：kV

额定电压（方均根值）	设备最高电压（方均根值）	1min 工频耐压（干式和湿试，方均根值）	雷电冲击耐受电压（峰值）	截断雷电冲击耐受电压（峰值）
6	7.2	30/23，20	60（40）	65
10	12	42/30，28	75（60）	85

注　1. 斜线上的数据为设备外绝缘干状态之耐受电压。
2. 括号内的数据适用于直接接地系统。

表 6–36　　允许的局部放电水平

系统接地方式	局部放电电压（kV）	局部放电允许水平（固体绝缘，视在放电量，pC）
中性点绝缘系统或非有效接地系统	$1.2U_m$	50
	$1.2U_m/\sqrt{3}$	20
中性点有效接地系统	U_m	50
	$1.2U_m/\sqrt{3}$	20

注　1. 若中性点接地方式没有明确，局部放电水平可按中性点绝缘或非有效接地系统考虑。
2. 局部放电的允许值，对于非额定频率也是适用的。
3. 表中两组允许值由制造厂按对应的测量电压任选其一。

表 6–37　　电压互感器允许的误差限

等级	负　荷	比值差（±%）（在下列额定电压百分数时）			相位差（±′）（在下列额定电压百分数时）		
		80	100	120	80	100	120
0.2	额定值和下限值	0.16	0.16	0.16	8	8	8
	0VA	—	0.20	—	—	10	—

注　负荷的下限值一律为 2.5VA；如果二次有多个二次绕组时，下限负荷分配给被检的二次绕组，其余二次绕组空载。

第三节　电能计量装置类型及参数

一、电能表

1. 电能表分类

电能表的分类，如表 6–38 所示。

表 6–38　　电能表的分类

序号	电能表分类方式	类别
1	按工作原理分	感应式（机械式）、电子式（静止式）、机电式（脉冲式）
2	按接线方式分	单相电能表、三相三线电能表、三相四线电能表 直接接入式、经互感器接入式
3	按准确度等级分	0.01、0.02、0.1、0.2、0.5、1.0、2.0、3.0 级电能表
4	按用途分	有功电能表、无功电能表、最大需量表、多功能电能表、分时计度电能表（复费率电能表）、预付费电能表、损耗电能表、标准电能表

2. 电能表型号

电能表的型号，如表 6–39 所示。

表 6–39　　电能表的型号

型号：类别代号+组别代号+设计序号+派生号	
类别代号	D—电能表
组别代号	表示相线：D—单相；S—三相三线；T—三相四线 表示用途：B—标准；D—多功能；H—总耗；F—复费率；M—脉冲；S—全电子式；X—无功；Z—最大需量；Y—预付费；J—直流
设计序号	用阿拉伯数字表示
派生号	T—湿热、干燥两用；TH—湿热带用；TA—干热带用；G—高原用；H—船用；F—化工防腐用
例如：DD 表示单相电能表，如 DD862 型、DD701 型、DD95 型； DX 表示无功电能表，如 DX862 型、DX863 型； DBS 表示三相三线标准电能表，如 DBS25 型； DSF 表示三相三线复费率电能表，如 DSF1 型； DSSD 表示三相三线全电子式多功能电能表，如 DSSD–331 型	

3. 电能表铭牌

电能表铭牌上的主要参数及符号的意义如下：

（1）基本电流和额定最大电流，以 I_b（I_{max}）表示，如 1.5（6）A，基本电流是确定电能表有关特性的电流值；额定最大电流是仪表能满足其制造标准规定的准确度的最大电流值。

（2）电能表常数，有功电能表以 kWh /r（imp）或 r（imp）/kWh 形式表示；无功电能表以 kvarh /r（imp）或 r（imp）/kvarh 形式表示。

（3）相数、线数的符号，如表 6–40 所示。

表 6–40　　相数、线数的符号

单相有功表	三相三线有功表	三相四线有功表	三相三线无功表	三相四线无功表
		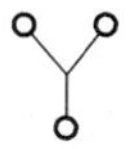		

4. 电能计量装置规格性能数据

（1）电能计量装置规格，如表 6–41 所示。

表 6–41　　电能计量装置规格

序号	名　　称	型　号	规　　格
1	单相宽负荷标准功率电能表	SZ–01A–K	0.2～0.05 级，220V，0.125～100A
2	三相宽负荷标准电能表	SZ–03A–K3	0.1～0.05 级，3 ×（50～400）V，1～100A
3	单相电能表校验装置	YC–1891–II	0.3～0.05 级，220V，0.1～100A
4	三相电能表校验装置	YC–1893–II	0.3～0.05 级，57.7～380V，0.1～100A
5	便携式单相电能表校验仪	YC–92A	0.1 级，100～380V，1～60A
6	多功能便携式校验仪	YC–98	0.1 级，110/220V，5～20A
7	互感器校验仪	YCH–1	1 级
8	互感器自动校验装置	YC–52	1 级
9	单相电能表	DD	2 级，220V，10～40（40～100）A
10	单相防窃电电能表	DDJ	2 级，220V，5～20（40～80）A
11	三相电能表	D（T/X/S）	1 级，3 ×（100～380）V，3 × [1.5（6）～30]A
12	单相电子式电能表	DDS	1 级，220V，5（30）A

续表

序号	名　　称	型　号	规　　格
13	三相电子式电能表	DSSD	1 级，3×100V，3×1.5（6）A
14	三相三线电子式电能表	ZFB410	0.5 级，3×100V，3×1.5（6）A
15	三相四线电子式电能表	ZMB410	0.5 级，3×100V，3×1.5（6）A
16	单相防窃电子式电能表	DDSJ	1 级，220V，5（30）A
17	IC 卡预付费单相电能表	DDY	1 级，220V，5（30）A
18	IC 卡预付费三相电能表	DTY	1 级，220V，5（30）A
19	单相复费率电能表	DDF	2 级，220V，5～20（40～80）A
20	三相复费率电能表	DF（S/T/X）	1 级，380V，1.5（6）～30A
21	三相断压断流计时仪	TJSJ–88	1 级，3×100V，5A

（2）68 系列多费率三相电能表性能数据，如表 6–42 所示。

表 6–42　　68 系列多费率三相电能表性能数据

序号	产品名称	型号	规格		精度（级）
			额定电压	标定电流	
1	三相三线有功多费率表	DSF68–1	100V 380V	1.5（6）A	1.0
				3（6）A	1.0
				1.5（6）A	2.0
				3（6）A	2.0
2	三相四线有功多费率表	DTF68–1	57.7/100V 220/380V	1.5（6）A	2.0
				3（6）A	2.0
				1.5（6）A	1.0
				3（6）A	1.0
3	三相三线无功多费率表	DXF68–1	100V 380V	1.5（6）A	3.0
				3（6）A	3.0
				1.5（6）A	2.0
				3（6）A	2.0
4	三相四线无功多费率表	DXF68–1	57.7/100V 220/380V	1.5（6）A	3.0
				3（6）A	3.0
				1.5（6）A	2.0
				3（6）A	2.0

（3）单相电能表性能数据，如表 6–43 所示。

表 6–43　　　　　　　　单相电能表性能数据

序号	产品名称	产品型号	精度（级）	规格	
				额定电压	标定电流
1	DDF68 系列单相多费率电能表	DDF68	2.0	220V	1.5（6）A
					2.5（10）A
					3（12）A
					5（20）A
					10（40）A
					15（60）A
					20（80）A
					30（100）A
					5（20）A 以下互感式
2	单相脉冲电能表	DD862–4M	2.0	220 V	1.5（6）A
					2.5（10）A
					3（12）A
					5（20）A
					10（40）A
					20（80）A
					30（100）A
					5（20）A 以下互感式
3	28 系列单相电能表	DD28	2.0	220 V	10（20）A
					5（10）A
					3（6）A
					2.5（5）A
					20（40）A
					30（60）A
					40（80）A

续表

序号	产品名称	产品型号	精度（级）	规　　格	
				额定电压	标定电流
4	单相防窃电电能表	DD862–4F	2.0	220V	1.5（6）A
					2.5（10）A
					3（12）A
					5（20）A
					10（40）A
5	LD68 长寿命型单向电能表	LD68–1	2.0	220V	1.5（6）A 互感式
					5（20）A
					10（40）A
					15（60）A
					5（30）A
					10（60）A
					15（90）A
6	单相远传电能表	DD862–4X	2.0	220V	1.5（6）A
					2.5（10）A
					3（12）A
					5（20）A
					10（40）A
					20（80）A
					30（100）A
7	DDS28 型静止式单相电能表	DDS28	2.0	220V	2.5（10）A
					5（20）A
					5（30）A
					10（40）A
					20（80）A
			1.0	220V	2.5（10）A
					5（20）A
					10（40）A
					20（80）A
8	电卡式预付费电能表	DDY28	2.0	220V	2.5（10）A
					5（20）A

（4）三相远传电能表性能数据，如表 6–44 所示。

表 6–44　　三相远传电能表性能数据

序号	产品名称	型　号	规格		精度（级）
			额定电压	标定电流	
1	三相三线有功表	DT864–X	57.7/100V 220/380V	1.5（6）A	1.0
				3（6）A	1.0
		DT862–X	57.7/100V 220/380V	1.5（6）A	2.0
				3（6）A	2.0
2	三相四线有功表	DS864–X	100V 380V	1.5（6）A	1.0
				3（6）A	1.0
		DS862–X	100V 380V	1.5（6）A	2.0
				3（6）A	2.0
3	三相三线无功表	DX862–X	57.7/100V 220/380V	1.5（6）A	3.0
				3（6）A	3.0
		DX864–X	57.7/100V 220/380V	1.5（6）A	2.0
				3（6）A	2.0
4	三相四线无功表	DX865–X	100V 380V	1.5（6）A	3.0
				3（6）A	3.0
		DX863–X	100V 380V	1.5（6）A	2.0
				3（6）A	2.0

二、电流互感器

1. 电流互感器分类

电流互感器的分类，如表 6–45 所示。

表 6–45　　电流互感器的分类

序号	分类方式	类　　别
1	按用途分	测量用、保护用
2	按使用场合分	户内式、户外式
3	按绝缘介质分	SF_6 气体绝缘、油纸绝缘、浇注绝缘、瓷绝缘（或干式绝缘）

续表

序号	分类方式	类　　别
4	按安装方式分	贯穿式、支柱式
5	按结构型式分	（1）按一次绕组型式分为单匝式、多匝式和本身不带一次绕组三种； （2）按二次绕组在器身中的位置分为正立式和倒立式； （3）按电流的变换极数分为单极式（一次变换）和串极式（二次变换）； （4）按电流比的类型分为单电流比、多电流比和复合电流比三种

2. 电流互感器型号

电流互感器的型号由字母符号和数字组成，其含义如表 6–46 所示。

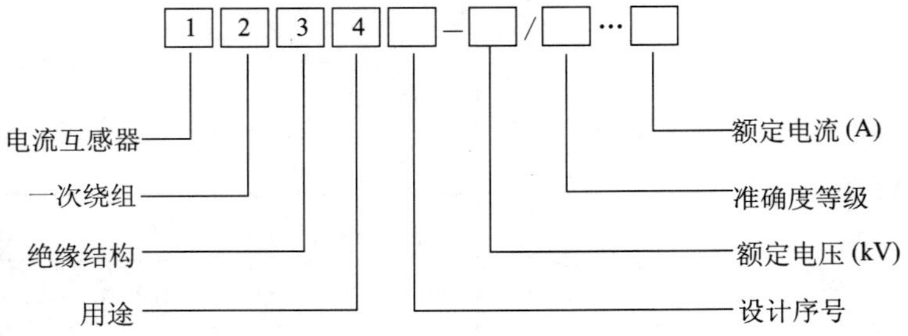

表 6–46　　电流互感器型号代号含义

型号字母排列顺序	代 号 含 义	型号字母排列顺序	代 号 含 义
1	L—电流互感器	3	C—瓷绝缘；W—户外式；S—速饱和型；K—塑料外壳绝缘；G—改进型；L—电缆电容型绝缘；J 或 Z—浇注绝缘
2	A—穿墙式；B—支持式；C—瓷套式；D—单匝贯穿式；F—复匝贯穿式；M—母线式；Q—线圈式；R—装入式；Z—支柱式；Y—低压式；J—零序接地保护用	4	B—保护级；J—加大容量；D—差动保护；Q—加强式

3. 电流互感器技术数据

电流互感器的技术数据，如表 6–47～表 6–65 所示。

表 6–47　LQG–0.5 型户内电流互感器（5～100A）的技术数据

额定一次电流（A）	5，10，15，20，30，40，50，75，100	热稳定电流（kA）	$50I_{IN}$
额定二次电流（A）	5	动稳定电流（kA）	$100I_{th}$
频率（Hz）	50	绝缘水平（kV）	0.5/3
额定二次负荷（VA）0.5 级	10		

表 6–48　LQG–0.5 型户内电流互感器（150～800A）的技术参数

额定一次电流（A）	150，200，300，400，600，800	热稳定电流（kA）	$50I_{IN}$
额定二次电流（A）	5	动稳定电流（kA）	$70I_{th}$
频率（Hz）	50	绝缘水平（kV）	0.5/3
额定二次负荷（VA）0.5 级	10		

表 6–49　LQG2–0.5 型户内电流互感器（5～100A）的技术数据

额定一次电流（A）	5，10，15，20，30，40，50，75，100	热稳定电流（kA）	$50I_{IN}$
额定二次电流（A）	5	动稳定电流（kA）	$2.5I_{th}$
频率（Hz）	50	绝缘水平（kV）	0.5/3
额定二次负荷（VA）1 级	15		

表 6–50　LQG2–0.5 型户内电流互感器（150～800A）的技术数据

额定一次电流（A）	150，200，300，400，600，800	热稳定电流（kA）	$50I_{IN}$
额定二次电流（A）	5	动稳定电流（kA）	$2.5I_{th}$
频率（Hz）	50	绝缘水平（kV）	0.5/3
额定二次负荷（VA）1 级	15		

表 6–51　　LQG3–0.5 型户内电流互感器的技术数据

额定一次电流（A）	200，300	热稳定电流（kA）	$50I_{IN}$
额定二次电流（A）	1	动稳定电流（kA）	$2.5I_{th}$
频率（Hz）	50	绝缘水平（kV）	0.5/3
额定二次负荷（VA）0.5 级	5		

表 6–52　　LM–0.5 型户内电流互感器（75～600A）的技术数据

额定一次电流（A）		75，100，150，200	300，400，500，600
额定二次电流（A）		5	5
频率（Hz）		50	50
额定二次负荷（VA）	1 级 3 级	5	5
绝缘水平（kV）		0.5/2	0.5/2

表 6–53　　LM–0.5 型户内电流互感器（800～5000A）的技术数据

额定一次电流（A）		800	1000，1500，2000，3000，4000，5000
额定二次电流（A）		5	5
频率（Hz）		50	50
额定二次负荷（VA）	1 级 3 级	20	20
绝缘水平（kV）		0.5/2	0.5/2

表 6-54　　LMZ1-0.5、LMZJ1-0.5 型电流互感器技术参数

型号	额定一次电流	一次安匝	额定负荷 cosφ=0.8（VA）			需多匝缠绕的一次电流（A）
			0.5 级	1 级	3 级	
LMZ1-0.5	5，10	100		2.5		5～50
	15，30，50，75，150	150	5	7.5		15～75
	20，40，100，200	200				40
	300，400	300，400				
LMZJ1-0.5	5，10，15，20，30，50，75，100，150，300	300	10	15		5～150
	40，200，400	400				40～200
	500	500～800				
	600					
	800					
	1000，1200，1500	1000～3000	20	30	50	
	2000，3000					

表 6-55　　LMZ1-0.66、LMZ2-0.66 型电流互感器技术数据及外形尺寸

型　　号	额定一次电流（A）	额定二次容量（0.5 级，VA）	外形尺寸（mm）			
			A_1	A_2	B	H
LMZ1-0.66	150	5	92	34	15	115
	200					
	300					
	400					
	600	10				
	800		98	52	20	120
	1000	15				
	1200		150	102	25	125
	1500					
	2000	20	185	120	30	134
	2500					
	3000					

续表

型　　号	额定一次电流（A）	额定二次容量（0.5 级，VA）	外形尺寸（mm）			
			A_1	A_2	B	H
LMZ2–0.66	150	5	92	34	35	135
	200					
	300					
	400					
	600	10	124	64		134
	800					
	1000	15				
	1200					
	1500		190	127		
	2000	20				
	2500		274	204		
	3000					

表 6–56　　　LMZ3 型电流互感器技术数据及外形尺寸（5～300A）

电流比（A）	额定安匝	输出负荷（VA）				一次穿绕匝数	外形尺寸（mm）	
		准确级		准确限值系数（10%倍数）				
		0.5 级	1 级	10P7	10P4		d	w
5/5；5/1	120	5	7.5	2.5	5	24	24	46
10/5；10/1						12		
15/5；15/1						8		
20/5；20/1						6		
30/5；30/1						4		
40/5；40/1						3		
50/5；50/1	100					2		

续表

电流比（A）	额定安匝	输出负荷（VA） 准确级 0.5 级	1 级	准确限值系数（10%倍数） 10P7	10P4	一次穿绕匝数	外形尺寸（mm） d	w
60/5；60/1	120	5	7.5	2.5	5	2		
75/5；75/l	150	7.5	10			2		
100/5；100/1	100	5	7.5			1		
150/5；150/1	150	7.5	10				32	42
200/5；200/1	200	10						
300/5；300/1	300						35	

表 6–57　　LMZ3 型电流互感器技术数据及外形尺寸（400～800A）

电流比（A）	输出负荷（VA） 准确级 0.2 级	0.5 级	准确限值系数（10%倍数） 10P7	10P4	外形尺寸（mm） A	L
400/5；400/1	10	20	2.5	5	42	80
500/5；500/1						
600/5；600/1					52	90
800/5；800/1					62	97

表 6–58　　LMZ3 型电流互感器技术数据及外形尺寸（1000～4000A）

电流比（A）	输出负荷（VA） 准确级 0.2 级	0.5 级	准确限值系数（10%倍数） 10P12	10P10	10P8	10P6	外形尺寸（mm） A	B	C	h	H	L	W
1000/5；1000/1	20	40	5	7.5	10	15	84	36	64	70	120	144	46
1200/5；1200/1	30	50											

续表

电流比（A）	输出负荷（VA）						外形尺寸（mm）						
	准确级		准确限值系数（10%倍数）										
	0.2级	0.5级	10P12	10P10	10P8	10P6	*A*	*B*	*C*	*h*	*H*	*L*	*W*
1500/5; 1500/1	30	60	5	10	15	20	104	36	64	75	130	164	46
2000/5; 2000/1	40	60											
2500/5; 2500/1	60		7.5	12.5	20	30	126	54	66	88	162	206	54
3000/5; 3000/1													
4000/5; 4000/1													

表 6–59　LYM–0.5 型户内电流互感器（7500～15000A）的技术数据

额定一次电流（A）	7500，10000	15000	额定二次负荷（3 级，VA）	20
额定一次电流（A）	5	5		
频率（Hz）	50	50	绝缘水平（kV）	0.5/3

表 6–60　LYM–0.5 型户内电流互感器（20000～25000A）的技术数据

额定一次电流（A）	20000，25000	额定二次负荷（3 级，VA）	50
额定一次电流（A）	5		
频率（Hz）	50	绝缘水平（kV）	0.5/3

表 6–61　LYM1–0.5 型户内电流互感器的技术数据

额定一次电流（A）	1000，1500，2000	额定二次负荷（3 级，VA）	20
额定一次电流（A）	5		
频率（Hz）	50	绝缘水平（kV）	0.5/3

表 6–62　　　　　　　LB6–35（W）型电流互感器技术数据

额定电压（kV）	额定一次电流（A）	额定二次电流（A）	爬电距离比距（mm/kV）	级次组合	额定二次输出（VA）		0.2、0.5级仪表保安系数FS	极性	额定短时热电流（kA）	额定动稳定电流（kA）	额定绝缘水平（kV）	施加电压10kV介质损耗率	产品密封试验（MPa）	油质量/总质量（kg）
					0.2（0.5）P1	P2								
35	5～200	5（1）	25以40.5kV计算	0.2（0.5）P1，P2	40	30	≤5	减	1s短时热电流为$100I_{1N}$最大40kA	$250I_{1N}$最大100kA	40.5/80 185	不大于0.02	0.15 4h	25～31/162～207

表 6–63　　　　　　　LABN–35（W）型电流互感器技术数据

额定电压（kV）	额定一次电流（A）	额定二次电流（A）	级次组合	测量级额定二次负荷与仪表保安系数FS	保护级（P）额定二次负荷与准确限值系数ALF	短时热电流（kA/3s）	动稳定电流（kA）	爬电距离（mm）	额定绝缘水平（kV）	产品介质损耗率	产品密封性能	油质量/总质量（kg）
35	15	5（1）	0.5/P 0.2/P	50VA FS5	50VA 10P15	0.975	1.8	1015	40.5/80/185	≤0.02	0.15MPa 15min 无渗漏	40/120
	20					1.3	2.4					
	30					1.95	3.6					
	40					2.6	4.8					
	50					3.25	6					
	75					4.875	9					
	100					6.5	12					
	150					9.75	18					
	200					13	24					
	300					19.5	36					
	400					26	48					
	600					39	72					

表 6–64　　　　10kV 电流互感器性能数据

型号	额定电压（kV）	额定电流比（A）	准确级次	额定二次负荷（VA）0.5级	1级	3级	C级	D级	保护级准确限值系数	热稳定倍数	动稳定倍数
LQJ–10 LQJC–10	10	5～400/5	0.5	10					6	60	150
			3			15			6		
		150～400/5	1		10				6		
			C				15		15		
LA1–10 LAJ1–10	10	5～1000/5	0.5/1	10						50～90	90～160
			3			15			10		
		20～500/5	D					15		60～120	110～215
		600～1500/5	D					20	15	50	90
		2000～6000/5	D					25			
LMZ1–10	10	2000～3000/5	0.5 1 D	40	60			50			
		4000～5000/5		50				60	15		
LDZ1–10 LDZJ1–10	10	400～1000/5	0.5	10					15	50	90
			3			15					
		400/5	0.5	20						50	90
			D					30	15		
		600～1500/5	0.5	30							
			D					40	15		
LDC–10 LDCL–10 LDCQ–10	10	600～1500/5	0.5	20	50					＞60	＞90
			1		20	50					
			3			50					
			D		20	20		15	40		

续表

型号	额定电压（kV）	额定电流比（A）	准确级次	额定二次负荷（VA）					保护级准确限值系数	热稳定倍数	动稳定倍数
				0.5级	1级	3级	C级	D级			
LMJ–10 LMJC–10	10	600～1500/5	0.5	10	15					65	60～100
			1		10						
			3			15					
		600～1500/5	0.5	15	20					65	60～100
			1		10						
			C				15		15		
LFZ1–10	10	5～300/5	0.5	10						80～90	140～160
			3			15			12		
LFC–10 LFCQ–10 LFCD–10 LFCQD–10	10	5～400/5	0.5	15	30	75			15	75～110	45～250
			1		15	40					
		25～400/5	3			30					
			D			15		15	12		

表 6–65　　　LCWD1–35 型电流互感器技术数据

额定一次电流（A）	15，20，30，40，50，75，100，150，200，300，400，500	800	1000	1200	1500
额定二次电流（A）	5	5	5	5	5
频率（Hz）	50	50	50	50	50

4. 电流互感器接线方式

电流互感器的接线方式，如表 6–66 所示。

表 6–66　　　　　　　　电流互感器的接线方式

方式	Vv	Vv	Yy	Yy
	两相不完全星形（简化三线）接法	四线接法	三相完全星形（简化四线）接法	六线接法
接线图	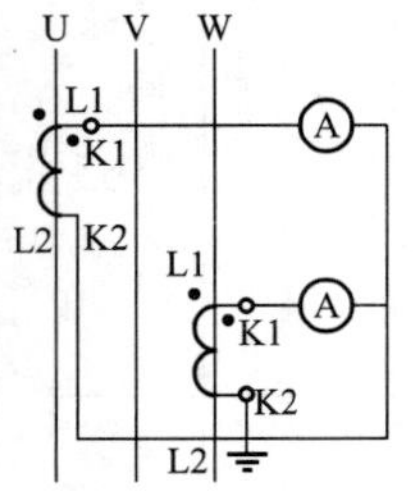	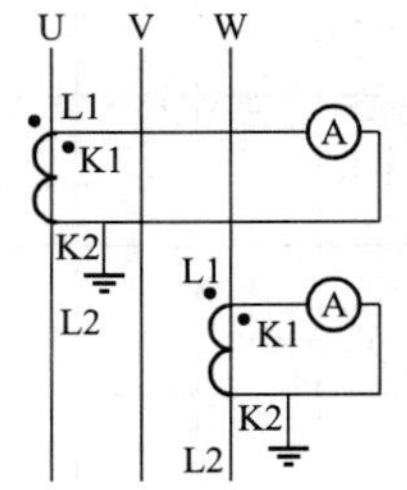	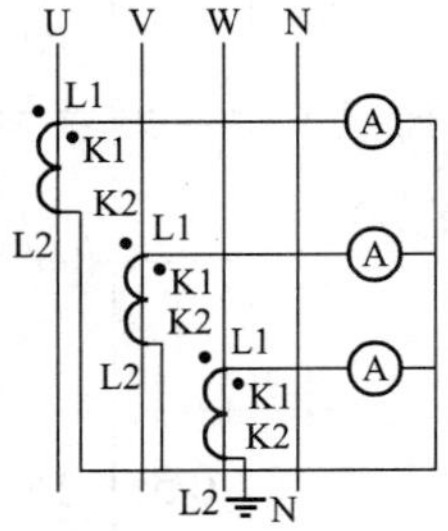	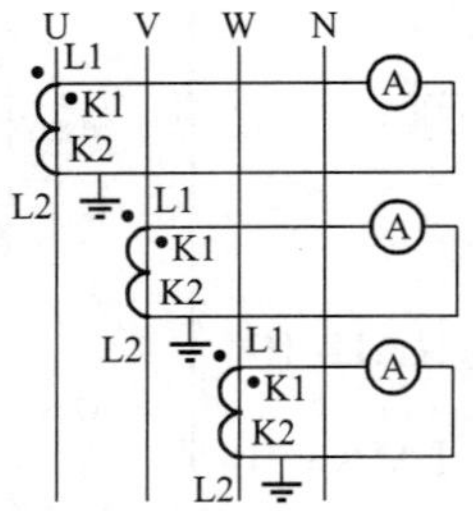

5. 电流互感器准确度等级的选择

依据电流互感器在额定工作条件下所产生的比值误差，规定了准确度等级和电力系统用电流互感器的误差限值，如表 6–67 所示。

表 6–67　　　　　　电流互感器准确度等级和误差限值

序号	准确度等级	一次电流为额定电流的百分数（%）	误差极限		二次负荷为额定负荷的百分数（%）
			比差（%）	角差（′）	
1	0.01	10～120	±0.01	±0.3	25～100
2	0.02	10～120	±0.02	±0.6	25～100
3	0.05	10～120	±0.05	±2	25～100
4	0.1	10 20 100～120	±0.25 ±0.2 ±0.1	±10 ±8 ±5	25～100
5	0.2	10 20 100～120	±0.5 ±0.35 ±0.2	±20 ±15 ±10	25～100
6	0.5	10 20 100～120	±1.0 ±0.75 ±0.5	±60 ±45 ±30	25～100
7	1.0	10 20 100～120	±2.0 ±1.5 ±1.0	±120 ±90 ±60	25～100
8	3.0	50～120	±3	不规定	50～100
9	10	50～120	±10	不规定	50～100

6. 电流互感器额定容量选择

电流互感器额定容量的选择，如表 6–68 所示。

表 6–68　　电流互感器额定容量的选择

序号	项　目	计 算 公 式		说　　明
1	电流互感器额定容量的计算	$0.25S_N \leqslant S_2 \leqslant S_{2N}$ $S_{2N} = I_{2N}^2 Z_{2N}$ $S_2 = I_{2N}^2 Z_2$		S_{2N}—电流互感器额定容量; S_2—电流互感器二次负荷容量; I_{2N}—电流互感器二次额定电流; Z_{2N}—电流互感器二次额定负荷; Z_2—电流互感器二次负荷
2	电流互感器二次负荷的计算	Yy	$Z_2 = Z_M + R_L + R_K$	Z_M—表计阻抗; R_K—分接头接触电阻; R_L—导线电阻，电气距离 L（导线长度）
		Vv	$Z_2 = Z_M + \sqrt{3}R_L + R_K$	二次导线电阻为 $\sqrt{3}R_L$，相当于导线长度增加为 $\sqrt{3}L$，电气距离为 $\sqrt{3}L$

7. 实例

表 6–69　　电流互感器二次负荷容量的分配

序号	仪表名称	电流互感器二次负荷	
		U 相	W 相
1	电流表	3	0
2	有功功率表	0.75	0.75
3	无功功率表	0.75	0.75
4	有功电能表	1.5	1.5
5	共计	6.0	3.0

［例 6–1］某用户用作电能计量的电流互感器为 LGF 型，其额定容量 S_{2N}=15VA，接触电阻 R_K=0.1Ω，二次回路接有电流表、功率表、有功电能表，容量分配如表 6–69 所示。互感器至主控室的铜导线长 40m，电流互感器采用 V 形接线，试确定其二次导线的截面积。

解： 已知电流互感器二次负荷容量分配情况，其中最大一相负荷容量为 6.0VA，所以以此来选择二次导线截面。

$$\because \text{互感器二次容量}\ S_2 = I_{2N}^2 Z_2 = I_{2N}^2(Z_M + \sqrt{3}R_L + R_K) \leqslant S_{2N}$$

$$\therefore\ I_{2N}^2 Z_M + I_{2N}^2(\sqrt{3}R_L + R_K) \leqslant S_{2N} \qquad \text{即} \qquad 6 + 5^2(\sqrt{3}R_L + 0.1) \leqslant 15$$

$$\because R_L = \frac{\rho L}{S} \leqslant 0.15\ (\Omega) \qquad \therefore S \geqslant \frac{\rho L}{0.15} = \frac{1.75\times 10^{-8}\times 40}{0.15} = 4.6(\text{mm}^2)$$

答： 应选用截面积为 6mm² 的铜导线。

三、电压互感器

1. 电压互感器分类

电压互感器的分类，如表 6–70 所示。

表 6–70　　　　电压互感器的分类

序号	分类方式	类　　别
1	按用途分	测量用、保护用
2	按变换原理分	电磁式、电容式
3	按绕组数量分	双绕组、三绕组、四绕组
4	按使用场合分	户内式、户外式
5	按绝缘介质分	SF_6 气体绝缘、油纸绝缘、浇注绝缘、瓷绝缘（或干式绝缘）
6	按结构型式分	单极式、串极式

2. 电压互感器型号

电压互感器的型号由字母符号和数字组成，其含义如表 6–71 所示。

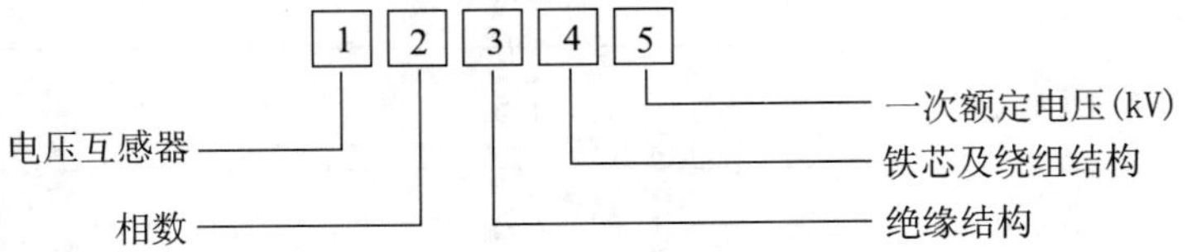

表 6–71　　　　　　电压互感器常用型号代号含义

型号字母排列顺序	代号含义	型号字母排列顺序	代号含义
1	J—电压互感器	3	J—油浸式；C—瓷绝缘式；G—干式；Z—浇注绝缘；R—电容分压式；J—接地保护用
2	S—三相式；D—单相式；C—串级式	4	B—带补偿绕组；W—三绕组五柱铁芯结构

3. 电压互感器技术数据

电压互感器的技术数据，如表 6–72～表 6–78 所示。

表 6–72　　　　　　JDG4–0.5 型电压互感器的技术数据

额定电压比（V）		200/100	220/100	380/100	500/100
频率（Hz）		50	50	50	50
额定二次负荷（VA）	0.5 级	15	15	15	15
	1 级	25	25	25	25
	3 级	60	60	60	60
最大负荷（VA）		100	100	100	100
绝缘水平（kV）		0.5/3	0.5/3	0.5/3	0.5/3

表 6–73　　　　JDJZ 型户内环氧浇注式电压互感器的技术数据

额定电压比		$\dfrac{\frac{1000}{\sqrt{3}}}{\frac{100}{\sqrt{3}}-\frac{100}{3}}$	$\dfrac{\frac{3000}{\sqrt{3}}}{\frac{100}{\sqrt{3}}-\frac{100}{3}}$	$\dfrac{\frac{6000}{\sqrt{3}}}{\frac{100}{\sqrt{3}}-\frac{100}{3}}$	$\dfrac{\frac{10000}{\sqrt{3}}}{\frac{100}{\sqrt{3}}-\frac{100}{3}}$	$\dfrac{\frac{11000}{\sqrt{3}}}{\frac{100}{\sqrt{3}}-\frac{100}{3}}$	$\dfrac{\frac{138000}{\sqrt{3}}}{\frac{100}{\sqrt{3}}-\frac{100}{3}}$	$\dfrac{\frac{15000}{\sqrt{3}}}{\frac{100}{\sqrt{3}}-\frac{100}{3}}$
频率（Hz）		50	50	50	50	50	50	50
额定二次负荷（VA）	0.5 级	30	30	30	40	40	40	40
	1 级	50	50	50	60	60	60	60
	3 级	120	120	120	150	150	150	150
最大负荷（VA）		200	200	200	300	300	300	300
绝缘水平（kV）		6/32/60	6/32/60	6/32/60	10/42/80	10/42/80	15/55/108	15/55/108

表 6–74　　JDZ 型户内环氧浇注式电压互感器的技术数据

<table>
<tr><td colspan="2">额定电压比</td><td>1000/100</td><td>3000/100</td><td>6000/100</td><td>10000/100</td><td>10000/200</td><td>11000/100</td><td>13800/100</td><td>15000/100</td></tr>
<tr><td colspan="2">频率（Hz）</td><td>50</td><td>50</td><td>50</td><td>50</td><td>50</td><td>50</td><td>50</td><td>50</td></tr>
<tr><td rowspan="3">额定二次负荷（VA）</td><td>0.5 级</td><td>30</td><td>30</td><td>50</td><td>80</td><td>80</td><td>80</td><td>80</td><td>80</td></tr>
<tr><td>1 级</td><td>50</td><td>50</td><td>80</td><td>120</td><td>120</td><td>120</td><td>120</td><td>120</td></tr>
<tr><td>3 级</td><td>100</td><td>100</td><td>200</td><td>300</td><td>300</td><td>300</td><td>300</td><td>300</td></tr>
<tr><td colspan="2">最大负荷（VA）</td><td>200</td><td>200</td><td>300</td><td>500</td><td>500</td><td>500</td><td>500</td><td>500</td></tr>
<tr><td colspan="2">绝缘水平（kV）</td><td>6/32/60</td><td>6/32/60</td><td>6/32/60</td><td>10/42/80</td><td>10/42/80</td><td>10/42/80</td><td>15/55/108</td><td>15/55/108</td></tr>
</table>

表 6–75　HJ9 型户内环氧浇注绝缘式精密电压互感器的技术数据

型　　号	HJ9/4	HJ9/5	HJ9/1	HJ9/2	HJ9/3
额定电压比（V）	1000/100	3000/100	6000/100	10000/100	15000/100
频率（Hz）	50	50	50	50	50
额定二次负荷（0.2 级，VA）	15		15	15	15
绝缘水平（kV）	1/3	3/7	6/13	10/21	15/31

表 6–76　　JSJW–10、JDJ–10型电压互感器技术数据

<table>
<tr><td>技术参数
型号</td><td>额定一次电压（kV）</td><td colspan="2">额定二次电压（V）</td><td colspan="2">额定输出及准确级</td><td>热极限负荷（VA）</td><td>额定电压因素</td><td colspan="2">工频耐受电压（kV）</td><td>爬电距离（mm）</td><td>安装尺寸（mm）</td><td>油质量/总质量（kg）</td></tr>
<tr><td rowspan="2">JSJW–10</td><td rowspan="2">10</td><td rowspan="2">100</td><td rowspan="2">100</td><td>二次</td><td>剩余</td><td rowspan="2">960</td><td rowspan="2">1.15 倍连续 1.9 倍 8h</td><td>一次对二次剩余及地</td><td>二次之间及地</td><td rowspan="2">287.5</td><td rowspan="2">740 × 748</td><td rowspan="2">55/190</td></tr>
<tr><td>0.5 级 100VA
1 级 200VA</td><td>6P 200VA</td><td>42kV</td><td>3kV</td></tr>
<tr><td rowspan="2">JDJ–10</td><td rowspan="2">10</td><td rowspan="2" colspan="2">100</td><td rowspan="2">0.5 级
1 级
3 级</td><td rowspan="2">80VA
150VA
320VA</td><td rowspan="2">640</td><td rowspan="2">1.15 倍连续</td><td>一次对二次及地</td><td>二次对地</td><td rowspan="2">287.5</td><td rowspan="2"></td><td rowspan="2"></td></tr>
<tr><td>42kV</td><td>3kV</td></tr>
</table>

表 6–77　　　**JDJ2–35 型户外油浸式电压互感器的技术数据**

额定电压比		18000/100，22000/100，27500/100，35000/100	最大负荷（VA）	1000
频率（Hz）		50		
额定二次负荷（VA）	0.5 级	150	绝缘水平（kV）	35/95/200
	1 级	250		
	3 级	500		

表 6–78　　　**JD6–35 型电压互感器技术数据**

额定电压（V）		额定频率（Hz）	二次绕组在相应准确级下的额定容量（VA）cosφ=0.8（滞后）			二次绕组极限容量（VA）cosφ=0.8～1.0	绕组连接组标号
一次绕组	二次绕组		0.5	1	3		
35000	100	50	150	250	500	1000	Ii0

4. 电压互感器接线方式

电压互感器的接线方式，如表 6–79 所示。

表 6–79　　　**电压互感器的接线方式**

方式	Vv	Yy	Yyn	YNyn	YNyn
	2 台单相 TV 的 Vv 接法	3 台单相 TV 的 Yy 接法	3 台单相 TV 的 Yyn 接法	3 台单相 TV 的 YNyn 接法	3 台三相五柱 TV 的 YNyn 接法
接线图	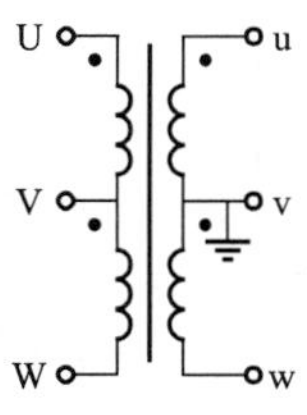	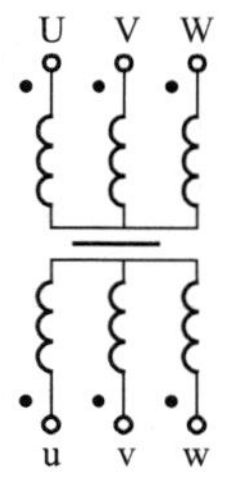	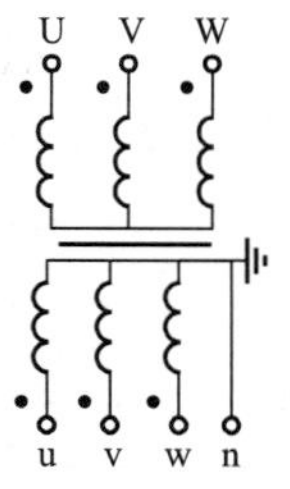	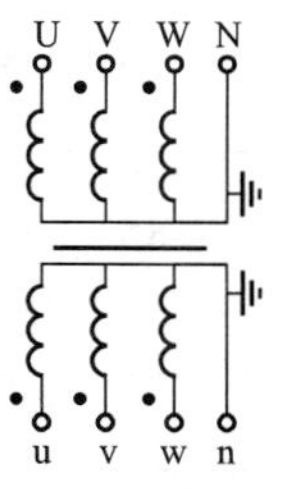	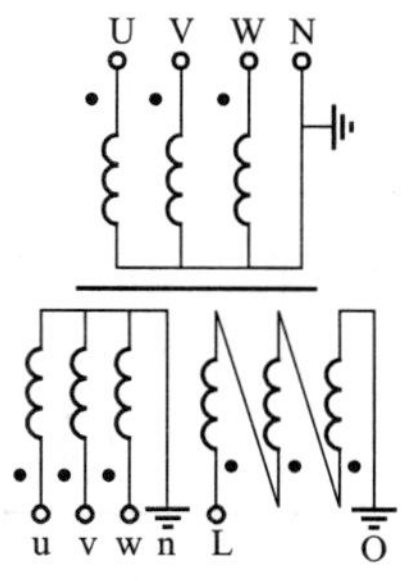

5. 电压互感器准确度等级选择

依据电压互感器在额定工作条件下所产生的比值误差，规定了准确度等级和电力系统用电压互感器的误差限值，如表 6–80 所示。

表 6–80　　电压互感器准确度等级和允许误差

序号	准确度等级	一次电压为额定电压的百分数（%）	误差极限		负荷导纳为额定导纳的百分数（%）
			比差（%）	角差（′）	
1	0.01	20 50 80～20	±0.02 ±0.015 ±0.01	±1.6 ±0.5 ±0.3	25～100
2	0.02	20 50 80～120	±0.04 ±0.03 ±0.02	±1.2 ±0.9 ±0.6	25～100
3	0.05	20 50 80～120	±0.15 ±0.075 ±0.15	±4 ±3 ±2	25～100
4	0.1	20 50 80～120	±0.2 ±0.15 ±0.1	±10 ±7.5 ±5	25～100
5	0.2	20 50 80～120	±0.4 ±0.3 ±0.2	±20 ±15 ±10	25～100
6	0.5	85～115	±0.5	±20	25～100
7	1.0	85～115	±1	±40	25～100
8	3.0	85～115	±3	不规定	25～100

6. 电压互感器额定容量选择

（1）电压互感器额定容量的选择和计算，如表 6–81 所示。

表 6–81　　　　电压互感器额定容量的选择和计算

序号	项　目	计 算 公 式	说　明
1	按二次负荷总视在功率选择	$0.25S_N \leqslant S_2 \leqslant S_N$	S_N—互感器额定容量； S_2—二次负荷取用的总视在功率
2	按最大一相的负荷功率选择	$0.25S_{Nph} \leqslant S_{phmax} \leqslant S_N$	S_{phmax}—一次负荷最大一相消耗的视在功率； S_{Nph}—每一相额定容量
3	按二次负荷取用总视在功率计算	$S=\sqrt{(\sum P_n)^2+(\sum Q_n)^2}$	P_n、Q_n—各仪表所消耗的有功功率、无功功率

（2）电压互感器每相负荷的计算，如表 6–82 所示。

表 6–82　　　　电压互感器每相负荷的计算

序号	接线方式	二 次 接 线 图	计 算 公 式
1	Yy–d	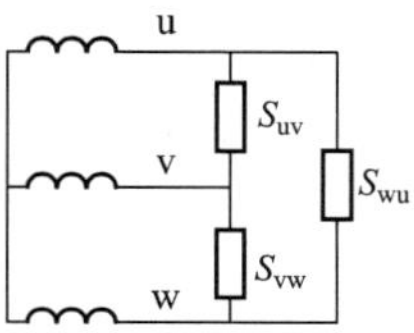	$P_u=[S_{uv}\cos(\varphi_{uv}-30°)+S_{wu}\cos(\varphi_{wu}+30°)]/\sqrt{3}$ $Q_u=[S_{uv}\sin(\varphi_{uv}-30°)+S_{wu}\sin(\varphi_{wu}+30°)]/\sqrt{3}$ $P_v=[S_{uv}\cos(\varphi_{uv}+30°)+S_{vw}\cos(\varphi_{vw}-30°)]/\sqrt{3}$ $Q_v=[S_{uv}\sin(\varphi_{uv}+30°)+S_{vw}\sin(\varphi_{vw}-30°)]/\sqrt{3}$ $P_w=[S_{vw}\cos(\varphi_{vw}+30°)+S_{wu}\cos(\varphi_{wu}-30°)]/\sqrt{3}$ $Q_w=[S_{vw}\sin(\varphi_{vw}+30°)+S_{wu}\sin(\varphi_{wu}-30°)]/\sqrt{3}$
2	Yy–y	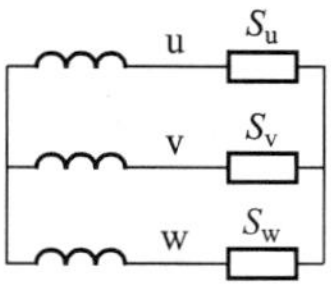	$P_u=S_u\cos\varphi_u$　　$Q_u=S_u\sin\varphi_u$ $P_v=S_v\cos\varphi_v$　　$Q_v=S_v\sin\varphi_v$ $P_w=S_w\cos\varphi_w$　　$Q_w=S_w\sin\varphi_w$
3	Yy–v	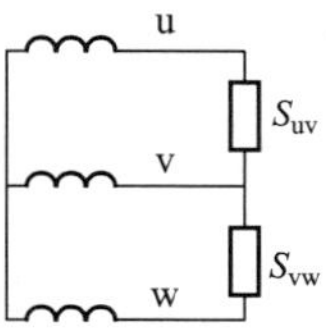	$P_u=[S_{uv}\cos(\varphi_{uv}-30°)]/\sqrt{3}$ $Q_u=[S_{uv}\sin(\varphi_{uv}-30°)]/\sqrt{3}$ $P_v=[S_{uv}\cos(\varphi_{uv}+30°)+S_{vw}\cos(\varphi_{vw}-30°)]/\sqrt{3}$ $Q_v=[S_{uv}\sin(\varphi_{uv}+30°)+S_{vw}\sin(\varphi_{vw}-30°)]/\sqrt{3}$ $P_w=[S_{vw}\cos(\varphi_{vw}+30°)]/\sqrt{3}$ $Q_w=[S_{vw}\sin(\varphi_{vw}+30°)]/\sqrt{3}$

续表

序号	接线方式	二次接线图	计算公式
4	Vv–d	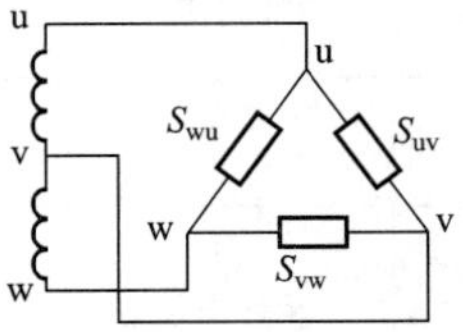	$P_{uv}=S_{uv}\cos\varphi_{uv}+S_{wu}\cos(\varphi_{wu}+60°)$ $Q_{uv}=S_{uv}\sin\varphi_{uv}+S_{wu}\sin(\varphi_{wu}+60°)$ $P_{vw}=S_{vw}\cos\varphi_{vw}+S_{wu}\cos(\varphi_{wu}-60°)$ $Q_{vw}=S_{vw}\sin\varphi_{vw}+S_{wu}\sin(\varphi_{wu}-60°)$
5	Vv–y	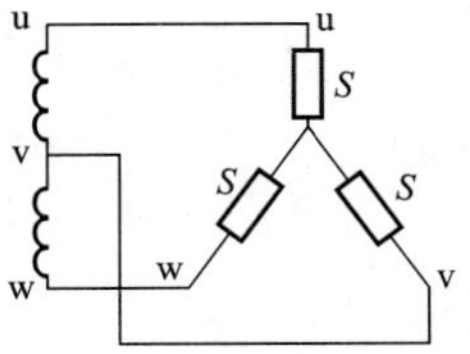	$P_{uv}=\sqrt{3}S\cos(\varphi+30°)$ $Q_{uv}=\sqrt{3}S\sin(\varphi+30°)$ $P_{vw}=\sqrt{3}S\cos(\varphi-30°)$ $Q_{vw}=\sqrt{3}S\sin(\varphi-30°)$
6	Vv–v	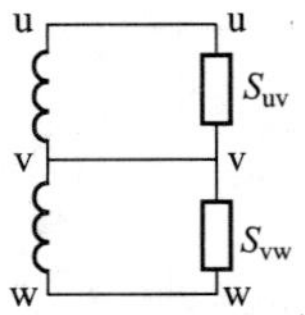	$P_{uv}=S_{uv}\cos\varphi_{uv}$ $Q_{uv}=S_{uv}\sin\varphi_{uv}$ $P_{vw}=S_{vw}\cos\varphi_{vw}$ $Q_{vw}=S_{vw}\sin\varphi_{vw}$

7. 实例

［例 6–2］已知发电机的测量回路用的电压互感器采用 Yy 形连接，负荷为 V 形连接（S_{uw}=0）。回路中有功功率表两只，无功功率表一只，有功电能表一只，电压表一只。测量仪表的技术数据如表 6–83 所示。试计算电压互感器二次容量。

表 6–83　　测量仪表的技术数据

序号	仪表名称	消耗功率	cos φ
1	有功功率表	0.75	1
2	无功功率表	0.75	1
3	有功电能表	1.5	0.38
4	频率表	2	1
5	电压表	5	1

解:（1）根据已知条件计算电压互感器各相的负荷分配，如表 6–84 所示。

表 6–84　　　　　　　　　　电压互感器各相的负荷分配

序号	仪表名称	数量	UV 相		WV 相	
			P_{uv}（W）	Q_{uv}（var）	P_{wv}（W）	Q_{wv}（var）
1	有功功率表	2	2 × 0.75=1.5	0	2 × 0.75=1.5	0
2	无功功率表	1	0.75	0	0.75	0
3	有功电能表	1	1.5 × 0.38 =0.57	1.5 × 0.925 =1.39	0.57	1.39
4	频率表	1	0	0	2	0
5	电压表	1	5	0	0	0
6	合　计		7.82	1.39	4.82	1.39

（2）计算每相负荷如下

$$S_{uw}=0\text{（已知）}$$

$$S_{uv}=\sqrt{P_{uv}^2+Q_{uv}^2}=\sqrt{7.82^2+1.39^2}=7.94\text{（VA）}$$

$$S_{wv}=\sqrt{P_{wv}^2+Q_{wv}^2}=\sqrt{4.82^2+1.39^2}=5.02\text{（VA）}$$

$$\varphi_{uv}=\cos^{-1}\frac{P_{uv}}{S_{uv}}=\cos^{-1}\frac{7.82}{7.94}=9.90°$$

$$\varphi_{wv}=\cos^{-1}\frac{P_{wv}}{S_{wv}}=\cos^{-1}\frac{4.82}{5.02}=16.26°$$

U 相负荷为

$$P_u=[S_{uv}\cos(\varphi_{uv}-30°)]/\sqrt{3}=[7.94\cos(9.90°-30°)]/\sqrt{3}=4.25\text{（W）}$$

$$Q_u=[S_{uv}\sin(\varphi_{uv}-30°)]/\sqrt{3}=[7.94\sin(9.90°-30°)]/\sqrt{3}=-1.65\text{（var）}$$

$$S_u=\sqrt{P_u^2+Q_u^2}=\sqrt{4.25^2+(-1.65)^2}=4.56\text{（VA）}$$

V 相负荷为

$$\begin{aligned}P_v&=[S_{uv}\cos(\varphi_{uv}+30°)+S_{vw}\cos(\varphi_{vw}-30°)]/\sqrt{3}\\&=[7.94\cos(9.9°+30°)+5.02\cos(16.26°-30°)]/\sqrt{3}=6.34\text{（W）}\end{aligned}$$

$$\begin{aligned}Q_v&=[S_{uv}\sin(\varphi_{uv}+30°)+S_{vw}\sin(\varphi_{vw}-30°)]/\sqrt{3}\\&=[7.94\sin(9.9°+30°)+5.02\sin(16.26°-30°)]/\sqrt{3}=2.24\text{（var）}\end{aligned}$$

$$S_v=\sqrt{P_v^2+Q_v^2}=\sqrt{6.34^2+2.24^2}=6.72\text{（VA）}$$

W 相负荷为

$$P_{\mathrm{w}}=[S_{\mathrm{vw}}\cos(\varphi_{\mathrm{vw}}+30°)]/\sqrt{3}=[5.02\cos(16.26°+30°)]/\sqrt{3}=2\ (\mathrm{W})$$

$$Q_{\mathrm{w}}=[S_{\mathrm{vw}}\sin(\varphi_{\mathrm{vw}}+30°)]/\sqrt{3}=[5.02\sin(16.26°+30°)]/\sqrt{3}=2.07\ (\mathrm{var})$$

$$S_{\mathrm{w}}=\sqrt{P_{\mathrm{w}}^2+Q_{\mathrm{w}}^2}=\sqrt{2^2+2.07^2}=2.88\ (\mathrm{VA})$$

（3）由以上计算可知，V 相负荷较大，所以选用电压互感器的额定容量必须满足公式 $0.25S_{\mathrm{N}}\leqslant S_{\mathrm{v}}\leqslant S_{\mathrm{N}}$ 的条件，即可选出电压互感器的型号。

第四节　电能计量装置接线

一、单相有功电能表正确接线

单相有功电能表的正确接线，如表 6–85 所示。

表 6–85　　单相有功电能表的正确接线

<table>
<tr><th>接线方式</th><th>第一种接线图</th><th>第二种接线图</th></tr>
<tr><td>直接
接入式</td><td>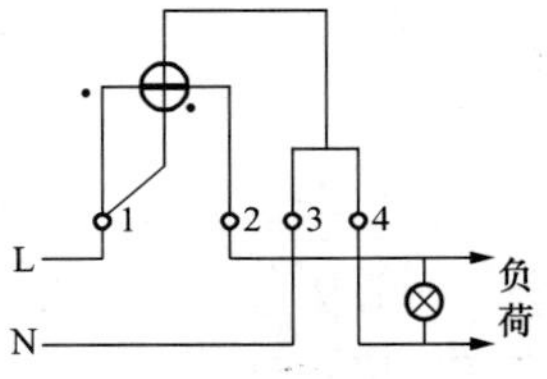

一进一出方式</td><td>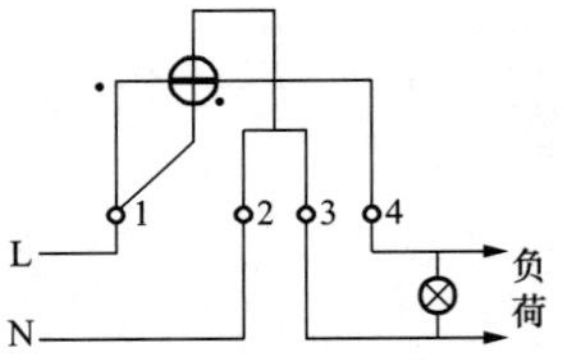

二进二出方式</td></tr>
<tr><td>经电流互感器
接入式</td><td>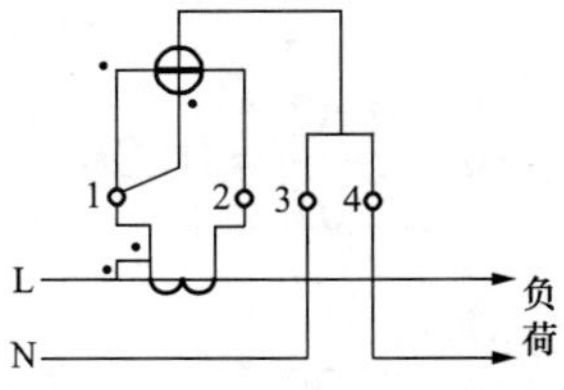

共用方式</td><td>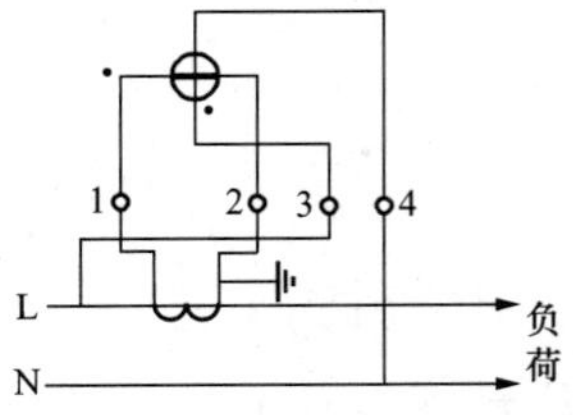

分开方式</td></tr>
<tr><td>同时经电流和
电压互感器
接入式</td><td>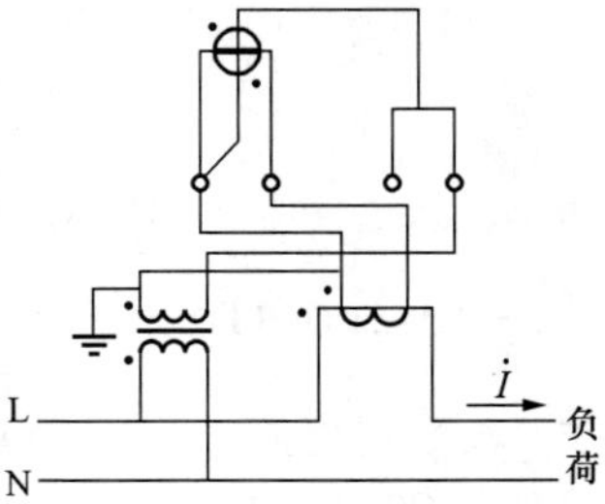

共用方式</td><td>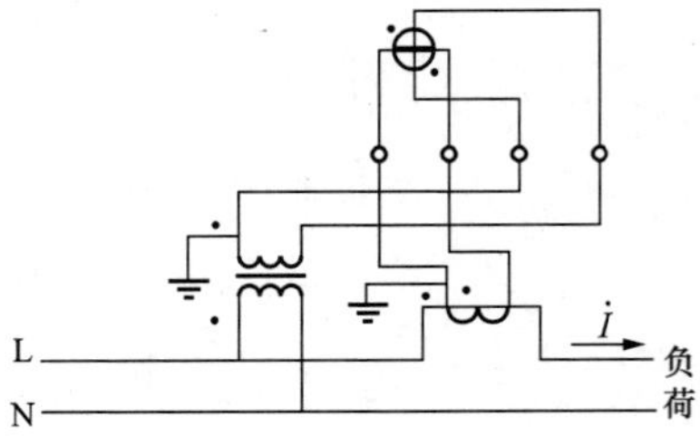

分开方式</td></tr>
</table>

二、三相三线有功电能表正确接线

三相三线有功电能表的正确接线，如表 6–86 所示。

表 6–86　　　　　　三相三线有功电能表的正确接线

接线方式	第一种接线图	第二种接线图
直接接入式	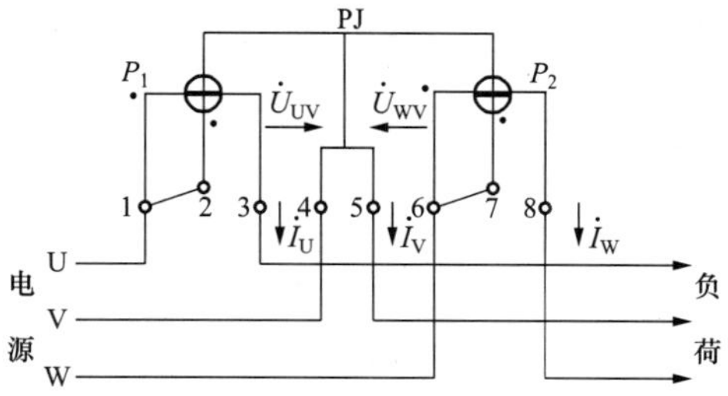	
经电流互感器接入式	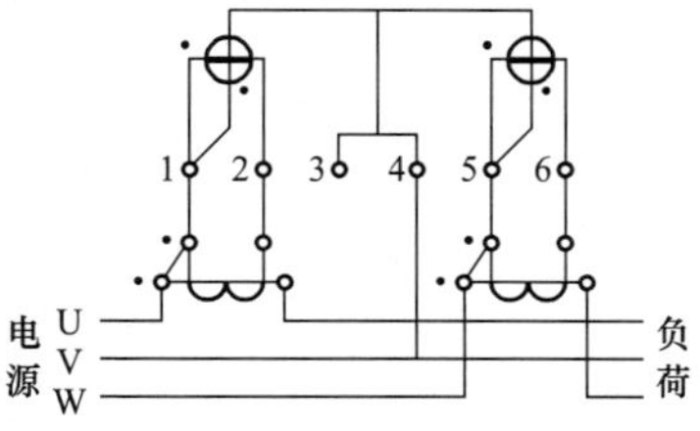 共用方式	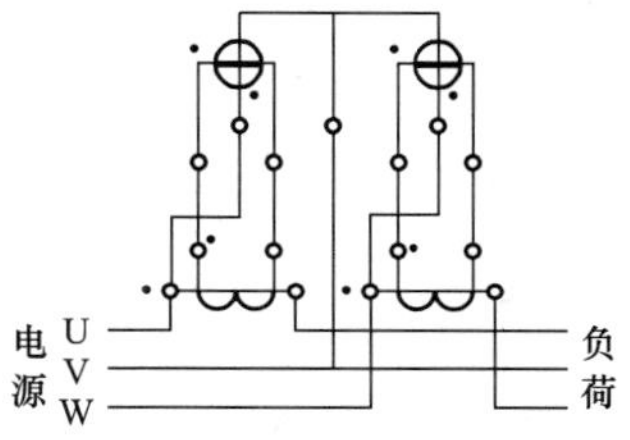 分开方式
同时经电流和电压互感器接入式	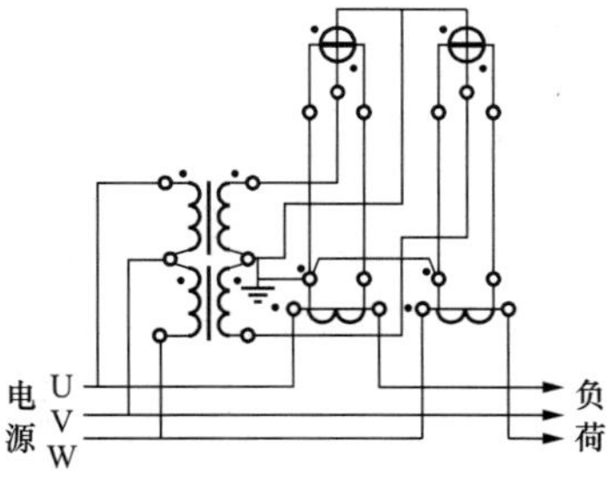 电压互感器 Vv 接线	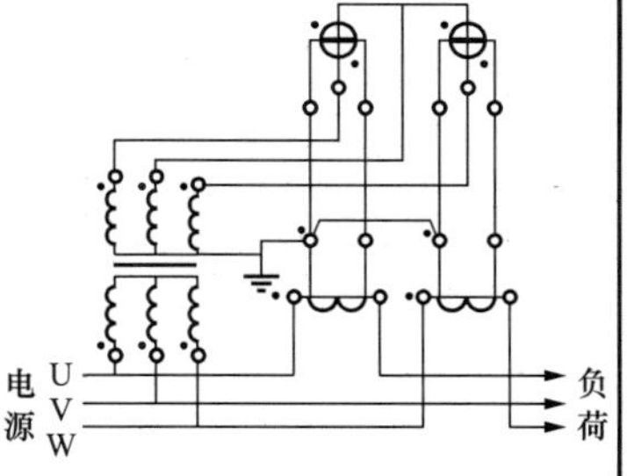 电压互感器 Yyn 接线
同时经电流和电压互感器接入式双向计量	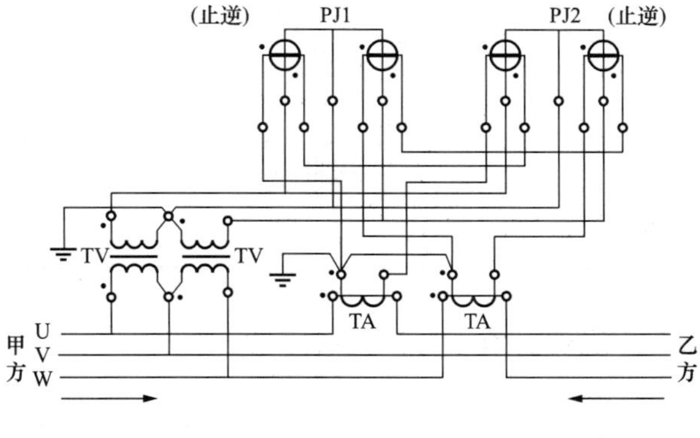	

三、三相四线有功电能表正确接线

三相四线有功电能表的正确接线，如表 6–87 所示。

表 6–87　　　　三相四线有功电能表的正确接线

<table>
<tr><th>接线方式</th><th>第一种接线图</th><th>第二种接线图</th></tr>
<tr><td>直接接入式</td><td colspan="2">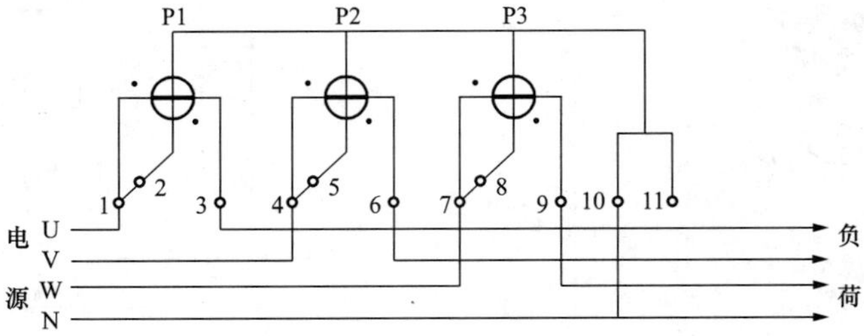
</td></tr>
<tr><td>经电流互感器接入式</td><td>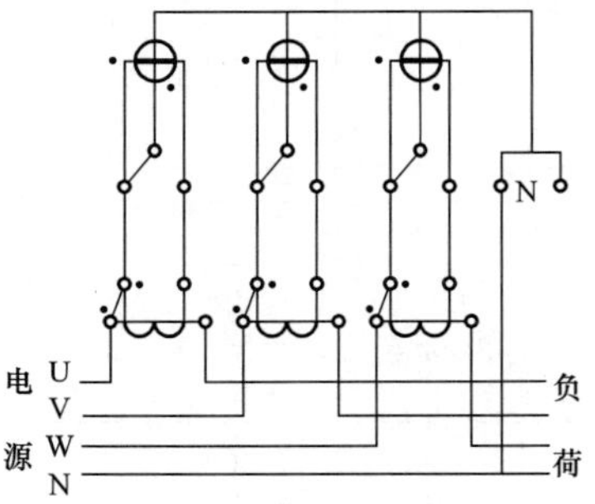

共用方式</td><td>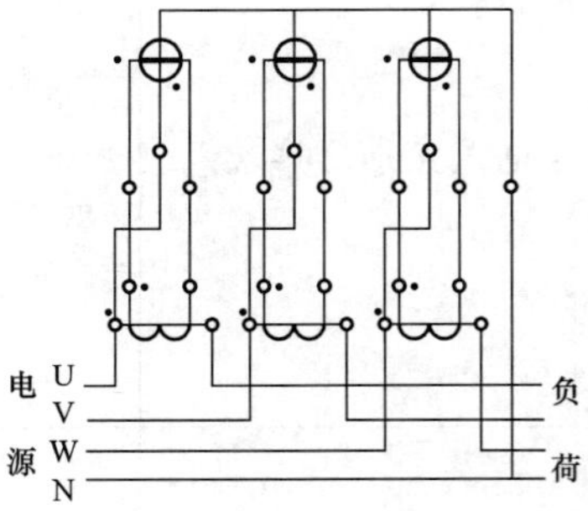

分开方式</td></tr>
<tr><td>经电流和电压互感器接入计量中性点直接接地系统</td><td colspan="2">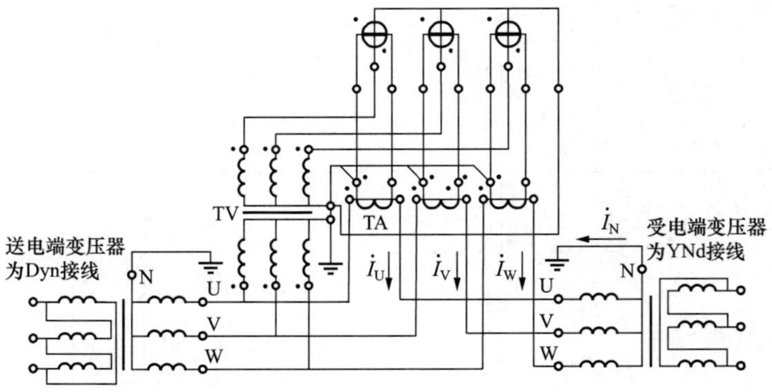
</td></tr>
</table>

四、三相无功电能表正确接线

三相无功电能表的正确接线，如表 6–88 所示。

表 6–88　　　　　　　　　三相无功电能表的正确接线

方式	三相三线 60° 型	三相四线 90° 型	带附加电流线圈的 90° 型
直接接入式	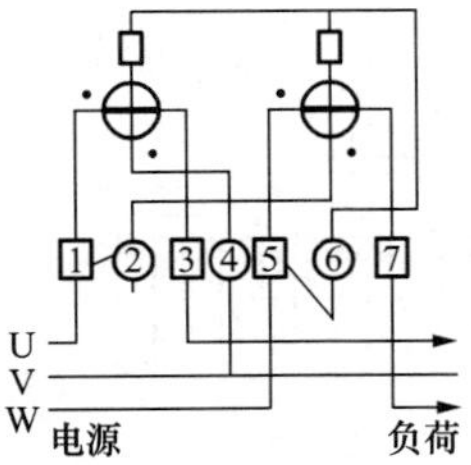	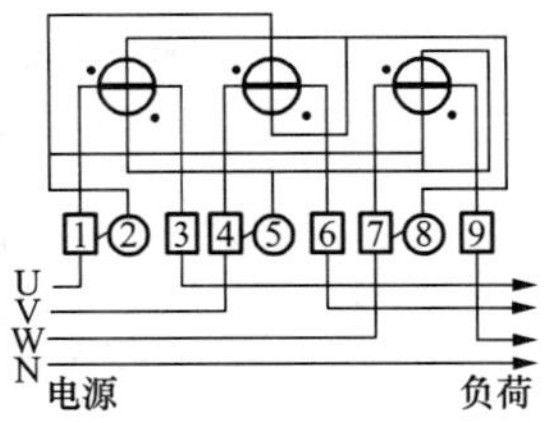	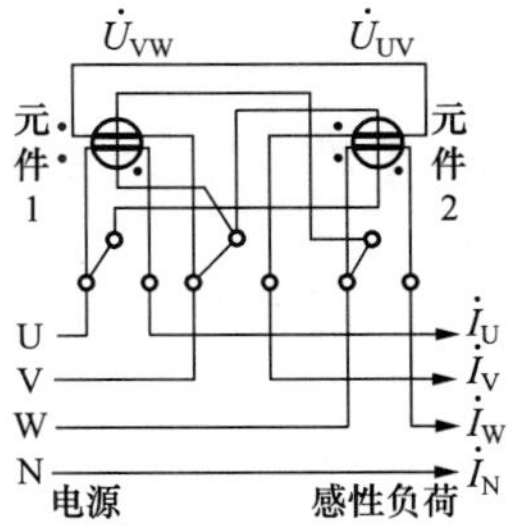
经电流互感器接入式	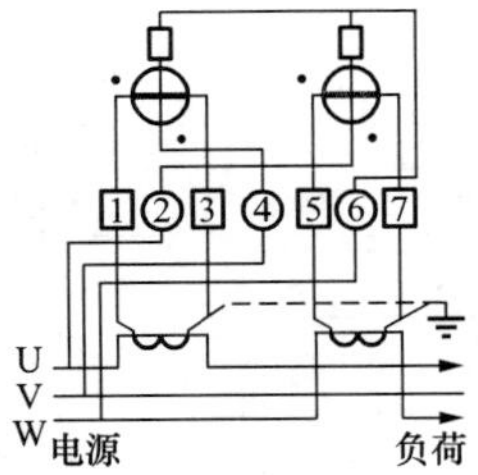	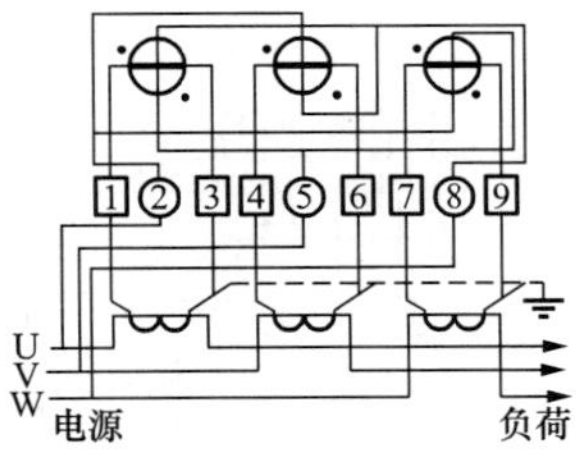	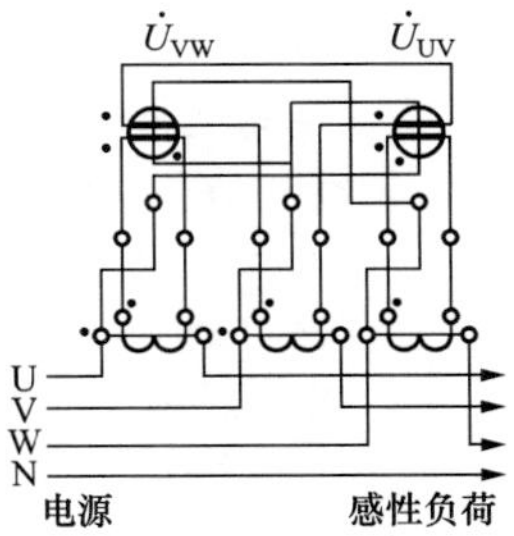
同时经电流和电压互感器接入式	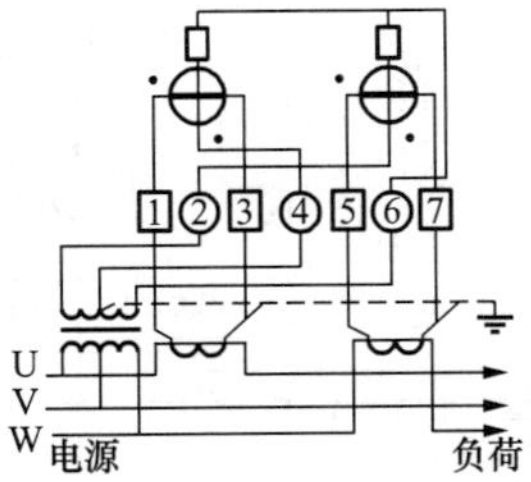	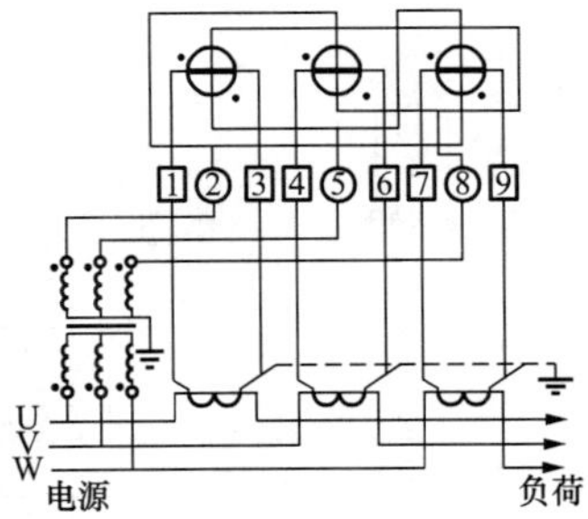	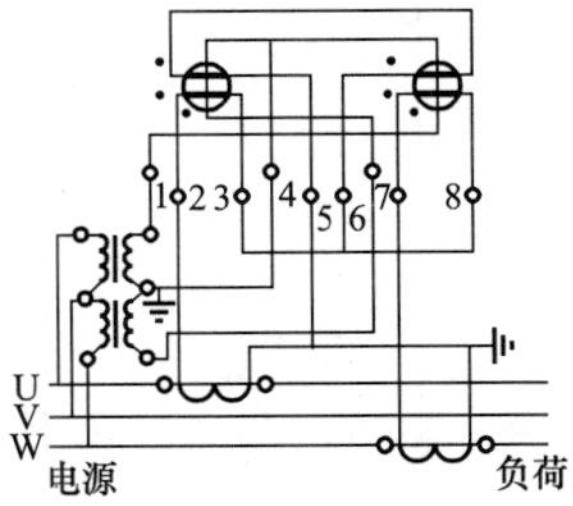

五、三相三线有功、无功电能表联合接线

三相三线有功、无功电能表的联合接线，如表 6–89 所示。

表 6–89　　　　三相三线有功、无功电能表的联合接线

<table>
<tr><th>序号</th><th>接入方式</th><th>联合接线图</th></tr>
<tr><td>1</td><td>三相三线有功、无功电能表经电流互感器接入</td><td>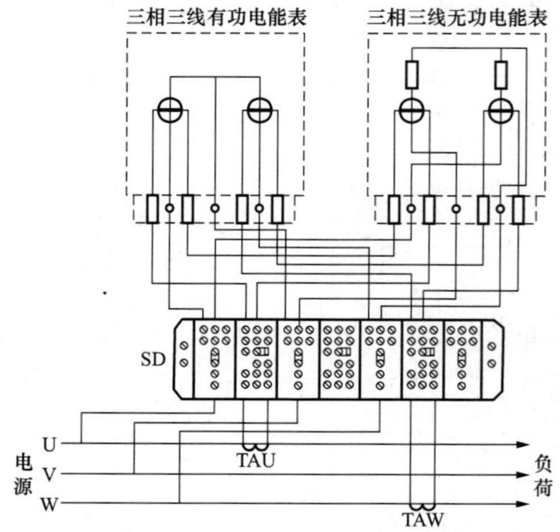
</td></tr>
<tr><td>2</td><td>一块三相三线有功、两块三相三线无功电能表经电流互感器接入</td><td>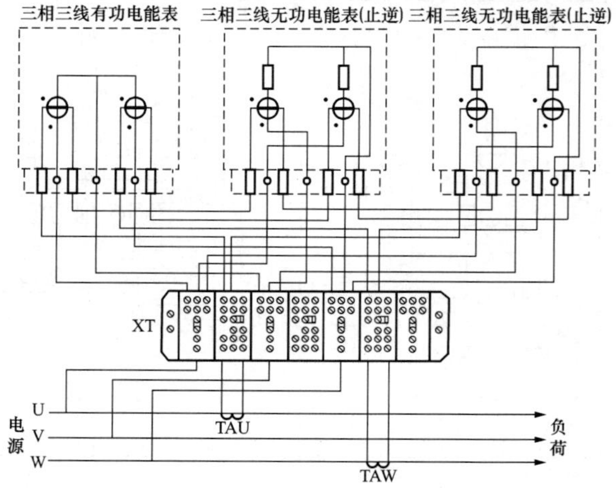
</td></tr>
<tr><td>3</td><td>三相三线双向计量的有功、无功电能表经电流互感器接入</td><td>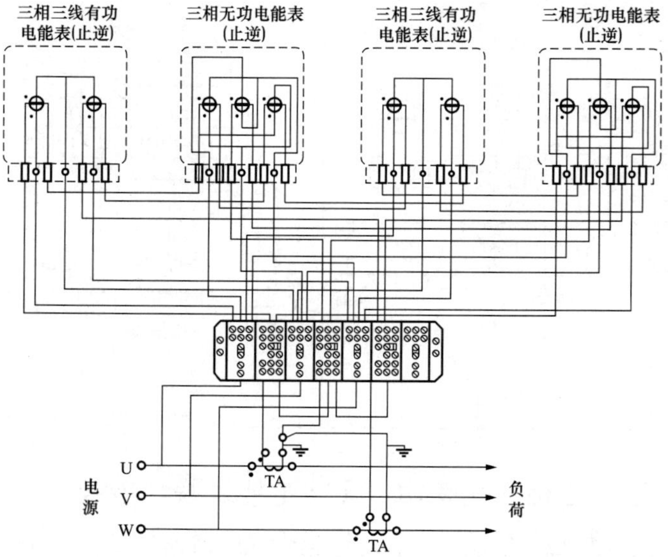
</td></tr>
</table>

续表

序号	接入方式	联合接线图
4	三相三线有功、无功电能表经电流、电压互感器接入	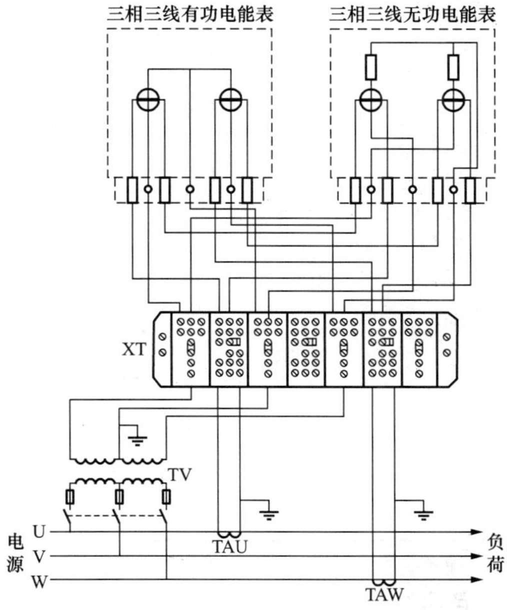
5	一块三相三线有功、两块三相三线无功电能表经电流、电压互感器接入	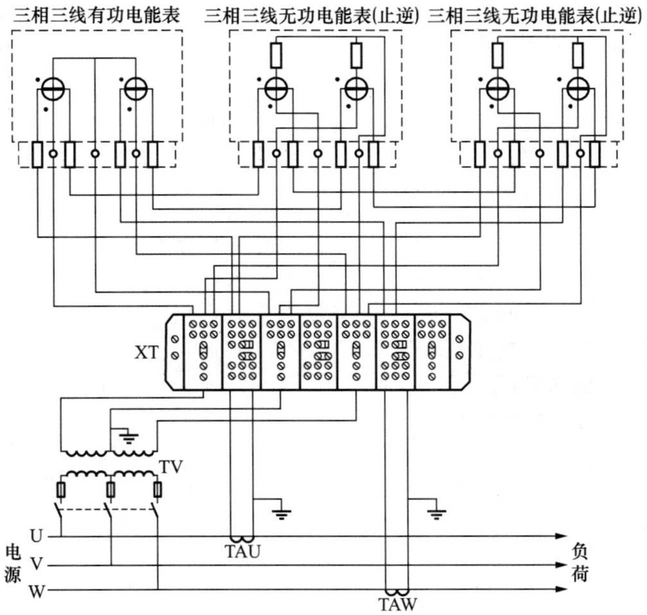

第六章 电能计量

续表

序号	接入方式	联合接线图
6	三相三线高压双向计量的有功、无功电能表经电流、电压互感器接入	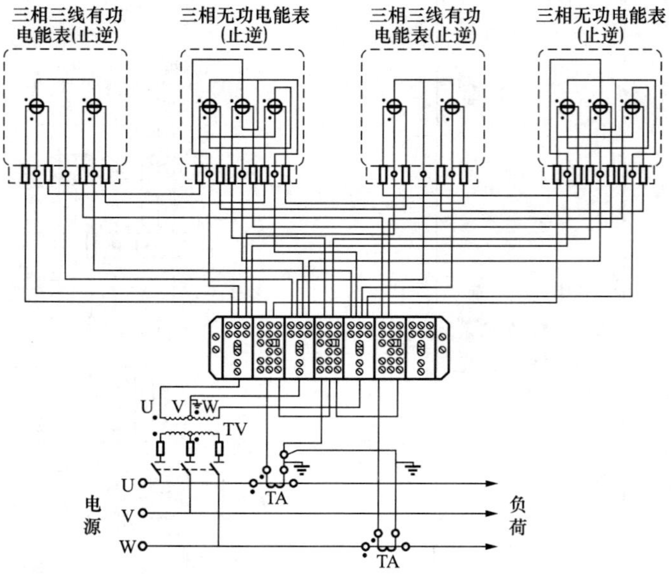

六、三相四线有功、无功电能表联合接线

三相四线有功、无功电能表的联合接线，如表 6–90 所示。

表 6–90　　三相四线有功、无功电能表的联合接线

序号	接入方式	联合接线图
1	三相四线有功、无功电能表经电流互感器接入	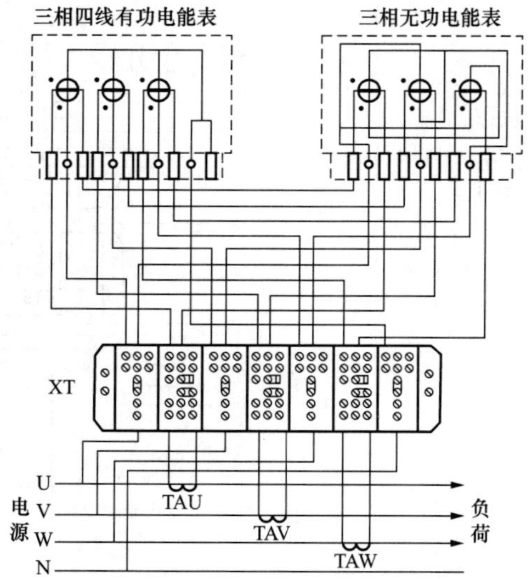

续表

序号	接入方式	联合接线图
2	三相四线双向计量的有功、无功电能表经电流互感器接入	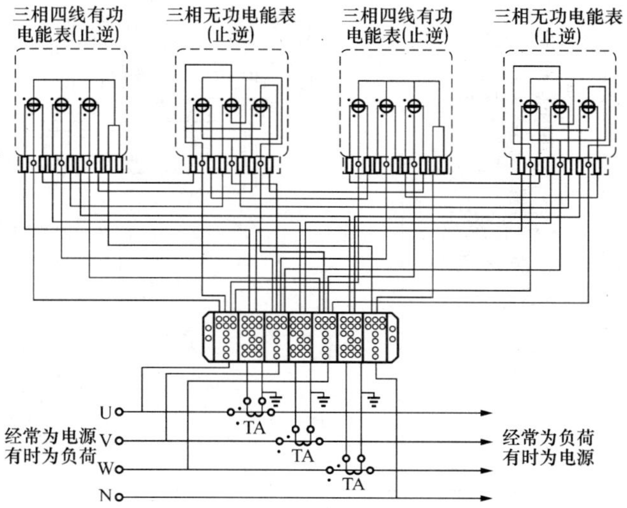
3	三相四线有功、无功电能表经电流、电压互感器接入	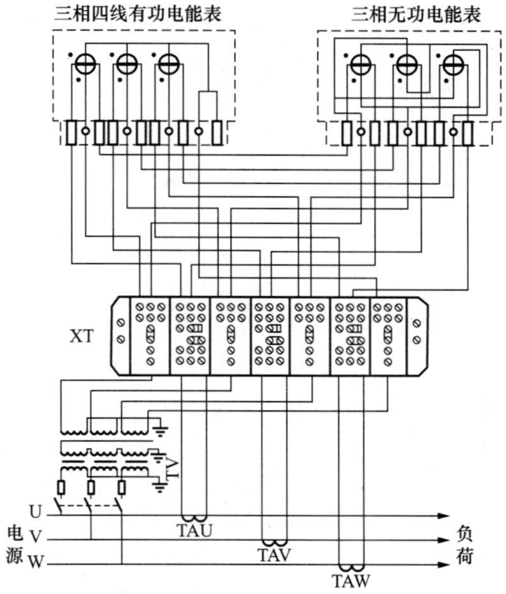

续表

序号	接入方式	联合接线图
4	高压中性点接地系统中三相四线双向计量的有功、无功电能表经电流、电压互感器接入	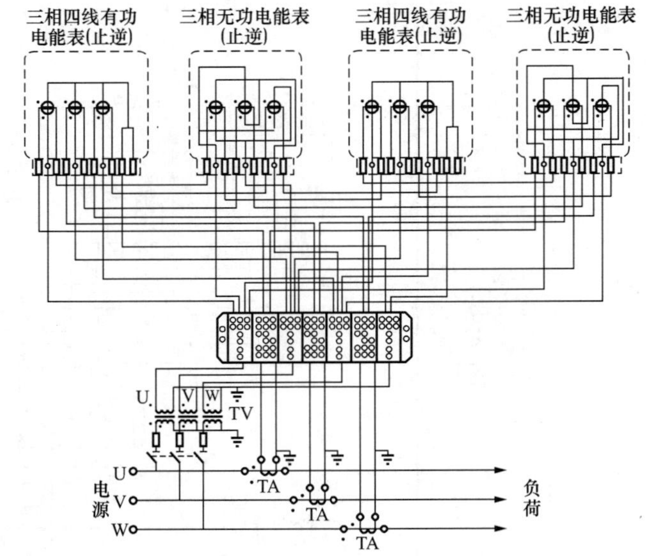

七、电能计量装置端钮接线

1. 电能计量装置端钮盒接线原理

如图 6–1 所示，端钮盒顶端共有 21 个出线端钮，与电能表相连接；端钮盒底端共有 13 个进线端钮与互感器二次侧（或直接与被测电路）相连接。端钮盒由 7 个元件组成，对应每一组元件的端钮，左边接电源侧，右边接负荷侧，以“一孔一线”、“孔线对应”为接线原则，禁止在端钮孔内同时插入两根导线。

电能表和互感器二次回路应采用不同颜色的导线，一般黄、绿、红、黑分别代表 U、V、W、N 相，二次回路布线必须合理、整齐、美观、清楚，在导线与端钮的连接处有编号牌。

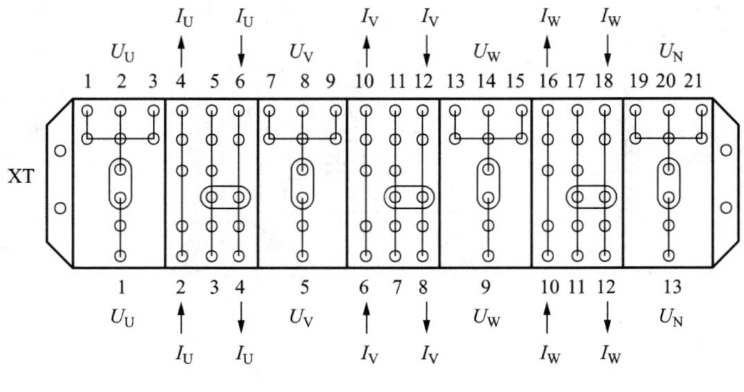

图 6–1　电能计量装置端钮盒接线原理图

2. 电能表端钮布置形式

电能表端钮布置，如图 6–2 所示。

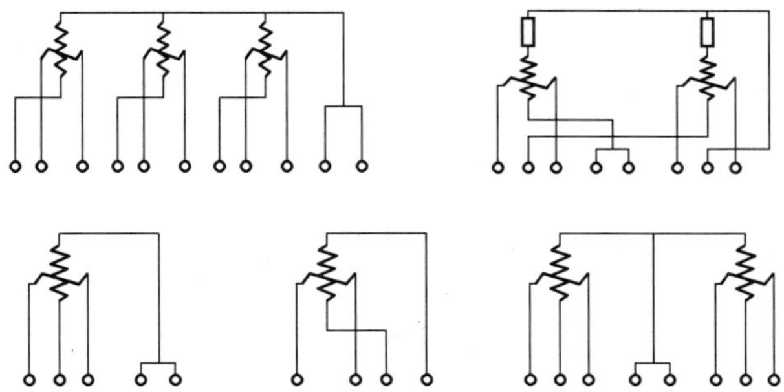

图 6–2　电能表端钮布置图

第五节　电能计量装置综合误差计算

电能计量装置的综合误差包括电能表的相对误差、互感器的合成误差和二次回路的压降造成的合成误差三部分。综合误差的计算方法是：先将与电能表按不同方式连接的电流、电压互感器的比差和角差统一计算出互感器的合成误差，然后将它与电能表的相对误差和二次回路压降所造成的合成误差用代数和的方式求得三者的综合误差，即

$$\gamma = \gamma_0 + \varepsilon + \gamma_d \quad (\%)$$

式中　γ_0——电能表的相对误差；

ε——互感器的合成误差；

γ_d——电压互感器的二次导线电压降引起的合成误差。

一、电能表相对误差计算

电能表相对误差的计算，如表 6–91 所示。

表 6–91　　电能表相对误差的计算

序号	计算方法		计算公式	说　明
1	瓦秒法计算电能表相对误差 γ_0（%）	固定转数法	$\gamma_0 = \frac{T-t}{t} \times 100\% + \gamma_b$	γ_b—标准检定装置系统误差； t—在恒定功率下表盘转 N 圈的实测时间（s）； T—在恒定功率下表盘转 N 圈的理论时间（s）

续表

序号	计算方法		计算公式	说明
1	瓦秒法计算电能表相对误差γ_0（%）	固定转数法	$T=\dfrac{3600\times1000N}{CK_LK_YP}$	N—选定的电能表转数； C—电能表常数； K_L、K_Y—电能表铭牌上标注的电流，电压互感器额定变比； P—加在电能表上的实际功率（W）
		固定时间法	$\gamma_0=\dfrac{n-n_0}{n_0}\times100\%+\gamma_b$	n—实测转数 n_0—算定转数
			$n_0=\dfrac{CK_LK_YPt}{3600\times1000}$ (r)	
2	标准电能表法计算电能表的相对误差γ_0（%）	转数计算法	$\gamma_0=\dfrac{n_0-n}{n}\times100\%+\gamma_b$	n—实测转数； n_0—算定转数
			$n_0=\dfrac{C_0N}{CK_LK_YK_IK_UK_J}$ (r)	K_I、K_U—电流、电压互感器额定变比； K_J—接线系数； C—被检电能表常数； C_0—标准电能表常数
		光电脉冲计算法	$\gamma_0=\dfrac{m_0-m}{m}\times100\%+\gamma_b$	m—实测脉冲数； m_0—预置脉冲数
			$m_0=\dfrac{C_mN}{CK_LK_YK_IK_UK_J}$ 或：$m_0=n_0S$	C_m—标准电能表的脉冲常数； C—被检电能表的脉冲常数； S—标准电能表转一圈脉冲显示器应显示的脉冲数； n_0—算定转数

二、互感器合成误差计算

1. 有功电能计量装置互感器合成误差计算

有功电能计量装置互感器合成误差的计算，如表 6–92 所示。

表 6–92　　　有功电能计量装置互感器合成误差的计算

<table>
<tr><th>序号</th><th colspan="2">类　型</th><th colspan="2">计 算 公 式</th><th>说　　明</th></tr>
<tr><td rowspan="2">1</td><td colspan="2" rowspan="2">单相有功电能计量装置互感器合成误差计算 ε_P（%）</td><td>感性</td><td>$\varepsilon_P = f_U + f_I + 0.0291(\delta_I - \delta_U)\tan\varphi$（%）</td><td rowspan="2">$f_U$—电压互感器比差；
f_I—电流互感器比差；
δ_U—电压互感器角差；
δ_I—电流互感器角差</td></tr>
<tr><td>容性</td><td>$\varepsilon_P = f_U + f_I + 0.0291(\delta_U - \delta_I)\tan\varphi$（%）</td></tr>
<tr><td rowspan="9">2</td><td rowspan="9">三相三线有功电能计量装置互感器合成误差计算 ε_P（%）</td><td rowspan="9">电压互感器 Vv 连接（三相两元件电能表）</td><td>感性负荷</td><td>$\varepsilon_P = \left[f_1\left(\frac{1}{2} - \frac{1}{2\sqrt{3}}\tan\varphi\right) + 0.0291\delta_1 \times \left(\frac{1}{2}\tan\varphi + \frac{1}{2\sqrt{3}}\right) + f_2\left(\frac{1}{2} + \frac{1}{2\sqrt{3}}\tan\varphi\right) + 0.0291\delta_2 \times \left(\frac{1}{2}\tan\varphi - \frac{1}{2\sqrt{3}}\right)\right]$（%）</td><td rowspan="2">$f_1 = f_{U1} + f_{I1}$
$f_2 = f_{U2} + f_{I2}$
$\delta_1 = \delta_{I1} - \delta_{U1}$
$\delta_2 = \delta_{I2} - \delta_{U2}$</td></tr>
<tr><td>容性负荷</td><td>$\varepsilon_P = \left[f_1\left(\frac{1}{2} + \frac{1}{2\sqrt{3}}\tan\varphi\right) - 0.0291\delta_1 \times \left(\frac{1}{2}\tan\varphi - \frac{1}{2\sqrt{3}}\right) + f_2\left(\frac{1}{2} - \frac{1}{2\sqrt{3}}\tan\varphi\right) - 0.0291\delta_2 \times \left(\frac{1}{2}\tan\varphi + \frac{1}{2\sqrt{3}}\right)\right]$（%）</td></tr>
<tr><td rowspan="5">简化计算</td><td>$\varepsilon_P = \frac{1}{2}(f_1 + f_2) + 0.0084(\delta_1 - \delta_2)$（%）</td><td>$\cos\varphi = 1.0$</td></tr>
<tr><td>$\varepsilon_P = f_2 + 0.0168(2\delta_1 + \delta_2)$（%）</td><td>$\cos\varphi = 0.5$（感性）</td></tr>
<tr><td>$\varepsilon_P = f_1 - 0.0168(2\delta_2 + \delta_1)$（%）</td><td>$\cos\varphi = 0.5$（容性）</td></tr>
<tr><td>感性负荷
$\varepsilon_P = f_U + f_I + 0.0291(\delta_I - \delta_U)\tan\varphi$（%）</td><td rowspan="2">$f_{U1} = f_{U2} = f_U$
$f_{I1} = f_{I2} = f_I$
$\delta_{U1} = \delta_{U2} = \delta_U$
$\delta_{I1} = \delta_{I2} = \delta_I$</td></tr>
<tr><td>容性负荷
$\varepsilon_P = f_U + f_I - 0.0291(\delta_I - \delta_U)\tan\varphi$（%）</td></tr>
</table>

续表

序号	类　型		计算公式		说　明
2	三相三线有功电能计量装置互感器合成误差计算ε_P（%）	电压互感器Yy连接（三相两元件电能表）	感性负荷	$\varepsilon_P=\left[f_1\left(\frac{1}{2}-\frac{1}{2\sqrt{3}}\tan\varphi\right)+0.0291\delta_1\times\left(\frac{1}{2}\tan\varphi+\frac{1}{2\sqrt{3}}\right)+f_2\left(\frac{1}{2}+\frac{1}{2\sqrt{3}}\tan\varphi\right)+0.0291\delta_2\left(\frac{1}{2}\tan\varphi-\frac{1}{2\sqrt{3}}\right)\right]$ （%）	$f_1=f_{U1}+f_{I1}$ $f_2=f_{U2}+f_{I2}$ $\delta_1=\delta_{I1}-\delta_{U1}$ $\delta_2=\delta_{I2}-\delta_{U2}$
			容性负荷	$\varepsilon_P=\left[f_1\left(\frac{1}{2}+\frac{1}{2\sqrt{3}}\tan\varphi\right)-0.0291\delta_1\times\left(\frac{1}{2}\tan\varphi-\frac{1}{2\sqrt{3}}\right)+f_2\left(\frac{1}{2}-\frac{1}{2\sqrt{3}}\tan\varphi\right)-0.0291\delta_2\times\left(\frac{1}{2}\tan\varphi+\frac{1}{2\sqrt{3}}\right)\right]$ （%）	
			简化计算	$\varepsilon_P=\frac{1}{2}(f_1+f_2)+0.0084(\delta_1-\delta_2)$ （%）	$\cos\varphi=1.0$
				$\varepsilon_P=f_2+0.0168(2\delta_1+\delta_2)$ （%）	$\cos\varphi=0.5$（感性）
				$\varepsilon_P=f_1-0.0168(2\delta_2+\delta_1)$ （%）	$\cos\varphi=0.5$（容性）
				感性负荷 $\varepsilon_P=f_U+f_I+0.0291(\delta_I-\delta_U)\tan\varphi$ （%）	$f_{U1}=f_{U2}=f_U$ $f_{I1}=f_{I2}=f_I$ $\delta_{U1}=\delta_{U2}=\delta_U$ $\delta_{I1}=\delta_{I2}=\delta_I$
				容性负荷 $\varepsilon_P=f_U+f_I-0.0291(\delta_I-\delta_U)\tan\varphi$ （%）	
			Yy折算Vv计算	$f_{U1}=\frac{1}{2}(f_u+f_v)+0.0084(\delta_u-\delta_v)$ （%） $\delta_{U1}=\frac{1}{2}(\delta_u+\delta_v)+9.924(f_v-f_u)$ （′） $f_{U2}=\frac{1}{2}(f_w+f_v)+0.0084(\delta_w-\delta_v)$ （%） $\delta_{U2}=\frac{1}{2}(\delta_w+\delta_v)+9.924(f_w-f_v)$ （′）	f_U、f_V、f_W—电压互感器相电压比差； δ_U、δ_V、δ_W—电压互感器相电压角差； 将Yy折算Vv合成误差按Vv计算

续表

序号	类　型	计 算 公 式	说　　明
3	三相四线有功电能计量装置互感器合成误差计算ε_P（%）（三相三元件电能表）	$\varepsilon_P=\frac{1}{3}(\varepsilon_{P1}+\varepsilon_{P2}+\varepsilon_{P3})$ $=\frac{1}{3}[f_1+f_2+f_3+0.0291(\delta_1+\delta_2+\delta_3)\tan\varphi]$　(%)	ε_{P1}、ε_{P2}、ε_{P3}——三元件电能表各元件互感器合成误差。 $f_1=f_{U1}+f_{I1}$ $f_2=f_{U2}+f_{I2}$ $f_3=f_{U3}+f_{I3}$ $\delta_1=\delta_{U1}+\delta_{I1}$ $\delta_2=\delta_{U2}+\delta_{I2}$ $\delta_3=\delta_{U3}+\delta_{I3}$
		$\varepsilon_{P1}=f_{U1}+f_{I1}+0.0291\delta_1\tan\varphi_1$　(%) $\varepsilon_{P2}=f_{U2}+f_{I2}+0.0291\delta_2\tan\varphi_2$　(%) $\varepsilon_{P3}=f_{U3}+f_{I3}+0.0291\delta_3\tan\varphi_3$　(%)	

2. 无功电能计量装置互感器合成误差计算

无功电能计量装置互感器合成误差的计算，如表6–93所示。

表6–93　　无功电能计量装置互感器合成误差的计算

序号	类　　型		计　算　公　式
1	单相无功电能计量装置互感器合成误差计算ε_Q（%）		$\varepsilon_Q=f_U+f_I-0.0291(\delta_I-\delta_U)\tan\varphi$　(%)
2	三相无功电能计量装置互感器合成误差计算ε_Q（%）	内相角为60°的三相两元件电能表	$\varepsilon_Q=(f_{U1}+f_{I1})\left[\frac{1}{2}+\frac{1}{2\sqrt{3}}\tan(90°-\varphi)\right]$ $+(f_{U2}+f_{I2})\left[\frac{1}{2}-\frac{1}{2\sqrt{3}}\tan(90°-\varphi)\right]$ $-0.0291\left\{(\delta_{I1}-\delta_{U1})\left[\frac{1}{2}\tan(90°-\varphi)-\frac{1}{2\sqrt{3}}\right]\right\}$ $-0.0291\left\{(\delta_{I2}-\delta_{U2})\left[\frac{1}{2}\tan(90°-\varphi)+\frac{1}{2\sqrt{3}}\right]\right\}$
		跨相90°的三相三元件电能表	$\varepsilon_Q=\frac{1}{3}(f_{U1}+f_{U2}+f_{U3}+f_{I1}+f_{I2}+f_{I3})$ $-0.0097[\delta_{I1}+\delta_{I2}+\delta_{I3}-(\delta_{U1}+\delta_{U2}+\delta_{U3})]$ $\times\tan(90°-\varphi)$　(%)

续表

序号	类型		计算公式
3	三相无功电能计量装置(无功电能表带附加电流线圈)互感器合成误差计算 ε_Q(%)	两台电流互感器Vv接线，V相电流由U、W相电流合成后接入电能表电流线圈	$\varepsilon_Q=\Big[\frac{1}{2}(f_{Ia}+f_{Ic}+f_{U1}+f_{U2})+0.0084(\delta_{Ia}-\delta_{Ic}-\delta_{U1}+\delta_{U2})$ $-0.289(f_{Ic}+f_{U1}+f_{Ia}-f_{U2})\tan(90°-\varphi)$ $-0.0145(\delta_{Ia}-\delta_{U1}+\delta_{Ic}-\delta_{U2})\tan(90°-\varphi)\Big]$ (%)
			$f_{I1}=f_{Ic}+0.0167(\delta_{Ia}-\delta_{Ic})$ $f_{I2}=f_{Ia}+0.0167(\delta_{Ia}-\delta_{Ic})$ $\delta_{I1}=\delta_{Ic}+19.85(f_{Ic}-f_{Ia})$ $\delta_{I2}=\delta_{Ia}+19.85(f_{Ic}-f_{Ia})$
		三台电流互感器Yy接线，V相电流由U、W相电流合成后接入电能表电流线圈	$\varepsilon_Q=\frac{1}{3}\Big[(f_{Ia}+f_{Ib}+f_{Ic})+\frac{3}{2}(f_{U1}+f_{U2})$ $+0.0084(\delta_{U2}-\delta_{U1})+0.289(f_{U1}-f_{U2})\tan(90°-\varphi)$ $-\frac{0.0291}{3}(\delta_{Ia}+\delta_{Ib}+\delta_{Ic})$ $-\frac{3}{2}(\delta_{U1}+\delta_{U2})\Big]\tan(90°-\varphi)$ (%)

三、电压互感器二次导线压降引起合成误差计算

电压互感器二次导线压降引起的合成误差计算，如表6–94所示。

表6–94　　电压互感器二次导线压降引起的合成误差的计算

序号	类型	计算公式	说明
1	单相电压互感器二次连接导线压降所引起合成误差计算 γ_d(%)	$\gamma_d=f_r-0.0291\delta_r\tan\varphi$ (%)	f_r、δ_r—二次连接导线电阻引起的比差、角差； φ—二次负荷功率因数角； U_2—电压互感器二次侧空载电压； r—二次连接线每根导线的等效电阻； I—二次连接导线电流
		$f_r=\frac{-2Ir\cos\varphi}{U_2}\times100$ (%) $\delta_r=\frac{2Ir\sin\varphi}{U_2}\times3438$ (′)	

续表

序号	类型		计算公式	说明
2	三相电压互感器二次连接导线压降所引起合成误差计算 γ_d (%)	三相三线两元件	$\gamma_d = \left[\left(\frac{f_{uv}+f_{wv}}{2} - \frac{\delta_{uv}-\delta_{wv}}{119.1}\right) - \left(\frac{f_{uv}-f_{wv}}{3.464} + \frac{\delta_{uv}+\delta_{wv}}{68.76}\right)\tan\varphi\right]$ (%)	f_{uv}、f_{wv}—三相负荷两相端钮之间压降引起的比差； δ_{uv}、δ_{wv}—三相负荷两相端钮之间压降引起的角差； I_1、I_3—每相负荷电流； φ_1、φ_3—每相负荷功率因数角
			$f_{uv} = -\frac{2I_1 r\cos\varphi_1 + I_3 r\cos(60°-\varphi_3)}{U_{uv}} \times 100(\%)$ $\delta_{uv} = \frac{2I_1 r\sin\varphi_1 - I_3 r\sin(60°-\varphi_3)}{U_{uv}} \times 3438 \quad (')$ $f_{wv} = -\frac{2I_3 r\cos\varphi_3 + I_1 r\cos(60°+\varphi_1)}{U_{wv}} \times 100(\%)$ $\delta_{wv} = \frac{2I_3 r\sin\varphi_3 + I_1 r\sin(60°+\varphi_1)}{U_{wv}} \times 3438(')$	
		三相四线三元件	$\gamma_d = \left[\frac{f_u+f_v+f_w}{3} - \frac{0.0291}{3}(\delta_u+\delta_v+\delta_w) \times \tan\varphi\right]$ $= f_r - 0.0291\delta_r \tan\varphi \quad (\%)$	f_U、f_V、f_W—u、v、w 三相电压端钮之间压降引起的比差； δ_U、δ_V、δ_W—u、v、w 三相电压端钮之间压降引起的角差； 互感器 Yy 连接，负荷侧Δ连接
			$f_u = -\frac{I_{uv} r\cos(\varphi_1-30°) + I_{uw} r\cos(\varphi_3+30°)}{U_u} \times 100 \quad (\%)$ $\delta_u = \frac{I_{uv} r\sin(\varphi_1-30°) + I_{uw} r\sin(\varphi_3+30°)}{U_u} \times 3438 \quad (')$ $f_v = -\frac{I_{vw} r\cos(\varphi_2-30°) + I_{uv} r\cos(\varphi_1+30°)}{U_v} \times 100 \quad (\%)$ $\delta_v = \frac{I_{vw} r\sin(\varphi_2-30°) + I_{uv} r\sin(\varphi_1+30°)}{U_v} \times 3438 \quad (')$ $f_w = -\frac{I_{uw} r\cos(\varphi_3-30°) + I_{vw} r\cos(\varphi_2+30°)}{U_w} \times 100 \quad (\%)$ $\delta_w = \frac{I_{uw} r\sin(\varphi_3-30°) + I_{vw} r\sin(\varphi_2+30°)}{U_w} \times 3438(')$	

四、电能计量装置综合误差计算

电能计量装置综合误差的计算，如表 6–95 所示。

表 6–95　　　　　　电能计量装置综合误差的计算

序号	项　目	计 算 公 式	说　明
1	单相有功电能计量装置综合误差计算γ（%）	$\gamma=\gamma_0+\varepsilon_P+\gamma_d$（%）	单相电能表相对误差γ_0(%)
2	三相三线有功电能计量装置综合误差计算γ（%）	$\gamma=\gamma_0+\varepsilon_P+\gamma_d$（%）	二元件电能表相对误差γ_0(%)
3	三相四线有功电能计量装置综合误差计算γ（%）	$\gamma=\frac{1}{3}(\gamma_{01}+\gamma_{02}+\gamma_{03})+\varepsilon_P$（%）	γ_{01}、γ_{02}、γ_{03}分别表示三相三元件电能表的相对误差
4	单相无功电能计量装置综合误差计算γ（%）	$\gamma=\gamma_0+\varepsilon_Q$　（%）	单相无功电能表相对误差γ_0(%)
5	三相三线无功电能计量装置综合误差计算γ（%）	$\gamma=\frac{1}{2}(\gamma_{01}+\gamma_{02})+\varepsilon_Q$（%）	γ_{01}、γ_{02}表示每一元件无功电能表的相对误差
6	三相四线无功电能计量装置综合误差计算γ(%)	$\gamma=\frac{1}{3}(\gamma_{01}+\gamma_{02}+\gamma_{03})+\varepsilon_Q$（%）	

五、实例

［例 6–3］某三相三线有功电能表经 TA，采用 Yv 接入电路，在标定电流和$\cos\varphi=0.5$（感性）条件下，经测试，电能表的相对误差$\gamma_0=-1.5$(%)，二次压降合成误差为 0.18%。电压互感器的参数为：$f_{U1}=-0.5\%$，$\delta_{U1}=12'$，$f_{U2}=-0.3\%$，$\delta_{U2}=16'$；电流互感器的参数为：$f_{I1}=-0.2\%$，$\delta_{I1}=18'$，$f_{I2}=0.1\%$，$\delta_{I2}=30'$。试求这套电能计量装置在这个运行点的综合误差。

解：当$I=I_b, \cos\varphi=0.5$（感性）时，互感器的合成误差为

$$\begin{aligned}\varepsilon_P &= f_2+0.0168(2\delta_1+\delta_2)\\ &= f_{U2}+f_{I2}+0.0168[2(\delta_{I1}-\delta_{U1})+\delta_{I2}-\delta_{U2}]\\ &= -0.3\%+0.1\%+0.0168[2(18'-12')+30'-16']\end{aligned}$$

$$=0.2368\%$$

$$\gamma=\gamma_0+\varepsilon_P+\gamma_d$$

$$=-1.5\%+0.2368\%+(-0.18\%)$$

$$=-1.4432\%$$

答：这套电能计量装置在这个运行点的综合误差为−1.4432%。

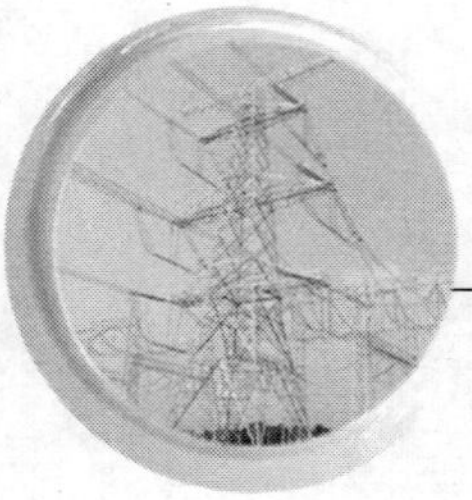

第七章

电费管理与抄核收

在当前电力市场由“卖方市场”向“买方市场”的转变过程中，强化电费管理，以市场为导向，不断开拓市场，服务市场，应用现代化技术向全社会电力消费者提供优质、快捷、方便的电力，实现企业效益和社会效益的最大化具有十分重要的意义。

第一节 我国实行电价的现状

一、电价种类

电价的种类，如表 7–1 所示。

表 7–1　　电价的种类

序号	电价划分	电价名称	说明
1	按生产和流通环节划分	上网电价；网间互供电价；销售电价	电价按照不同的种类划分
2	按销售方式划分	直供电价；趸售电价	
3	按用电类别划分	居民生活电价；非居民照明电价；商业电价；非工业和普通工业用电电价；大工业用电电价；农业生产电价；农业排灌电价；趸售电价	
4	按用电时间划分	峰、谷分时电价；丰、枯季节电价；临时用电电价	
5	按用电量划分	单一制电价；两部制电价	

二、电价制度

我国实行的电价制度，如表 7–2 所示。

表 7–2　　　　　　　　　　我国实行的电价制度

序号	电价制度	内　　容
1	单一制电价	以客户计费电量为依据，直接与电能电费发生关系而不与其基本装机容量和基本电费发生关系，除变压器容量在 315kVA 及以上的大工业客户外，其他所有客户的用电均执行单一制电价制度
2	两部制电价	我国一般对大工业生产用电，指受电变压器容量在 315kVA 及以上的工业生产用电实施两部制电价制度。即与其基本装机容量和基本电费发生关系
3	季节性电价	季节电价也是一种分时电价，即在一年中对于不同季节按照不同价格水平计费的一种电价制度
4	高峰、低谷分时电价	采用峰、谷电价可以引导客户削峰填谷，缓和高峰时段的供需矛盾，充分利用电力资源的一种电价制度
5	功率因数调整电价	凡受电变压器容量大于或等于 100kVA 的工业客户、非工业客户、农业生产客户都要执行按功率因数调整，并以此考核客户无功功率的就地补偿情况，实行相应奖励或惩罚的电价制度
6	临时用电电价	这种电价制度对拍电影、拍电视剧、基建工地、农田水利、市政建设、抢险救灾、举办大型展览等临时用电客户适用，实行临时用电电价制度，电费的收取可装表计量电量，也可按其用电设备容量或用电时间收取
7	梯级电价	将客户每月用电量划分成两个或多个级别，各级别之间的电价不同

三、我国现行销售电价及实施范围

不同的电价类别是根据电力综合成本，按照不同用电性质进行个别成本分摊而形成的。我国现行电价共分为照明电价（商业电价）、非工业电价、普通工业电价、大工业电价、农业生产电价、农业排灌电价、趸售电价和其他电价八大类，如表 7–3 所示。

表 7–3　　　　销 售 电 价 类 别

<table>
<tr><th>序号</th><th>电价</th><th colspan="3">范　　围</th></tr>
<tr><td rowspan="6">1</td><td rowspan="6">照明用电电价</td><td colspan="2">居民生活电价</td><td>城乡居民生活照明，家用电器等用电设备的用电，高校学生公寓和学生宿舍用电（限于学生基本生活用电，不包括在学生公寓、宿舍从事经营性质的用电，如商店、超市、理发等）。国家教育部门批准和备案的管理的基础中、小学用电（包括教学、实验、学生和教职工生活用电）。对专供居民小区生活用电的蓄热电锅炉执行居民生活电价并执行居民分时电价</td></tr>
<tr><td rowspan="5">商业及非居民生活电价</td><td>一般照明用电</td><td>非工业、普通工业客户的生产照明用电，铁道、航运、市政、环保、公安等部门管理的公共用电及霓虹灯、荧光灯、弧光灯、水银灯（电影制片厂摄影棚除外）和非对外营业的放映机用电</td></tr>
<tr><td>普通照明设备用电</td><td>家用电器，理发用的电吹风、电剪、电烫发以及其他电器（如报时电笛、噪声监测装置、信号装置、警铃）用电，机关、团体、学校、部队等（但不包括商业性）的电吹、电灶、电热取暖、热水器、蒸汽浴、吸尘器、健身房设备等用电，属单位生活福利性质的烘焙设备（包括单位食堂的烘烤食品、油炸食品、肉食加工制品及类似以上的设备）用电执行非居民照明电价</td></tr>
<tr><td>路灯用电</td><td>政府部门管理的公共道路、桥梁、码头、公共厕所、公共水井、标准钟、报时电笛以及公安部门交通指挥灯、公安指示灯、警亭用电、不收门票的公园路灯等用电，居民生活小区内的庭院照明</td></tr>
<tr><td>在一定限额下的用电</td><td>容量不足 1kW 的工业用的单相电动机；总容量不足 2kW 的工业用的单相电热设备；容量不足 3kW 的非工业用的电热设备（如晒图机、医疗用的 X 光机、无影灯、消毒灯）用电</td></tr>
<tr><td>空调设备用电</td><td>除大工业客户及其生产车间内的各种空调设备用电外，其他客户，凡空调设备（包括窗式、柜式空调机、冷气机组及其配套附属设备）用电，不论相数和容量、不论装在何种场合、不论调冷调热均按照明电价收电费</td></tr>
</table>

续表

序号	电价	范围		
1	照明用电电价	商业及非居民生活电价	城镇商业用电	凡从事商品交换或提供商业性、金融性、服务性的有偿服务所需的电力，不分容量大小、不分动力照明均实行商业用电电价。它包括： （1）商场、商店、批发中心、超市、加油站、加气站等专用电； （2）物质供销、仓储业等用电； （3）宾馆、饭店、招待所、旅社、酒店、茶座、咖啡厅、餐馆、浴室、美容美发店、影楼、彩扩、洗染店、收费站以及修理、修配服务业务等； （4）影剧院、录像放映点、游艺机室、网吧、健身房、保龄球馆、游泳池、卡拉OK厅、收费的旅游点、公园等； （5）从事商业性的金融、证券、保险等业务的用电； （6）从事咨询服务、信息服务、通信服务等业务的用电； （7）房地产经营及其他综合技术服务事业等用电
2	非工业用电电价	（1）凡以电为动力或以电冶炼、烘熔、电解、电化的试验和非工业性生产，其容量在3kW及以上者按照非工业电价计费，而总量在3kW以下者按照明电价计费； （2）容量在3kW及以上的机关、部队、学校、医院及学术研究、实验等单位的电动机、电热、电解、电化、冷藏等用电； （3）铁道、地下铁道（包括照明）、管道输油、航运、电车、广播、仓库、码头、飞机场及其他处所的加油站、打气站、充电站下水道等电力用电； （4）对外营业的电影院、剧院，宣传队演出的剧场照明、通信、放映机、电影制片厂摄影棚水银灯等用电； （5）基建工地施工用电（包括施工照明），地下防空设施的通风、照明、抽水用电以及有线广播站电力用电（不分设备容量大小）； （6）苗圃育苗、现代化养鸡场、渔场等种植业、养殖中心的后续加工，储藏等环节用电均属于非工业用电电价		
3	普通工业用电电价	凡以电为原动力，或以电冶炼、烘焙、熔焊、电解、电化的一切工业生产，其受电变压器容量不足315kVA或低压受电，以及在上述容量、受电电压以内的下列各项用电： （1）机关、部队、学校及学术研究，试验单位的附属工厂，有产品生产并纳入国家计划，或对外承受生产、修理业务的生产用电； （2）铁道、地下铁道、航运、电车、电信、下水道、建筑部门及部队等单位所属的修理工厂生产用电； （3）自来水厂、工业试验、照明、制版工业水银灯用电； （4）饲料工业用电		

续表

序号	电价	范　　围
4	大工业用电电价	执行大工业电价的客户包括受电变压器总容量（含直接接入电网的高压电动机）在 315kVA 及以上的所有客户。大工业电价均实行两部制电价，并按照功率因数的高低调整（增加或减少）电费。 优待工业用电的电能电价范围（除东北地区）规定如下： （1）电解铝、电石的电价，仅限于生产的电解铝、电石的用电，不包括其他产品，如铝制品、乙炔等用电； （2）电炉铁合金、电炉钙镁磷肥和电炉黄磷的电价，仅限于电炉铁合金、电炉钙镁磷肥和电炉黄磷的用电，不包括高炉生产铁合金、钙镁磷肥和黄磷用电； （3）电解碱的电价，仅限于电解法生产的烧碱用电，不包括液氯、压缩氢、盐酸、漂白粉、氯磺酸、聚氯乙烯树脂等用电； （4）合成氨的电价，包括合成氨厂内的氨水、硫酸铵、碳酸氢氨等氮肥及辅助车间用电
5	农业生产用电电价	（1）农村乡、镇、国营农场、电力排灌站、垦殖场和学校、机关、部队以及其他事业单位举办的农场或农业基地的电犁、打井、打场、脱粒、积肥、育秧、防汛临时照明和黑光灯捕虫用电； （2）农业生产用电中的抽水（如鱼塘抽水）、灌溉（如果林、蔬菜的浇水）用电； （3）种植、养殖的“第一环节”用电，如果林、蔬菜、养鱼、养鸡、养猪等用电
6	农业排灌电价	此电价仅限粮、棉、油（食用油）农田排涝、灌溉用电，深井、高扬程提灌用电，排涝抗灾用电。排涝泵站、排涝设施的维修及试运行用电
7	趸售电价	有一定供电区域，供电线路设备，供电容量在 300kVA 以上，并自行负责本供电区域内运行、维护、抄表收费和用电管理等工作，且转供客户数较多，供电企业又安装有总表计量的供电单位，可按供电的隶属关系分别由电网公司或省、直辖市、自治区供电企业批准实行趸售电价，并且只趸售到县一级，不得层层趸售
8	其他电价	如网间互供电价、小电厂上网电价

第二节　电　费　管　理

电费管理不仅是供电企业销售的一个重要环节，也是最后一个环节，是供电企业生产经营经济效果的最终体现，供电企业是把生产的产品——电能销售给客户，并按照商品等价交换的原则，从客户处回收电费。因此，电费管理工作人员应具有现代化管理水平，严格执行电费管理制度，把好电费管理质量关，使电能销售管理工作正常进行。

一、电费管理基本工作程序

电费管理基本工作程序，如表 7–4 所示。

表 7–4　　电费管理基本工作程序

序号	程序类型	程　序　内　容
1	立户	客户办妥业扩报装手续，装表接电后，应及时搜集、清点、整理各项资料，建立客户户务档案和客户分户账页（即电费卡片）
2	建立用电业务工作单运转程序	因客户用电而发生增加或减少用电设备容量，更换或效验电能表，迁移电能表安装位置，更改户名，暂停用电或拆表销户，以及电价变更等移动情况，各个工作环节都须凭用电业务工作单上的原始记录办理变更手续并按一定程序运转
3	建立抄、核、收工作程序	抄、核、收工作，是营业部门经常性的工作，对客户按周期进行电费结算，应根据机构设置与人员配备，确定工作岗位与分工，相应明确业务运转程序

二、电费管理机构设置工作流程

1. 电费管理机构设置

供电企业管理机构一般具有两种作用：它既是一个基层单位，负责抄表、核算、收费；又是一个带有职能性质的单位，负责进行政策研究，拟定各种办事细则，综合汇集各种报表，积累各项统计资料，并进行分析和研究。

电费管理机构由市场营销部负责，下设六个部门，如图 7–1 所示。

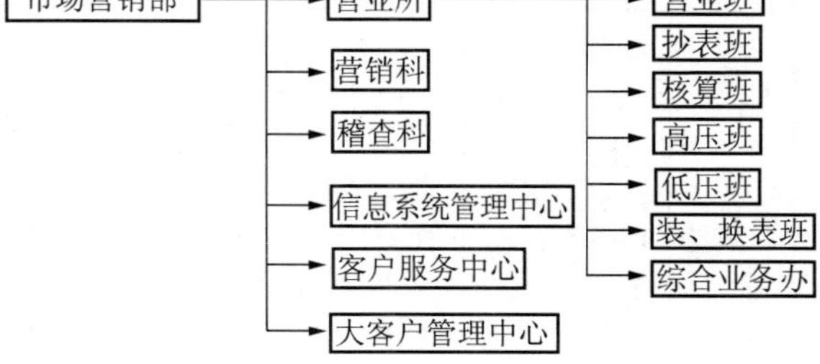

图 7–1　电费管理机构图

2. 电费管理工作流程

电费管理工作流程，如图7–2所示。

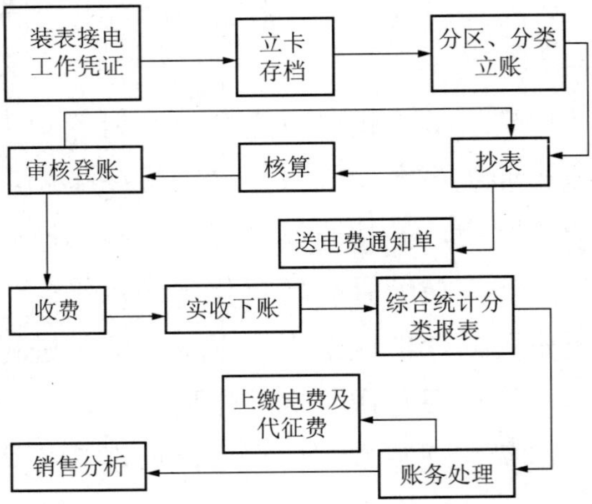

图7–2 电费管理工作流程图

3. 电费管理工作按程序运转的作用

（1）可及时解决客户所提出的用电要求，搞好为客户服务的工作。

（2）可避免出现的电费结算中的错误。

（3）可及时结算和回收电费。

第三节 抄表、核算和收费

一、抄表

供电企业抄表人员定期抄录客户电能表记录的数据简称抄表，它是电费管理中的首要环节。抄表工作系电费管理工作的龙头，按时准确抄表关系到电量的正确统计，对供电企业的经济效益、线损统计、行业分类电量、客户用电情况分析及考核起着举足轻重的作用，也是进行用电检查的重要环节，对电力产品成本核算及价格预测也起着十分重要的作用。

1. 抄表工作内容

抄表工作内容，如表7–5所示。

表7–5 抄表工作内容

序号	项目	内容
1	抄表周期和抄表日期	（1）抄表周期一般为每月一次，有的供电所对客户每两个月抄一次表； （2）抄表日期一般事先做好安排，并公布于众，这样才能使当月售电量与供电量出入不会太大，对于照明及小电力客户，抄表日期安排在每月25日之前，即使抄表遇到恶劣天气，亦应风雨无阻。对于大宗电力客户，一般安排在每月的最后一周或最后两三天内抄表，对此类客户的抄表日期，一般是要求不变的。对于大电力客户，均安排在月末24h抄表，要求准时抄表，不得变更

续表

序号	项目	内容	
2	抄表方式	现场手抄	现场手抄是抄表人员到客户处上门抄录电能表的数据，是一种传统的抄表方式
		现场微电脑抄表	这种抄表方式是抄表员携带抄表器赴客户用电现场，将用电计量表记录数值输入抄表器内，回营业所后将抄表器现场储存的数据通过计算机接口传入营业系统微机进行计算
		远程遥测抄表	远程遥测抄表是对负荷控制装置的功能综合开发利用，实现一套装置数据共享及其他远动传输通道，实现客户电量远程抄表。也可适量装用质量可靠，经电力部门质检中心抽检合格的自动集中抄表系统抄表
		小区集中低压载波抄表	小区内居民客户的用电计量装置读数通过低压载波等通道传递到小区变电站内，抄表人员只需到小区变电站内即可集中采集抄录到该区所有客户的用电计量装置读数
		红外线抄表	抄表员使用红外线抄表器就可以不必进入到客户的实际装表处，只需要利用红外线抄表器在路经客户用电处，即可采集到该客户用电计量装置的读数
		电话抄表	对安装在供电企业变电所内或边远地区客户变电所内的用电计量装置可以用电话及报读进行抄表，但需要定期或不定期赴现场进行核对
		委托抄表公司代理抄表	通过与专业性抄表公司签订合同，委托抄表公司代理抄表或与煤气公司、自来水公司等单位联合，采用气、水、电一次性抄表的办法，以方便电力客户

2. 抄表工作流程

抄表工作流程，如图 7–3 所示。

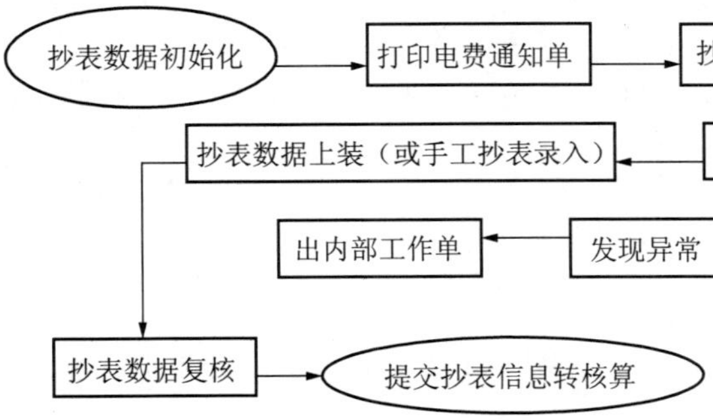

图 7–3　抄表工作流程图

3. 抄表工作要求

抄表员每月抄录的客户用电量是供电企业按时将电费回收并上缴的依据，也是考核供电部门的线路损失，供电成本指标，客户的单位产品耗电量，计划分配用电量指标，各行业售电量统计和分析的重要原始资料。因此，保证定期抄表及抄表质量十分重要。抄表工作要求的内容，如表 7–6 所示。

表 7–6　　抄表工作要求的内容

序号	项　目	内　容
1	抄表工作的要求	（1）抄表日期必须固定，按编排的抄表日程，按时完成抄表任务，保证抄表质量，做到不漏抄，不错抄，不估抄，严禁电话抄表或代抄； （2）对于确有某种原因抄不到表时，要尽一切努力设法解决； （3）现场抄表时，应仔细核对抄表机内部客户资料是否与现场一致； （4）抄表人员如发现客户用电量变化较大时，应及时向客户了解原因，并在账页上注明； （5）抄表时如遇卡盘（停转）、卡字、自走（自转）、倒转（倒走）或其他故障，致使电能表记录不准，当月应收电费原则上可按上月用电量计数，个别情况可与客户协商解决； （6）由于电能表发生故障致使计量不准时，可按追补电量计算并办理多退少补手续； （7）抄表完毕返回办公地点后，应逐户审核电能表是否正确，电费卡片是否完整，并填写电费核算单，以考核每日工作成果； （8）到大工业客户处抄表时，应首先对客户的设备容量和生产情况进行了解，起到用电检查的作用； （9）每位抄表员必须完成自己抄表范围内的欠费客户催收工作，居民客户的催收，停电措施按有关规定处理； （10）对装设最大需量的客户，每月抄表时应会同客户一起核查，经双方共同签证后，打开表的封印，复位回零，并加新的封印； （11）对实行峰、谷电价的客户，应注意下列各点： 1）考核客户功率因数时，应分别计算不同时段的有功与无功电量之和，并按 3 个时段电能电费与基本电费之和调整应收电费； 2）对客户负担的变压器和线路损失电量，可与平段电量合并计费； 3）对有输出电量的客户，应在转供点出口处加装分时电能表，各算各账； 4）如分时电能表发生故障，应按照上月 3 个时段电量的比例计收电费； 5）生产与生活照明应从总有功电量与高峰电量中分别扣除，按照明电价计费

续表

序号	项　目	内　容
2	使用抄表器抄表的要求	（1）抄表员要树立高度的责任心，熟悉抄表器各项功能，正确使用抄表器； （2）抄表员按例日领取抄表器，严格规定时间抄表； （3）如抄表时发生抄表器损坏现象，抄表员应立即中断抄表，并返回单位由专人对抄表器进行检查，同时填写抄表器损坏报告，并领取备用抄表器继续完成当日抄表定额； （4）使用抄表器需要现场填写电费通知单交客户； （5）抄表员每天完成工作后，最迟在下班前 1h 把抄表器送交计算机核算员，填写抄表器交接签收记录表，建立收发记录单

二、核算

电费核算是电费管理工作的中枢。电费是否按照规定及时、准确地收回，账务是否清楚，统计数据是否准确，关键在于电费核算质量。

1. 电费核算工作程序

电费核算工作程序，如表 7–7 所示。

表 7–7　　电费核算工作程序

序号	程序项目	内　容
1	严肃认真 一丝不苟 逐项审核	（1）新装客户立片是在客户提出用电需求，经柜台受理，现场勘查设计，客户缴费，装表接电后，正式成为供电企业的客户进入抄表计费的过程； （2）负责抄表机的发放与回收，以及电费发票的领取与管理，根据抄表员交回的电费卡片，首先核对卡片户数是否与电费卡片户数名相符，然后分户复核抄表卡； （3）抄表机上装后，对计费清单的户名、地址、电量、电费、电价逐项审核，重点审核各类异常情况，如电量突增、突减、零度、动态信息等； （4）如发现抄表有差错，除应改正电费卡片及核算单外，还应更换电费单据； （5）由于电能表发生故障或其他原因必须推算电费，应按规定审核； （6）按规定期限完成核算任务
2	账务处理	（1）注销应收电费时，不得自行冲抵，应根据注销理由报请有关领导审核； （2）对补抄、结表、拆表等户的电费应另行处理，不得遗漏； （3）对临时用电（包括装表户），应根据营业员填写的临时用电工作凭证，联络票进行核算，审核其计算方法是否正确，用电量及金额是否相符，并另立账目，在期限内处理完毕

续表

序号	程序项目	内容
3	核算汇总工作	（1）每日按分册的电费核算单，逐项进行审核并汇总作出总核算单； （2）全部电力客户卡片审核完毕后，应汇总并按不同用电类别作出统计，其电量数与金额必须与核算单相符； （3）全部审核工作在抄表次日完成，每日的电费核算单于次日转交给统计人员； （4）核算人员于每月月末按抄表手册内容计算出售电量，平均电价，实抄率，电费回收率等有关指标，对客户用电的波动情况进行统计分析，按时、准确填报有关业务报表

2. 电费核算工作流程

电费核算工作流程，如图 7–4 所示。

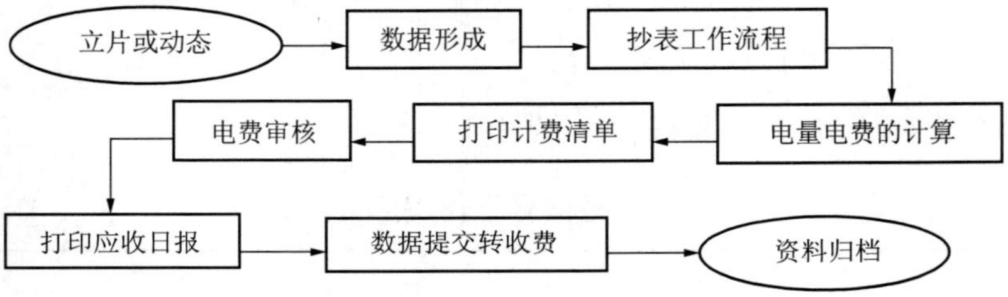

图 7–4　电费核算工作流程图

3. 电费票据管理

电费的票据管理，如表 7–8 所示。

表 7–8　　电费的票据管理

序号	管理项目	内容
1	电费收据的发行	（1）电费收据是供电企业向客户收取电费的凭证，也是专为销售电能产品后直接开给消费者的账单； （2）电费收据一般以不同颜色区分照明、普通工业、非工业、大工业、农业等不同类别的用电； （3）全国各供电营业部门，一般均采用专门印制并统一编号的两联式电费收据，或对单一电价客户采用定额收据
2	电费收据的保管	电费收据和其他业务收据，临时收据等，均应分别由供电企业统一印制，统一编号，由专人保管，并按人员分工和工作运转程序，制定出收据的领用和发行的清点、签收、登记制度，防止流弊发生

4. 对计算机核算员和复核员的要求

对计算机核算员和复核员的要求，如表 7–9 所示。

表 7–9　　对计算机核算员和复核员的要求

序号	类　型	内　　容
1	对计算机核算员的要求	（1）计算机核算员负责准备抄表数据，并打印抄表通知单； （2）计算机核算员必须严格把好工作质量关； （3）准确发送数据； （4）负责抄表器已抄收数据的接收工作； （5）转化完毕提供（打印）抄表指示数清单； （6）进行电费核算工作
2	对复核员的要求	（1）电费复核员工作认真负责，要具有高度的责任心，对客户清单的户名、地址、本月指数、上月指数、本月电量、电费、电价逐项审核； （2）熟悉部颁《供电营业规则》及相关政策规定，熟悉电价政策及电价分类； （3）熟悉掌握各类客户的电量电费计算及动态处理，各类业务工作流程及审批程序

三、收费

电费回收工作是电业营业管理中抄、核、收工作环节中最后一个环节，也是供电企业资金周转的一个重要环节。收费时间拖长会直接影响收费的完成率，会造成客户占有供电企业的资金，影响资金的周转速度。因此，收费人员应努力做好各项工作，争得客户的支持，及时全部地收回应收电费。

1. 收费管理内容

收费管理内容，如表 7–10 所示。

表 7–10　　收费管理内容

序号	项　目	内　　容
1	按期回收电费作用	（1）可保证电力企业的上缴资金和利润，保证国家的财政收入； （2）可维持电力企业再生产及补偿生产资料耗费等开支所需的资金，促进电力企业更好地完成发、供电任务，满足国民经济发展和人民生活的需要； （3）按期回收电费是维护国家利益，维护电力企业和客户利益的需要

续表

序号	项　目	内　　容	
2	电费结算合同	电费结算合同内容	（1）客户（即付款单位）名称，用电地址，用电分户账（即抄表卡片）户号，开户银行名称，存款户账号，供电管理部门（即收款单位）名称，开户银行名称，存款户账号等； （2）电费结算方式； （3）每月转账次数； （4）付款要求等
		电费结算方式	（1）营业管理部门与客户同在一个城市，其电费可以特约委托的方式通过银行进行转账结算； （2）营业管理部门与客户不在同一城市的电费，常用的结算方式是采取在客户逐笔核对承认应付电费款后，由客户开具支票，委托银行按期电汇或信汇的方式进行电费结算
		每月转账次数	（1）营业管理部门对一般客户均只在每月抄表后办理一次委托特约银行转账收款的手续； （2）对大客户，为了互不占用资金，在结算合同中明确每月与收电费的转账次数（一般连同抄表后的结算，每月不超过3次；对特大客户，有的为6次）
		对付款要求	一般按银行的有关规定，如委托收款的结算凭证到达银行后，因付款单位存款账户余额不足而延期转账时，则需由付款单位另交滞纳金
		电费结算合同管理	营业管理部门与客户签定电费结算合同后，应建立委托收款户卡片进行管理
3	收费方式	专人走收	抄表与收费分别由专责人员进行或交叉进行的收费方法
		坐收	供电营业部门设立的营业站或收费站（点），固定值班收费
		委托银行代收	抄表人员在每月抄表时应根据客户使用电量计算出客户的应付电费，并当时填写“电费收据”三联单交给客户，客户可持三联单到银行交款
		银行托收电费	托收电费也称结算，划拨电费，是供电企业与客户之间通过银行拨付电费的方法，其手续简便，资金周转快，便利客户，账目清楚
		电费储存	为了方便客户交纳电费，保证收费的安全，提高现代化管理水平，开展通存通兑储蓄方式，方便客户就近储蓄，电脑划拨电费的方式

续表

序号	项目	内容	
3	收费方式	付费购电方式	客户先持购电卡前往供电企业营业部门售电微机购电，将其购电量存储于购电卡中，客户用电时将购电卡插入电能表，其电源开关就自动合上，即可用电
		客户自助	客户通过电话，计算机等网络通信终端设备按语音提示完成的交费方式
4	电费违约金	客户在供电企业规定的期限内未交清电费时，应承担电费滞纳违约责任。电费违约金从逾期之日起计算至交纳日止。每日电费违约金按下列规定计算： （1）居民客户每日按欠费总额的1‰计算； （2）其他客户当年欠费部分，每日按欠费总额的2‰计算，跨年度欠费部分，每日按欠费总额的3‰计算	
5	停（限）电催费工作标准	（1）在停（限）电催费工作中，必须严格按照“一通知，二警告，三停电”的原则执行，禁止随意停（限）电； （2）建立《停（限）电催费工作日志》，停（限）电催费人员应严格按照日志上记载的需停（限）电的客户名称，地址等内容进行，工作完成后，必须在《停（限）电催费工作日志》上签字确认； （3）严禁发生对同一客户下发催缴（存）电费通知单的同时采取停电措施； （4）停（限）电工作必须是针对发生电费超过 30 日，并经多次催缴后，仍未交付电费的客户； （5）一般客户逾期不能交电费的，3 天内应向客户送达催存款通知书或催费通知书。在规定期限内仍不能交付电费的，应下达催费停电通知书，通知客户缴费期限，应付电费违约金的金额以及将采取停电措施的期限（提前 7 天送达）； （6）一般居民客户采取停电不拆表的方式，即在表箱内，将客户出线退出，并贴上“欠费停电，交款后恢复，严禁私自接电”的标示； （7）对欠费大户催收电费时，要填写《电费催收记录》。第一次，下达欠费金额；第二次，下达停电警告、欠费金额及电费违约金额；第三次，下达停电期限（提前 7 天）。逾期仍不交付电费的，应按照停、限电文件规定的停电时限，必须分 3 次（7 天之前、1 天之前及停电之前）通知客户，采取停电措施； （8）重要客户除按规定进行一通知。二警告外，在下达停电通知书时，仍须以便函的形式（必要时以文件的形式）抄报市政府，市经委或主管部门备案。送达时间必须要提前 7 天； （9）客户结清电费后，24h 内恢复供电（节假日同样）； （10）发现客户有违约或窃电行为时，用电检查等人员应依据有关法规礼貌地向客户指出； （11）对违章，窃电已中止的客户，接受处理后，若在当天恢复供电有困难的，在次日上午必须恢复供电	

2. 各类客户电费计算

近年来，电价作了若干次调整，目前各地区的电价都有较大变化，而且变动较过去频繁，但电费计算基本上是不变的。电费计算主要根据国家颁布的《全国电热价格》目录价格进行。

（1）各类客户的电费计算公式，如表 7–11 所示。

表 7–11　　各类客户的电费计算公式

<table>
<tr><th>序号</th><th>名 称</th><th colspan="3">计 算 公 式</th><th>说　明</th></tr>
<tr><td rowspan="7">1</td><td rowspan="7">单一制电价客户</td><td rowspan="3">普通电价客户</td><td>本月电量计算</td><td>$W=(W_2-W_1)B_L$</td><td rowspan="7">W—本月电量；
W_1—前一次抄表读数；
W_2—后一次抄表读数；
W_1''、W_2''—旧表前一次、后一次抄表读数；
W_1'、W_2'—新表前一次、后一次抄表读数；
B_L—电能计量装置实用倍率；
T—客户月应付电费（元）；
E—电度电价（元/kWh）；
W_F—变损电量；
T_Q—功率因数调整电费；
K_Q—功率因数调整电费系数（查表 7–12）</td></tr>
<tr><td>更换电表本月用电量计算</td><td>$W=(W_2''-W_1'')B_L$
$+(W_2'-W_1')B_L$</td></tr>
<tr><td>本月电费计算</td><td>$T=WE$</td></tr>
<tr><td rowspan="4">高供低计电价客户</td><td>本月电量计算</td><td>$W=(W_2-W_1)B_L+W_F$</td></tr>
<tr><td>本月电费计算</td><td>$T=WE$</td></tr>
<tr><td>执行功率因数调整本月电费计算</td><td>$T=WE+T_Q$</td></tr>
<tr><td>功率因数调整电费计算</td><td>$T_Q=WEK_Q$</td></tr>
<tr><td rowspan="2">2</td><td rowspan="2">大工业电价客户</td><td rowspan="2">两部制电价</td><td>本月用电量电费计算</td><td>$T=A+B=PD+EW$</td><td rowspan="2">A—客户月基本电费；
B—客户月电度电费；
D—客户接用容量或最大需量（kVA 或 kW）；
P—基本电价；
T/W—月平均电价</td></tr>
<tr><td>本月平均电费计算</td><td>$\frac{T}{W}=\frac{PD}{W}+E$</td></tr>
</table>

续表

<table>
<tr><th>序号</th><th>名称</th><th colspan="3">计算公式</th><th>说明</th></tr>
<tr><td rowspan="5">2</td><td rowspan="5">大工业电价客户</td><td rowspan="5">峰谷、丰枯电价</td><td>峰谷、丰枯电费计算</td><td>$T_G = W_G E_G$
$T_P = (W - W_G - W_D) E_F$
$T_D = W_D E_D$</td><td rowspan="4">T_G —高峰电费；
W_G —高峰时段电量；
E_G —高峰电价；
T_P —平段电费；
W_D —低谷时段电价；
E_F —丰枯电价；
T_D —低谷电费；
E_D —低谷电价</td></tr>
<tr><td>单一制电价客户月电费计算</td><td>$T = T_G + T_P + T_D$</td></tr>
<tr><td>两部制电价客户月电费计算</td><td>$T = A + T_G + T_P + T_D$</td></tr>
<tr><td>执行功率因数调整客户月电费计算</td><td>$T = A + T_G + T_P + T_D + T_Q$</td></tr>
<tr><td>峰谷分时电价计算（销售）</td><td>$E_P = E_J$
$E_G = E_P \times 180\%$
$E_D = E_P \times 48\%$</td><td>E_P —平段电价；
E_J —基础电价</td></tr>
</table>

（2）功率因数、正切函数、调整电费比例对照表，如表 7–12 所示。

表 7–12　　功率因数、正切函数、调整电费比例对照表

$\tan\varphi$ 月无功电量/月有功电量	功率因数 $\cos\varphi$	电费调整率（%）		
		0.9（标准值）	0.85（标准值）	0.8（标准值）
0.0000～0.1003	1.00	–0.75	–1.10	–1.30
0.1004～0.1751	0.99	–0.75	–1.10	–1.30
0.1752～0.2279	0.98	–0.75	–1.10	–1.30
0.2280～0.2717	0.97	–0.75	–1.10	–1.30
0.2718～0.3105	0.96	–0.75	–1.10	–1.30
0.3106～0.3461	0.95	–0.75	–1.10	–1.30
0.3462～0.3793	0.94	–0.60	–1.10	–1.30
0.3794～0.4107	0.93	–0.45	–0.95	–1.30
0.4108～0.4409	0.92	–0.30	–0.80	–1.30
0.4410～0.4700	0.91	–0.15	–0.65	–1.15
0.4701～0.4983	0.90	0	–0.5	–1.00

续表

tan φ 月无功电量/月有功电量	功率因数 cos φ	电费调整率（%）		
		0.9（标准值）	0.85（标准值）	0.8（标准值）
0.4984～0.5260	0.89	+0.5	−0.4	−0.9
0.5261～0.5532	0.88	+1.0	−0.3	−0.8
0.5533～0.5800	0.87	+1.5	−0.2	−0.7
0.5801～0.6065	0.86	+2.0	−0.1	−0.6
0.6066～0.6328	0.85	+2.5	0	−0.5
0.6329～0.6589	0.84	+3.0	+0.5	−0.4
0.6590～0.6850	0.83	+3.5	+1.0	−0.3
0.6851～0.7109	0.82	+4.0	+1.5	−0.2
0.7110～0.7270	0.81	+4.5	+2.0	−0.1
0.7271～0.7630	0.80	+5.0	+2.5	0
0.7631～0.7891	0.79	+5.5	+3.0	+0.5
0.7892～0.8154	0.78	+6.0	+3.5	+1.0
0.8155～0.8418	0.77	+6.5	+4.0	+1.5
0.8419～0.8685	0.76	+7.0	+4.5	+2.0
0.8686～0.8953	0.75	+7.5	+5.0	+2.5
0.8954～0.9225	0.74	+8.0	+5.5	+3.0
0.9226～0.9499	0.73	+8.5	+6.0	+3.5
0.9500～0.9777	0.72	+9.0	+6.5	+4.0
0.9778～1.0059	0.71	+9.5	+7.0	+4.5
1.0060～1.0365	0.70	+10	+7.5	+5.0
1.3066～1.0635	0.69	+11	+8.0	+5.5
1.0636～1.0930	0.68	+12	+8.5	+6.0
1.0931～1.1230	0.67	+13	+9.0	+6.5
1.1231～1.1636	0.66	+14	+9.5	+7.0
1.1637～1.1847	0.65	+15	+10	+7.5
1.1848～1.2165	0.64	+17	+11	+8.0
1.2166～1.2490	0.63	+19	+12	+8.5
1.2491～1.2821	0.62	+21	+13	+9.0
1.2822～1.3160	0.61	+23	+14	+9.5
1.3161～1.3507	0.60	+25	+15	+10

续表

tan φ 月无功电量/月有功电量	功率因数 cos φ	电费调整率（%）		
		0.9（标准值）	0.85（标准值）	0.8（标准值）
1.3508～1.3863	0.59	+27	+17	+11
1.3864～1.4228	0.58	+29	+19	+12
1.4229～1.4603	0.57	+31	+21	+13
1.4604～1.4988	0.56	+33	+23	+14
1.4989～1.5384	0.55	+35	+25	+15
1.4385～1.5791	0.54	+37	+27	+17
1.5792～1.6811	0.53	+39	+29	+19
1.6812～1.6644	0.52	+41	+31	+21
1.6645～1.7091	0.51	+43	+33	+23
1.7092～1.7553	0.50	+45	+35	+25
1.7554～1.8031	0.49	+47	+37	+27
1.8032～1.8526	0.48	+49	+39	+29
1.8527～1.9038	0.47	+51	+41	+31
1.9039～1.9571	0.46	+53	+43	+33
1.9572～2.0124	0.45	+55	+45	+35
2.0125～2.0669	0.44	+57	+47	+37
2.0670～2.1298	0.43	+59	+49	+39
2.1299～2.1923	0.42	+61	+51	+41
2.1924～2.1575	0.41	+63	+53	+43
2.1576～2.3257	0.40	+65	+55	+45
2.3258～2.3971	0.39	+67	+57	+47
2.3972～2.4720	0.38	+69	+59	+49
2.4721～2.5507	0.37	+71	+61	+51
2.5508～2.6334	0.36	+73	+63	+53
2.6335～2.7205	0.35	+75	+65	+55
2.7206～2.8125	0.34	+77	+67	+57
2.8126～2.9098	0.33	+79	+69	+59
2.9099～3.0129	0.32	+81	+71	+61
3.0130～3.1224	0.31	+83	+73	+63
3.1225～3.2389	0.30	+85	+75	+65

注　+号表示加收；−号表示减收。

（3）两部制电价及功率因数调整电费实例。

[例 7–1] 甲厂设备容量为 315kVA，月用电量为 15000kWh，基本电价为 11 元/kVA，电能电价为 0.326 元/kWh，不考虑功率因数调整。试求月平均电价是多少？

乙厂设备容量为 315kVA，月用电量为 45000kWh，如果基本电价和电能电价与甲厂相同。试求乙厂每月应付电费多少？

解：（1）甲厂：甲厂应付电费=11×315+0.326×15000=8355（元）

$$\text{甲厂月平均电价}=\frac{8355}{15000}=0.557\text{（元/kWh）}$$

（2）乙厂：乙厂应付电费＝11×315+0.326×45000=18135（元）

$$\text{乙厂月平均电价}=\frac{18135}{45000}=0.403\text{（元/kWh）}$$

由此可见，乙厂月用电量虽是甲厂的 3 倍，但乙厂的平均单价比甲厂要低得多，这说明乙厂设备利用率比甲厂设备利用率高。

[例 7–2] 某厂供电电压为 10kV，设备容量为 3200kVA，本月份有功电量为 1850000kWh，无功电量为 30200kvarh，需量表记录该厂实际最大需量为 3100kW，如基本电价为 18 元/kW，电度电价为 0.329 元/kWh。试求该厂本月应付电费与平均电价。

解： $T=A+B=PD+EW$ =18×3100+0.329×1850000=664450（元）

月加权平均功率因数为

$$\cos\varphi=\frac{1}{\sqrt{1+(W_Q/W_P)^2}}=\frac{1}{\sqrt{1+\left(\dfrac{30200}{1850000}\right)^2}}=0.99$$

由表 7–12 查得，该厂本月应减收 0.75%，故该厂本月应付电费为

664450×（1–0.75%）=659466.63（元）

$$\text{该厂本月平均电价}=\frac{659466.63}{1850000}=0.356\text{（元/kWh）}$$

[例 7–3] 某厂供电电压为 10kV，设备容量为 3200kVA，本月份有功电量为 18500kWh，无功电量为 18840kvarh，最大需量为 1200kW，基本电价为 33 元/kW，按变压器容量为每月 11.00 元/kVA，电度电价为 0.486 元/kWh。试求该厂本月应付电费与平均电价。

解： 由于该厂本月最大需量/设备容量＝1200/3200＝0.375，即最大需量

低于该厂容量的 40%，所以应按设备容量计收基本电费，该厂本月电费为

$$T = A + B = PD + EW = 11\times3200+0.486\times18500=44191 \text{（元）}$$

月加权平均功率因数为

$$\cos\varphi = \frac{1}{\sqrt{1+(W_Q/W_P)^2}} = \frac{1}{\sqrt{1+\left(\frac{18840}{18500}\right)^2}} = 0.70$$

查表 7–12 得，该厂本月应增收 10%，故该厂本月应付电费为

$$44191\times(1+10\%)=48610.1 \text{（元）}$$

该厂本月平均电价为

$$\frac{48610.1}{18500} = 2.628 \text{（元/kWh）}$$

第四节 自动抄表系统

自动抄表系统集计算机技术、通信技术、用电及计量技术于一体，是提高电力营业管理自动化水平的一项重要技术手段。自动抄表系统主要适应于用户表计安装相对集中的环境，又可以分为本地自动抄表和远程自动抄表。

一、自动抄表系统重要用途

自动抄表系统的重要用途，如表 7–13 所示。

表 7–13　　自动抄表系统的重要用途

序号	种类	重要用途
1	提高管理水平	（1）实时采集各类用户电能计量数据，抄收速度快，计算精度高，抄表同时性好，可直接与营业计算机联网，对于实时采集的各类数据进行适时处理，进行统计、分析、综合，是营销系统现代化的基本要求； （2）对于中、小动力用户，居民用户可实现数据的实时采集，通过对数据的处理、分析，完成电费的及时结算； （3）缓解抄表人员的劳动强度，降低人为因素造成的抄表误差，迅速地统计低压实时线损以便于线损分析； （4）为国家、电力企业制定的电价政策进行配网规划和电力需求侧管理提供科学的依据

续表

序号	种类	重要用途
2	解决抄表难的问题	（1）随着城乡电网改造的完成，居民用户实行一户一表，电力企业管理的电能表数急剧增加，给供电公司抄收工作带来巨大压力； （2）各地区新建的大量高档、高层住宅，住宅小区实行封闭式管理，多数电能表安装在有安全门的楼道内，人工抄表极为不便； （3）抄表量数倍增长，为减员增效，应用自动抄表系统抄表是非常必要的； （4）传统的人工抄表方式一直存在实抄效率低，抄表质量差，抄表不及时，抄表不到位等问题，影响电力企业正常的电费结算，这些问题长期困扰电力企业营销管理工作，而自动抄表系统则能彻底解决这一问题
3	提高防窃电能力	通过自动抄表系统对客户实时监视用电情况，向管理部门提示异常用电客户的异常用电分析，供电部门可有针对性检查客户用电情况，提高供电系统防窃电能力

二、自动抄表系统技术要求

自动抄表系统的技术要求，如表7–14所示。

表7–14　自动抄表系统的技术要求

序号	项目	内容	
1	自动抄表系统的要求	（1）远程抄表系统，由实时采集、定时巡航、读取各时段用电量数据。然后，应利用计算机系统，进行综合分析，绘制用电曲线，负荷曲线，电流曲线，分析线损、用电状况等； （2）利用GPS对各个终端进行对时，保证在同一时刻抄表。并可用指令设定电能表分时计费的各个时段。各个终端能自动进行故障诊断，系统及时进行故障定位，以此来进行系统管理	
2	抄表系统的性能要求	系统精度	在性能上应满足各种用户电能计量精度要求，其计量误差应在国家标准的要求之内
		系统的开放性	系统采用国家标准的通信规约，采用通用、先进的操作系统和商用数据库系统，以便于系统扩展和数据共享，保护系统的资源
		系统的可靠性	系统具有良好的可靠性，正常情况下一次抄表成功率在95%以上，而供电公司接收数据的准确率应达100%
		系统的实时性	应能够迅速读取某一时间各电能表电量实时数据，并可定时读取保存在各电能表中的各个时段计量数据
		系统的安全性	系统具有高度的安全性，软件系统具有重要数据备份、操作人员权限设置、操作日志、防病毒系统等

三、本地自动抄表

本地自动抄表首先通过采集器采集脉冲表的脉冲（也可直接使用加装数据采集模块的电能表），将用电量进行实时记录和存储，再通过 RS485 总线或电力载波线将各指示数传送到集中器，集中器每 15min 进行一次自动抄表，并自动更新数据。抄表员在指定时间通过抄表器（红外或 RS485）抄录集中器中所记录的数据，并采用人工传送的方式送达主站计算机，完成数据的录入。因次，本地自动抄表属于半自动抄表系统，见图 7–5。

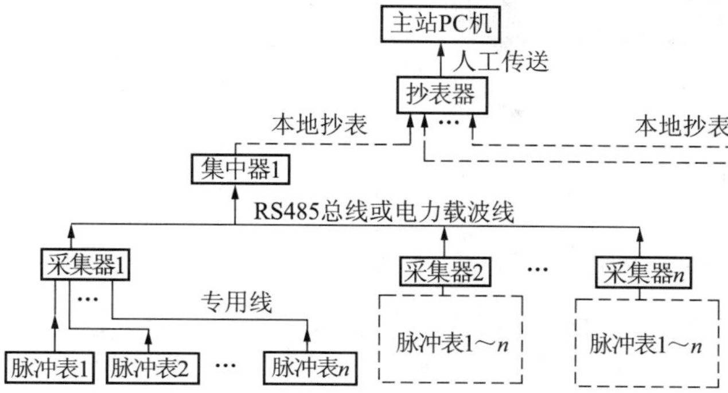

图 7–5　本地自动抄表实例

1. 本地红外抄表技术

本地红外抄表技术是利用红外通信技术实现强度较低的现场抄表方案。现有的红外通信速率一般在 9600～11920bps，通信距离在市内一般在 4～10m 左右，已经能够实现现场应用。

（1）本地红外抄表模式特点，如表 7–15 所示。

表 7–15　　本地红外抄表模式特点

序号	项目	内容
1	红外抄表优点	（1）抄表器离电表距离近干扰小，抄表数据准确，可以定时抄表（如果表内有数据冻结功能）； （2）抄表强度小，工作效率高； （3）采用掌上电脑和微机管理，自动化程度高，差错率较低； （4）抄收数据项可以很多，适合多功能表计抄录； （5）上层软件自动配置抄表程序，杜绝漏抄、估抄和虚抄现象
2	红外抄表缺点	（1）红外通信受室外强光干扰较大，有时通信效果不理想； （2）对红外人员素质要求较高； （3）红外抄表要对现有表计进行改造； （4）抄表器抄录数据到计算机录入需要通过人工送达

（2）系统构成和组网方式。

本地红外抄表实现方法是在表计内加红外发射和红外接收设备（或者采用红外采集器的方式，一个红外采集器带多块电能表），利用红外抄表器由人工现场操作，抄收表内数据。

红外抄表技术组网方式，如图 7–6 所示。

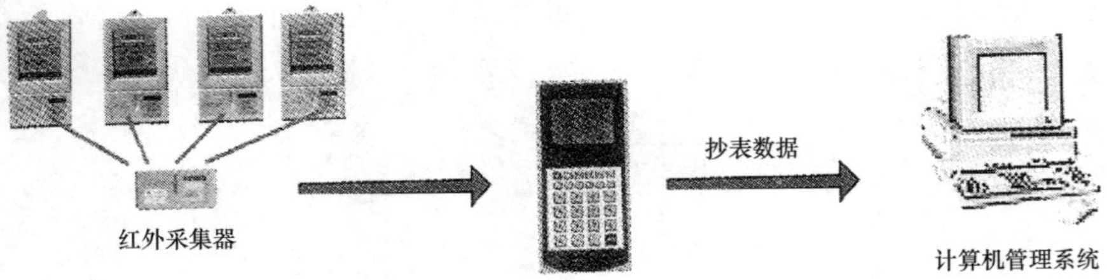

图 7–6　红外抄表技术组网方式

2. 本地 RS485 通信抄表技术

本地 RS485 通信抄表技术，是利用 RS485 总线将小范围的电能表连接成网络，通过红外或 RS485 设备进行现场抄表。

（1）本地 RS485 抄表模式的特点，如表 7–16 所示。

表 7–16　　本地 RS485 抄表模式的特点

序号	项　目	内　　容
1	RS485 抄表优点	（1）抄表器离电表或集中器距离近干扰小，抄表数据准确，可以实现定时抄表（如表内有数据冻结功能）； （2）抄表工作强度小，工作效率高； （3）采用掌上电脑和微机管理，自动化程度高，差错率低； （4）抄收数据项可以很多，适合多功能表计和采集器抄收； （5）上层软件自动配置抄表程序，杜绝漏抄、估抄和虚抄现象； （6）RS485 总线式抄表技术可以很容易的和其他抄表手段相结合； （7）RS485 本地抄表可以通过现场通信手段的改造容易地实现远程抄表
2	RS485 抄表缺点	（1）RS485 通信技术是基于有线传播模式的通信技术，因此现场布线的工作相对烦琐； （2）RS485 网络的现场维护工作量比较大； （3）RS485 网络对环境要求比较高，布线和维护时应当考虑温度、静电和雷击等因素的影响； （4）对抄表人员素质要求较高； （5）RS485 抄表时要对现有表计进行改造； （6）抄表器抄录数据到计算机录入需要通过人工送达

（2）本地 RS485 抄表构成。

采集器通过脉冲表采集数据并进行冻结，集中器通过 RS485 网络对采集器或内含采集模块的电能表进行电量抄读，并保存在集中器中，再由抄表器抄读集中器内的数据，抄表器与计算机管理系统进行通信，实现电量的最终抄读。

本地 RS485 抄表技术构成示意图，如图 7–7 所示。

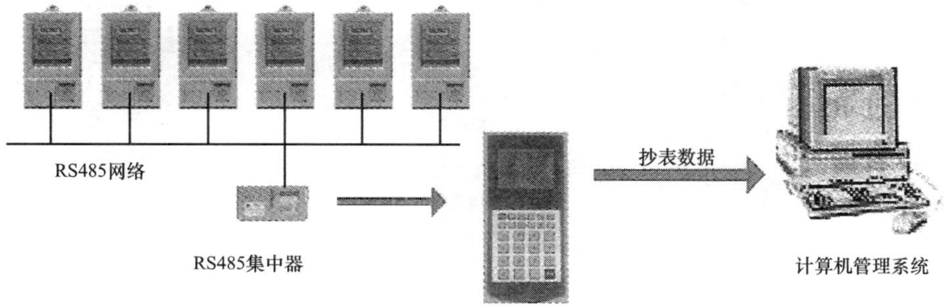

图 7–7　本地 RS485 抄表技术构成示意图

3. 本地无线通信抄表技术

本地无线通信抄表技术是利用无线通信设备进行现场抄表。无线通信包括传统的固定频点的通信手段和新兴的 GSM、GPRS 数据通信和实时短信息抄表技术的应用，相关技术已经较为广泛的用于短途和小范围通信场合。

（1）本地无线抄表模式的特点，如表 7–17 所示。

表 7–17　　本地无线抄表模式特点

序号	项　目	内　　容
1	本地无线抄表优点	（1）抄表数据准确，可以实现定时抄表（如果表内有数据冻结功能）； （2）抄表工作强度小，工作效率高； （3）自动化程度高，差错率低； （4）抄收数据项可以很多，适合多功能表计和采集器抄收； （5）上层软件自动配置抄表程序，杜绝漏抄、估抄和虚抄现象； （6）无线抄表技术可以很容易的和其他抄表手段相结合，能更有效的实现抄表目的； （7）可以通过现场通信手段的改造较为容易地实现远程抄表
2	本地无线抄表缺点	（1）受现场环境影响较大； （2）对抄表人员素质要求较高； （3）需要对现有表计进行改造； （4）抄表器抄录数据到计算机录入需要通过人工送达

（2）本地无线抄表系统结构。

具有无线接口的电能表将数据传送给无线中继站，由无线中继站将数据转发给计算机管理系统。

本地无线通信抄表技术构成示意图，如图 7–8 所示。

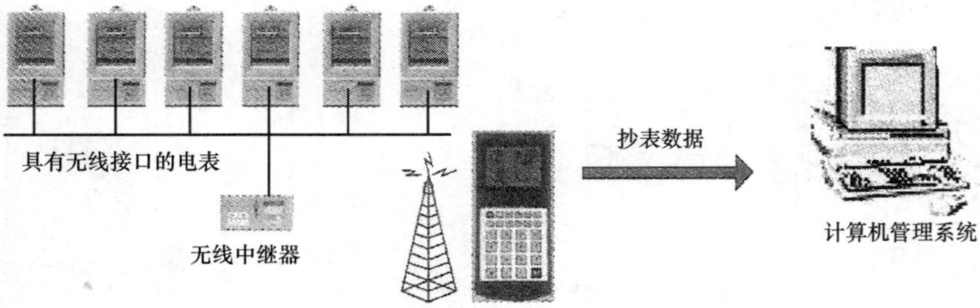

图 7–8　本地无线通信抄表技术构成示意图

4. 本地低压电力载波抄表技术

本地低压电力载波抄表技术，是利用电力线作为通信介质将小范围的电能表连成网络，通过红外或 RS485 设备进行现场抄表。

（1）本地低压电力载波抄表模式特点，如表 7–18 所示。

表 7–18　　　　本地低压电力载波抄表模式特点

序号	项　目	内　　　容
1	本地电力载波抄表优点	（1）抄表数据准确，可以实现定时抄表（如表内有数据冻结功能）; （2）自动化程度高，差错率低; （3）抄收数据项可以很多，适合多功能表计和采集器抄收; （4）上层软件自动配置抄表程序，杜绝漏抄、估抄和虚抄现象; （5）无须特殊施工，成本低廉
2	本地电力载波抄表缺点	（1）线路阻抗匹配困难; （2）线路信号衰减大; （3）时变性和区域性大; （4）线路噪声大; （5）对抄表人员素质要求较高; （6）需要对现有表计进行改造; （7）抄表器抄录数据到计算机录入需要通过人工送达

（2）电力载波抄表技术构成示意图，如图 7–9 所示。

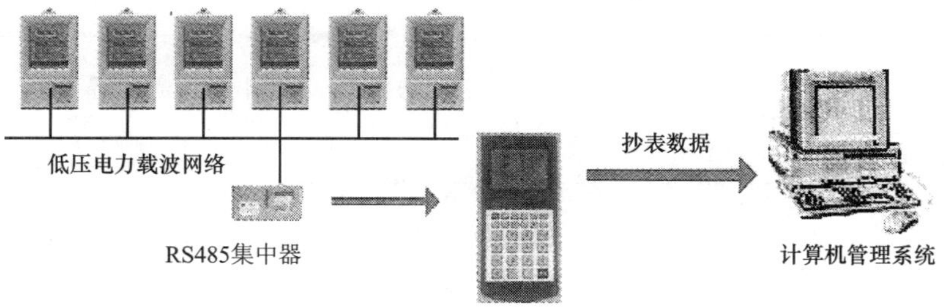

图 7–9　电力载波抄表技术构成示意图

四、远程自动集中抄表系统

远程自动抄表技术是利用特定的通信手段和远程通信介质将表计抄收数据内容实时传送至远端的电力营销计算机网络系统或其他需要抄表数据的系统。远程抄表系统是新兴的、先进的抄表手段，它融合了当今计算机通信技术的最先进的部分，并随着通信技术系统的软件和硬件不断发展而更新，因此可以讲它是一项发展中的技术。

1. 远程自动抄表系统框图

远程自动抄表系统框图，如图 7–10 所示。

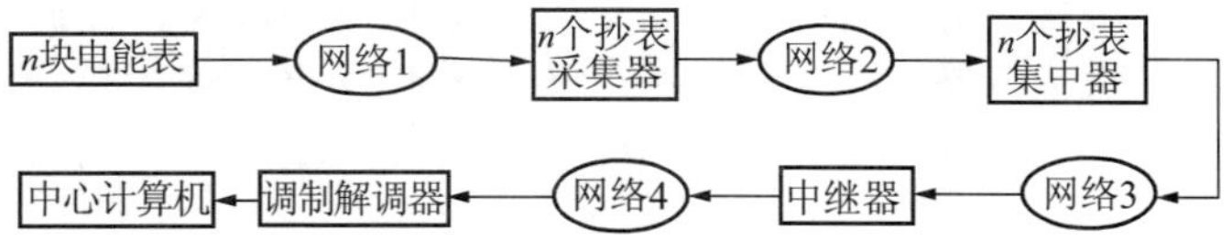

图 7–10　远程自动抄表系统框图

2. 远程自动抄表系统框图功能

远程自动抄表系统框图功能，如表 7–19 所示。

表 7–19　　远程自动抄表系统框图功能

序号	内容	说　明	
1	脉冲表	脉冲表由普通电能表加一块电子电路板构成，将铝盘的旋转计度数转换成脉冲以数字量的形式输出（大用户电能表可加装采集模块直接通过网络 2 传输到集中器）	
2	网络	网络 1	可采用专用线
		网络 2	可采用 RS485、低压载波

续表

序号	内容	说明	
2	网络	网络 3	可采用电话网、电力网、RS485、无线通信网、有线电视网、光纤通信网
		网络 4	可采用电话网、电力网、无线通信网
3	抄表采集器、集中器和中继器	采集器	对多台脉冲表的计数脉冲量进行采集、计数、存储
		集中器	从采集器获取数据并完成电表数据的汇总、处理、远传，同时通过电话线或红外方式与控制中心联系（大用户可从电表直接获取数据）
		中继器	集中器存储的数据通过中继站与公共电话网或无线电台联系，将数据传送至中央计算机
4	调制解调器	调制中心计算机发出的数字指令信号，将其转化成模拟方式在专用线上有效传输，完成远程抄表通信的控制，解调从电话线传来的模拟信息，将其转化成数字信号传给中心计算机，完成抄表数据汇总	
5	中心计算机	控制并集中所有信息流，进行存储、分析、处理	

3. 远程自动抄表实例

远程自动抄表首先通过采集器采集脉冲表的脉冲（大客户也可直接使用加装数据采集模块的电能表），将用电量进行实时记录和存储，再通过RS485 总线或电力载波线将各指示数传送到集中器，集中器每 15min 进行一次自动抄表，并自动更新数据。当管理部门的主站中心计算机通过调制解调器对集中器发出抄表指令时，各电能表的指示数和表号等相关参数就通过通信线路传输到主站计算机进行统一处理。远程自动抄表属于全自动抄表，1min 内可以完成上百块表的准确抄读，大大减轻了抄表的工作强度，见图 7–11。

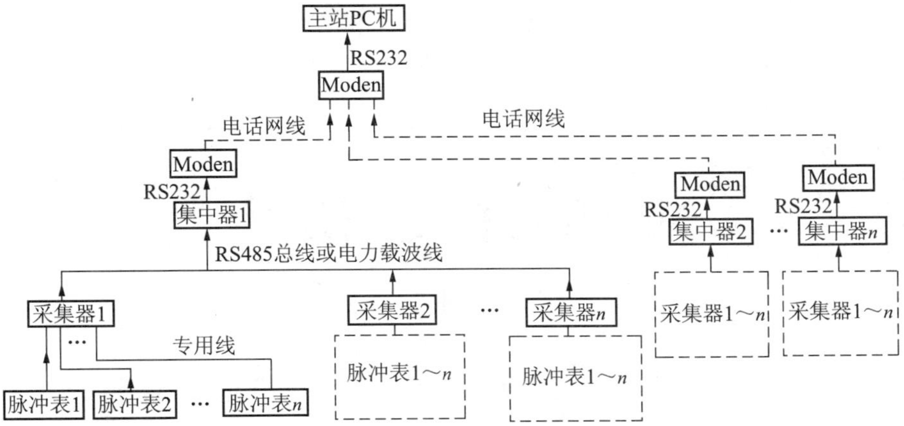

图 7–11 远程自动抄表举例

4. 远程自动抄表系统

如图 7–12 所示，远程自动抄表系统可以构成一个强大的网络，同时完成对各种不同类型客户的抄表工作。

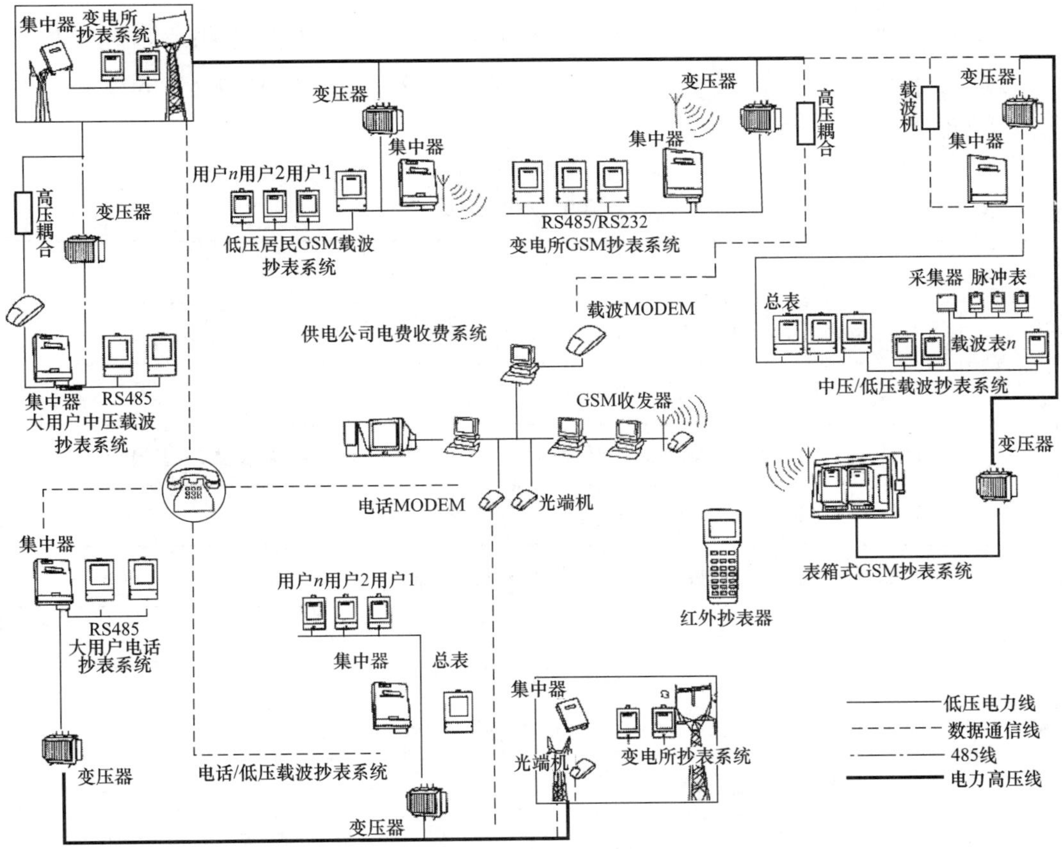

图 7–12 远程自动抄表系统

第八章

防治窃电技术

第一节 窃电行为

窃电是一种表面以非法侵占使用电能为形式、实质以盗窃供电企业电费为目的的行为，是一种严重的违法犯罪行为，窃电不仅破坏了正常的供电秩序，盗窃了电能，使供电企业蒙受了经济损失，而且窃电还危及供电的安全与电能的经济合理使用，特别在缺电时期，进一步加剧了电力供应的紧张程度，给社会带来严重的危害。

由于电能是无形物，不能储存，在其被窃的同时即被消耗，因此窃电无法以所窃的电能来证明，只能以行为来认定。各种常见窃电行为的认定，如表 8–1 所示。

表 8–1　　窃电行为的认定

序号	窃电行为
1	在供电企业的供电设施上擅自接线用电
2	绕越供电企业的用电计量装置用电
3	伪造或开启法定的或授权的计量检定机构加封的用电计量装置封印用电
4	故意损坏供电企业用电计量装置
5	故意使供电企业用电计量装置不准或失效
6	采用其他窃电方法

第二节 窃电现象

用户窃电现象五花八门，但万变不离其宗，最常见的是从电能计量基本原理入手，改变计量装置的接线及电能表的结构，使电表慢转、停转甚至反转，从而达到窃电的目的。

一、窃电方式及特点

用户窃电采用的方式很多，从窃电手段来讲，可分为普通型窃电、技术性窃电与高科技窃电三种；从计量角度来讲，可分为与计量装置有关和与计量装置无关两种；从窃电的时间上来讲，又可分为连续式窃电和间断式窃电两种。

窃电方式及特点，如表 8–2 所示。

表 8–2　　窃电方式及特点

序号	窃电方式	特　点	说　明
1	普通型窃电（与计量表无关绕越计费电能表窃电）	（1）直接从配电变压器的低压绝缘子柱上挂线用电； （2）短接计量箱进出线用电； （3）私自从供电电网上挂线用电； （4）包灯用户私自增容	不动计量装置，且无一定规律，窃电后证据随之消失
2	技术性窃电（与计量有关）	（1）破坏计量装置的准确计量； （2）技能窃电； （3）篡改计量结果； （4）破坏计量装置	打开计量箱或电表箱，或利用计量原理的漏洞，或损坏计量装置进行窃电
3	高科技窃电	非法制造、销售高科技窃电器	利用计量原理制造窃电器使电能表高速倒转、停转或慢转，或改变电子式电能表程序的设置使电能表错误计量
4	连续性窃电	窃电在较长时间内进行，或一开始计量便每时每刻都在窃电	该窃电方式有利于查电人员获取窃电证据
5	间断式窃电	窃电时断时续，没有一定规律	该方式给查电人员获取窃电证据带来一定难度

二、窃电基本方法

尽管各种窃电的手法很多，但从计量原理角度出发分析问题，其手法变来变去不外乎有五种基本类型，即：① 欠压窃电法；② 欠流窃电法；③ 移相窃电法；④ 扩差窃电法；⑤ 无表窃电法。

1. 欠压窃电法

窃电者采用各种手法故意改变电能计量电压回路的正常接线，或故意造成电压回路故障，致使电能表的电压线圈失压或所受电压减少，从而导致电量少计。

欠压窃电方法，如表 8–3 所示。

表 8–3 欠压窃电方法

分类	窃电方法		现象
三相用户欠压法	经 TV	熔断器开路或接触不良	松开 TV 的熔断器或弄断熔丝管内的熔丝
		接线端子开路或接触不良	拧松 TV 熔断器的熔丝或人为制造接触面的氧化层； 拧松电压回路接线端子或人为制造接触面的氧化层
		连接导线开路	弄断电压回路导线线芯或松开电压回路的接线端子
		电压连接片开路或接触不良	松开电能表的电压连接片或拧松电压表电压连接片或人为制造接触面的氧化层
		电压回路串入电阻	在 TV 的二次回路串入电阻降压
		短接 TV 的二次回路	将串联的三个铁夹夹在三个单相电压互感器二次侧的 K1 端并接地
		在 TV 二次回路的中性线中串接电动势	在 TV 二次回路中性线中串联由 TV 一次侧（一相）经小型变压器引入的电动势或经逆变器引入的电动势
		断开中相线	在三相两元件电能表中断开表尾 V 相电压接线端
	不经 TV	电压连接片开路或接触不良	拧松或打开电能表的电压连接片
		电压回路串入电阻	在三元件电能表的中性线中串入电阻； 在两元件电能表公共端接线中串入电阻

续表

分类	窃电方法	现象
单相用户欠压法	电压连接片开路或接触不良	拧松或打开电能表的电压连接片
	进出表零线断开，电压线圈经电阻接地或接邻户零线	断开进出表零线将电能表电压线圈串入电阻与户内负荷并联接地或接邻户零线
	进出表零线断开，户内零线接地或邻户	断开进出表零线，将负荷侧零线接地或接邻户零线

2. 欠流窃电法

窃电者采用各种手法故意改变电能计量电流回路的正常接线，或故意造成计量电流回路故障，致使电能表的电流线圈无电流通过或只通过部分电流，从而导致电量少计。

欠流窃电方法，如表 8–4 所示。

表 8–4　　欠流窃电方法

分类	窃电方法		现象
三相用户欠流法	经 TA	使电流回路开路或接触不良	松开 TA 二次出线端子；松开电能表电流端子或中间端子排的电流接线端子。弄断电流回路导线的线芯或人为地制造 TA 二次回路中接线端子的接触不良故障，使其形成虚接而近乎开路
		短接电流回路或分流	短接电能表的电流端子；短接 TA 一次或二次侧；短接电流回路的端子排。电流互感器二次线电缆多点接地短路，短接点在二次线捆扎处或电缆热缩头处。在电流互感器的二次侧接负荷分流
		改变 TA 的变比	更换不同变比的 TA；改变抽头式 TA 的二次抽头；改变穿芯式 TA 的一次侧匝数或将一次侧有串、并联组合的接线方式改变
		三相两元件电能表 V 相接入单相负荷	三相两元件电能表 V 相接单相负荷接地

续表

分类	窃电方法		现象
三相用户欠流法	经 TA	TA 二次侧多点接地	用串联着的三个铁夹夹在 YNyn 接线的三个电流互感器二次侧的 K1 端并接地。用串联着的两个铁夹夹在 Vv 接线的两个电流互感器的二次侧 K1 端并接地
	不经 TA	短接电流回路或分流	采用两条三相四线制电缆将进表零线断开"搭飞火"窃电。短接电能表电流线圈的接线端或端子排
		两元件电能表中相接入单相负荷	在负荷侧 V 相接单相负荷并接地
单相用户欠流法	经 TA	使电流线圈回路开路或接触不良	松开 TA 二次出线端子或电能表电流端子。弄断电流回路导线的线芯；人为地制造 TA 二次回路中性线端子的接触不良
		短接电流回路	短接电能表的电流端子；短接 TA 一次或二次侧
		改变 TA 的变比	更换不同变比的 TA，"小换大"，保留原小变比的铭牌；改变抽头式 TA 的二次抽头；改变穿芯式 TA 的一次侧匝数
		改变电路接法	加接旁路线绕越电能表；相、零线对调同时零线接地或接邻户零线；相、零线对调同时与邻户联手窃电
	不经 TA	短接电流回路	短接电流表的电流端子
		改变电路接法	加接旁路线绕越电能表；相、零线对调同时零线接地或接邻户零线；相、零线对调同时与邻户联手窃电

3. 移相窃电法

窃电者采用各种手法故意改变电能表的正常接线，或接入与电能表的线圈无电联系的电压、电流，还有利用电感或电容特定接法，从而改变电能表线圈中的电压、电流间的正常相位关系，致使电能表慢转甚至倒转。

移相窃电方法，如表 8–5 所示。

表 8–5　　移相窃电方法

分类	窃电方法		现象
三相用户移相法	经互感器	改变电流回路的接线	调换 TA 一次侧的进出线；调换 TA 二次侧的同名端；调换电能表的电流端子的进出线；调换 TA 至电能表连线的相别
		改变电压回路的接线	调换 TV 至电能表连线的相别；改变 TV 极性
		改变电能表元件电压、电流的对应关系	改变电流极性和电压相别；改变电压极性和电流相别；改变电压相别和电流相别
		用变流器或变压器的附加电流使电能表倒转	用一台一、二次侧没有电联系的变流器或二次匝数较少的电焊变压器二次侧反极性，并联接入电能表的电流线圈
		用外部电源使电能表倒转	用一台具有电压、电流输出的手摇发电机，电压正极性，电流反极性，接入电能表；用一台具有电压、电流输出的逆变电源接入电能表
		用电感或电容移相使电能表倒转	三相两元件电能表，U 元件接电感或 W 元件接电容
		用变压器将某相电压升高接入表尾零线	用变压器将某相电压升高接入表尾零线使表内某一元件承受反向电压，把单相负荷全部接到对应相上
	不经互感器	改变电流回路的接线	调换电能表电流端子进出线；调换进表线相别
		改变电压回路的接线	调换电能表电压端子相别
		改变电能表元件电压、电流的对应关系	调换电流极性和电压相别；调换电压极性和电流相别；调换电压相别和电流相别

续表

分类	窃电方法		现象
三相用户移相法	不经互感器	用隔离变压器、电流互感器附加电流使电能表倒转	用一台一、二次侧没有电联系的电流互感器或二次匝数较少的电焊变压器二次侧反极性，并联接入电能表的电流线圈
		用外部电源使电能表倒转	用一台具有电压、电流输出的手摇发电机电压正极性，电流反极性，接入电能表；用一台具有电压、电流输出的逆变电源电压正极性，电流反极性接入电能表
		用变压器将某相电压升高接入表尾零线	用变压器将某相电压升高接入表尾零线使表内某一元件承受反向电压，把单相负荷全部接到对应相上
		用电感或电容移相使电能表倒转	三相两元件电能表，U 元件接电感或 W 元件接电容
单相用户移相法	改变电流回路的接线		调换电能表电流端子进出线；调换 TA 一次或二次侧极性
	改变电压回路的接线		调换电能表电压端子进出线；调换 TV 一次或二次侧极性
	用变压器或变流器附加电流使电能表倒转		用一台一、二次侧没有电联系的变流器或二次匝数较少的电焊变压器二次侧反极性，并联接入电能表的电流线圈
	用外部电源使电能表倒转		用一台具有电压、电流输出的手摇发电机电压正极性，电流反极性，接入电能表；用一台具有电压、电流输出的逆变电源电压正极性，电流反极性接入电能表

4. 扩差窃电法

窃电者私自拆开电能表，通过采用各种手法改变电能表内部的结构性能致使电能表本身的误差扩大；利用电流或机械力损坏电能表，改变电能表的安装条件，使电能表少计。

扩差窃电方法，如表 8–6 所示。

表 8–6　　扩差窃电方法

分类	窃电方法		现象
拆开电能表	感应型电能表	改变电能表内部的结构性能	减少电流线圈匝数或短接电流线圈；增大电压线圈的串联电阻或断开电压线圈；更换传动齿轮或减少齿数损坏传动齿轮，增加机械阻尼或增大轴承阻力；改变表内电流线圈接线将串联改为并联。倒转表码
	电子型电能表	改变电能表内部的参数及性能	改变表内零件参数，减少分压电阻值或减少分流电流值；改变表内有关接线；制造表内接线或零件故障，断开地线或断开某一元件电压或电流线；制造表内传动部件故障；倒转表码；更改内部程序
不拆开电能表	感应型电能表	用大电流或机械力损坏电能表	用过负荷电流烧坏电流线圈；用短路电流的电动力冲击电能表；用机械外力损坏电能表
		改变电能表的工作条件	改变电磁型电能表的安装角度；用机械力振动干扰电能表；用永久磁铁产生的强磁场干扰电能表；用谐波发生器倒送谐波干扰电能表
		改变电能表性能	将表大盖上方钻一小孔，插入铁丝阻止表盘转动；选用小变比电流互感器使其过负荷或选用大变比电流互感器使其轻负荷
	电子型电能表	改变电能表参数性能	利用红外解码器和掌中电脑，通过电能表红外口改变电能表参数设置。断开表尾零线再在负荷侧接零

5. 无表窃电法

未经报装入户就私自在供电部门的线路上接线用电或有表用户私自甩表用电。

无表窃电方法，如表 8–7 所示。

表 8–7　　无表窃电方法

分类	窃电方法	现象
用户窃电	私拉乱接，强行用电	直接从配电变压器的低压绝缘子柱上挂线用电；短接计量箱进、出线；私自从供电电网上接线用电；对现有包灯用户私自增容；摘掉 IC 卡表的跳闸线圈致使 IC 卡表虽欠费，但不跳闸

续表

分类	窃电方法	现　　象
联手窃电	内外勾结，监守自盗，联手窃电	制造假账、坏账、故意造成台账混乱；平时少抄电量，待电量积累多了把表烧坏，谎称丢失。将高电价设备转接入低电价线路上运行；故意让 TA 烧坏，使其运行半年以上，原有关规定只能补半年误差电量

第三节　电能计量装置错误接线

电能计量装置的错误接线，使电能表错误计量。电能计量装置的接线由互感器内部接线、二次接线、电能表内部接线组成。

一、电压互感器接线检查

1. 电压互感器一次、二次侧断线检测

电压互感器一次、二次侧断线检测，如表 8–8 所示。

表 8–8　　　　电压互感器一次、二次侧断线检测

序号	接线方式	接线状态	接　线　图	二次侧线间电压（V）			
				待测电压	空载	接一只有功电能表	接一只有功电能表接一只无功电能表
1	Vv0	正常	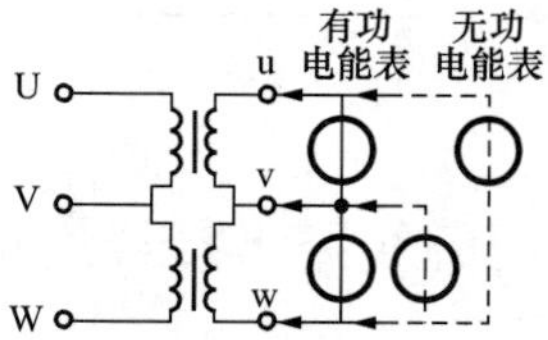	U_{uv}	100	100	100
				U_{vw}	100	100	100
				U_{wu}	100	100	100
2	Vv0	U 相一次断线	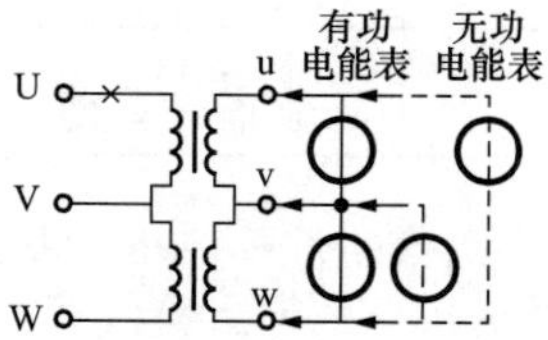	U_{uv}	0	0	50
				U_{vw}	100	100	100
				U_{wu}	100	100	50

续表

序号	接线方式	接线状态	接线图	二次侧线间电压（V）			
				待测电压	空载	接一只有功电能表	接一只有功电能表接一只无功电能表
3	Vv0	V相一次断线	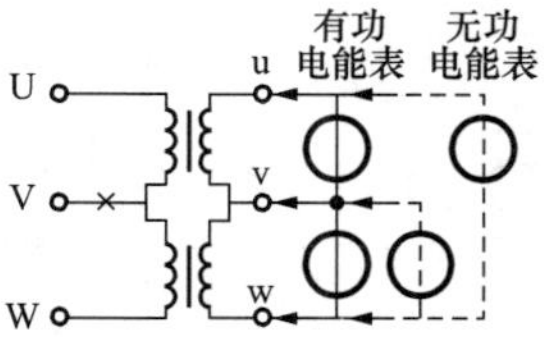	U_{uv}	50	50	50
				U_{vw}	50	50	50
				U_{wu}	100	100	100
4	Vv0	W相一次断线	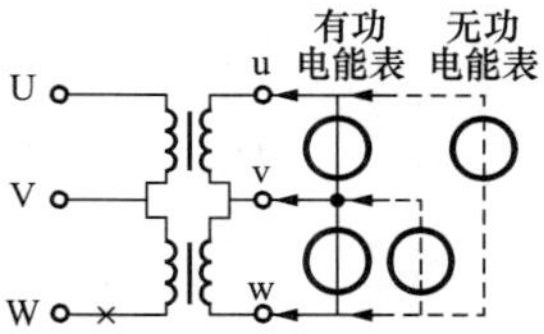	U_{uv}	100	100	100
				U_{vw}	0	0	33
				U_{wu}	100	100	67
5	Vv0	U相二次断线	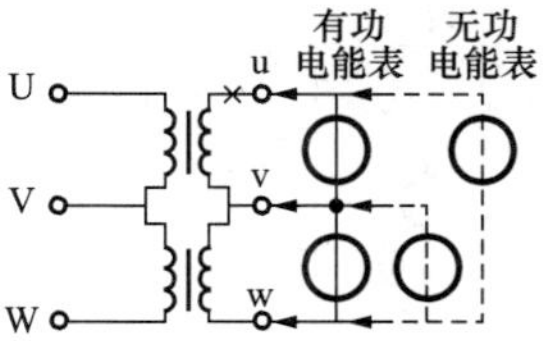	U_{uv}	0	0	50
				U_{vw}	100	100	100
				U_{wu}	0	100	50
6	Vv0	V相二次断线	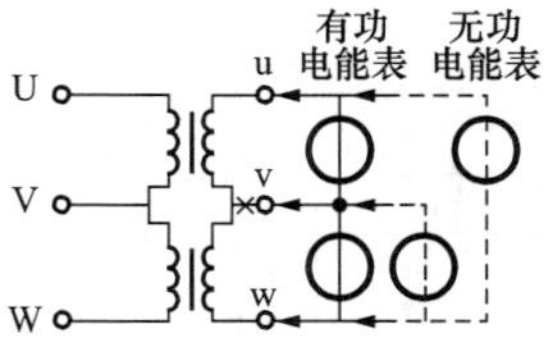	U_{uv}	0	50	67
				U_{vw}	0	50	33
				U_{wu}	100	100	100
7	Vv0	W相二次断线	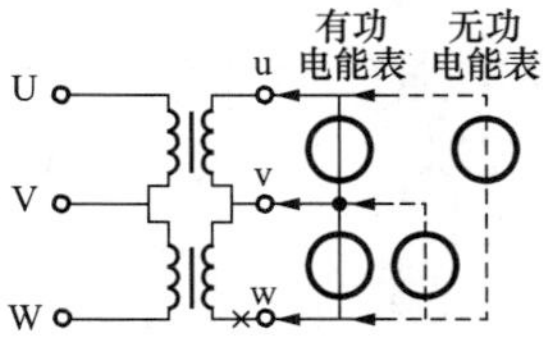	U_{uv}	100	100	100
				U_{vw}	0	0	33
				U_{wu}	0	100	67

续表

序号	接线方式	接线状态	接线图	二次侧线间电压（V）			
				待测电压	空载	接一只有功电能表	接一只有功电能表接一只无功电能表
8	Yyn0	正常	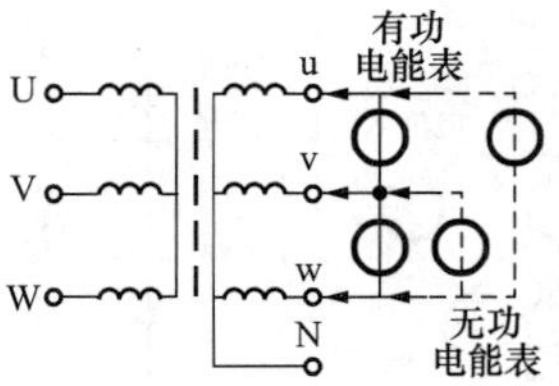	U_{uv}	100	100	100
				U_{vw}	100	100	100
				U_{wu}	100	100	100
9	Yyn0	U相一次断线	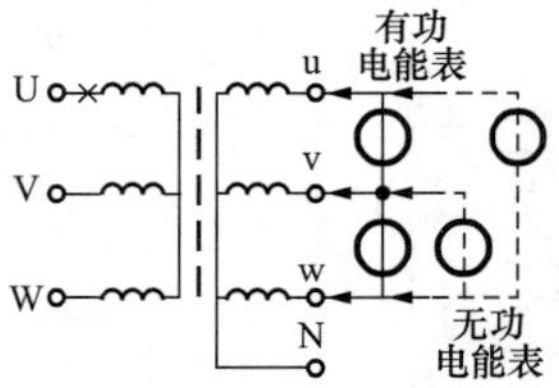	U_{uv}	57.7	57.7	57.7
				U_{vw}	100	100	100
				U_{wu}	57.7	57.7	57.7
10	Yyn0	V相一次断线	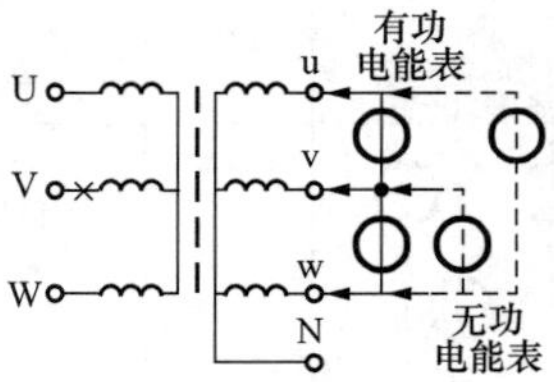	U_{uv}	57.7	57.7	57.7
				U_{vw}	57.7	57.7	57.7
				U_{wu}	100	100	100
11	Yyn0	W相一次断线	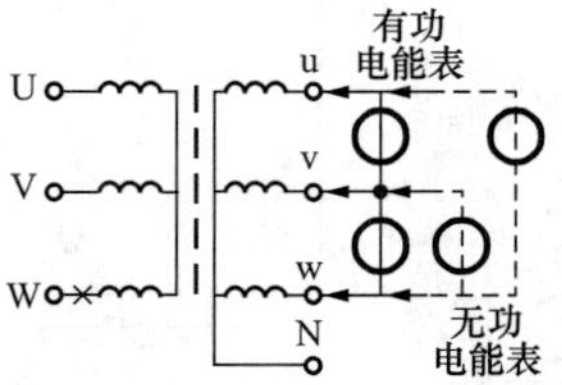	U_{uv}	100	100	100
				U_{vw}	57.7	57.7	57.7
				U_{wu}	57.7	57.7	57.7
12	Yyn0	U相二次断线	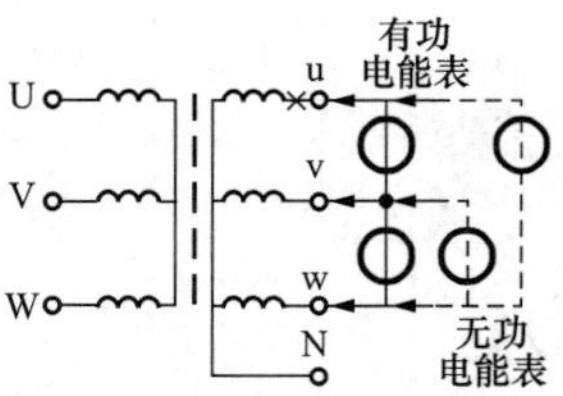	U_{uv}	0	0	50
				U_{vw}	100	100	100
				U_{wu}	0	100	50

续表

序号	接线方式	接线状态	接线图	二次侧线间电压（V）			
				待测电压	空载	接一只有功电能表	接一只有功电能表接一只无功电能表
13	Yyn0	V 相二次断线	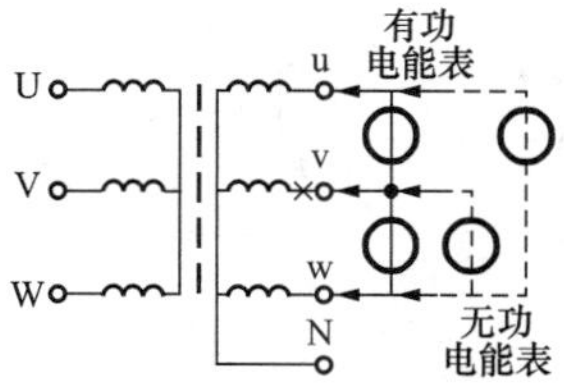	U_{uv}	0	50	67
				U_{vw}	0	50	33
				U_{wu}	100	100	100
14	Yyn0	W 相二次断线	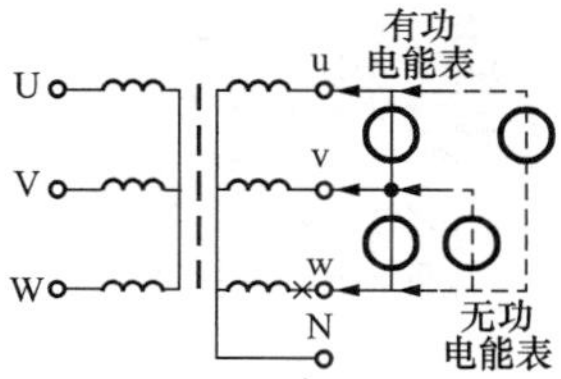	U_{uv}	100	100	100
				U_{vw}	0	0	33
				U_{wu}	0	100	67

2. 电压互感器一次、二次极性接反检测

电压互感器一次、二次极性接反检测，如表 8–9 所示。

表 8–9　　电压互感器一次、二次侧极性接反检测

序号	接线方式	接线状态	接线图	线间电压（V）	
				待测电压	测量值
1	Vv0	正常	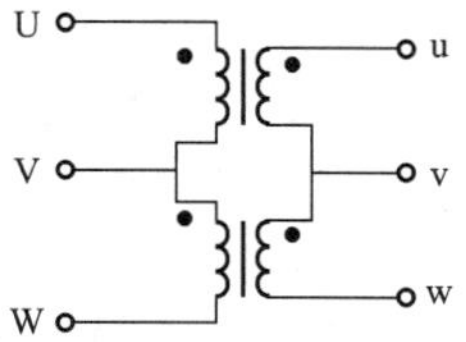	U_{uv}	100
				U_{vw}	100
				U_{wu}	100
2	Vv0	U 相一次极性反接	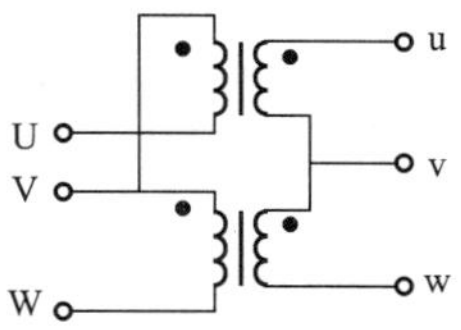	U_{uv}	100
				U_{vw}	100
				U_{wu}	173

续表

序号	接线方式	接线状态	接　线　图	线间电压（V）	
				待测电压	测量值
3	Vv0	W相一次极性反接	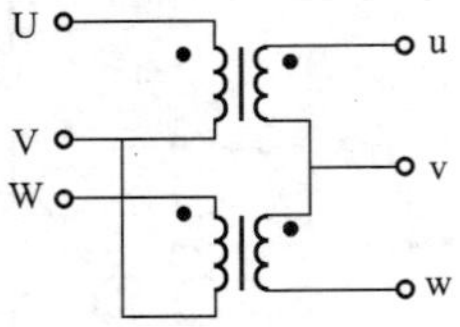	U_{uv}	100
				U_{vw}	100
				U_{wu}	173
4	Vv0	U相和W相一次极性均反接	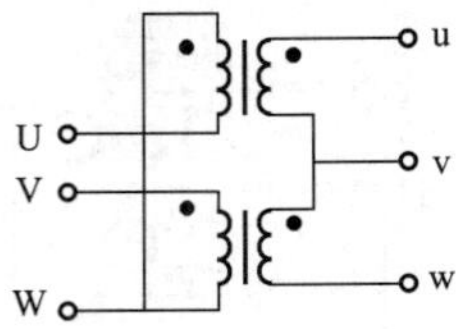	U_{uv}	100
				U_{vw}	100
				U_{wu}	100
5	Vv0	U相二次极性反接	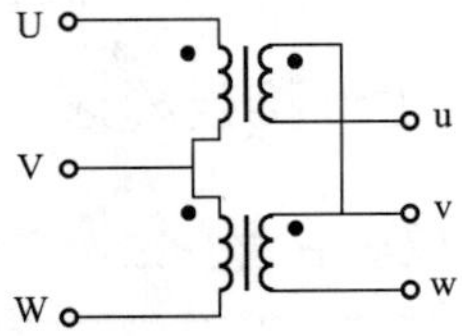	U_{uv}	100
				U_{vw}	100
				U_{wu}	173
6	Vv0	W相二次极性反接	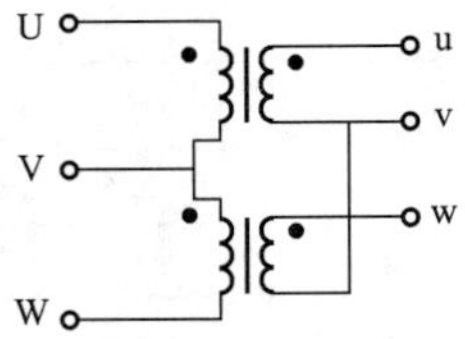	U_{uv}	100
				U_{vw}	100
				U_{wu}	173
7	Vv0	U相和W相二次极性均反接	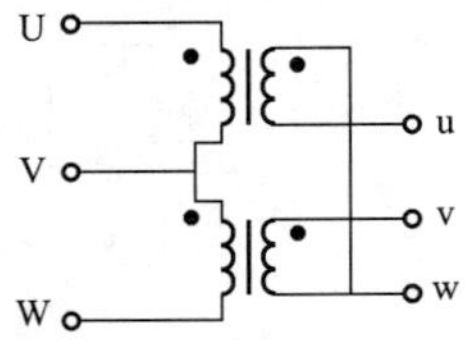	U_{uv}	100
				U_{vw}	100
				U_{wu}	100

续表

序号	接线方式	接线状态	接线图	线间电压（V）	
				待测电压	测量值
8	Yyn0	正常	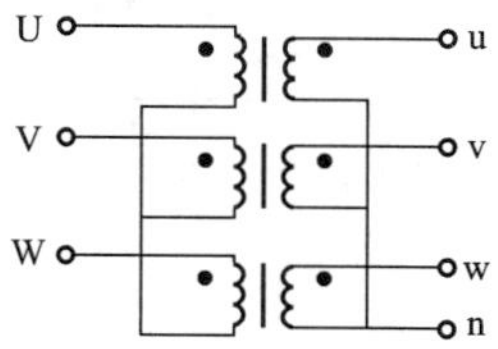	U_{uv}	100
				U_{vw}	100
				U_{wu}	100
9	Yyn0	U 相一次极性接反	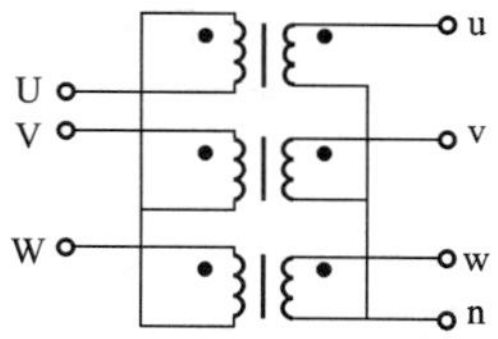	U_{uv}	57.7
				U_{vw}	100
				U_{wu}	57.7
10	Yyn0	V 相一次极性接反	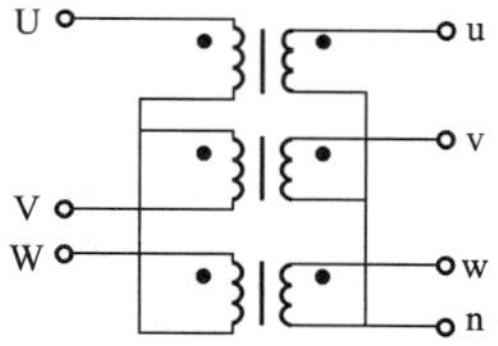	U_{uv}	57.7
				U_{vw}	57.7
				U_{wu}	100
11	Yyn0	W 相一次极性接反	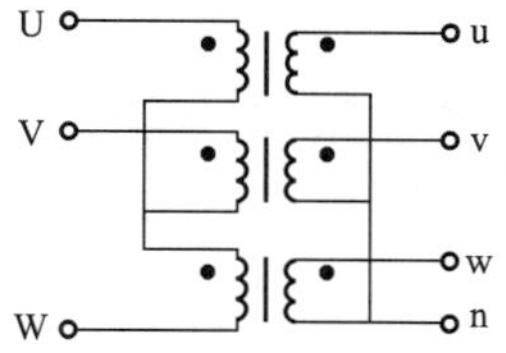	U_{uv}	100
				U_{vw}	57.7
				U_{wu}	57.7
				待测电压	测量值
12	Yyn0	U 相和 V 相一次极性均接反	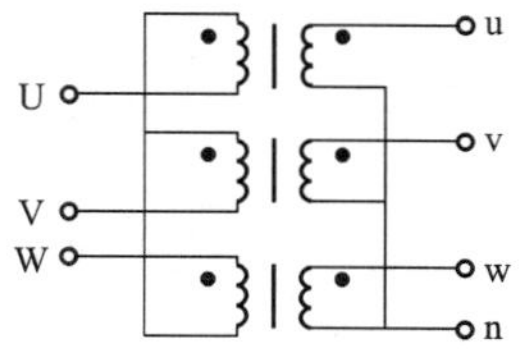	U_{uv}	100
				U_{vw}	57.7
				U_{wu}	57.7
13	Yyn0	V 相和 W 相一次极性均接反	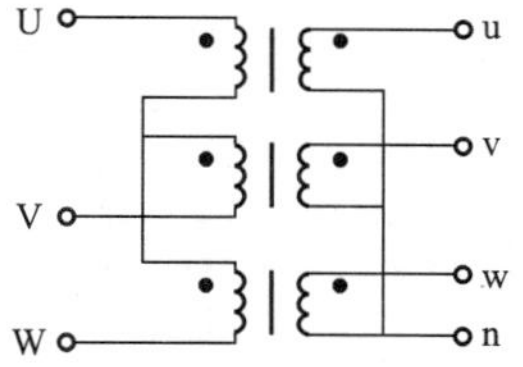	U_{uv}	57.7
				U_{vw}	100
				U_{wu}	57.7

续表

序号	接线方式	接线状态	接线图	线间电压（V）	
				待测电压	测量值
14	Yyn0	U相和W相一次极性均接反	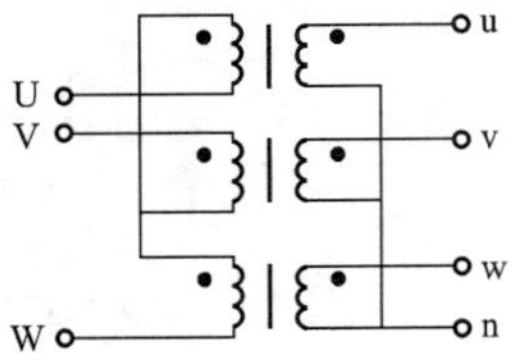	U_{uv}	57.7
				U_{vw}	57.7
				U_{wu}	100
15	Yyn0	U、V、W三相一次极性接反	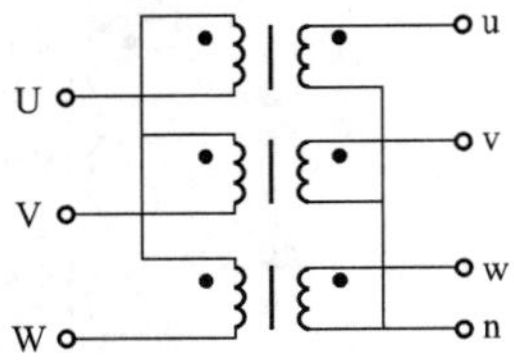	U_{uv}	100
				U_{vw}	100
				U_{wu}	100
16	Yyn0	U相二次极性接反	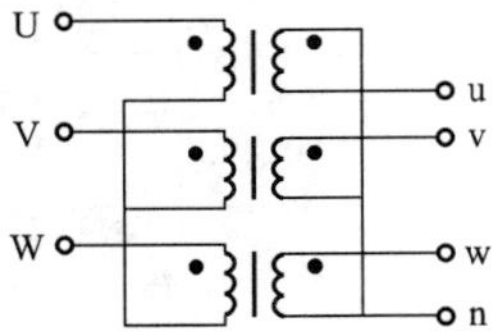	U_{uv}	57.7
				U_{vw}	100
				U_{wu}	57.7
17	Yyn0	V相二次极性接反	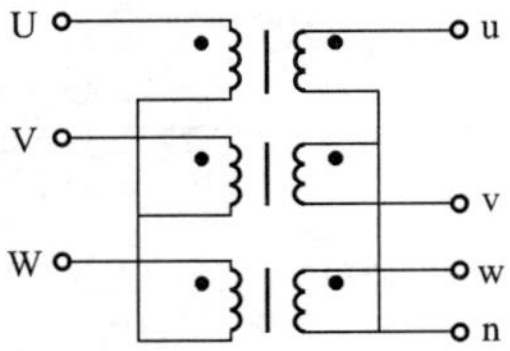	U_{uv}	57.7
				U_{vw}	57.7
				U_{wu}	100
18	Yyn0	W相二次极性接反	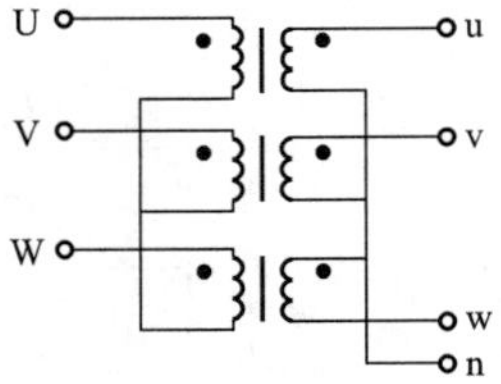	U_{uv}	100
				U_{vw}	57.7
				U_{wu}	57.7
19	Yyn0	U相和V相二次极性均接反	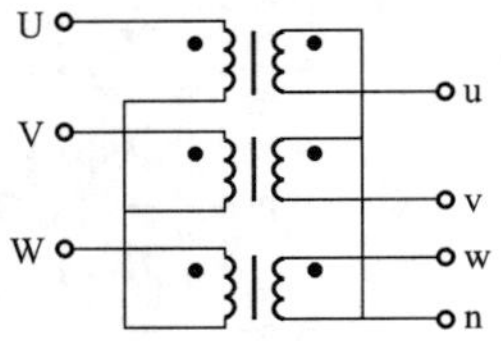	U_{uv}	100
				U_{vw}	57.7
				U_{wu}	57.7

续表

序号	接线方式	接线状态	接　线　图	线间电压（V）	
				待测电压	测量值
20	Yyn0	V 相和 W 相二次极性均接反	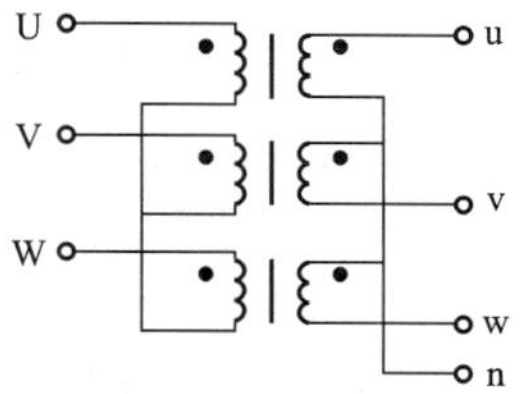	U_{uv}	57.7
				U_{vw}	100
				U_{wu}	57.7
21	Yyn0	U 相和 W 相二次极性均接反	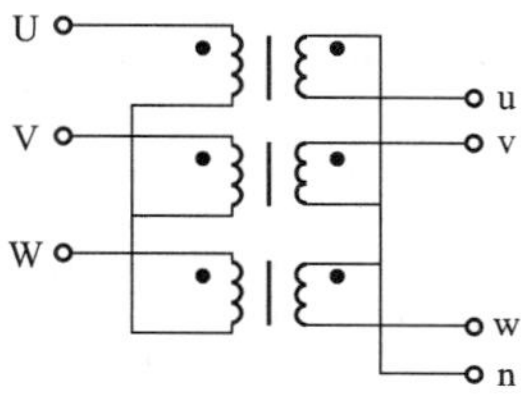	U_{uv}	57.7
				U_{vw}	57.7
				U_{wu}	100
22	Yyn0	U、V、W 三相二次极性接反	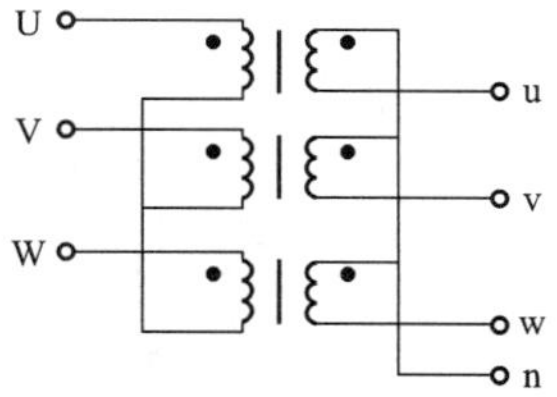	U_{uv}	100
				U_{vw}	100
				U_{wu}	100

二、电流互感器接线检查

1. 电流互感器绕组极性接反

电流互感器绕组极性接反，如表 8–10 所示。

表 8–10　　电流互感器绕组极性接反

序号	接线方式	接线状态	接　线　图	二次侧电流
1	两相不完全星形接线	正常	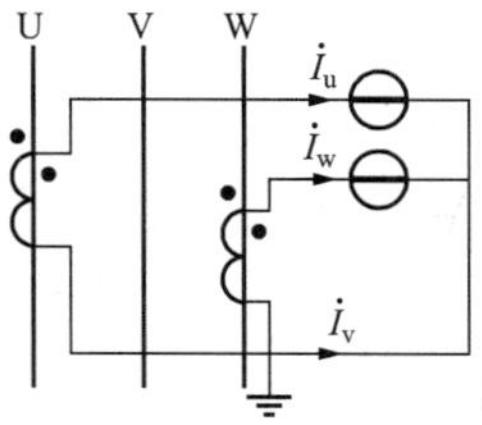	$I_v = I_u = I_w$

续表

序号	接线方式	接线状态	接　线　图	二次侧电流
2	两相不完全星形接线	U 相极性接反	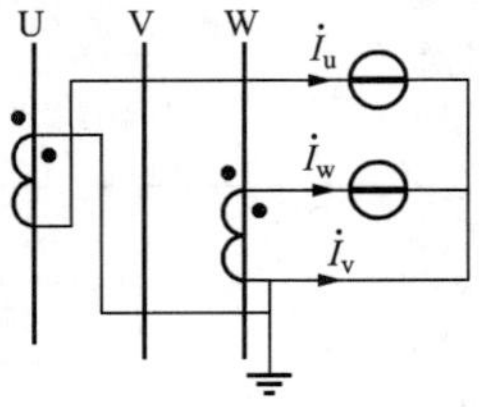	$I_u = I_w$ $I_v = \sqrt{3} I_u$
3	两相不完全星形接线	W 相极性接反	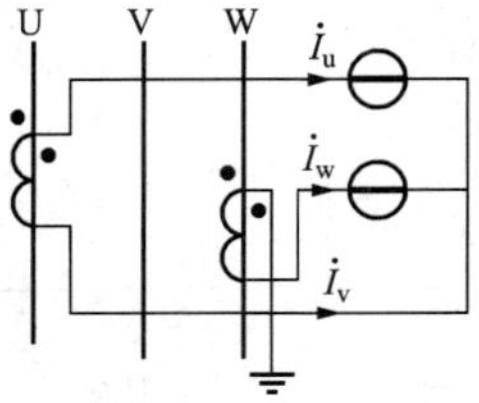	$I_u = I_w$ $I_v = \sqrt{3} I_u$
4	三相完全星形接线	正确接线	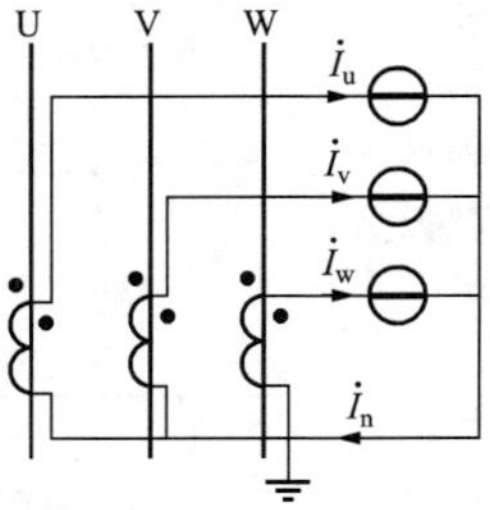	$I_v = I_u = I_w$ $I_n = 0$
5	三相完全星形接线	U 相极性接反	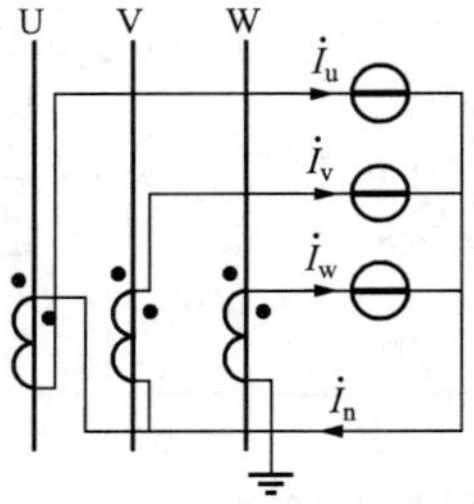	$I_v = I_u = I_w$ $I_n = 2I_u$
6	三相完全星形接线	V 相极性接反	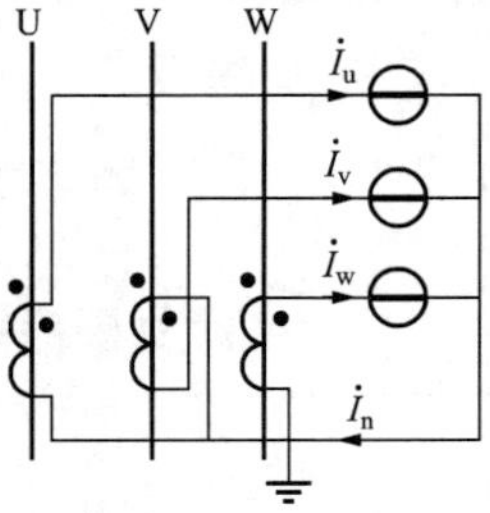	$I_v = I_u - I_w$ $I_n = 2I_v$
7	三相完全星形接线	W 相极性接反	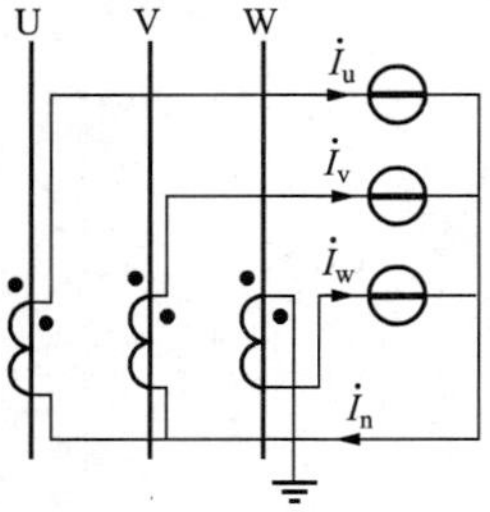	$I_v = I_u = I_w$ $I_n = 2I_w$

2. 电流互感器二次回路接地点及二次断线判断

电流互感器二次回路接地点及二次断线判断，如表 8–11 所示。

表 8–11　　　　电流互感器二次回路接地点及二次断线判断

序号	检查项目	检　测　方　法
1	电流互感器二次回路接地点	用一根两端带夹子的短路导线或电流表来检查，将导线夹子一端接地，另一端依次连接电能表电流端钮，若电能表转速变慢，则该端钮没有接地；若电能表转速无变化，则该端钮就是接地点
2	电流互感器二次回路接地线是否断线	用一根两端带夹子的短路导线或电流表来检查，将导线夹子一端接地，另一端依次连接电能表电流端钮，若电能表转速均无变化，则电流互感器二次回路接地线断线
3	电流互感器二次回路接地端的公用连线是否断开	当两台电流互感器二次回路接地端的公用连线断开时，用钳形电流表测公用连线无电流；用短路导线接地时，电能表转速变快，用钳形电流表测公用连线有电流
4	电流互感器二次是否断线	用钳形电流表逐相检查接入接线盒的三相电流，若电流为零，可直接判明断线相
5	两相不完全星形接线的 I_U 相电流是否接入电能表电流线圈	接入电能表电流线圈的二次接线端位置接错，可能将 I_U 相电流接入电流线圈。检查电流互感器二次接地点的公用连线与电能表两个电流线圈的出线端是否连在一起，可避免 I_U 相电流接入电流线圈

三、电能表错误接线

1. 有功电能表错误接线

（1）有功电能表的错误接线，如表 8–12 所示。

表 8–12　　　　有功电能表的错误接线

序号	电表类型	接线状态	接　线　图	计　量　功　率	运行状态
1	单相电能表	电流线圈极性反接	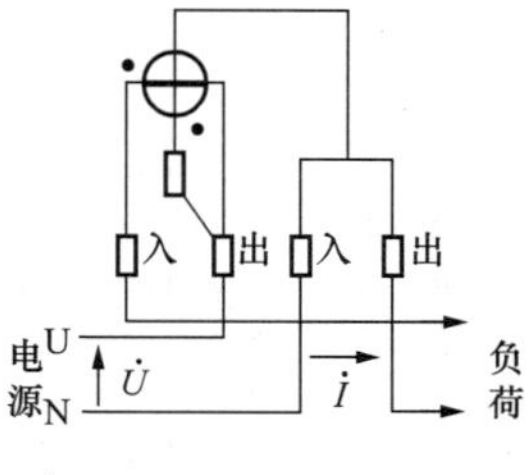	$P' = -U_{ph} I_{ph} \cos\varphi$	圆盘反转

续表

序号	电表类型	接线状态	接线图	计量功率	运行状态
2	单相电能表	进表相线零线反接	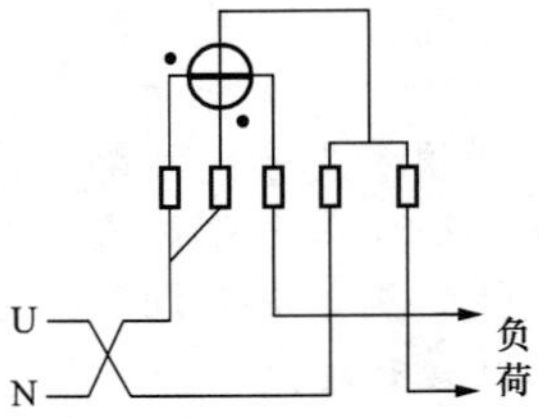	$P'=U_{ph}I_{ph}\cos\varphi$	户内不接地电表正常计量，户内接地圆盘慢转或停转
3	单相电能表	电压连接片打开	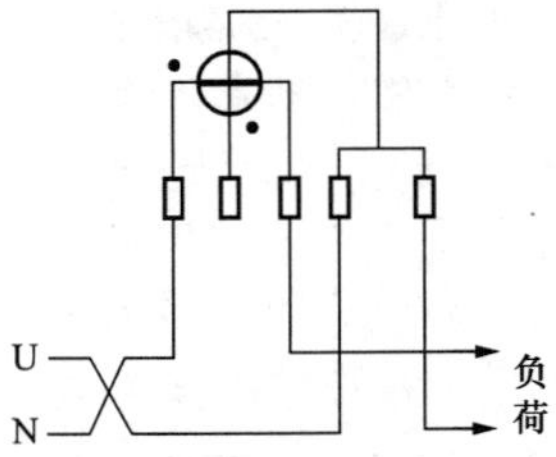	$P'=0$	圆盘停转
4	单相电能表	进表零线断开负荷侧接地或邻户接零线	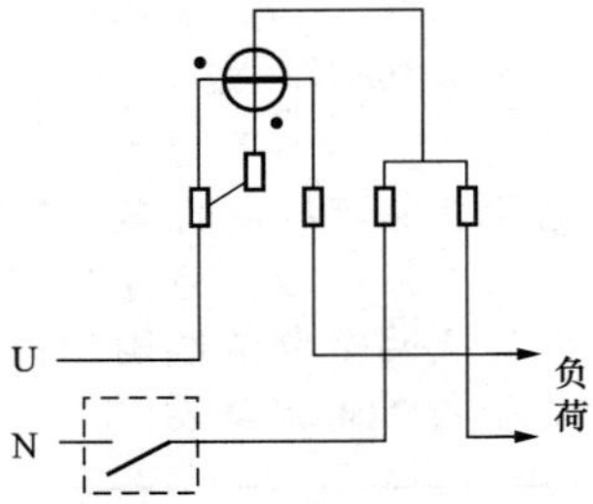	$P'=0$	圆盘停转
5	单相电能表	电流线圈并联于电源	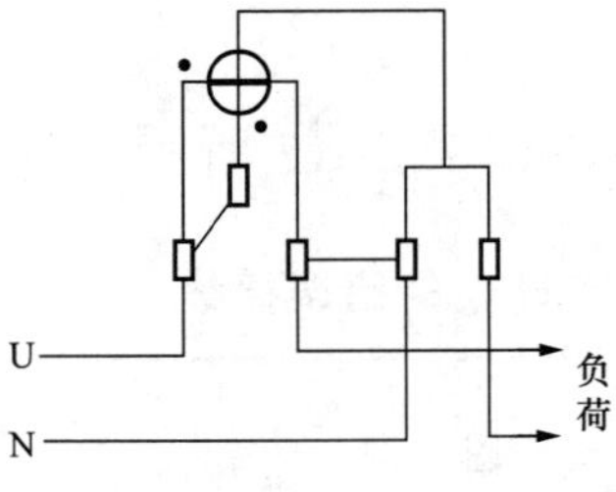	$P'=0$	电源开关合上立即烧毁电能表
6	单相电能表	电流线圈与电压线圈串联	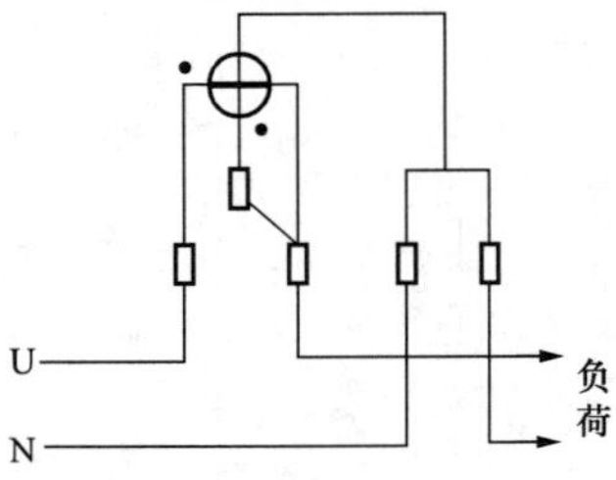	$P'=U_{ph}I_{ph}\cos\varphi$	负荷时电能表误差随负荷变化，空载时电能表潜动

续表

序号	电表类型	接线状态	接线图	计量功率	运行状态
7	三相三元件电能表	任一相电流线或电压线断开	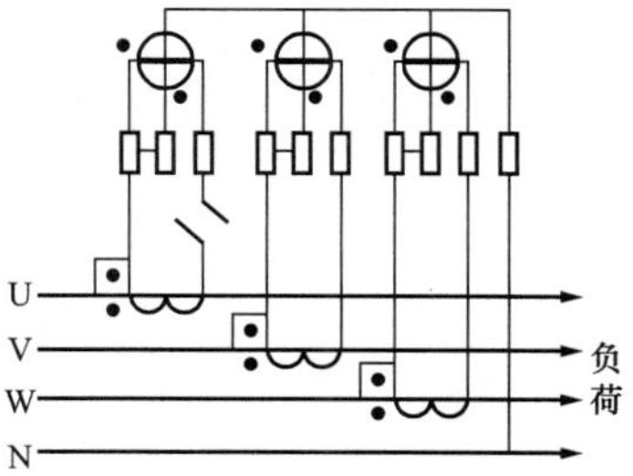	$P' = 2U_{ph} I_{ph} \cos\varphi$	圆盘慢转$\frac{1}{3}$
8	三相三元件电能表	任两相电流线或两相电压线断开	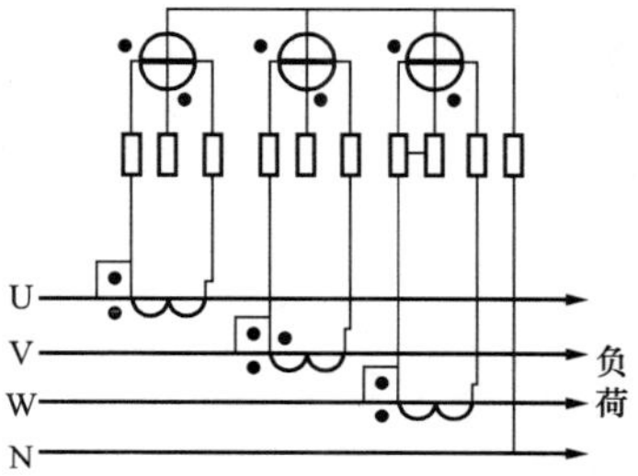	$P' = U_{ph} I_{ph} \cos\varphi$	圆盘慢转$\frac{2}{3}$
9	三相三元件电能表	三相电流线或三相电压线断开	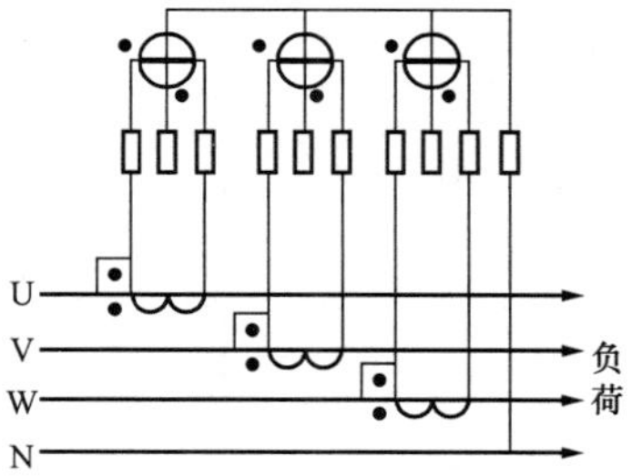	$P' = 0$	圆盘停转
10	三相三元件电能表	任一相电流线圈极性反接	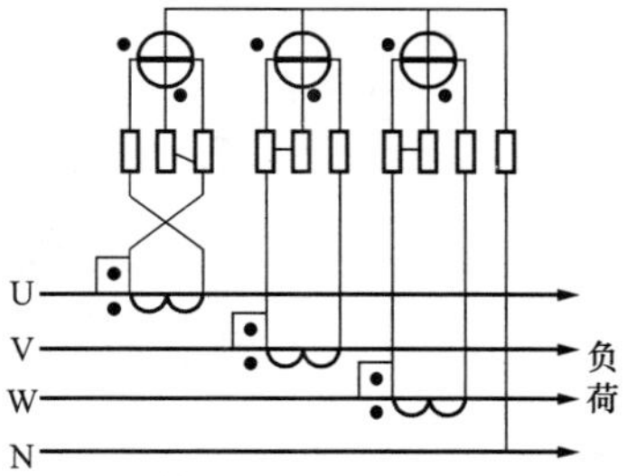	$P' = U_{ph} I_{ph} \cos\varphi$ 或 $P' = \frac{1}{\sqrt{3}} UI \cos\varphi$	圆盘慢转$\frac{2}{3}$
11	三相三元件电能表	任两相电流线圈极性反接	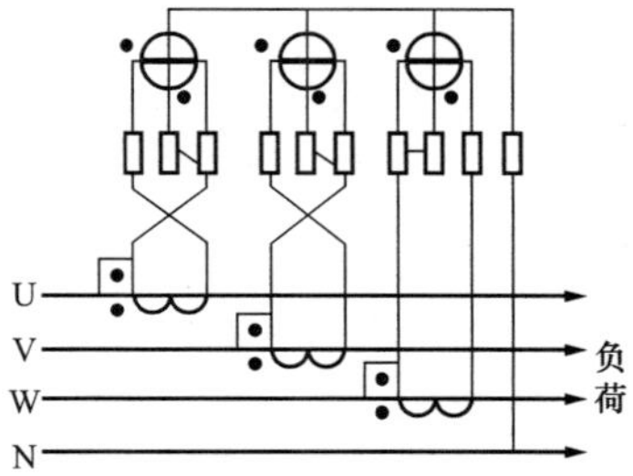	$P' = -U_{ph} I_{ph} \cos\varphi$ 或 $P' = -\frac{1}{\sqrt{3}} UI \cos\varphi$	圆盘慢转$\frac{2}{3}$

续表

序号	电表类型	接线状态	接线图	计量功率	运行状态
12	三相三元件电能表	三相电流线圈极性全部反接	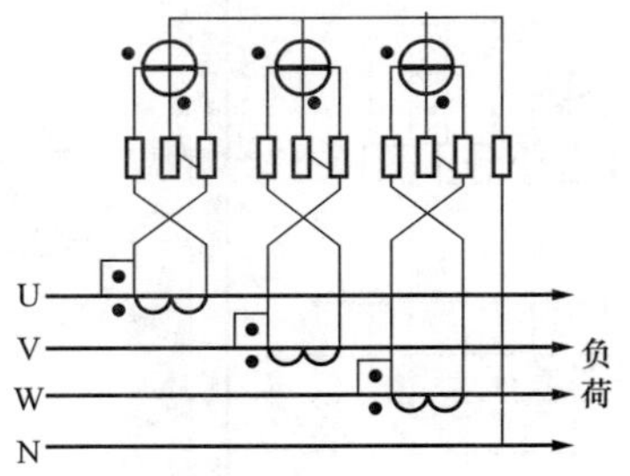	$P'=-3U_{ph}I_{ph}\cos\varphi$ 或 $P'=-\sqrt{3}UI\cos\varphi$	圆盘反转
13	三相三元件电能表	任意两元件的电压、电流线圈未接对应相	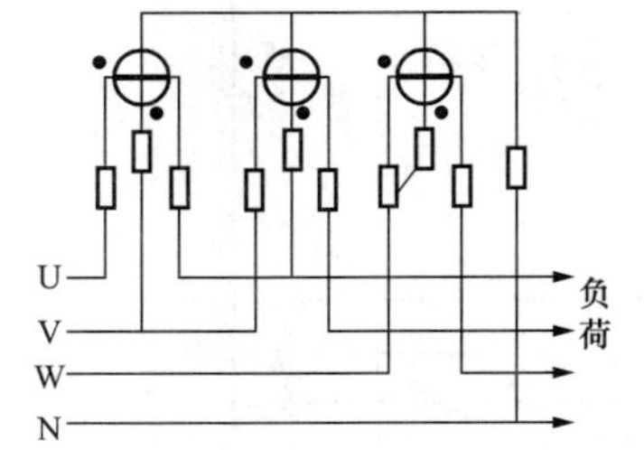	$P'=0$	圆盘停转
14	三相三元件电能表	三个元件的电压、电流线圈全未接对应相	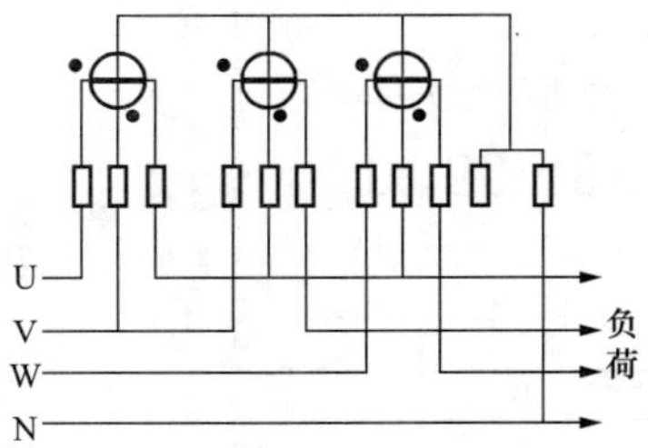	$P'=\sqrt{3}UI\left(-\frac{1}{2}\cos\varphi-\frac{\sqrt{3}}{2}\sin\varphi\right)$	圆盘转动无规律随负荷性质变化
15	三相两元件电能表	U相元件电压或电流线圈断开	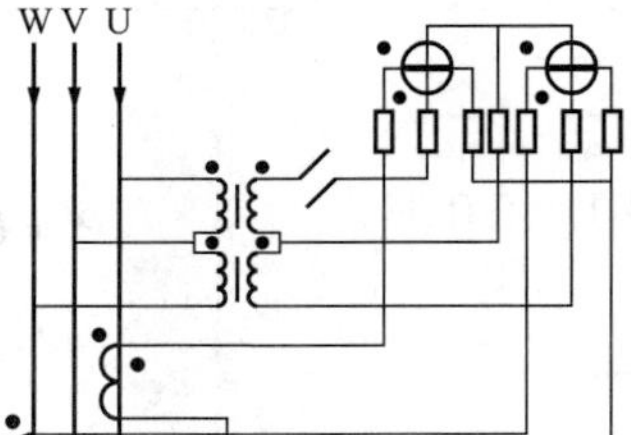	$P'=UI\left(\frac{\sqrt{3}}{2}\cos\varphi+\frac{1}{2}\sin\varphi\right)$	圆盘正传转速变慢
16	三相两元件电能表	W相元件电压或电流线圈断开	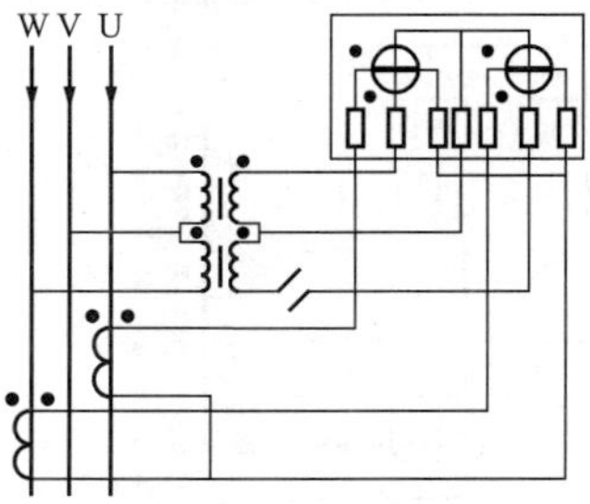	$P'=UI\left(\frac{\sqrt{3}}{2}\cos\varphi-\frac{1}{2}\sin\varphi\right)$	圆盘正传转速变慢

续表

序号	电表类型	接线状态	接 线 图	计 量 功 率	运行状态
17	三相两元件电能表	V 相元件电压断开	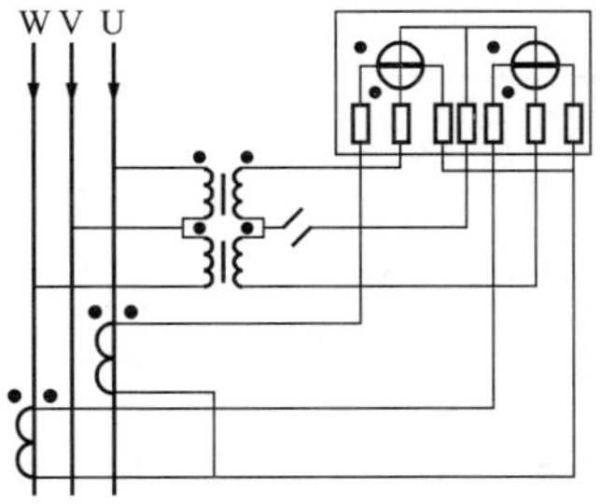	$P'=\frac{\sqrt{3}}{2}\cos\varphi$	圆盘正传转速变慢$\frac{1}{2}$

（2）三相两元件有功电能表电压、电流接线配合错误接线，如表 8–13 所示。

表 8–13　三相两元件有功电能表电压、电流接线配合错误接线

计量功率公式 \ 电压相序 / 电流相序		① I U V W II	② I U W V II
1	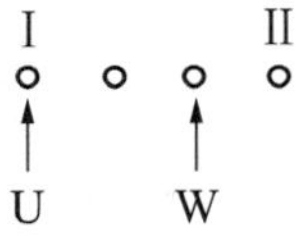	$\sqrt{3}UI\cos\varphi$	0
2	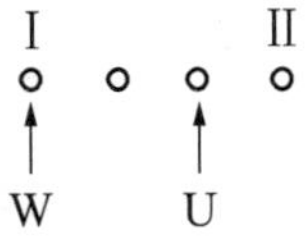	0	$UI\left(-\frac{\sqrt{3}}{2}\cos\varphi+\frac{3}{2}\sin\varphi\right)$
3	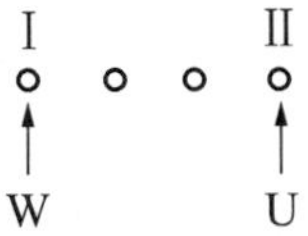	$2UI\sin\varphi$	$UI\left(-\frac{\sqrt{3}}{2}\cos\varphi-\frac{1}{2}\sin\varphi\right)$
4	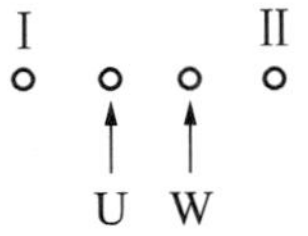	$UI\sin\varphi$	$UI(-\sqrt{3}\cos\varphi-\sin\varphi)$
5	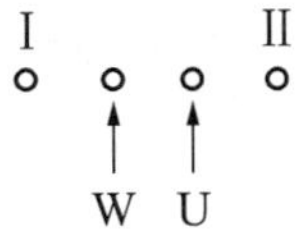	$-2UI\sin\varphi$	$UI\left(\frac{\sqrt{3}}{2}\cos\varphi+\frac{1}{2}\sin\varphi\right)$

续表

计量功率公式＼电压相序 电流相序		① I　　II U　V　W	② I　　II U　W　V
6	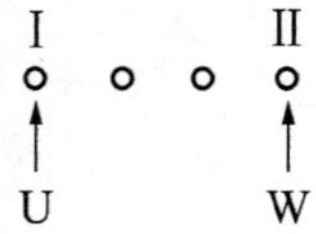	$-UI\sin\varphi$	$UI(\sqrt{3}\cos\varphi+\sin\varphi)$
7	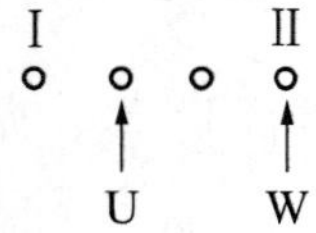	$-\sqrt{3}UI\cos\varphi$	0
8	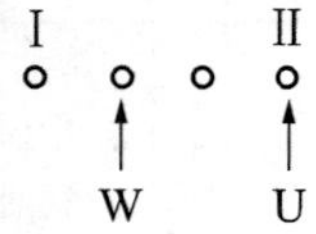	0	$UI\left(\frac{\sqrt{3}}{2}\cos\varphi-\frac{3}{2}\sin\varphi\right)$

计量功率公式＼电压相序 电流相序		③ I　　II V　W　U	④ I　　II V　U　W
1	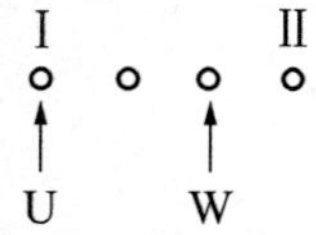	$UI\left(-\frac{\sqrt{3}}{2}\cos\varphi+\frac{3}{2}\sin\varphi\right)$	0
2	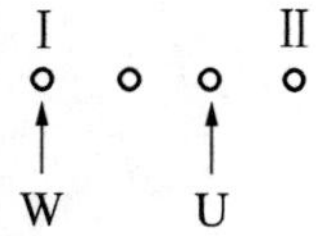	0	$UI\left(-\frac{\sqrt{3}}{2}\cos\varphi-\frac{3}{2}\sin\varphi\right)$
3	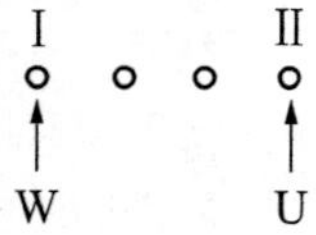	$UI(-\sqrt{3}\cos\varphi-\sin\varphi)$	$UI\left(\frac{\sqrt{3}}{2}\cos\varphi-\frac{1}{2}\sin\varphi\right)$

续表

计量功率公式 电压相序 / 电流相序		③	④
		I　　II V　W　U	I　　II V　U　W
4	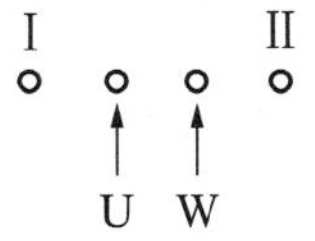	$UI\left(-\frac{\sqrt{3}}{2}\cos\varphi-\frac{1}{2}\sin\varphi\right)$	$UI(\sqrt{3}\cos\varphi-\sin\varphi)$
5	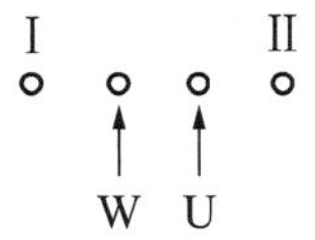	$UI(\sqrt{3}\cos\varphi+\sin\varphi)$	$UI\left(-\frac{\sqrt{3}}{2}\cos\varphi+\frac{1}{2}\sin\varphi\right)$
6	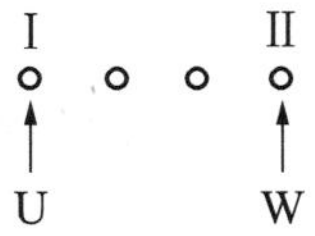	$UI\left(\frac{\sqrt{3}}{2}\cos\varphi+\frac{1}{2}\sin\varphi\right)$	$UI(-\sqrt{3}\cos\varphi+\sin\varphi)$
7	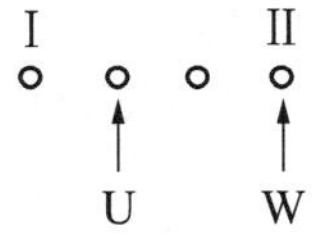	$UI\left(\frac{\sqrt{3}}{2}\cos\varphi-\frac{3}{2}\sin\varphi\right)$	0
8	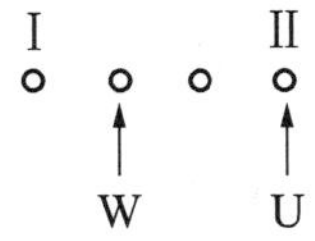	0	$UI\left(\frac{\sqrt{3}}{2}\cos\varphi+\frac{3}{2}\sin\varphi\right)$

计量功率公式 电压相序 / 电流相序		⑤	⑥
		I　　II W　U　V	I　　II W　V　U
1	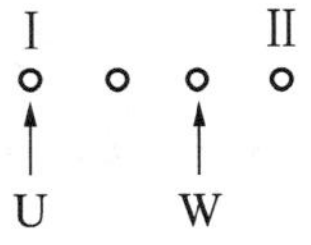	$UI\left(-\frac{\sqrt{3}}{2}\cos\varphi-\frac{3}{2}\sin\varphi\right)$	0

续表

计量功率公式 电压相序 电流相序		⑤ I II W U V	⑥ I II W V U
2	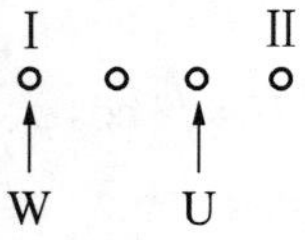	0	$\sqrt{3}UI\cos\varphi$
3	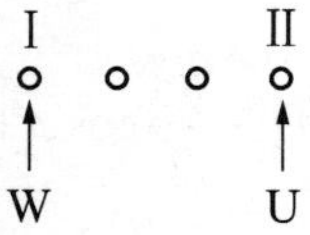	$UI(\sqrt{3}\cos\varphi-\sin\varphi)$	$UI\sin\varphi$
4	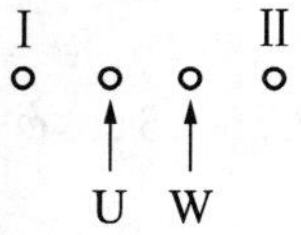	$UI\left(\frac{\sqrt{3}}{2}\cos\varphi-\frac{1}{2}\sin\varphi\right)$	$2UI\sin\varphi$
5	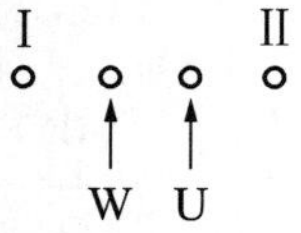	$UI(-\sqrt{3}\cos\varphi+\sin\varphi)$	$-UI\sin\varphi$
6	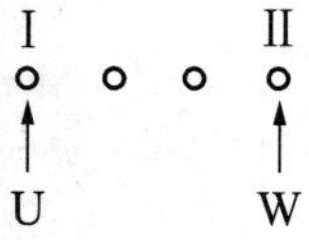	$UI\left(-\frac{\sqrt{3}}{2}\cos\varphi+\frac{1}{2}\sin\varphi\right)$	$-2UI\sin\varphi$
7	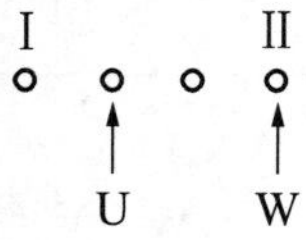	$UI\left(\frac{\sqrt{3}}{2}\cos\varphi+\frac{3}{2}\sin\varphi\right)$	0
8	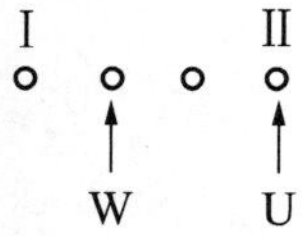	0	$-\sqrt{3}UI\cos\varphi$

2. 表 8–13 使用说明

（1）表 8–13 中的“o”是电压、电流端钮，排列顺序与实际电能表一致。

（2）表 8–13 中是根据两元件有功电能表没有 V 相电流的条件下列出的，共有 48 种接线，其中有 2 种可以正确计量有功电能；有 12 种电能表不转；有 12 种电能表反转；有 10 种电能表虽然正转，但计量是错误的；另外还有 12 种是随负荷功率因数角 φ 值的变化有时正转，有时反转。

（3）表 8–13 中各种接线形式及对应计量功率查找方法如下：

1）根据实际接线图进行简化，如图 8–1 所示。

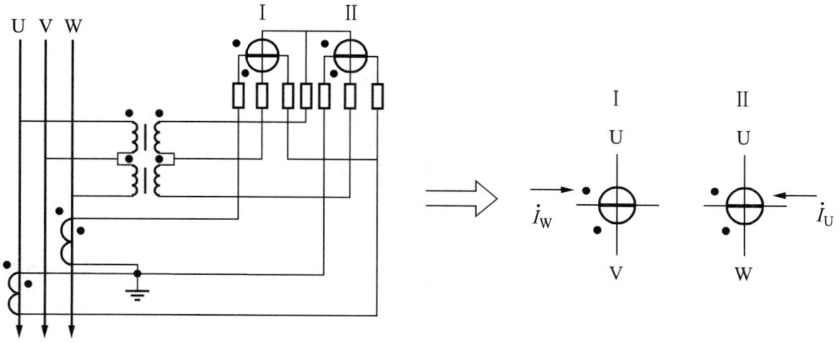

图 8–1　由实际接线图获得简化图

2）根据简化图的电压和电流画出并查表 8–13 形式标准图，如图 8–2 所示。

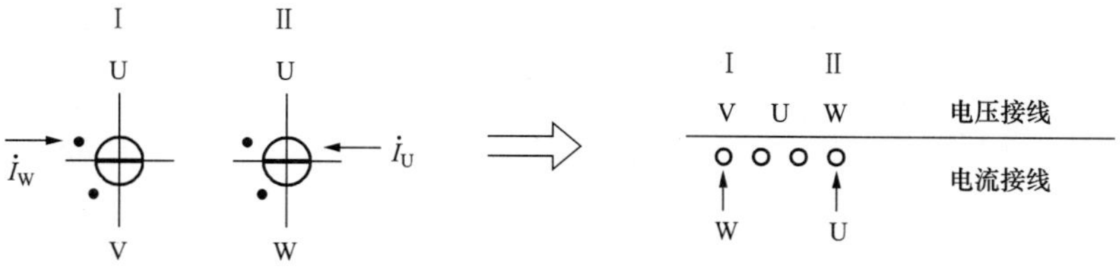

图 8–2　由简化图获得查表标准图

3）根据查表标准图在表 8–13 中查找接线序号，如图 8–3 所示。

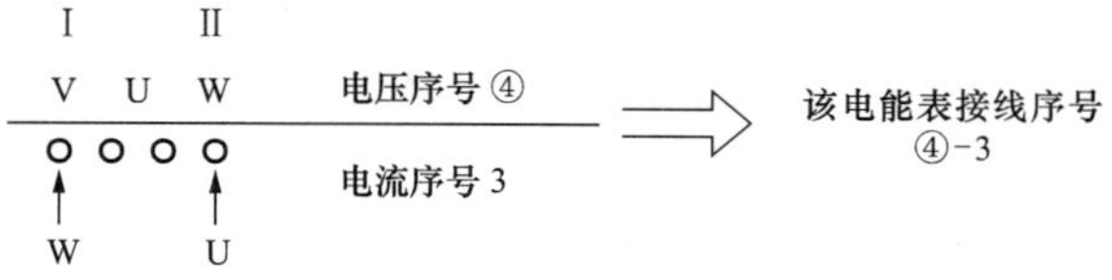

图 8–3　由查表标准图查找接线序号

4）根据接线序号在表 8–13 中查找计量功率，如图 8–4 所示。

该电能表接线序号 ④-3 $\Longrightarrow$ $P'=UI(\frac{\sqrt{3}}{2}\cos\varphi-\frac{1}{2}\sin\varphi)$

图 8–4　由接线序号查找计量功率

3. 无功电能表错误接线

（1）三相三线 60° 型无功电能表电压、电流接线配合错误，如表 8–14 所示。

表 8–14　　三相三线 60° 型无功电能表电压、电流接线配合错误

计量功率公式 ＼ 电压相序 / 电流相序		① I　　II V　W　U	② I　　II U　W　V
1	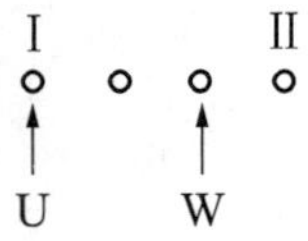	$\sqrt{3}UI\sin\varphi$	0
2	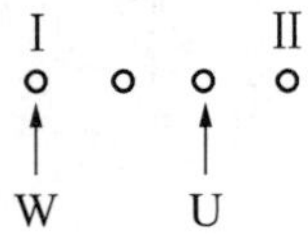	0	$\sqrt{3}UI\sin\varphi$
3	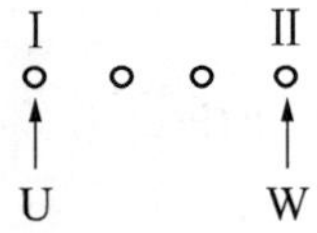	$UI\cos\varphi$	$2UI\cos\varphi$
4	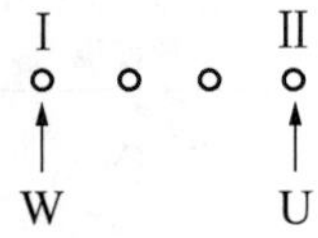	$-2UI\cos\varphi$	$-UI\cos\varphi$
5	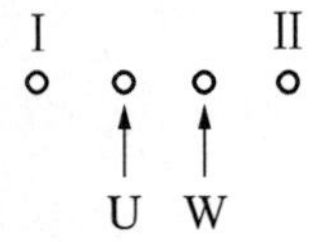	$-UI\cos\varphi$	$-2UI\cos\varphi$
6	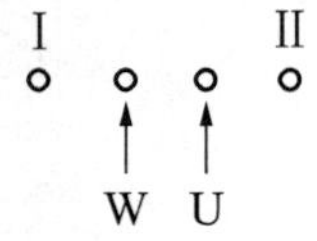	$2UI\cos\varphi$	$UI\cos\varphi$
7	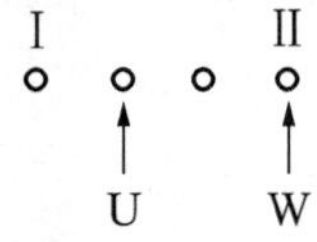	$-\sqrt{3}UI\sin\varphi$	0

续表

计量功率公式 \ 电压相序 / 电流相序		① I V W II U	② I U W II V
8	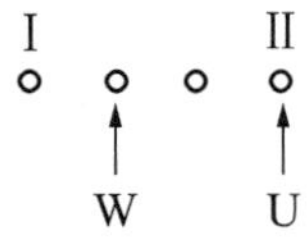	0	$-\sqrt{3}UI\sin\varphi$

计量功率公式 \ 电压相序 / 电流相序		③ I U V II W	④ I W V II U
1	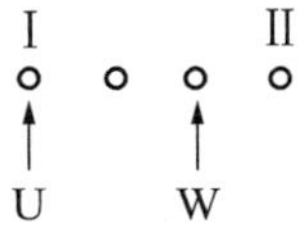	$UI\left(\frac{3}{2}\cos\varphi-\frac{\sqrt{3}}{2}\sin\varphi\right)$	0
2	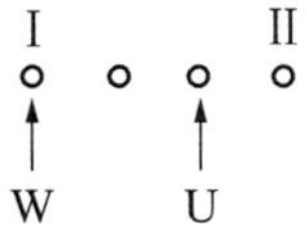	0	$UI\left(\frac{3}{2}\cos\varphi-\frac{\sqrt{3}}{2}\sin\varphi\right)$
3	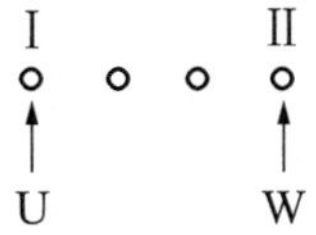	$UI\left(-\frac{1}{2}\cos\varphi-\frac{\sqrt{3}}{2}\sin\varphi\right)$	$UI(-\cos\varphi-\sqrt{3}\sin\varphi)$
4	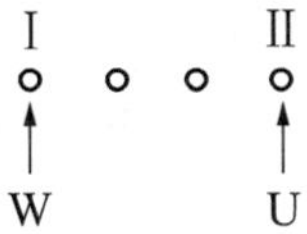	$UI(\cos\varphi+\sqrt{3}\sin\varphi)$	$UI\left(\frac{1}{2}\cos\varphi+\frac{\sqrt{3}}{2}\sin\varphi\right)$
5	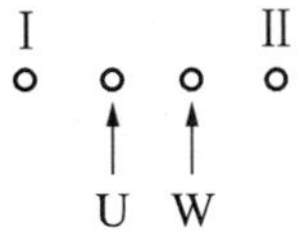	$UI\left(\frac{1}{2}\cos\varphi+\frac{\sqrt{3}}{2}\sin\varphi\right)$	$UI(\cos\varphi+\sqrt{3}\sin\varphi)$
6	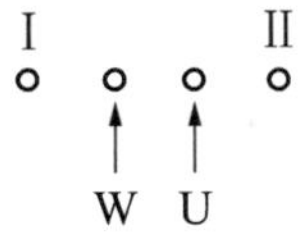	$UI(-\cos\varphi-\sqrt{3}\sin\varphi)$	$UI\left(-\frac{1}{2}\cos\varphi-\frac{\sqrt{3}}{2}\sin\varphi\right)$

续表

计量功率公式 \ 电压相序 \ 电流相序		③	④
		I　　II U　V　W	I　　II W　V　U
7	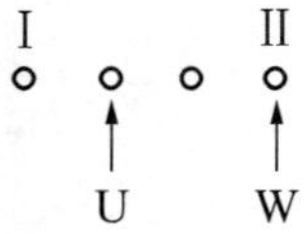	$UI\left(-\frac{3}{2}\cos\varphi+\frac{\sqrt{3}}{2}\sin\varphi\right)$	0
8	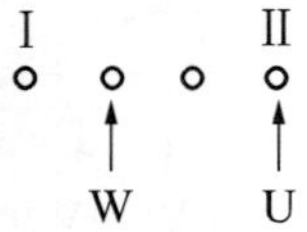	0	$UI\left(-\frac{3}{2}\cos\varphi+\frac{\sqrt{3}}{2}\sin\varphi\right)$

计量功率公式 \ 电压相序 \ 电流相序		⑤	⑥
		I　　II W　V　U	I　　II V　U　W
1	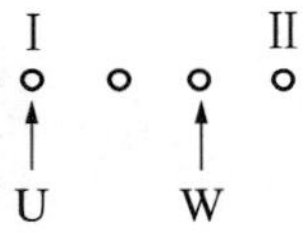	$UI\left(-\frac{3}{2}\cos\varphi-\frac{\sqrt{3}}{2}\sin\varphi\right)$	0
2	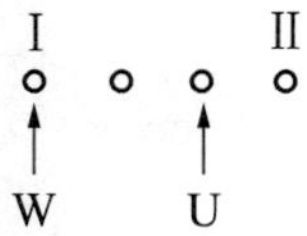	0	$UI\left(-\frac{3}{2}\cos\varphi-\frac{\sqrt{3}}{2}\sin\varphi\right)$
3	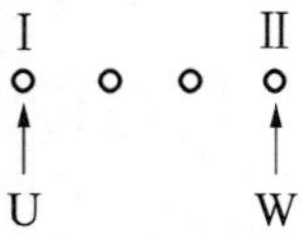	$UI\left(-\frac{1}{2}\cos\varphi+\frac{\sqrt{3}}{2}\sin\varphi\right)$	$UI(-\cos\varphi+\sqrt{3}\sin\varphi)$
4	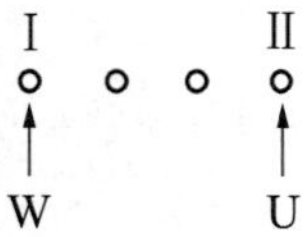	$UI(\cos\varphi-\sqrt{3}\sin\varphi)$	$UI\left(\frac{1}{2}\cos\varphi-\frac{\sqrt{3}}{2}\sin\varphi\right)$
5	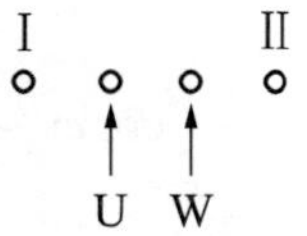	$UI\left(\frac{1}{2}\cos\varphi-\frac{\sqrt{3}}{2}\sin\varphi\right)$	$UI(\cos\varphi-\sqrt{3}\sin\varphi)$

续表

计量功率公式 \ 电压相序 / 电流相序		⑤ I II W V U	⑥ I II V U W
6	I II ○ ○ ○ ○ ↑ ↑ W U	$UI(-\cos\varphi+\sqrt{3}\sin\varphi)$	$UI\left(-\frac{1}{2}\cos\varphi+\frac{\sqrt{3}}{2}\sin\varphi\right)$
7	I II ○ ○ ○ ○ ↑ ↑ U W	$UI\left(\frac{3}{2}\cos\varphi+\frac{\sqrt{3}}{2}\sin\varphi\right)$	0
8	I II ○ ○ ○ ○ ↑ ↑ W U	0	$UI\left(\frac{3}{2}\cos\varphi+\frac{\sqrt{3}}{2}\sin\varphi\right)$

（2）三相三线 60° 型无功电能表电压或电流回路断线，如表 8–15 所示。

表 8–15　　三相三线 60° 型无功电能表电压或电流回路断线

序号	电压、电流回路断线情况	计　量　功　率	运　行　状　态
1	U 相电流或 V 相电压断线	$UI\left(-\frac{1}{2}\cos\varphi+\frac{\sqrt{3}}{2}\sin\varphi\right)$	圆盘正向转速或反向止逆与功率因数角 φ 有关
2	W 相电流或 U 相电压断线	$UI\left(\frac{1}{2}\cos\varphi+\frac{\sqrt{3}}{2}\sin\varphi\right)$	圆盘正向转速或反向止逆与功率因数角 φ 有关
3	W 相电压断线	$\frac{1}{2}\sqrt{3}UI\sin\varphi$	圆盘转速慢一半，正转或止逆与功率因数角 φ 有关
4	U 相电流和 W 相电压断线	$UI\left(\frac{1}{4}\cos\varphi+\frac{\sqrt{3}}{4}\sin\varphi\right)$	圆盘正向转速或反向止逆与功率因数角 φ 有关
5	W 相电流和 W 相电压断线	$UI\left(-\frac{1}{4}\cos\varphi+\frac{\sqrt{3}}{4}\sin\varphi\right)$	圆盘正向转速或反向止逆与功率因数角 φ 有关

（3）三相四线跨相 90° 型无功电能表错误接线，如表 8–16 所示。

表 8–16　　三相四线跨相 90° 型无功电能表错误接线

序号	错误接线类型	计量功率	运行状态
1	任一相电流断开	$\frac{2}{3}\times 3U_{ph}I_{ph}\sin\varphi$	圆盘转速只反映两相无功功率，正转或反向止逆与功率因数角 φ 有关
2	任两相电流断开	$\frac{1}{3}\times 3U_{ph}I_{ph}\sin\varphi$	圆盘转速只反映一相无功功率，正转或反向止逆与功率因数角 φ 有关
3	三相电流断开	0	圆盘不转
4	任意一相电流极性接反	$\frac{1}{3}\times 3U_{ph}I_{ph}\sin\varphi$	圆盘转速只反映一相无功功率，正转或反向止逆与功率因数角 φ 有关
5	任意两相电流极性接反	$-\frac{1}{3}\times 3U_{ph}I_{ph}\sin\varphi$	圆盘转速只反映一相无功功率，正转或反向止逆与功率因数角 φ 有关
6	三相电流极性接反	$-3U_{ph}I_{ph}\sin\varphi$	圆盘转速反映三相无功功率，正转或反向止逆与功率因数角 φ 有关
7	任一相电压断线	$\frac{1}{2}\times 3U_{ph}I_{ph}\sin\varphi$	圆盘转速反映三相无功功率的一半，正转或反向止逆与功率因数角 φ 有关
8	任两相电压断线	0	圆盘不转
9	同一相电压及电流断线	$\frac{1}{6}\times 3U_{ph}I_{ph}\sin\varphi$	圆盘转速反映三相无功功率的 1/6，正转或反向止逆与功率因数角有关

续表

序号	错误接线类型	计 量 功 率	运 行 状 态
10	任意两相电压未接对应相	0	圆盘不转
11	三相电压均未接对应相	$3U_{ph}I_{ph}\left(\frac{\sqrt{3}}{2}\cos\varphi-\frac{1}{2}\sin\varphi\right)$	圆盘正转，转速与功率因数角φ有关

（4）带附加电流线圈90°型无功电能表错误接线，如表8–17所示。

表8–17　　带附加电流线圈90°型无功电能表错误接线

序号	错误接线类型	计 量 功 率	运 行 状 态
1	任一相电流断开	$\frac{2}{3}\times 3U_{ph}I_{ph}\sin\varphi$	圆盘转速只反映两相无功功率，正转或反向止逆与功率因数角φ有关
2	任两相电流断开	$\frac{1}{3}\times 3U_{ph}I_{ph}\sin\varphi$	圆盘转速只反映一相无功功率，正转或反向止逆与功率因数角φ有关
3	三相电流断开	0	圆盘不转
4	任意一相电流极性接反	$\frac{1}{3}\times 3U_{ph}I_{ph}\sin\varphi$	圆盘转速只反映一相无功功率，正转或反向止逆与功率因数角φ有关
5	任意两相电流极性接反	$-\frac{1}{3}\times 3U_{ph}I_{ph}\sin\varphi$	圆盘转速只反映一相无功功率，正转或反向止逆与功率因数角φ有关
6	三相电流极性接反	$-3U_{ph}I_{ph}\sin\varphi$	圆盘转速反映三相无功功率，正转或反向止逆与功率因数角φ有关

续表

序号	错误接线类型	计 量 功 率	运 行 状 态
7	U相电压断线	$U_{ph}I_{ph}\left(-\frac{\sqrt{3}}{2}\cos\varphi+\frac{3}{2}\sin\varphi\right)$	圆盘正向转速或反向止逆与功率因数角φ有关
8	W相电压断线	$U_{ph}I_{ph}\left(\frac{\sqrt{3}}{2}\cos\varphi+\frac{3}{2}\sin\varphi\right)$	圆盘正向转速或反向止逆与功率因数角φ有关
9	V相电压断线	$\frac{1}{2}\times3U_{ph}I_{ph}\sin\varphi$	圆盘转速反映三相无功功率的一半，正转或反向止逆与功率因数角φ有关
10	任两相电压断线	0	圆盘不转
11	U相电压及电流断线	$U_{ph}I_{ph}\left(-\frac{\sqrt{3}}{2}\cos\varphi+\frac{1}{2}\sin\varphi\right)$	圆盘反向止逆
12	W相电压及电流断线	$U_{ph}I_{ph}\left(\frac{\sqrt{3}}{2}\cos\varphi+\frac{1}{2}\sin\varphi\right)$	圆盘正转，转速与功率因数角φ有关
13	V相电压及电流断线	$\frac{1}{6}\times3U_{ph}I_{ph}\sin\varphi$	圆盘转速反映三相无功功率的1/6，正转或反向止逆与功率因数角φ有关
14	任意两相电压未接对应相	0	圆盘不转
15	三相电压均未接对应相	$3U_{ph}I_{ph}\left(\frac{\sqrt{3}}{2}\cos\varphi-\frac{1}{2}\sin\varphi\right)$	圆盘正转，转速与功率因数角φ有关

第四节　追补电量计算

一、有功负荷追补电量的计算

1. 有功负荷功率计算式

有功负荷功率计算式，如表 8–18 所示。

表 8–18　　有功负荷功率计算式

序号	名　称	计　算　公　式	说　明
1	单相有功输出功率	$P = U_{ph} I_{ph} \cos\varphi$	U_{ph}、I_{ph} 均指相值
2	两相有功输出功率	$P = UI\cos\varphi$	U、I 均指线值
3	三相动力有功输出功率	$P = \sqrt{3}UI\cos\varphi$	三相三线供电
4	三相照明有功输出功率	$P = U_U I_U \cos\varphi_U + U_V I_V \cos\varphi_V + U_W I_W \cos\varphi_W$	三相四线供电
		$P = 3U_{ph} I_{ph} \cos\varphi$	三相负荷对称

2. 有功计量功率计算式

有功计量功率计算式，如表 8–19 所示。

表 8–19　　有功计量功率计算式

序号	名　称	电路接线示图	计　算　公　式	说　明
1	单相有功电能表	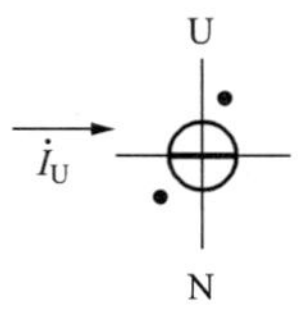	$P' = U_{UN} I_U \cos(\dot{U}_{UN} \hat{,}\ \dot{I}_U)$	$\dot{U}_{UN}$ 为正，$\dot{U}_{NU}$ 为负，$\dot{I}_U$ 由极性端流入非极性端为正，反之为负

续表

序号	名称	电路接线示图	计算公式	说明
2	三相两元件有功电能表	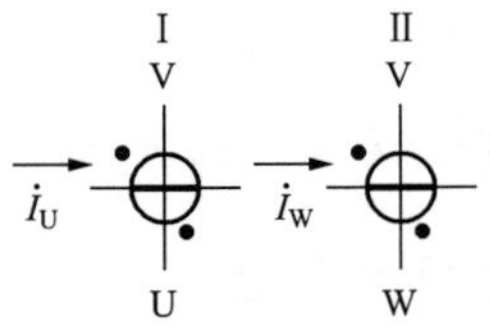	$P'_{I}=U_{UV}I_{U}\cos(\dot{U}_{UV}\wedge,\dot{I}_{U})$	U元件计量功率
			$P'_{II}=U_{WV}I_{W}\cos(\dot{U}_{WV}\wedge,\dot{I}_{W})$	W元件计量功率
			$P'=P'_{I}+P'_{II}$	三相总计量功率
3	三相三元件有功电能表	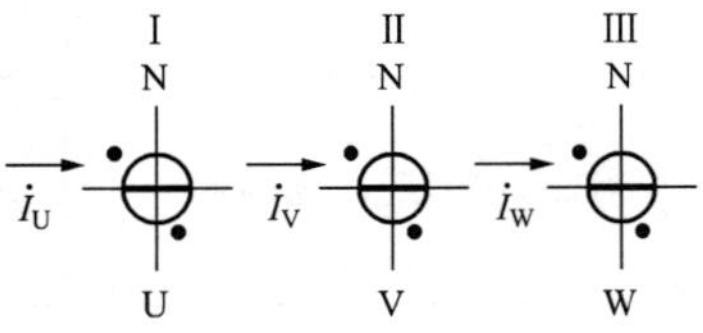	$P'_{I}=U_{UN}I_{U}\cos(\dot{U}_{UN}\wedge,\dot{I}_{U})$	U元件计量功率
			$P'_{II}=U_{VN}I_{V}\cos(\dot{U}_{VN}\wedge,\dot{I}_{V})$	V元件计量功率
			$P'_{III}=U_{WN}I_{W}\cos(\dot{U}_{WN}\wedge,\dot{I}_{W})$	W元件计量功率
			$P'=P'_{I}+P'_{II}+P'_{III}$	三相总计量功率

3. 相位角查找相量位置图

相位角查找相量位置图，如表8–20所示。

表8–20　　　　相位角查找相量位置图

名称	相量图	说明
三相电压电流相量位置图	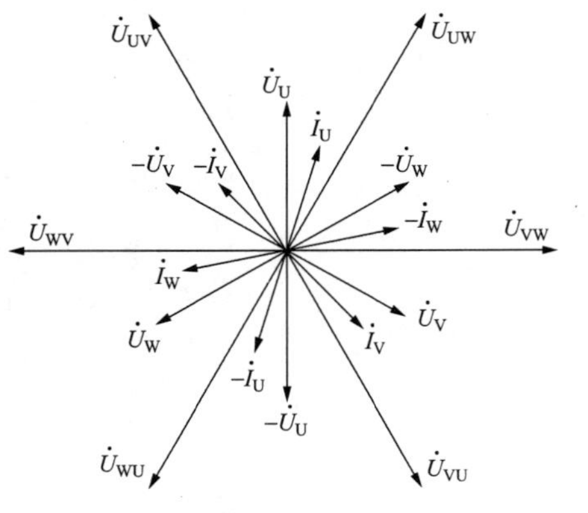	此相量为电流滞后电压一个φ角(阻感性负荷)

4. 追补电量计算公式

追补电量计算公式，如表8–21所示。

表8–21　　追补电量计算公式

序号	名　称	计　算　公　式	说　　明
1	追补电量定义式	$\Delta W_P = W_P - W_P'$	W_P—用电负荷所消耗的实际电量； W_P'—电能计量装置所测得的电量； $\Delta W_P = 0$，$W_P = W_P'$，计量准确； $\Delta W_P > 0$，$W_P > W_P'$，电能表慢走，少收费追补； $\Delta W_P < 0$，$W_P < W_P'$，电能表快走，多收费退还
2	追补电量计算式	$\Delta W_P = \varepsilon_P W_P'$	ε_P—更正率（数值可查表8–22）
3	电能计量装置所测电量	$W_P' = (W_{P2}' - W_{P1}')B_L$	W_{P1}'—前一次抄读数； W_{P2}'—后一次抄读数； $W_{P2}' > W_{P1}'$； B_L—实用倍率
		$W_P' = [(10^m + W_{P2}') - W_{P1}']B_L$	$W_{P2}' < W_{P1}'$； m—黑色窗口的整数位数
4	实用倍率计算	$B_L = \dfrac{K_I' K_U'}{K_I K_U} b$	K_I'、K_U'—电能表实际用电流、电压互感器变比； K_I、K_U—电能表铭牌上要求的电流、电压互感器额定变比； b—电能表计度器倍率（kWh/字）
5	更正系数	$K_P = \dfrac{P}{P'}$	P—负荷功率表达式； P'—计量功率表达式； K_P=1，接线正确
6	更正率	$\varepsilon_P = \dfrac{P - P'}{P'}$	$\varepsilon_P = K_P - 1$ 数值可查表8–22

5. 追补电量计算实例

［例 8–1］ 某三相两元件有功电能表，其计度器整数位窗口为四位，小数位两位。铭牌上标有：×100，$3\times\frac{3000}{100}$V，$3\times\frac{100}{5}$A。该表实际是经额定变比为$\frac{6000}{100}$和$\frac{200}{5}$的电压、电流互感器接入电路的，电能表始终正转，前次抄表的读数是 9710.36，后一次抄表读数是 0034.86。经查线该电能表误接成$-I_U$、U_{UV}、I_W、U_{WV}，即 U 元件电流极性接反，平均功率因数为 0.84。试求追补电量。

解： 已知：b=100，$K_I=\frac{100}{5}=20$，$K_U=\frac{3000}{100}=30$，$K'_I=\frac{200}{5}\times 40$，$K'_U=\frac{6000}{100}=60$，则有

$$W'_{P1}=9710.36\,\text{kWh},\quad W'_{P2}=34.86\,\text{kWh}$$

（1）根据错误接线画电路接线示图和接线序号图，如图 8–5 所示。

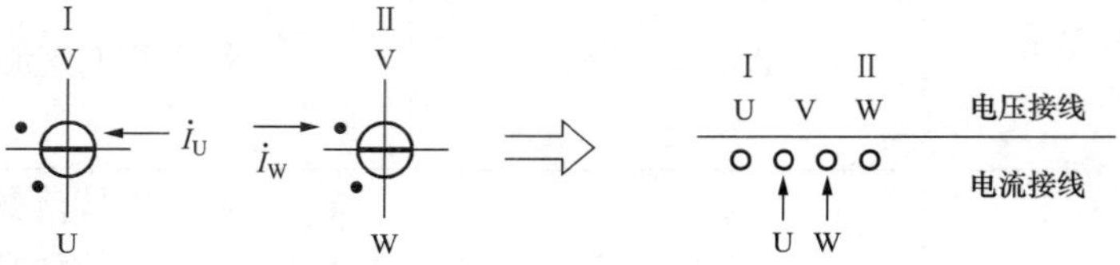

图 8–5　由简化图获得查表标准图

（2）查表 8–13 可知，接线序号为①–4。

（3）由表 8–22 查找①–4 更正率，$\varepsilon_P=\frac{\sqrt{3}}{\tan\varphi}-1$，在$\cos\varphi=0.84$时，$\varepsilon_P=1.681$。

（4）计算实用倍率：$B_L=\frac{K'_I K'_U}{K_I K_U}b=\frac{40\times 60}{20\times 30}\times 100=400$。

（5）计算电能计量装置实测值（$W'_{P2}>W'_{P1}$）为

$$W'_P=[(10^m+W'_{P2})-W'_{P1}]B_L=[(10^4+34.86)-9710.36]\times 400=129800\ （\text{kWh}）$$

（6）追补电量计算为

$$\Delta W_P=\varepsilon_P W'_P=1.681\times 129800=218193.8\ （\text{kWh}）$$

答： 应追补电量 218193.8kWh。

二、无功负荷追补电量的计算

1. 无功负荷功率计算公式

无功负荷功率计算公式，如表 8–23 所示。

表 8-22　三相三线有功电能表各种误差接线时及各种功率因数下更正率值

接线序号	计量功率	更正率 ε_P	cos φ													
			1.0	0.98	0.96	0.94	0.92	0.90	0.88	0.86	0.84	0.82	0.80	0.75	0.70	0.65	0.60
⑤–3 ④–4	$UI(\sqrt{3}\cos\varphi-\sin\varphi)$	$\frac{\sqrt{3}}{\sqrt{3}-\tan\varphi}-1$	0	0.133	0.203	0.265	0.326	0.388	0.453	0.521	0.595	0.675	0.764	1.037	1.433	2.077	3.344
②–6 ③–5	$UI(\sqrt{3}\cos\varphi+\sin\varphi)$	$\frac{\sqrt{3}}{\sqrt{3}+\tan\varphi}-1$	0	−0.105	−0.144	−0.173	−0.197	−0.219	−0.238	−0.255	−0.272	−0.287	−0.302	−0.337	−0.371	−0.403	−0.435
①–3 ⑥–4	$2UI\sin\varphi$	$\frac{\sqrt{3}}{2\tan\varphi}-1$	∞	3.265	1.969	1.386	1.033	0.788	0.604	0.459	0.341	0.241	0.155	0.018	−0.151	−0.259	−0.351
④–3 ⑤–4	$UI\left(\frac{\sqrt{3}}{2}\cos\varphi-\frac{1}{2}\sin\varphi\right)$	$\frac{2\sqrt{3}}{\sqrt{3}-\tan\varphi}-1$	1	1.266	1.405	1.530	1.652	1.776	1.905	2.042	2.190	2.350	2.527	3.075	3.866	5.154	7.688
⑤–7 ④–8	$UI\left(\frac{\sqrt{3}}{2}\cos\varphi+\frac{3}{2}\sin\varphi\right)$	$\frac{2}{1+\sqrt{3}\tan\varphi}-1$	1	0.480	0.329	0.288	0.151	0.088	0.034	−0.014	−0.056	−0.095	−0.130	−0.209	−0.277	−0.339	−0.396
③–7 ②–8	$UI\left(\frac{\sqrt{3}}{2}\cos\varphi-\frac{3}{2}\sin\varphi\right)$	$\frac{2}{1-\sqrt{3}\tan\varphi}-1$	1	2.085	3.042	4.385	6.629	11.412	29.704	−73.10	−17.84	−10.57	−7.688	−4.791	−3.607	−2.951	−2.527
②–5 ③–6	$UI\left(\frac{\sqrt{3}}{2}\cos\varphi+\frac{1}{2}\sin\varphi\right)$	$\frac{2\sqrt{3}}{\sqrt{3}+\tan\varphi}-1$	1	0.79	0.712	0.653	0.605	0.563	0.525	0.490	0.457	0.426	0.396	0.325	0.259	0.199	0.13
⑥–3 ①–4	$UI\sin\varphi$	$\frac{\sqrt{3}}{\tan\varphi}-1$	∞	7.530	4.938	3.772	3.066	2.576	2.209	1.919	1.681	1.481	1.309	0.964	0.698	0.481	0.299

续表

接线序号	计量功率	更正率 ε_P	$\cos\varphi$														
			1.0	0.98	0.96	0.94	0.92	0.90	0.88	0.86	0.84	0.82	0.80	0.75	0.70	0.65	0.60
①–5 ⑥–6	$-2UI\sin\varphi$	$-\dfrac{\sqrt{3}}{2\tan\varphi}-1$	∞	−5.265	−3.969	−3.386	−3.033	−2.788	−2.604	−2.459	−2.341	−2.241	−2.155	−1.982	−1.849	−1.741	−1.650
③–3 ②–4	$UI(-\sqrt{3}\cos\varphi-\sin\varphi)$	$-\dfrac{\sqrt{3}}{\sqrt{3}+\tan\varphi}-1$	−2	−1.895	−1.856	−1.827	−1.803	−1.781	−1.762	−1.745	−1.728	−1.713	−1.698	−1.663	−1.629	−1.597	−1.565
⑤–5 ④–6	$UI(-\sqrt{3}\cos\varphi+\sin\varphi)$	$\dfrac{\sqrt{3}}{-\sqrt{3}+\tan\varphi}-1$	−2	−2.133	−2.203	−2.265	−2.326	−2.388	−2.453	−2.521	−2.595	−2.675	−2.764	−3.037	−3.433	−4.077	−5.344
①–6 ⑥–5	$-UI\sin\varphi$	$-\dfrac{\sqrt{3}}{\tan\varphi}-1$	∞	−9.530	−6.938	−5.772	−5.066	−4.577	−4.209	−3.919	−3.681	−3.481	−3.309	−2.964	−2.698	−2.481	−2.299
②–3 ③–4	$UI\left(-\dfrac{\sqrt{3}}{2}\cos\varphi-\dfrac{1}{2}\sin\varphi\right)$	$-\dfrac{2\sqrt{3}}{\sqrt{3}+\tan\varphi}-1$	−3	−2.790	−2.712	−2.653	−2.605	−2.653	−2.525	−2.490	−2.457	−2.426	−2.396	−2.325	−2.259	−2.194	−2.130
④–5 ⑤–6	$UI\left(-\dfrac{\sqrt{3}}{2}\cos\varphi+\dfrac{1}{2}\sin\varphi\right)$	$\dfrac{2\sqrt{3}}{-\sqrt{3}+\tan\varphi}-1$	−3	−3.266	−3.405	−3.530	−3.652	−3.776	−3.905	−4.042	−4.189	−4.350	−4.527	−5.075	−5.866	−7.154	−9.688
③–1 ②–2	$UI\left(-\dfrac{\sqrt{3}}{2}\cos\varphi+\dfrac{3}{2}\sin\varphi\right)$	$\dfrac{2}{\sqrt{3}\tan\varphi-1}-1$	−3	−4.085	−5.042	−6.386	−8.629	−13.41	−31.70	71.102	15.84	8.57	5.688	2.791	1.607	0.951	0.527
④–2 ⑤–1	$UI\left(-\dfrac{\sqrt{3}}{2}\cos\varphi-\dfrac{3}{2}\sin\varphi\right)$	$-\dfrac{2}{\sqrt{3}\tan\varphi+1}-1$	−3	−2.480	−2.329	−2.228	−2.151	−2.088	−2.034	−1.987	−1.944	−1.905	−1.87	−1.791	−1.723	−1.661	−1.604
①–7 ⑥–8	$-\sqrt{3}UI\cos\varphi$	−2	−2	−2	−2	−2	−2	−2	−2	−2	−2	−2	−2	−2	−2	−2	−2

表 8–23　　无功负荷功率计算公式

序号	名　称	计　算　公　式	说　明
1	单相无功输出功率	$Q=U_{\mathrm{ph}}I_{\mathrm{ph}}\sin\varphi$	U_{ph}、I_{ph} 均指相值
2	两相无功输出功率	$Q=UI\sin\varphi$	U、I 均指线值
3	三相动力无功输出功率	$Q=\sqrt{3}UI\sin\varphi$	三相三线供电
4	三相四线无功功率	$Q=U_{\mathrm{U}}I_{\mathrm{U}}\sin\varphi_{\mathrm{U}}+U_{\mathrm{V}}I_{\mathrm{V}}\sin\varphi_{\mathrm{V}}+U_{\mathrm{W}}I_{\mathrm{W}}\sin\varphi_{\mathrm{W}}$	三相负荷不对称
		$Q=3U_{\mathrm{ph}}I_{\mathrm{ph}}\sin\varphi$	三相负荷对称

2. 无功计量功率计算公式

无功计量功率计算公式，如表 8–24 所示。

表 8–24　　无功计量功率计算公式

序号	名称	电路接线示意图	计　算　公　式	说　明
1	带附加电流线圈三相两元件无功电能表	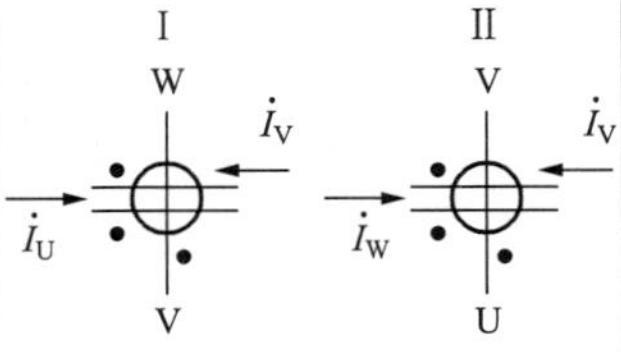	$Q'_{\mathrm{I}}=U_{\mathrm{VW}}I_{\mathrm{UV}}\cos(\dot{U}_{\mathrm{VW}}\,\hat{,}\,\dot{I}_{\mathrm{UV}})$	Ⅰ元件无功功率 $\dot{I}_{\mathrm{UV}}=\dot{I}_{\mathrm{U}}-\dot{I}_{\mathrm{V}}$
			$Q'_{\mathrm{II}}=U_{\mathrm{UV}}I_{\mathrm{WV}}\cos(\dot{U}_{\mathrm{UV}}\,\hat{,}\,\dot{I}_{\mathrm{WV}})$	Ⅱ元件无功功率 $\dot{I}_{\mathrm{WV}}=\dot{I}_{\mathrm{W}}-\dot{I}_{\mathrm{V}}$
			$Q'=Q'_{\mathrm{I}}+Q'_{\mathrm{II}}$	推算结果除以 $\sqrt{3}$ 为实际三相总无功功率

续表

序号	名称	电路接线示意图	计算公式	说明
2	60°相角差三相两元件无功电能表	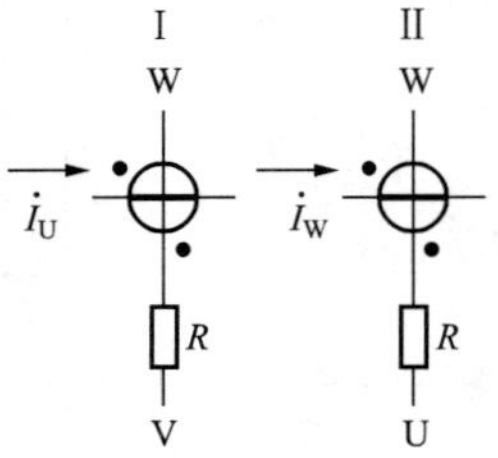	$Q'_{\mathrm{I}} = U_{VW} I_U \cos(\dot{U}_{VW} \,\hat{,}\, \dot{I}_U - 30^\circ)$	Ⅰ元件无功功率
			$Q'_{\mathrm{II}} = U_{UW} I_W \cos(\dot{U}_{UW} \,\hat{,}\, \dot{I}_W - 30^\circ)$	Ⅱ元件无功功率
			$Q' = Q'_{\mathrm{I}} + Q'_{\mathrm{II}}$	三相总无功功率
3	跨相120°三相四线三元件无功电能表	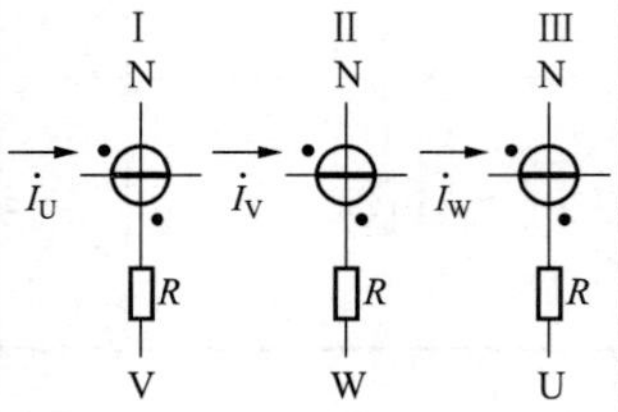	$Q'_{\mathrm{I}} = U_V I_U \cos(\dot{U}_V \,\hat{,}\, \dot{I}_U - 30^\circ)$	Ⅰ元件无功功率
			$Q'_{\mathrm{II}} = U_W I_V \cos(\dot{U}_W \,\hat{,}\, \dot{I}_V - 30^\circ)$	Ⅱ元件无功功率
			$Q'_{\mathrm{III}} = U_U I_W \cos(\dot{U}_U \,\hat{,}\, \dot{I}_W - 30^\circ)$	Ⅲ元件无功功率
			$Q' = Q'_{\mathrm{I}} + Q'_{\mathrm{II}} + Q'_{\mathrm{III}}$	三相总无功功率
4	跨相90°三相四线三元件无功电能表	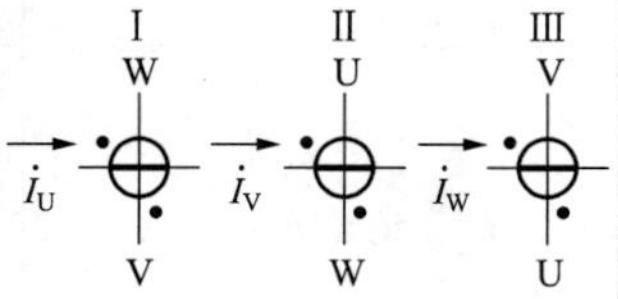	$Q'_{\mathrm{I}} = U_{VW} I_U \cos(\dot{U}_{VW} \,\hat{,}\, \dot{I}_U)$	Ⅰ元件无功功率
			$Q'_{\mathrm{II}} = U_{WU} I_V \cos(\dot{U}_{WU} \,\hat{,}\, \dot{I}_V)$	Ⅱ元件无功功率
			$Q'_{\mathrm{III}} = U_{UV} I_W \cos(\dot{U}_{UV} \,\hat{,}\, \dot{I}_W)$	Ⅲ元件无功功率
			$Q' = Q'_{\mathrm{I}} + Q'_{\mathrm{II}} + Q'_{\mathrm{III}}$	推算结果除以$\sqrt{3}$为实际三相总无功功率

3. 无功追补电量计算公式

无功追补电量计算公式，如表 8–25 所示。

表 8–25　　无功追补电量计算公式

序号	名称	计算公式	说明
1	追补电量定义式	$\Delta W_Q = W_Q - W_Q'$	W_Q—用电负荷所消耗的实际无功电量； W_Q'—电能计量装置所测得的无功电量； $\Delta W_Q = 0$，$W_Q = W_Q'$，计量准确； $\Delta W_Q > 0$，$W_Q > W_Q'$，电能表慢走，少收费追补； $\Delta W_Q < 0$，$W_Q < W_Q'$，电能表快走，多收费退还
2	追补电量计算式	$\Delta W_Q = \varepsilon_Q W_Q'$	ε_Q—更正率
3	电能计量装置所测电量	$W_Q' = (W_{Q2}' - W_{Q1}')B_L$	W_{Q1}'—前一次抄读数； W_{Q2}'—后一次抄读数； B_L—实用倍率； $W_{Q2}' > W_{Q1}'$
		$W_Q' = [(10^m + W_{Q2}') - W_{Q1}']B_L$	$W_{Q2}' < W_{Q1}'$； m—黑色窗口的整数位数
4	更正系数	$K_Q = \dfrac{Q}{Q'}$	Q—负荷无功功率表达式； Q'—计量无功功率表达式； K_Q=1，接线正确
5	更正率	$\varepsilon_Q = \dfrac{Q - Q'}{Q'}$	$\varepsilon_Q = K_Q - 1$

4. 追补电量计算实例

[例 8–2] 某三相三线两元件 60° 接线无功电能表，其计度器整数位窗口为四位，小数位两位。铭牌上标有：×100，$3\times\dfrac{3000}{100}$ V，$3\times\dfrac{100}{5}$ A。该表实际

第八章　防治窃电技术

是经额定变比为 $\dfrac{6000}{100}$ 和 $\dfrac{200}{5}$ 的电压、电流互感器接入电路的，电能表始终正转。前次抄表的读数是 2980.32，后一次抄表读数是 3180.32。经检查该电能表发现 V 相断线（见图 8–6），平均功率因数为 0.8（滞后）。试求追补电量。

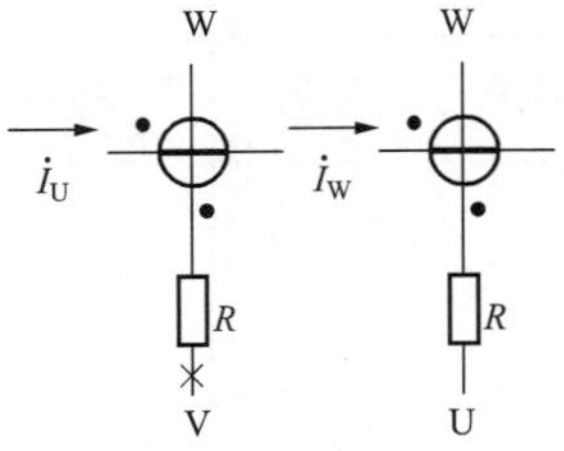

图 8–6　电能表 V 相断线图

解： 已知：b=100，$K_I=\dfrac{100}{5}=20$，$K_U=\dfrac{3000}{100}=30$，$K_I'=\dfrac{200}{5}\times 40$，$K_U'=\dfrac{6000}{100}=60$，则有

$W_{Q1}'=2980.32$（kvarh），$W_{Q2}'=3180.32$（kvarh）

（1）根据错误接线 V 相断线求该表的计量无功功率表达式

$$Q_I'=0$$

$$Q'=Q_{II}'=U_{UW}I_W\cos(150^\circ-\varphi-30^\circ)$$

$$=UI\cos(120^\circ-\varphi)=UI\left(-\frac{1}{2}\cos\varphi+\frac{\sqrt{3}}{2}\sin\varphi\right)$$

（2）求更正系数、更正率

$$K_Q=\frac{Q}{Q'}=\frac{\sqrt{3}UI\sin\varphi}{UI\left(-\frac{1}{2}\cos\varphi+\frac{\sqrt{3}}{2}\sin\varphi\right)}=\frac{2\sqrt{3}}{\sqrt{3}-\text{ctan}\varphi}$$

$$\varepsilon_Q=K_Q-1=\frac{2\sqrt{3}}{\sqrt{3}-\text{ctan}\varphi}-1$$

（3）求 cosφ=0.8（滞后）时

$$\varepsilon_Q=\frac{2\sqrt{3}}{\sqrt{3}-\text{ctan}\varphi}-1=\frac{2\sqrt{3}}{\sqrt{3}-\text{ctan}36.9^\circ}-1=\frac{2\sqrt{3}}{\sqrt{3}-1.33}-1=7.65$$

（4）计算实用倍率

$$B_L=\frac{K_I'K_U'}{K_IK_U}b=\frac{40\times 60}{20\times 30}\times 100=400$$

（5）计算电能计量装置实测无功电量

$$W_Q'=(W_{Q2}'-W_{Q1}')B_L=(3180.32-2980.32)\times 400=80000\text{（kvarh）}$$

（6）追补电量计算

$$\Delta W_Q=\varepsilon_QW_Q'=7.65\times 80000=612000\text{（kvarh）}$$

答：应追补无功电量为612000kvarh。

第五节　查窃电方法

开展经常性的营业普查是反窃电必不可少的手段。通常查窃电的基本手法有侦查和重点查两种形式，具体方法如下。

一、查窃电基本方法

查窃电的基本方法，如表8–26所示。

表8–26　　查窃电的基本方法

查窃电形式	基本方法		说明
侦查窃电	直观检查法		通过人的感官，采用口问、眼看、鼻闻、耳听、手摸等手段，检查计量装置，从中发现窃电的蛛丝马迹
	电量检查法		根据用户用电设备及其构成，根据实际情况对照检查计量装置的实际电能数发现问题
	仪表检查法		通过采用普通的电流表、电压表、相位表、电能表进行现场定量检测
	经济分析法		从线损率指标入手，从用户的单位产品耗电量及功率因数考核入手侦查窃电
重点查窃电	不断电测试	负荷测试法	用秒表，钳形电流万用表
	断电测试	电吹风测试法	用2kW的电吹风
		电炉测试法	用2～3kW的电炉
		电容测试法	指较大用户有电容器补偿装置的
		灯泡测试法	

二、查窃电基本内容

1. 查窃电的基本内容

（1）查窃电的基本内容，如表 8–27 所示。

表 8–27　　　　查窃电的基本内容

方法	基本内容		说明
直观检查法	检查电能表	（1）检查表壳是否完好； （2）检查电能表安装是否正确； （3）检查电能表安装是否牢固； （4）检查电能表选择是否正确； （5）检查电能表运转是否正常； （6）检查铅封是否完好	直观检查电能表的外观、型号、铅封、运行是否正常
	检查连接线	（1）检查接线有无开路或接触不良； （2）检查接线有无短路； （3）检查接线有无改接或错接； （4）检查有无越表接线和私拉乱接	直观检查互感器二次回路接线是否完好
	检查互感器	（1）检查互感器的铭牌参数是否和用户手册相符； （2）检查互感器的变比选择是否正确； （3）检查互感器的实际接线和变比； （4）检查互感器的运行工况	检查互感器的参数是否符合技术要求，检查互感器的实际接线和运行工况是否正常
电量检查法	对照容量查电量	（1）核实用户用电设备的实际容量； （2）核实用户用电设备的运行工况； （3）检查用户用电设备的实际使用情况	根据用户用电设备容量及其构成，结合实际使用情况对照实际计量电量进行检查
	对照负荷查电量	（1）连续性负荷电量测算法； （2）间断性负荷电量测算法	根据实测用户负荷情况，计算用电量，然后与电能表的计量电能数对照检查
	前后对照查电量	（1）检查用电量增加的原因； （2）检查用电量减小的原因； （3）电量无明显变化也不能轻易认为无窃电	将用户当月电量与上月用电量或前几个月的用电量对照检查

续表

方法	基本内容		说明
仪表检查法	用电流表检查	（1）检查TA变比是否正常； （2）检查TA有无开路，短路或极性接错； （3）通过测量电流值粗略校对电能表； （4）检查三相或单相电路计量的电流关系	用电流表检查电能计量装置电流回路是否正常
	用电压表检查	（1）检查接线有无开路或接触不良造成的失压或电压偏低； （2）检查有无TV极性接错造成的电压异常； （3）检查TV出线端至电能表的回路压降	用电压表检查电能计量装置电压回路是否正常
	用相位表检查	（1）三相两元件电能表接线的相位检测； （2）三相三元件电能表接线的相位检测	根据测量各元件相位数据画出相量图，然后导出功率表达式判断接线正确性
	用功率表或秒表检查	（1）用功率表测试三相两元件表每一元件在不同电压相别的功率值； （2）用秒表测试三相两元件表每一元件在不同电压相别的圆盘转数值	根据测量值画六角相量图，判断三相两元件表接线状况
	用电能表检查	用标准电能表与被测电能表同时接入被测电路，在同一时间段共同计量电能，比较检查	用电能表误差比较法进行检查
	用专用仪器检查	使用多功能智能查窃电仪器进行检查	近年来，国内研发多种查窃电仪器效果很好，值得推广
经济分析法	线损率分析法	（1）做好统计线损率的计算和分析； （2）做好统计线损率的计算，分析和推广理论线损的在线实测； （3）加强管理，减少用电营业人员造成的电量损失； （4）从时间上对线损率进行纵向对比检查； （5）从空间上对线损率差异情况进行横向对比检查	通过管理线损异常分析检查用户用电情况

续表

方法	基本内容		说明
经济分析法	用户单位产品耗电量分析法	(1) 直接计算法; (2) 间接计算法	通过了解掌握用户单位产品耗电量,对用户产量用电量进行分析检查
	用户功率因数分析法	通过对用户功率因数值与历史数据相对比较检查，如变化过大，需查明原因	对装有无功电能表的用户都可以进行监视考核

(2) 用相位表检查判断三相两元件电能表错误接线现象，如表 8–28 所示。

表 8–28　用相位表检查判断三相两元件电能表错误接线现象

序号	分类	接线状态	U 元件功角	W 元件功角
1	正确接线	U 元件接 U_{UV} 与 I_U,W 元件接 U_{WV} 与 I_W	φ_U+30°	φ_W+330°
2	电流接线错误	U 相 TA 极性接反	φ_U+210°	φ_W+330°
		W 相 TA 极性接反	φ_U+30°	φ_W+150°
		U、W 相 TA 极性均接反	φ_U+210°	φ_W+150°
		U、V 相电流互接错	φ_V+150°	φ_W+330°
		U、W 相电流互接错	φ_U+30°	φ_V+210°
		V、W 相电流互接错	φ_W+270°	φ_U+90°
		U 元件接 I_W，W 元件接 I_V	φ_W+270°	φ_V+210°
		U 元件接 I_V，W 元件接 I_U	φ_V+150°	φ_U+90°
		W 元件接 I_W、I_U	φ_V+30°	φ_W+300°
3	电压接线错误	TV 二次 U_{UV} 接反	φ_U+210°	φ_W+330°
		TV 二次 U_{WV} 接反	φ_U+30°	φ_W+150°
		电能表电压进线 U、V 对调	φ_U+210°	φ_W+30°

续表

序号	分类	接线状态	U 元件功角	W 元件功角
3	电压接线错误	电能表电压进线 V、W 对调	φ_U+330°	φ_W+150°
		电能表电压进线 U、W 对调	φ_U+90°	φ_W+270°
		TV 二次 U_{UV} 和 U_{WV} 均接反	φ_U+210°	φ_W+150°
		电能表电压进线 U 接 V、V 接 W、W 接 U	φ_U+270°	φ_W+210°
		电能表电压进线 U 接 W、V 接 U、W 接 V	φ_U+150°	φ_W+90°
4	电压电流接线都错误	电压回路 U、V 相对调，U 相 TA 极性接反	φ_U+30°	φ_W+30°
		电压回路 U、V 相对调，W 相 TA 极性接反	φ_U+210°	φ_W+210°
		电压回路 U、W 相对调，W 相 TA 极性接反	φ_U+90°	φ_W+90°
		TV 二次 VW 相接反，A 元件通 I_W，W 元件通 I_V	φ_W+270°	φ_V+30°
		TV 二次均接反，U 元件通 I_{WV}，W 元件通 I_U	φ_V+330°	φ_U+270°

2. 重点查窃电的基本内容

（1）计量误差计算，如表 8–29 所示。

表 8–29　　　　　　计 量 误 差 计 算

序号	计算方法	计 算 公 式	说　　明
1	计量误差计算	$\delta=\left(\frac{T}{t}-1\right)\times100\%$	T—表盘转 1 圈的理论时间； t—表盘转 1 圈的实测时间； $\delta>0,T>t$，表盘快转，多计电量； $\delta=0,T=t$，计量准确； $\delta<0,T<t$，表盘慢转，少计电量； $\delta\leqslant\pm3\%$，计量误差正常；反之异常

续表

序号	计算方法	计 算 公 式	说 明
2	理论时间计算	$T=\dfrac{3600m}{HP}$	m—电压、电流互感器倍率的乘积; H—电能表常数（r/kWh）; P—负荷功率
3	负荷功率计算	$P=U_{ph}I_{ph}\cos\varphi$	单相负荷计算式
		$P=UI\cos\varphi$	两相负荷计算式
		$P=\sqrt{3}UI\cos\varphi$	三相三相负荷计算式
		$P=U_U I_U\cos\varphi_U+U_V I_V\cos\varphi_V+U_W I_W\cos\varphi_W$	三相四相负荷计算式
4	功率因数计算	$\cos\varphi=\dfrac{1}{\sqrt{1+3\left(\dfrac{t_{UV}-t_{UW}}{t_{UV}+t_{UW}}\right)^2}}$	（1）t_{UV}、t_{UW}—三相两元件电能表断开W元件，在U元件电压线圈分别加 U_{UV} 或 U_{UW} 测取表盘转1圈的时间; （2）$\cos\varphi$ 也可通过估算获得

（2）计量装置正常与否的判据，如表8–30所示。

表8–30　　计量装置正常与否的判据

序号	状态	判 据	说 明
1	异常	计量误差超差	
2	正常	计量误差正常；计量装置接线正确；表计元件是有功元件	三个条件同时满足

（3）重点查窃电的基本内容，如表8–31所示。

表 8-31　　重点查窃电的基本内容

序号	方法	基　本　内　容	说　明
1	负荷测试法	（1）解除计量点下侧的所有电容（拉下电容总开关）; （2）测量低压计量点处的低压电压; （3）测量低压计量点处的负荷电流; （4）在负荷稳定的前提下，测出表计转一圈的时间 t; （5）估算或计算 $\cos\varphi$; （6）计算计量误差; （7）根据计量误差结果判断计量误差正常或异常; （8）根据计量装置是否正常判据，判断计量装置正常与否	（1）负荷测试法只能在三相负荷平衡稳定的条件下进行测试，计算判断; （2）功率因数值如果是估算值，所计算的误差称粗估计算误差
2	电炉、电吹风测试法	（1）断开需要测试的计量装置下侧的所有负荷; （2）观察表计运行，测出表盘转一圈的时间 t_0，如表不转 $t_0=\infty$；表正转 $t_0>0$；表反转 $t_0<0$; （3）确定测试用的电炉容量; （4）让电炉依次在低压 U 相、V 相、W 相上单独运行并测试出表盘转 1 圈的时间 $t_{U\Sigma}$、$t_{V\Sigma}$、$t_{W\Sigma}$; （5）计算电炉在各相上的运行时间为 $t_U=\dfrac{t_0 \bullet t_{U\Sigma}}{t_0-t_{U\Sigma}}$；$t_V=\dfrac{t_0 \bullet t_{V\Sigma}}{t_0-t_{V\Sigma}}$；$t_W=\dfrac{t_0 \bullet t_{W\Sigma}}{t_0-t_{W\Sigma}}$ （6）测算出各相的输出功率为 $P_U=U_U I_U$；$P_V=U_V I_V$；$P_W=U_W I_W$ （7）计算各相的理论时间 T_i; （8）计算各相的计量误差 δ_i; （9）计算计量装置阻性负荷综合和计量误差为 $\delta=\dfrac{1}{3}(\delta_U+\delta_V+\delta_W)\times100\%$ （10）根据综合计量误差和计量装置正常与否的判据，判断该计量装置是否正常	（1）电炉、电吹风测试法采用分相测试，具有负荷稳定直观的优点; （2）通常只携带 1 只 220V、2.5kW 的电炉或 1 只 1.5kW 的电吹风即可
3	灯泡测试法	（1）断开所有负荷，观察有功表转动状况，测出表盘转一圈的时间 t_0; （2）测量低压电压; （3）将灯泡（220V，100W）接入运行; （4）测量表盘转 1 圈的时间 t_Σ; （5）计算灯泡单独作用表盘转 1 圈的时间为 $t=\dfrac{t_0 \bullet t_\Sigma}{t_0-t_\Sigma}$ （6）计算表盘转 1 圈的理论时间为 $T=\dfrac{3600}{H \bullet P_L}$，$P_L=P_N\left(\dfrac{U}{U_N}\right)^2$	适用于家庭单相表的检查

续表

序号	方法	基本内容		说明
3	灯泡测试法	（7）计算表计的误差为 $\delta=\left(\frac{T}{t}-1\right)\times100\%$ （8）根据计量误差值和电能表接线判断该电能表是否异常		适用于家庭单相表的检查
4	电容测试法	两元件计量装置	（1）断开所有负荷，有功表应不走或微动； （2）投入三相电容； （3）测量表尾电压应正常； （4）测量表尾电压相序； （5）单独测量U元件运行的时间为 t_{UV}、t_{UW}及$t_{UV0}=t_{0U}$（潜动） 单独测量W元件运行的时间为 t_{WV}、t_{WU}及$t_{WV0}=t_{0W}$ （6）根据所测量的时间判断U元件，W元件及其接线是否正常； （7）计算由电容单独作用各元件表盘转动1圈的时间值为 $t_U=\frac{t_{UV}\cdot t_{0U}}{t_{UV}+t_{0U}}$；$t_W=\frac{t_{WV}\cdot t_{0W}}{t_{WV}+t_{0W}}$ （8）计算由于电容作用，使元件运行1圈的理论时间 $T=\frac{3600m}{H(0.5UI)}$ （9）计算U元件、W元件的动力误差为 $\delta_U=\left(\frac{T}{t_U}-1\right)\times100\%$； $\delta_W=\left(\frac{T}{t_W}-1\right)\times100\%$ （10）计算计量装置的误差为 $\delta=\left[\delta_F\frac{\cos(30^\circ+\varphi)}{\sqrt{3}\cos\varphi}+\delta_m\frac{\cos(30^\circ-\varphi)}{\sqrt{3}\cos\varphi}\right]\times100\%$ 式中，δ_F表示对应（$30^\circ+\varphi$）元件的误差值；δ_m表示对应（$30^\circ-\varphi$）元件的误差值； （11）根据计量装置的误差和计量装置正确与否的判据判断计量装置是否正常	（1）电容测试法用来测试计量装置各元件的误差，判断各元件是否为有功元件以及接线是否异常； （2）适用于有无功补偿的大用户； （3）判断各元件接线是否正常的判据，详见表8–32； （4）测量表盘转1圈的时间：$t>0$表正转；$t<0$表反转

续表

序号	方法	基本内容		说明
4	电容测试法	三元件计量装置	（1）断开所有负荷，表计应不走； （2）投入三相电容，三相电流应平衡； （3）测量表尾电压应正常； （4）测量表尾电压相序； （5）抽出表尾中性点零线，重测表尾电压应正常； （6）让 U 元件、V 元件、W 元件分别单独运行，并测其表盘转动 1 圈的时间； （7）判断各元件及其接线是否正常； （8）各元件运行 1 圈的理论值计算 $T=\dfrac{3600m}{H(0.5UI)}$ （9）计算各元件的误差； （10）计算计量装置的误差为 $\delta=\dfrac{1}{3}(\delta_U+\delta_V+\delta_W)\times100\%$ （11）根据计量装置的误差和计量装置正确与否的判据，判断计量装置是否正常	（1）判断各元件接线是否正常的判据详见表 8–32； （2）单独运行测量时间：U 元件 t_{UV}、t_{UW}；V 元件 t_{VW}、t_{VU}；W 元件 t_{WU}、t_{WV}； （3）各元件误差为 $\delta_U=\left(\dfrac{T}{t_U}-1\right)\times100\%$ $\delta_V=\left(\dfrac{T}{t_V}-1\right)\times100\%$ $\delta_W=\left(\dfrac{T}{t_W}-1\right)\times100\%$

（4）重点查窃电判断计量装置接线正常的方法，如表 8–32 所示。

表 8–32　　　　重点查窃电判断计量装置接线正常的方法

序号	基本方法	判别方法		说明
1	判断电压互感器接线是否正常	测量表尾电压应正常，$U_{UV}=U_{VW}=U_{WU}=100$（V）		接电压互感器
2	判断表内电压线圈接线是否正常	两元件电能表	抽出表尾 V 相电压线测量表尾电压，即 $U_{UV}=50V$；$U_{WV}=50V$	接电压互感器
		三元件电能表	抽出表尾零线测量表尾相电压应正常，即 $U_U=U_V=U_W=57.7$（V）	接电压互感器

续表

序号	基本方法	判别方法			说明
3	判断计量装置接线是否正常	两元件电能表	（1）对调表尾V、W两相电压线，表应不走或向一侧微动； （2）抽出表尾V相电压线，测量表的转速应慢一半左右		
		三元件电能表	（1）任意对调表尾两相电压线，表应不走或向一侧微动； （2）解除表尾零线然后将表尾的任一相线引入表尾中性点，表的转速应不变或略有变化		
		单相电能表	（1）关灯：① 测量表尾电压应正常，U=220V；② 用验电笔测试表尾电压线，应一个亮，另一个不亮；③ 相线应进入表计电流接线端子； （2）开灯表盘转动应正常		亮的相为相线，不亮的相为零线
4	电容判别法	两元件电能表	U元件	U元件在表尾电压U_{UV}、U_{UW}作用下单独运行时，分别测出表盘转1圈的时间t_{UV}和t_{UW}	
				$t_{UV}=t_{UW}$	U元件是有功元件
				$t_{UV}>0, t_{UW}<0$表尾正相序；$t_{UV}<0, t_{UW}>0$表尾反相序	U元件接线正常
			W元件	W元件在表尾电压U_{WV}、U_{WU}作用下单独运行时，分别测出表盘转1圈的时间t_{WV}和t_{WU}	
				$t_{WV}=t_{WU}$	W元件是有功元件
				$t_{WV}<0, t_{WU}>0$表尾正相序；$t_{WV}>0, t_{WU}<0$表尾反相序	W元件接线正常

续表

序号	基本方法	判别方法			说明
4	电容判别法	两元件电能表	若U元件，W元件均是有功元件，且接线正常，该计量装置接线正常		
		三元件电能表	U元件	U元件在表尾电压 U_{UV}、U_{UW} 作用下单独运行时，分别测出表盘转1圈的时间 t_{UV} 和 t_{UW}	
				$t_{UV}=t_{UW}$	U元件是有功元件
				$t_{UV}>0, t_{UW}<0$ 表尾正相序；$t_{UV}<0, t_{UW}>0$ 表尾反相序	U元件接线正常
			V元件	V元件在表尾电压 U_{VW}、U_{VU} 作用下单独运行时，分别测出表盘转1圈的时间 t_{VW} 和 t_{VU}	
				$T_{VW}=t_{VU}$	V元件是有功元件
				$t_{VW}>0, t_{VU}<0$ 表尾正相序；$t_{VW}<0, t_{VU}>0$ 表尾反相序	V元件接线正常
			W元件	W元件在表尾电压 U_{WV}、U_{WU} 作用下单独运行时，分别测出表盘转1圈的时间 t_{WV} 和 t_{WU}	
				$t_{WV}=t_{WU}$	W元件是有功元件
				$t_{WU}>0, t_{WV}<0$ 表尾正相序；$t_{WU}<0, t_{WV}>0$ 表尾反相序	W元件接线正常
			若U元件，V元件，W元件均是有功元件，且接线正常，该计量装置接线正常		

续表

序号	基本方法	判别方法	说明
5	相序判别法	U元件在表尾电压 U_{UV}、U_{UW} 作用下单独运行时，分别测出表盘转1圈的时间 t_{UV} 和 t_{UW}	负荷为阻感性，不断电测试
		$\cos\varphi>0.5, t_{UV}>0, t_{UW}>0, t_{UV}>t_{UW}$ $\cos\varphi<0.5, t_{UV}<0, t_{UW}>0, t_{UV}\geqslant t_{UW}$	表尾电压正相序
		$\cos\varphi>0.5, t_{UV}>0, t_{UW}>0, t_{UV}<t_{UW}$ $\cos\varphi<0.5, t_{UV}<0, t_{UW}<0, t_{UV}\geqslant t_{UW}$	表尾电压反相序
		U元件符合要求，U元件接线正常	
		V元件：t_{VW}、t_{VU} 符合判据要求，即V元件接线正常	
		W元件：t_{WV}、t_{WU} 符合判据要求，即W元件接线正常	

三、防治窃电技术措施

防治窃电的技术措施，如表8–33所示。

表8–33　防治窃电的技术措施

序号	措施类型	措施内容		说明
1	专用变压器高压用户技术措施	高供高计用户技术措施	（1）采用防窃电计量箱、电表箱； （2）采用防伪封印； （3）采用双向计量电表； （4）规范电表安装接线； （5）配置失压断流记录仪或失压保护； （6）配置就地监测仪或远方监测仪	每一种防窃电措施都有一定的局限性，因而采用多种防窃电措施配合才能达到更好的防窃电的效果

续表

序号	措施类型	措施内容		说明
1	专用变压器高压用户技术措施	高供低计用户技术措施	（1）采用防窃电计量箱、电表箱； （2）采用防伪封印； （3）采用双向计量电表； （4）规范电表安装接线； （5）采用三只单相电表； （6）封闭变压器低压侧出线端至计量装置的导体； （7）配置就地监测仪或远方监测仪	每一种防窃电措施都有一定的局限性，因而采用多种防窃电措施配合才能达到更好的防窃电的效果
2	公用变压器低压用户技术措施	三相用户技术措施	（1）采用防窃电计量箱、电表箱； （2）采用防伪封印； （3）采用双向计量电表； （4）规范电表安装接线； （5）配置剩余电流动作保护器； （6）三相四线用户改用三只单相表； （7）三相三线用户改用三元件电表； （8）配置就地监测仪	
		单相用户技术措施	（1）采用防窃电计量箱、电表箱； （2）采用防伪封印； （3）采用双向计量电表； （4）规范电表安装接线； （5）配置漏电保护开关； （6）采用防窃电表； （7）规范低压线路安装架设； （8）禁止在单相用户间跨相用电	

四、防治窃电组织措施

防治窃电的组织措施，如表 8–34 所示。

表 8–34　　　　　　　　防治窃电的组织措施

序号	措施类型	措施内容		说明
1	反窃电工作的三级管理	局级管理	（1）线损管理； （2）营业普查； （3）技术培训； （4）组织管理	反窃电工作的领导权在基层供电公司。如果没有公司级的领导、督促、检查和考核，反窃电工作会流于形势，各项反窃电的技术措施和组织措施将不会得到顺利实施
		班级管理	（1）责任管理； （2）实施各项反窃电的组织措施； （3）逐步完善所辖用户的反窃电技术措施； （4）提高管理人员素质	
		人员管理	（1）按有关规程装表接电； （2）认真执行抄表监督； （3）逐户完成用电参数测算，按月进行表卡审核； （4）认真如实填写换表单和抄表卡； （5）全面掌握各种查电技术； （6）对所有用户都要严格将计量箱进行双封； （7）对一些疑难复杂问题，及时向领导汇报，取得组织支持	
2	制定抄表监督制度	（1）用户监督； （2）互相监督； （3）领导监督		抄表时互相监督，提高抄见量的真实性，准确性，是防止抄表不到位，不同步，防止内外勾结窃电的有效手段
3	制定抄表卡审核制度	（1）自然规律法：① 强化管理法；② 24h值班法； （2）自比法； （3）类比法； （4）产品单耗法		（1）抄表之后，通过审核各用户的抄见量来寻找窃电线索； （2）抄表卡可由管线路人员、复合会计、稽查班长三级审核，也可共同审核

续表

序号	措施类型	措 施 内 容	说 明
4	制定计量装置的装换制度	（1）营业班填写装表单； （2）填写抄表卡； （3）严禁无正式工单装换表	该制度是防止内外勾结窃电的重要组织措施。没有该制度，有的用户找关系无工单换表，消除违章证据，造成台账混乱，进行内外勾结式的窃电
5	制定查电制度	（1）重点查电：① 夜查；② 常规查电；③ 多次抄表法； （2）临时查电； （3）抽查； （4）普查	查电是取得反窃电成功的必然手段

第六节 窃 电 查 处

一、查处窃电工作流程

查处窃电的工作流程，如图 8–7 所示。

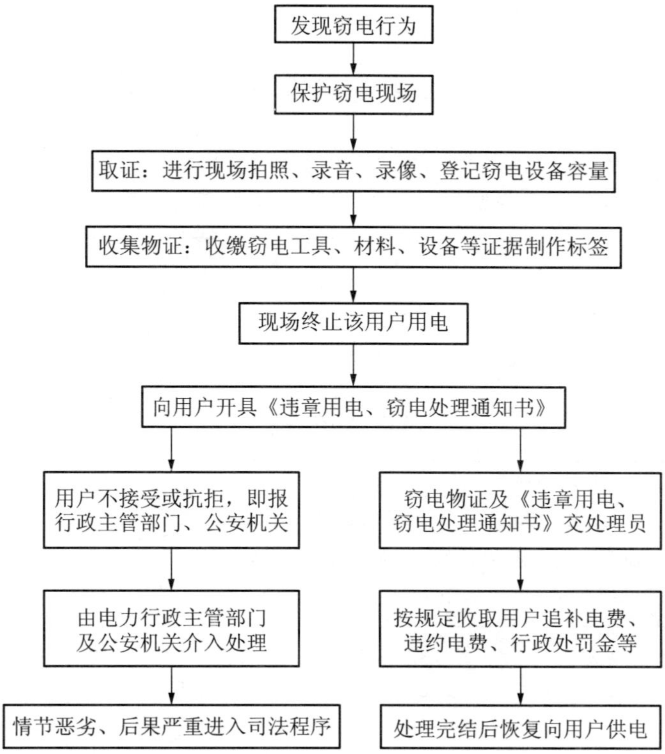

图 8–7 查处窃电的工作流程图

二、窃电量认定

窃电量的认定，如表 8–35 所示。

表 8–35　　窃 电 量 的 认 定

序号	内　　容
1	在供电企业设施上，擅自接线用电的，所窃电量按私接设备容量（kVA 视同 kW）乘以实际使用时间计算确定
2	以其他行为窃电的所窃电量按计费电能表标定电流值（对装有限流器的，按限流器的额定电流值）所指定的容量乘以实际使用的时间计算确定
3	当窃电时间无法查明时，可以分别按下列方法计算窃电量: （1）按同属性单位正常用电的单耗和产品产量相乘计算用电量，加上其他辅助用电量后与抄见电量对比的差额; （2）在总表上窃电，按分表电量和总表抄见电量的差额计算; （3）按历史上正常月份用电量与窃电后抄见电量的差额，并根据实际用电变化情况进行调整; （4）以上方法仍不能确认的，窃电日数每年以 180 天计算，每日窃电时间，电力用户按 12h 计算，照明用户按 6h 计算
4	装有高压组合计量装置并正常计量的，按照高压组合计量装置考核记录电量与抄见电量的差额计算
5	装有负荷监控装置应正常计量的，按照负荷监控装置的记录电量与抄见电量的差额计算确定窃电量
6	根据用电计量装置错误接线状态计算差错电量再乘以实际使用时间计算窃电量

三、窃电金额确定

窃电金额的确定，如表 8–36 所示。

表 8–36　　窃电金额的确定

序号	内　　容
1	窃电金额等于窃电电量乘以电力销售价格（含税）再加上国家、省物价部门按规定电量收取的其他合法费用
2	窃电后又转售的，转售价格高于法定电价的，窃电金额按转售的价格计算，转售价格低于法定电价的，窃电金额按法定电价计算
3	实施分时电价的用户，不能确定窃电时段，按该负荷性质的含税平段电价计算

四、对窃电行为的处罚

对窃电行为的处罚，如表 8–37 所示。

表 8–37　对窃电行为的处罚

序号	内　　容	说　明
1	窃电的，由电力管理部门责令停止违法行为，追缴电费并处以五倍以下罚款，同时承担供用电合同违约责任	罚款倍数按各地区规定处理
2	单位窃电除按上款追究责任外，还应追究实施窃电行为教唆、指使、胁迫、引诱、协助者的刑事责任	按各省、区有关文件精神处理
3	具有下列情形之一的，除电力行政执法部门追缴窃电损失外，由司法机关依据《中华人民共和国刑法》追究刑事责任: （1）窃电数额较大，情节严重的; （2）使用暴力殴打电力行政执法人员，情节严重构成犯罪的; （3）因窃电造成供电设备严重损坏或大面积停电事故的; （4）电力部门工作人员为他人窃电提供条件或帮助的; （5）电力部门工作人员利用职务之便窃电归己使用构成犯罪	
4	对于生产窃电装置，销售窃电装置，提供窃电装置的，除没收其窃电装置和生产窃电装置的设备及违法所得，并处于 10 万元以下罚款，情节严重构成犯罪的追究其刑事责任	按各省、区制定的有关规定处理

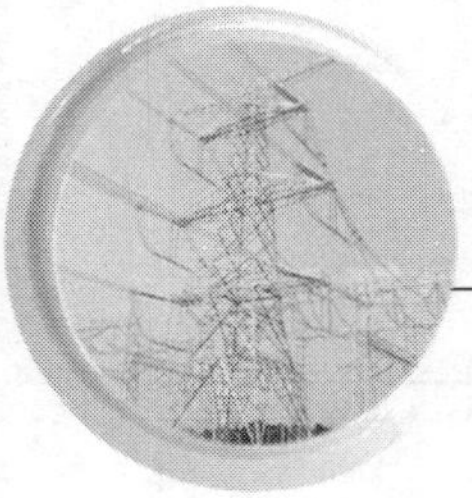

第九章

电力需求侧管理

需求侧管理（DSM）是在政府规划和支持下，采取有效的激励和引导措施以及适宜的运作方式，通过电网公司（供电企业）、能源服务公司、监测与评估等中介机构、产品供应商、电力客户等共同协力，提高终端用电效率和改善用电方式，在满足同样用电功能的同时减少电量消耗和电力需求，达到节约资源和保护环境、实现社会效益最好、各方受益、最低成本能源服务所进行的管理活动。

第一节　电力需求侧管理基本概念

一、需求侧管理原则

国内外需求侧管理的实施经验表明，需求侧管理要适应市场经济规律，必须符合客户自愿原则、效益原则、公平原则的三项要求，如表 9–1 所示。

表 9–1　需求侧管理原则

序号	原则类型	内　容
1	客户自愿原则	电力需求侧管理是尊重消费者的自愿原则，并以其利益为前提。是否采取可中断负荷方式或实行直接负荷控制，都要经过电网企业与消费者双方商定并签订合同
2	效益原则	电力需求侧管理要有利于参与各方，使其有利可图。在衡量效益过程中要以社会效益为重
3	公平原则	实施电力需求侧管理必须有公平、公正、合理的评估和监测机制，使最终的实施效果和效益能够被参与各方接受

二、需求侧资源及管理对象

需求侧资源指的是客户潜在的节电资源，凡是有用电的地方都存在需求侧资源。需求侧管理的对象要求具体明确地落实在用电终端，以便采取有针对性地实施对策和运营策略。

需求侧资源及管理对象，如表 9–2 所示。

表 9–2　　需求侧资源及管理对象

序号	项　目	内　　容
1	需求侧资源	（1）提高照明、空调、电动机、电热、冷藏、电化学等用电效率所节约的电力和电量； （2）蓄冷、蓄热、蓄电等改变用电方式所节约的电力和电量； （3）能源代替，余能回收所减少和节约的电力和电量； （4）合同约定可中断负荷所节约的电力和电量； （5）建筑物保温等完善用电环境条件所节约的电力和电量； （6）客户改变用电习惯所节约的电力和电量
2	需求侧管理的对象	（1）客户终端的主要用能设备，如照明、空调、电动机、电热、电化学、冷藏、热水器、暖气、通风设备等； （2）可与电能互相替代的用能设备，如煤气、燃油、燃煤、太阳能、沼气等热力设备； （3）与电能利用有关的余热回收和传热设备，如热泵、热管、余热锅炉、换热器等； （4）与用电有关的蓄能设备，如蒸汽蓄热器、热水蓄热器、电动汽车蓄电瓶等； （5）与用电有关的环境设施，如建筑物的保温，自然采光和自然采暖及遮阴等

三、需求侧管理运营、目标及实施环境

供电企业是需求侧管理的实施主体。需求侧管理的目标主要集中在客户电力和电量的节约上。需求侧的实施环境关键是充分发挥政府、供电企业、电力客户、能源服务公司等各方面的作用，克服体制、法规、制度政策方面存在的障碍，创造一个有利于综合资源规划的实施环境。

需求侧管理的运营、目标及实施环境，如表 9–3 所示。

表 9–3　　需求侧管理的运营、目标及实施环境

序号	项　目	内　　容
1	需求侧管理运营	（1）讲求效率，追求效益； （2）要求供电企业和客户共同承担风险，共同争得利益； （3）不主张拉闸限电、轮休、倒班等行政手段减少用电需求，更多地鼓励采用科学管理方法和先进技术手段，促使客户主动改变消费行为和用电方式

续表

序号	项　目		内　　容
2	需求侧管理目标		（1）力图以较少的新增机组装机容量达到系统的电力供需平衡; （2）力图减少系统的发电燃料消耗，在满足同样能源服务的同时减少其用电量
3	需求侧管理实施环境	政　府	在综合资源规划的制定和实施过程中起主导作用
		供电企业	是实施综合资源规划的和需求侧管理的主体
		电力客户	是终端节能的主体，也是节能整体增益的主要贡献者
		能源服务公司	需求侧管理的中介公司

四、需求侧管理内容

需求侧管理的内容，如表 9–4 所示。

表 9–4　　需求侧管理的内容

序号	项　目	内　　容
1	能效管理	通过客户采用先进技术和高效设备提高终端用电效率，或通过改变或优化客户的用电习惯，减少电量消耗，取得节约电量和减少污染排放的效益。能效管理更注重强调减少电量消耗
2	负荷管理	通过负荷整形技术改善用户的用电方式，降低电网最大负荷，取得节约电力和减少装机容量的效益，负荷管理要更注重减少电力需求

五、需求侧管理手段

实施需求侧管理计划要采取多种手段，它是以先进的技术设备为基础，以经济效益为中心，以法制为保障，以政策为先导，采用市场经济运作方式，克服市场障碍，实施有效的管理。需求侧管理的手段共分四种，如表 9–5

所示。

表 9–5　　需求侧管理手段

序号	手段	内　　容
1	经济手段	利用电价制度、免费安装、借贷优惠、折让、节电设备租赁等手段激励客户主动改变消费行为和用电方式，减少电量消耗和电力需求
2	引导手段	是对客户进行消费引导的一种有效的不可缺少的手段。引导方式有两种：一种是利用各种媒介和信息传递给客户；另一种是与客户直接接触，提供各种能源服务
3	行政手段	政府和相关执法部门通过行政法规、标准、政策等来规范电力消费和市场行为，具有权威性、指导性和强制性
4	技术手段	针对具体管理对象以及生产工艺和生活习惯的用电特点，采用当前应用的先进节电技术和管理技术及相应的设备来提高终端用电效率或改变电力用户的用电方式；其他为需求侧管理服务的技术支持手段，如负荷管理系统等

1. 经济手段

需求侧管理的经济手段是克服市场障碍、开拓能效市场、合理利用电力资源最主要的激励手段，如表 9–6 所示。

表 9–6　　需求侧管理的经济手段

序号	手　段	内　　容
1	电价鼓励	制定一个面向客户多种选择的鼓励电价，是负荷管理最主要的市场工具，目的是激发客户在削峰填谷和移峰填谷方面的积极性，供客户在用电可靠性、时序性和经济性之间作出自己的选择，如容量电价、峰谷分时电价、季节性电价、可中断负荷电价等
2	折让鼓励	折让鼓励是给与购置特定高效节能产品的客户或销售商适当比例的折让，以克服高效产品价格偏高的市场障碍，以便吸引更多的客户参与需求侧管理的活动，并促使供应商推出更好的节电产品
3	免费安装鼓励	免费安装鼓励是指向客户免费赠送和安装指定的高效节能设备，客户不必或仅仅支付少许费用，方便解决客户资金筹措的困难

续表

序号	手　段	内　　　容
4	借贷优惠鼓励	借贷优惠鼓励是向初投资高的那些客户提供低息或无息贷款，以减少客户参与需求侧管理计划在资金短缺方面的障碍
5	节电设备租赁鼓励	节电设备租赁鼓励是把高效节电设备租借给客户，以节电收益逐步偿还租金的办法来鼓励客户参与需求侧管理计划，以克服它们举债的心理压力
6	节电特别奖励	节电特别奖励是对工商服务业等客户提出的准备实施的优秀节电方案给予“客户节电特别奖”，借以树立节电榜样，激发客户参与需求侧管理的热情

2. 引导手段

引导和宣传是对用户消费进行指引的一种有效的、不可缺少的手段。相同的经济激励和同样的节电收益，用户可能出现不同的反应，关键在于引导。

需求侧管理的主要引导措施及方式，如9–7所示。

表9–7　　　　　需求侧管理的主要引导措施及方式

序号	项　目		内　　　容
1	引导措施		如知识普及、信息传播、研讨交流、审计咨询、宣传鼓励、技术推广、政策交待等
2	引导方式	利用各种媒介把信息传递到客户	如电视、广播、报刊、展览、广告、画册读物、信箱等
		与客户直接接触提供各种能源服务	如讲座、座谈、培训、研讨、咨询、诊断、审计等

3. 行政手段

行政手段主要是指：培育以市场为导向的需求侧管理节能、节电运作机制；制定支持能效管理和节电运作可操作的行政手段法规和政策条款；加强法制化管理，政策性鼓励，指导性服务；适度干预能效市场，克服能效市场障碍，实行激励机制和约束机制相结合，以鼓励为主的节能、节电政策；在法规体制、标准、政策、监督、协调、服务等方面，创造一个有利于需求侧管理的实施环境。

4. 技术手段

需求侧管理的技术手段，如表 9–8 所示。

表 9–8　　　　　　　　需求侧管理的技术手段

<table>
<tr><th>序号</th><th>项目</th><th colspan="3">内　容</th></tr>
<tr><td rowspan="9">1</td><td rowspan="9">负荷整形技术</td><td rowspan="2">削　峰</td><td>直接负荷控制</td><td>在电网峰荷时段，系统调度人员通过远动或自动装置随时控制客户终端，属于客户无准备的停电控制</td></tr>
<tr><td>可中断负荷控制</td><td>根据供需双方事先的合同约定，在电网峰荷时段系统调度人员向客户发出请求信号，经客户响应后中断部分供电，属于客户有准备的停电控制</td></tr>
<tr><td rowspan="3">填　谷</td><td>增加季节性负荷</td><td rowspan="3">填谷是在电网低谷时段增加客户的电力电量需求，有利于启动系统空闲的发电容量，并使电网负荷趋于平稳，提高系统运行的经济性</td></tr>
<tr><td>增添低谷用电设备</td></tr>
<tr><td>增加蓄能用电</td></tr>
<tr><td rowspan="4">移峰填谷</td><td>采用蓄冷、蓄热技术</td><td rowspan="4">将电网高峰负荷的用电需求推移到低谷负荷时段，同时起到削峰填谷的双重作用</td></tr>
<tr><td>能源替代运行</td></tr>
<tr><td>调整轮休制度</td></tr>
<tr><td>调整作业程序</td></tr>
<tr><td rowspan="3">2</td><td rowspan="3">负荷控制技术</td><td>间接控制</td><td colspan="2">按客户最大需量或峰、谷段的用电量，以不同电价收费，借此来刺激客户削峰填谷</td></tr>
<tr><td>直接控制</td><td colspan="2">在负荷高峰期及电力供需失衡时切除一部分可间断供电的负荷</td></tr>
<tr><td>分散控制</td><td colspan="2">对客户的负荷按改善负荷曲线的要求，由分散装设在各客户处的定时开关、定量器等装置控制</td></tr>
</table>

续表

序号	项目		内容
2	负荷控制技术	集中控制	是由负荷主控站按改善负荷曲线的需要，通过某种与客户联系的控制信道和装设在客户处的终端装置，对客户的可间断负荷进行集中控制
3	提高终端能效		提高终端设备的用电效率是通过改变客户的消费行为，采用先进的节能技术和高效的设备来实现的，其目的就是节约用电，减少客户的电量消耗。提高终端设备用电效率有减少电量和电力需求的双重效果

六、电力需求侧管理实施步骤

电力需求侧管理实施步骤，如表9–9所示。

表9–9　　电力需求侧管理实施步骤

序号	步骤	内容
1	系统分析	通过对需求侧管理的规划网区的经济状况，电网供电，终端用电以及环境条件的调查，对实施需求侧管理的可行程度进行估价，并在此基础上明确项目的目标、范围和时限
2	资源预测	通过负荷预测以便确定供应方资源，以及通过终端用电结构的一侧确定需求方的用电资源在总用电量中所占的比重
3	技术评估	确定需求侧管理的实施对象，然后进行技术筛选和经济筛选，最后优化排序。每一种节电方案的成本效益分析结果用收益和成本的比值表示，其值越大说明方案越好
4	资源评估	在技术评估的基础上对节电资源及其整体效益进行评估，判定成本有效的节电资源及其相应的效益潜力，为制订需求侧方管理实施计划提供支持
5	实施计划	在对需求侧方节电及时进行成本效益分析的基础上，计算需求侧管理对社会的效益潜力、节电投资、年度节电量、预期净收益和对社会的贡献，从而制订节电实施计划和实施对策
6	检验评估	在计划实施过程中对其进行跟踪检验和评价，对市场走向进行分析，从而对实施计划作出必要的调整，以便用最好的服务开拓更广泛的节电增益市场

七、电力负荷管理系统（电力负荷控制装置）

电力负荷管理系统，如表 9–10 所示。

表 9–10　　电力负荷管理系统

序号	类型	内容	
1	电力负荷管理系统的功能	多功能的用电监控	（1）参数设置，参数和数据的查询； （2）远方遥控客户端开关的分、合闸； （3）地区及客户的功率、电量的监控； （4）对有关电力参数的采集和计算； （5）对有关图、表、曲线及系统接线图，地理信息图的绘制和打印； （6）为领导决策，配电调度提供现代化的管理手段； （7）对客户短的遥测、遥信、遥控； （8）生成各类数据库； （9）编制执行削峰填谷的方案； （10）建立客户的档案
		实现远方抄表，实施监控用电状态	（1）实现远方抄表，其数据准确且节省人力物力； （2）对于安装了负控装置的客户，可以实现预售电； （3）利用负控装置可以对客户用电情况进行实时监督； （4）利用负控装置良好的数据采集效果及网络特性，可进行区域性的用电分析，预测及管理
		良好外延联网功能	除具有局域网的一般功能外，还能与系统内的上、下级用电管理子系统进行远程通信，与营销管理信息系统进行整合，实现资源共享
		通信手段	电力负荷管理系统都具有灵活可靠的通信手段
2	电力负荷管理系统的组成及功能	主控站	（1）遥控跳闸与合闸； （2）远方终端的用电定值整定； （3）设置远方客户参数； （4）定时校准主控站与各终端的时钟； （5）用电实时参数遥测； （6）召唤遥信信息； （7）建立客户档案查询； （8）印各种操作后的纪录
		收发信机	（1）将要传送的基带信号，经调频、倍频或混频，经其频谱搬移到发信频率，在经过放大达到额定功率馈送到天线； （2）无线电力负控系统中，基带信号由语音信号和 FSK 信号两种，其频率均属于音频范围

续表

序号	类型	内容		
2	电力负荷管理系统的组成及功能	终端（双向）	通话	（1）允许通话； （2）开放通话； （3）申请通话； （4）禁止通话
			远方复位	双向终端应可以接受监控站的远方复位命令，进行初始化操作，重新运行终端程序
			参数整定	（1）电压、电流互感器变比及电能表脉冲常数； （2）功率定值及浮动系数； （3）峰、谷、平时段功率； （4）限电参数； （5）自动合闸延时时间； （6）工控报警时间； （7）日、月电量定值； （8）电量峰、谷、平时段； （9）购电量定值； （10）抄表日； （11）电能表底数和实时数； （12）电能表峰、谷、平底数和实时数； （13）终端时钟； （14）终端电台数传延时时间； （15）模拟量变比； （16）电压越线参数
			远方拉/合	（1）计划限电； （2）紧急限电； （3）遥控合闸； （4）撤销遥控
			当地闭环控制	（1）功率闭环控制； （2）厂休日功率控制； （3）电量控制； （4）购电量控制
			数据采集处理	（1）脉冲量采集及处理功能； （2）模拟量采集及处理功能； （3）状态量采集功能

续表

序号	类型	内容		
2	电力负荷管理系统的组成及功能	终端（双向）	事件纪录	（1）功率越限跳闸纪录轮次、时间、定值、控前、控后功率； （2）用电量功率越限跳闸纪录轮次、时间、定值；用电总量； （3）终端复位次数和纪录：年、月、日、时、分、秒； （4）终端停电纪录：年、月、日、时、分、秒； （5）功率为零时间； （6）各种控制跳闸次数和纪录：日电控、月电控、购电控、遥控、功控
			响应遥测	（1）响应定时、日末、月末巡测； （2）响应随机、历史日、历史月遥测量
			远方抄表	双向终端应根据监控站的命令，通过 RS–232 或 RS–485 接口，将电子脉冲式电能表的各项数据抄回，并发送给监控站
			显示和按键	时间类；功率类；电量类；分路需量类；总表读数；峰表读数；谷表读数；电压、电流类；1～4 路 TA、TV、K；5～8 路 TA、TV、K；功控时间段和定值；电控时间段和定值；电控投入轮次

第二节　电力需求侧管理实施方略

一、电网企业是实施综合资源规划和需求侧管理的主体

电网企业（供电企业）是实施综合资源规划和需求侧管理的主体。赋予电网企业担任需求侧管理的使命，与电源开发和供电一样把节电纳入日常运营活动，不仅仅因为它是综合资源规划和需求侧管理计划的直接受益者，更重要的是他与客户存在着不可侵害的运营联系，更了解客户的用电和节能状况，与客户共同采取有效措施和动作方式，提高客户执行需求侧管理计划的参与率，提供更多的节能资源，争得更大的整体效益。

电网企业在电力需求侧管理中的作用，如表 9–11 所示。

表 9–11　　　　电网企业在电力需求侧管理中的作用

序号	作　用	内　　容
1	体制上要明确把节电列入电网企业的职能范围	电网企业既然是实施需求侧管理的主体，就要实施需求侧管理计划，投资于节电销售效率，实现供电与节电运营一体化，才能使需求侧管理计划得以实现，使节能节电形成持久的良性循环
2	法规制定应鼓励电网企业主动承担实施需求侧管理计划	电网企业投资于终端节电，通常的办法是通过提高供电电价来获得允许的节电投资回报率。通过需求侧管理活动降低成本的节电资源替代高成本的供电资源，抑制了电价的过快增长，使客户获得了低成本的能源服务，这正是需求侧管理的一大特殊贡献
3	政策上要允许电网企业以财政激励手段推动需求侧管理计划的实施	财政激励是需求侧管理对客户节电响应能力最主要的激励手段，也是需求侧管理在运营策略方面的一个重点，政策上要允许电网企业以财政激励手段去实施需求侧管理计划
4	在电源开发的制度中把需求侧管理计划纳入法定的审批程序	把能源开发和电力节约视为一个整体纳入审批程序，把需求侧管理计划列入其中的审批内容并参与电力电量平衡，使开发与节约联系在一起，统一筹划，同步实施，把节约落在实处，才能改变电力部门单纯注重依靠增加电力供应来满足需求侧增长的传统模式，走上资源开发利用集约型管理的轨道

二、中国南方电网开展电力需求侧管理的实践

中国南方电网有限责任公司（简称中国南方电网）自 2002 年底成立以来，其所覆盖的广东、广西、云南、贵州、海南五省区一直是全国缺电最严重的区域之一，最近三年情况尤甚，2005 年最大电力缺口达到 940 万 kW，占到全国电力缺口的 1/4 强，2006 年最大缺口 650 万 kW，2007 年上半年缺口达 521 万 kW。面对巨大的电力缺口，作为以输配电及售电服务为主营业务的南方电网公司选择了一条正确的路径：加强电力需求侧管理。

公司建立了全网联动的分级错峰避峰体系，按照客户类别开展有序用电；实施峰谷分时电价、丰枯电价，及时发布电力供需信息，引导客户移峰、错峰；加强用电负荷监测与管理，等等，对用电负荷做到“看得见，分得开，控得住”。

在需求侧管理措施的配合下，中国南方电网在电力供应极为紧张的情况下，拉限电条次数逐年减少，2004 年同比减少 38%，2005 年同比减少 62%，

2006 年同比减少 82%，2007 年上半年又减少了 97%，杜绝了临时性的拉闸限电，创造了“限电不拉路，错峰不减产”的宝贵经验。

得益于需求侧管理，近年来中国南方电网平均负荷率保持在 85%以上，不仅有效缓解了高峰供需矛盾，而且提高了发电设备利用效率，尤其是提高了水电的运行效率，这几年中国南方电网已经基本做到了水电不弃水。由此也带来了巨大的环境效益，按 2006 年的情况测算，中国南方电网汛期负荷率提高 1 个百分点，可吸纳 22.6 亿 kW 时低谷水电，相当于少用燃煤 80 万 t，可减少二氧化碳排放 1.4 万 t，减少烟尘排放 0.8 万 t，降低环境污染损失 1.2 亿元。

通常认为电力需求侧管理可以取得经济、社会与环境的多重效益，实现政府、用电客户与电力企业三方共赢。中国南方电网通过自己的实践证明，电力需求侧管理不仅是缓解电力供需矛盾的必要手段，更是提高能源利用效率，实现节能降耗目标，促进经济社会可持续发展的战略性选择。中国南方电网在应对电力供应紧张对需求侧管理形成了自己鲜明的特色。

中国南方电网需求侧管理的特色，如表 9–12 所示。

表 9–12　　　　中国南方电网需求侧管理的特色

序号	特　　色	内　　　容
1	确立了限电不拉路，错峰不减产的需求侧管理理念，将缺电对五省区经济社会发展的影响降到了最低	过去的 4 年，中国南方电网所在的五省区是全国缺电最严重的地区，在严重缺电的形势下，公司深化电力需求侧管理工作，提高有序用电管理水平。在各级政府的领导下，与广大电力客户密切配合，建立全网联动的分级错峰避峰体系，健全了供需预警机制，按先错峰、后避峰、再限电的原则编制有序用电预案，避免临时性、大面积的拉闸限电。经过几年的实践，已经形成有理念引导，有管理流程，有技术支撑，有效果评估，政府统一领导，上下游良性互动的管理体系，得到上级部门和全国专家同行的高度评价，被国家发改委指定为有序用电方案范例的编制研究单位
2	通过完善技术手段提高服务水平	把需求侧管理与优质服务紧密结合，加快营销技术进步的步伐，全网大工业和非普专变监测面达到 70%以上，监测负荷达到 3000 万 kW。利用 95598 平台，增加短信、网站等多种方式及时发布用电信息，提高自觉错峰率，最大限度地降低缺电对客户生产经营带来的影响。在电力缺口逐年加大的情况下，公司拉限电条次数逐年减少，2004 年比 2003 年减少了 38%，2005 年比 2004 年减少了 62%，2006 年又比 2005 年减少了 82%，杜绝了拉闸限电。这些技术支持系统逐步应用于客户节能诊断之中，在服务客户节能降耗中发挥着重要的作用

续表

序号	特　色	内　容
3	电力需求侧管理促进了南方五省区产业结构的调整	认真执行国家产业政策，配合政府加快产业结构调整步伐，在制订有序用电方案时，优先保障符合国家产业政策的行业用电，通过实施差别电价等手段严格限制“三高一低”的企业用电，使得产业结构得到明显改善。2006年，南方五省区单位GDP能源消费1.09t标煤/万元，为全国平均水平的90%；根据国家统计局公布的2005年单位GDP能耗数据，广东、广西、云南、贵州、海南的每万元GDP能耗分别为0.79、1.22、1.73、3.25、0.92t标准煤，其中，广东的GDP能耗在全国是最低的。2003年后，南方五省区电力供应日趋紧张，各省通过有序用电管理限制和淘汰了部分“五小”企业，使得GDP电耗从2003年的0.16kWh/元下降到了2006年的0.129kWh/元，下降了19.3%，降幅比全国平均的14.8%高出4.5个百分点，0.129kWh/元这个水平也比全国平均的0.137kWh/元低了5.7%

三、中国南方电网错峰用电管理规定

错峰用电管理是电力需求侧管理的重要内容之一。错峰用电管理规定旨在通过规范和明确电网公司在错峰用电管理过程中的工作内容和工作职责，进一步理顺公司系统各级单位、部门有关工作机制，使公司的需求侧管理的整体水平得到切实提高。

1. 错峰用电管理总则

错峰用电管理总则，如表9–13所示。

表9–13　　错峰用电管理总则

序号	项目	内　容	说　明
1	目的	为贯彻落实科学发展观，确保电网安全稳定运行和电力有序供应，保障正常的社会秩序，根据《电力法》、《电力供应与使用条例》等法律、法规，制定错峰用电管理规定	（1）错峰用电管理规定的适用范围是指中国南方电网公司（简称“网公司”）经营范围内各省区电网公司（简称“省公司”）及各供电公司；
2	行为	错峰用电是指：为了减少电网的峰谷负荷差，提高电网负荷率，最大限度地提高发、供电设备的利用率，提高电网安全性和经济性，根据电网负荷特性，通过行政、技术、经济等手段将用电高峰的部分负荷削减或转移到用电低谷的负荷调整行为	

续表

序号	项目	内　　　容	说　明
3	遵循原则	（1）事先预防，通过加强日常的节约用电、移峰填谷工作，尽可能避免错峰用电； （2）确保电网安全，在电力供应不足情况下，应首先保证电网安全稳定运行，防止发生大面积停电事故，从而保证社会秩序和大多数电力客户的利益； （3）保障重点，安排错峰用电时要确保居民生活用电，确保农业生产用电，确保医院、学校、金融机构、交通枢纽、重点工程等重点单位正常用电，确保高科技、高附加值客户用电的合理需要，按照“定客户、定设备、定容量、定时间”的要求，公平合理地安排其他行业和工业客户的供电，实现“限电不拉路，错峰不减产”； （4）节约能源，照国家产业政策，限制高消耗、高污染和低附加值的客户用电	（2）规定适用于日常错峰用电管理工作； （3）自然灾害等特殊时期的错峰用电管理按临时工作要求执行

2. 错峰用电定义

错峰用电的定义，如表 9–14 所示。

表 9–14　　　　错峰用电的定义

序号	项　目	内　　　容	说　　明
1	自觉错峰（指有关客户按照供电部门公布的错峰负荷指标自行压减负荷的行为）	轮休错峰，指有关客户按照供电部门安排，在负荷高峰时期每周轮休日停止生产用电的行为，对参与轮休错峰的客户可根据实际情况和当地政府有关要求适当增加或减少轮休时间	错峰用电实施对象原则上为大工业客户和普通工业客户，其中包括参与大客户直购电试点的有关客户。 （1）各单位可根据实际错峰要求将实施对象扩大至部分商业、宾馆类的专变客户；
		日常避峰，指有关客户按照供电部门下达的错峰指标每日在用电高峰时段自觉削减生产用电负荷的行为。参与日常避峰的客户应在规定时段内削减负荷达到 20%以上	
		紧急避峰，指有关客户按照供电部门的指令在短时间内压减负荷的行为，参与紧急避峰的客户应在规定时间内压减负荷达到 50%以上，该类客户一般不安排轮休错峰和日常避峰	

续表

序号	项　目	内　　　容	说　　　明
2	客户强制错峰	客户强制错峰，指供电部门在有关客户（含专线客户）没有按错峰计划指标自行削减负荷的情况下，对其实行拉闸限电的行为	（2）对于国家明令限制、淘汰类高耗能企业和重点欠费客户可优先安排错峰
3	线路强制错峰	线路强制错峰，指在出现电力缺口时供电部门由于安排自觉错峰不足导致超计划指标用电而实行对 10kV 及以上线路拉闸限电，造成对客户非计划停电的行为	

3. 错峰用电职责

错峰用电的职责，如表 9–15 所示。

表 9–15　错峰用电的职责

序号	部门	职　　责
1	网公司	网公司市场交易部负责全网错峰用电管理的各项工作
2	省公司	（1）负责所在省区电网的错峰用电管理工作，并负责组织落实各省区政府和网公司有关错峰用电的政策和管理措施； （2）负责配合政府制定并执行全省错峰用电实施方案，负责全省电力平衡和负荷预测工作，及时配合政府制定并下达全省错峰用电计划； （3）负责指导各供电公司的错峰用电管理工作，监督各供电公司执行错峰用电计划情况，必要时可实施线路强制错峰措施； （4）负责所在省区错峰用电的统计、分析与上报工作； （5）负责所在省区错峰用电和节约用电的宣传解释工作； （6）必要时实施《超计划用电限电线路序位表》、《事故限电线路序位表》、《三级快速限电线路表》，确保电网安全运行
3	供电企业	（1）负责配合当地政府制订并组织实施本地区的错峰用电实施方案； （2）负责本地区的电力平衡和负荷预测工作； （3）负责监督客户错峰用电执行情况； （4）负责组织本地区的非统调发电机组顶峰发电； （5）负责本地区错峰用电的统计、分析与上报工作； （6）负责本地区错峰用电和节约用电的宣传解释工作

4. 错峰用电管理内容

错峰用电的管理内容，如表 9–16 所示。

表 9–16　错峰用电的管理内容

序号	项目	内容
1	错峰用电实施方案编制管理	（1）省公司配合省经济主管部门确定全省错峰用电计划，结合负荷预测情况，制定全省错峰用电实施方案，经审批后实施，并报网公司市场交易部备案； （2）各供电公司配合当地政府主管部门根据上级有关部门下达的错峰用电计划及错峰用电实施方案，结合实际情况，编制本地区的错峰用电实施方案，经审批后执行，并报省公司备案；省会城市以及深圳、东莞、佛山供电公司的错峰用电实施方案应同时报网公司市场交易部备案； （3）错峰用电实施方案实施后，各供电公司要尽可能与相关客户签订协议，明确客户应当承担的责任；对于参与紧急避峰的客户，必须签订避峰协议，以便随时安排错峰； （4）网公司市场交易部应将各省公司和有关供电公司的错峰用电实施方案汇总，及时上报国家有关主管部门
2	错峰用电计划管理	（1）错峰负荷安排原则上以政府主管部门下达年度错峰负荷指标为依据，若预测最大错峰负荷超过分配错峰负荷指标，省公司可根据实际情况进行相应调整； （2）省公司有关部门根据省网电力负荷预测情况下达各供电公司网供电指标，各供电公司根据供应能力和需求情况预测或安排落实错峰负荷； （3）错峰负荷预测实行月、周、日滚动计划
3	错峰用电执行管理	（1）错峰用电执行顺序是“先自觉错峰、后客户强制错峰、最后线路强制错峰”； （2）若供电线路上同时带有工业客户和居民用电负荷，则对工业客户用电负荷采取自觉错峰及客户强制错峰措施； （3）对高耗能企业制定详细错峰、避峰方案，必要时对国家限制类高耗能企业制定可中断避峰方案，以削减用电高峰期间的尖峰负荷； （4）实施错峰用电期间，参与错峰用电的客户必须按规定削减或停止用电负荷； （5）各供电公司要做好负荷预测工作，有计划、有秩序地实施错峰，尽可能结合企业检修计划安排自觉错峰，尽量避免出现强制错峰、临时性和越级拉闸限电； （6）各供电公司应向社会和用电客户做好错峰用电的宣传解释工作，对参与错峰用电的客户要至少提前一天通知或公告，尽最大可能减少客户损失

5. 错峰用电预警信号

错峰用电预警适用于错峰方案日滚动计划，各省公司应建立错峰用电预警机制。错峰用电预警由各省公司调度部门发布，其预警信号共分四级，如表 9–17 所示。

表 9–17　　错峰用电预警信号

序号	级别	颜　色	内　　容	说　明
1	一级	绿色预警信号	地区网供负荷不受网供指标限制，供电公司调度部门按中调下达的发电曲线安排非统调电源出力	省公司可根据电网实际情况，在不增加预警信号种类的基础上，进一步制定预警信号的划分标准
2	二级	白色预警信号	供电公司调度部门将非统调火电全部开出，出力带满，非统调水电可根据实际情况自行控制	
3	三级	黄色预警信号	地区网供负荷已超过或预计将超过网供指标，供电公司调度部门除执行白色预警指令外，还须采取自觉错峰乃至客户强制错峰措施，将网供负荷控制在网供指标内	
4	四级	红色预警信号	地区网供负荷已超过或预计将超过网供指标，供电公司调度部门除执行黄色预警指令外，必要时采取线路强制错峰，甚至超计划限电等一切可行措施，将网供负荷控制在网供指标内	

6. 错峰用电预警执行程序

各供电公司应建立相应的、具有可操作性的客户错峰预警机制，由供电公司根据省公司调度部门每日发布的预警信号，及时向客户传送不同的错峰预警信号，引导客户错峰用电。错峰用电预警执行程序，如表 9–18 所示。

表 9–18　　错峰用电预警执行程序

序号	时　限	内　　容
1	每日 16:00 时前	每日 16:00 时前，省公司调度部门根据次日统调最大负荷预测，制订次日各市网供电指标，启用相应错峰用电预警信号，并下达至供电公司调度部门

续表

序号	时限	内容
2	每日 16:30 时前	供电公司调度部门根据省公司调度部门下达的网供指标、错峰预警信号和本地区负荷预测及地方机组发电出力，制定次日错峰计划，并于 16:30 时前通知本局营销部门
3	每日 17:30 前	供电公司营销部门按照供电公司调度部门次日错峰负荷计划于 17:30 前通知至错峰客户

7. 错峰用电统计

错峰用电统计，如表 9–19 所示。

表 9–19　　错峰用电统计

序号	项目	内容	说明
1	自觉错峰统计	（1）自觉错峰以供电公司安排的当日轮休、避峰、紧急避峰客户统计其客户数及负荷； （2）同一客户当天参与自觉错峰按一户数统计，月、周累计按户次统计； （3）自觉错峰负荷最大值统计：同一时间内所有自觉错峰负荷的累计值； （4）自觉错峰率 = 自觉错峰客户数/错峰客户总数×100%； （5）自觉错峰率应控制在 90%以上	（1）线路强制错峰以调度部门统计的数据为准； （2）自觉错峰和客户强制错峰以营销部门统计的数据为准； （3）由于各供电公司控制负荷不力，导致调度部门启用《超计划限电序位表》实施限电或采取其他强制错峰措施的，按线路强制错峰统计； （4）由于电网突发性事故导致调度部门启动三级快速限电的，该部分限电列入事故限电统计；
2	客户强制错峰统计	（1）客户强制错峰以切开客户侧开关（专线客户可在变电所侧）统计其客户数及负荷； （2）同一客户当天参与错峰按一户数统计，月、周累计按户次统计； （3）客户强制错峰负荷最大值统计：同一时间内所有客户强制错峰负荷的累计值	
3	线路强制错峰统计	（1）线路强制错峰以切开 10kV 及以上线路断路器为准统计线路数及负荷，因线路检修而安排轮休的线路或没有切开的线路均不在统计范围内； （2）线路强制错峰负荷最大值统计：同一时间内所有线路强制错峰负荷最大值； （3）错峰条次统计：同一条线路若当天先后多次错峰按累计条次统计； （4）线路强制错峰率 = 线路强错负荷/总错峰负荷×100%； （5）线路强制错峰率应控制在 10%以内	

续表

序号	项目	内　　容	说　　明
4	总错峰负荷统计	（1）总错峰负荷最大值统计：同一时间内自觉错峰、客户强制错峰和线路强制错峰之和的最大值； （2）各省公司总错峰负荷＝各供电公司总错峰负荷之和×同时率，其中同时率＝全省最高负荷/各供电公司最高负荷之和； （3）全网总错峰负荷＝各省公司总错峰负荷之和×同时率，其中同时率＝全网最高负荷/各省公司最高负荷之和； （4）省公司在计算同时率时应注意统一最高负荷的口径，可根据实际情况取当地同时率的经验值作为计算依据	（5）因客户执行自觉错峰不到位被实行拉闸限电的（含专线客户）的，按客户强制错峰统计

四、中国南方电网对需求侧管理工作的指导性意见

中国南方电网为进一步落实科学发展观，提高电网企业需求侧管理工作水平，更多地承担社会责任，更加注重社会效益，有效保障电力供应，促进五省（区）经济社会和谐发展，做深做细需求侧管理工作，对需求侧管理工作的制订了指导性意见。

中国南方电网对需求侧管理工作的指导性意见，如表9–20所示。

表9–20　　中国南方电网对需求侧管理工作的指导性意见

序号	主　题	内　　容
1	加强市场分析，提高市场预见性	（1）加强市场用电量的分析预测工作。各子公司年售电量预测准确率应达到97%以上，月售电量预测准确率达到95%以上，月电力电量缺口预测准确率达到90%以上。 （2）加强市场用电负荷的分析预测工作。各子公司要全面掌握本地区的电力负荷情况，加强对年、季、月的负荷预测，并建立负荷预测准确率的考核体系。 （3）动态跟踪分析市场情况。各子公司应督促下属各供电公司每天跟踪分析用电市场情况，各子公司每星期一将市场分析报公司市场部
2	确保重点，强化电力有序供应	（1）加强计划用电。主动当好各级政府参谋，科学合理分配用电指标，确保城乡居民生活和重要单位的用电需求；对重要用户的保安负荷进行定期核定，报政府有关部门批准后执行。 （2）努力做到限电不拉路。按“先错峰、后避峰、再限电、最后拉路”的原则，不断提高自觉错峰率，一般情况下；拉电负荷不能超过电力缺口的10%

续表

序号	主　题	内　　容
3	充分利用电力资源，实现错峰不减产	（1）充分利用电力资源。关注电煤供应及来水情况，优化配置资源，根据供电能力积极组织负荷，最大限度减少汛期弃水。 （2）大力开发低谷用电市场。要根据电网供需形势和负荷特性，科学合理地制定负荷率指标，鼓励多供电特别是多供低谷电。利用峰谷电价等政策，引导用户优化用电方式，提高负荷率
4	规范服务行为，提高服务水平	（1）认真兑现服务承诺。各子公司要重新评估或修订服务承诺，并在营业厅上墙公布。供电服务承诺兑现率要达到100%。 （2）进一步规范服务行为。各子公司及下属各供电公司要加强“95598”服务热线、营业厅、供电抢修和现场服务管理，树立高效、文明，真情服务的良好形象，严禁以电谋私，坚决打击“违法、违纪、违章、违规”行为，客户满意率要达到95%以上
5	加快营销技术进步	（1）加快负荷管理系统建设。各子公司要力争在两年内实现负荷管理系统覆盖 70%以上的大工业和非普专变负荷，省会供电公司和年供电量超过100亿kWh的供电公司今年要力争覆盖60%以上的负荷，努力做到负荷“看得见，控得住”。 （2）地市以上城市要全部开通“95598”服务系统，并逐步增加手机短信等功能，为用户及时提供信息服务
6	建立供电服务应急机制	（1）制订供电服务应急预案。各子公司及下属各供电公司要有针对性地制定事故情况下和重要单位停电后的供电服务应急预案。 （2）省会供电公司和年供电量超过100亿kWh的供电公司应每年组织一次供电服务应急预案演习，检查供电服务的薄弱环节，并及时整改
7	做好需求侧管理规划，建立长效机制	（1）积极开展需求侧管理规划。各子公司及下属省会供电公司和年供电量超过 100 亿 kWh 的供电公司今年内要完成需求侧管理规划，认真分析需求侧管理现状和潜力，提出各种政策措施、制度标准和指标体系，研究资金筹集渠道和推广应用新技术。 （2）推动出台需求侧管理实施办法。各子公司要积极推动各省区政府出台有关需求侧管理办法，规范需求侧管理工作
8	加强宣传和沟通，引导科学用电节约用电	（1）加强宣传。各子公司及下属各供电公司要及时发布电力供需形势、错峰用电信息和客户服务信息，主动承担社会责任，积极宣传国家用电政策，推广科学用电、节约用电的方法。 （2）加强沟通。要建立健全与当地政府部门的联系沟通机制。加强与用户的联系，每年至少召开两次客户座谈会，宣传供用电形势，征求客户意见，解决客户困难，争取客户理解

五、新形势下电力需求侧管理工作的重心要实现三个转变

随着中国政府在《京都议定书》上签字和科学发展观的确立，中国已经选择了经济、社会与资源、环境和谐发展之路，以实现可持续发展。中国作为发展中国家，实现可持续发展必然要经历一个过程。根据环境库兹涅茨曲线理论，环境污染与经济增长的长期关系呈倒U形。也就是说，在经济与社会发展中有一种规律性现象，即当一个国家经济发展水平较低的时候，环境污染的程度较轻，但是随着人均收入的增加，环境恶化程度随经济的增长而加剧；当经济发展到一定水平，达到某个拐点以后，随着人均收入的进一步增加，人们对资源与环境的关注程度不断提高，环境污染的程度逐渐减缓，环境质量才会逐渐得到改善。现在我国在经济尚不发达的情况下，提出到2010年单位GDP能源消耗比“十五”期末降低20%左右、主要污染物排放总量减少10%这两个约束性指标，表明我国在保护人类环境资源方面主动承担了更大的责任。

正因为面对这样的形势，中国电力需求侧管理今后将突出其在资源优化配置中的作用，逐渐实现工作重心的转变。

新形势下电力需求侧管理工作的重心要实现三个转变，如表9–21所示。

表9–21　新形势下电力需求侧管理工作的重心要实现三个转变

序号	转变	内　　容
1	从错峰、避峰和负荷控制向提高终端能效转变	错峰、避峰和负荷控制是我们当前需求侧管理的重要内容，其直接目的在于改变电力消费的时段分布，而不在于提高终端能效。新的形势要求我们必须把提高终端能效放在突出位置。 首先是着眼于宏观层面，通过实施差别电价、支持淘汰和限制高能耗产业等措施，促进产业结构的优化调整和经济增长方式的转变。 其次是着眼于微观层面，通过向用电客户推广使用节能新技术、新产品等措施，提高千家万户的能效水平
2	从用电管理向节能服务转变	用电管理是以电力企业为中心，而节能服务是以客户为中心，这是两者根本的区别，体现了两种不同的价值观，应当把节能服务融入优质服务体系，丰富供电服务的内涵。 坚持“以客户为中心”的理念开展节能服务工作，当节能导致电力企业利益与客户利益相冲突时，应当把客户的利益放在首要位置。 主动发现和发掘用电客户的节能需求，是开展好节能服务的关键所在。比如，为客户开展节能诊断，对低能效客户进行温馨提示，开展节能宣传、培训、咨询等等，都是实施节能服务的有效方法

续表

序号	转变	内　　容
3	从以行政手段为主向以经济、技术手段为主转变	以行政手段为主实施电力需求侧管理是我国一定历史阶段的产物，行政手段虽然具有见效较快的特点，但与用电客户需求、市场机制常常存在冲突，可持续性较差。 因此，要建立需求侧管理的长效机制，必须尊重客户的需求，尊重市场的规律，更多地采用经济、技术手段，使用电客户通过需求侧管理得到实惠、享受方便，从而引导和激励客户自觉主动参与到需求侧管理工作中来

六、对完善电力需求侧管理政策机制的五点建议

电力需求侧管理必须建立长效机制，关键是完善相关政策，为此提出五点建议，如表9–22所示。

表9–22　　对完善电力需求侧管理政策机制的五点建议

序号	建　议	内　　容
1	完善法律法规	在《电力法》、《节约能源法》以及《电力供应与使用条例》等法律法规中增加有关内容，使电力需求侧管理工作进一步法制化、规范化
2	完善政策	强化电力需求侧管理的政策激励，建立健全相关的财政、税收、投融资政策，鼓励开发、推广和使用节能新技术、新产品； 充分考虑电力需求侧管理成本，通过收取专项基金等方式解决资金来源问题； 加快制定和完善主要耗电行业、耗电产品的准入标准、节能设计规范，严把能效关
3	完善市场机制	推进电价改革，进一步完善峰谷、丰枯、两部制等电价机制。推行合同能源管理和节能投资担保制度，建立健全节能效益分享机制； 研究制订对电网企业的激励机制，促进电网企业由电力供应商向能源服务商的转变； 建立健全节能产品的信息发布制度，为消费者选购节能产品提供支持； 实施能效标准管理，实行强制性能效标识制度，激励企业加快高效节能产品的研发生产； 鼓励发展专业化节能服务公司，促进节能产业的兴起与发展

续表

序号	建　议	内　　　　容
4	完善组织体系	明确职责定位，建立以政府为主导、电网公司为实施主体、全社会共同参与的需求侧管理实施系统； 政府牵头统筹研究制定需求侧管理的各项政策和规划方案，加大监督检查执法力度； 加强节能宣传，提高全民节电意识
5	加强国际交流与合作	发达国家在实施电力需求侧管理方面有很多经验与技术值得我们学习和借鉴，希望政府牵头组织开展这方面的国际交流与合作； 作为一家富有责任感的国际化企业，中国南方电网愿意与相关国际组织加强有效务实的合作，同时也真诚希望国际社会在技术、资金、管理上对南方电网公司给予支持和援助，推动电力需求侧管理水平的提高和作用的发挥，保护好人类赖以生存和发展的共同家园

七、科学用电　节能减排

中国南方电网正式启动开展以“科学用电，节能减排”为主题的节能服务“绿色行动”，主动承担社会责任，增强全社会节能意识、普及节能知识、推广节能技术、提高节能水平，为建设资源节约型、环境友好型社会作出积极贡献。

1. 节能服务“绿色行动”实施方案

节能服务“绿色行动”实施方案，如表 9–23 所示。

表 9–23　　　　节能服务“绿色行动”实施方案

序号	项　目		内　　　　容
1	指导思想		以科学发展观为指导，深入贯彻南网方略，坚持“对中央负责，为五省区服务”的宗旨，将节能降耗与“优质服务年”工作结合起来，充分发挥中央企业的表率作用，保障能源安全和经济可持续发展，树立公司主动承担社会责任的企业形象
2	基本原则	服从大局	认真落实国家节能减排工作部署的各项要求，为实现国家节能减排目标发挥表率作用
		服务政府	积极协助和参与政府制定节能标准和规划，为政府科学决策当好参谋、做好服务

续表

序号	项　目	内　　容	
2	基本原则	服务社会	注重社会效益，承担社会责任，充分发挥中央企业的表率作用，主动为社会服务，在承担社会责任的行动中体现企业的核心价值
		服务客户	以国家相关政策为依据，从客户利益出发，主动为客户出谋划策，以宣传引导为主，引导客户自觉节能降耗
3	重点工作	建立节能减排长效机制	深化电力需求侧管理，协助政府建立用电单耗公报制度，定期向政府部门提供电力电量平衡信息； 提高电能利用效率，促进产业结构的调整和升级； 引导用户科学用电、节约用电，配合五省区政府完成“十一五”节能降耗目标
		严格执行国家节能减排政策	严格执行两部制电价政策，提高用电设备利用率； 严格执行丰枯和峰谷电价政策，提高负荷率； 严格执行差别电价和系统备用费收取政策，充分发挥价格杠杆促进节能降耗和产业结构调整的作用，积极落实国家鼓励客户使用清洁能源的政策
		大力推广节能技术和设备	协助政府部门制订配电设备市场准入标准和淘汰高耗能配电设备的规划，推广能效电厂和区域热电联产、余热余压利用、电机系统节能，绿色照明等重大节能工程； 引导客户采用无功补偿、变频调速、蓄冷、蓄热等节能新技术、新产品； 对报装容量在315kVA及以上新增用电项目开展能效评价，引导客户选用高能效配电设备
		深入开展节能服务工作	利用负荷管理系统等手段，为工商业客户提供节能咨询和诊断服务； 协助制订节能方案，丰富优质服务内涵，帮助客户挖掘节能降耗潜力； 对功率因数或负荷率过低的大客户及时提示，协助制订优化用电方案

续表

序号	项　目		内　　　容
3	重点工作	广泛开展节能宣传活动	2007年内在省会城市及售电量在100亿kWh以上的地级供电公司建立节能产品展示中心或节能教育基地； 利用营业厅、网站、95598及其他媒体，采用多种形式开展节能宣传； 组织共青团"绿色行动"服务队进社区、学校、企业，发送节能宣传画册，提供节约用电咨询； 持续开展"百、千、万"活动，每年组织百期客户节能经验交流研讨班，每年对千家企业赠送节电合理化建议，每年组织万名中小学生到节能教育基地参观学习
4	保障措施		建立客户节能服务组织。在网公司、省公司、供电公司建立客户节能服务指导中心，挂靠市场部，负责组织、协调、指导、实施客户节能服务工作； 建立客户节能服务评价奖惩机制。将客户节能服务工作任务分解落实到公司各单位，并对实施情况和效果定期进行统计、评估、考核，并进行奖惩； 为客户节能服务工作提供技术和资金支持，将客户节能服务工作费用列入公司成本费用进行管理

2. 节能减排目标的实现

节能减排目标的实现，如表9–24所示。

表9–24　　　　　　　　　节能减排目标的实现

序号	主　题	内　　　容
1	节能减排是我国当前一项重要和紧迫的任务	我国人口众多，能源资源相对不足，煤炭、石油、天然气人均剩余可采储量分别只有世界平均水平的58.6%、7.69%和7.05%。目前又处于工业化、城镇化加快发展的重要阶段，能源资源的消耗强度高，消费规模不断扩大，能源供需矛盾越来越突出。 但是长期以来，我国能源效率总体水平偏低，2005年单位GDP能耗为1.22t（标准煤）/万元，这个水平是美国的3.48倍、日本的7.2倍、韩国的2.25倍、印度的1.3倍。这种依靠过度消耗资源和牺牲环境为代价的经济发展模式是难以为继的。 南方五省区的情况比全国平均水平略好一些，但是从全球来看，我国的能源利用效率仍然处于低水平，特别是2008年以来高耗能产业用电增长过快。

续表

序号	主　题	内　　　容
1	节能减排是我国当前一项重要和紧迫的任务	2007年一季度，五省区全社会用电量1174亿kWh，同比增长15.49%，而生产总值同比增长13.5%，电力弹性系数达到1.15，比上年全年数高出0.18。全网大工业用电量515亿kWh，比上年同期增长19.53%，其中有色金属冶炼用电增长32.51%（铝冶炼增长51.85%），黑色金属冶炼用电增长25.17%，电石行业用电增长71.17%，金属制品业用电增长25.48%。 节能减排工作仍存在认识不到位、责任不明确、措施不配套、政策不完善、投入不落实、协调不得力等问题。 党中央、国务院高度重视节能减排工作，提出了“十一五”期间单位国内生产总值能耗降低20%，主要污染物排放总量减少10%的约束性指标，温家宝总理最近强调，要求各地把节能减排作为当前加强宏观调控的重点，作为调整经济结构、转变增长方式的突破口和重要抓手，作为贯彻科学发展观和构建和谐社会的重要举措，进一步增强紧迫感和责任感，下大力气、下真功夫，实现“十一五”规划确定的节能减排目标，履行政府向人民的庄严承诺
2	节能减排也是提高企业竞争力，实现企业又好又快发展的内在要求	一方面节能能源直接降低企业的成本，另一方面“社会营销”理念也要求企业的营销活动不仅要满足消费者物质的欲望，满足企业赢利的需要，也要符合消费者和企业长远利益，要注重环保、注重自然界与人类的和谐发展，要符合整个社会可持续发展的需要，也就是要实现市场需求、企业发展与社会繁荣的“三统一”。 而节能减排更能体现一个企业的社会责任感，而一个负责任的企业也才能得到消费者长期的认同和尊敬，树立自己良好的形象和品牌，实现企业的可持续发展
3	电力需求侧管理在节能减排工作中具有十分重要的作用	我国以电力为主的能源消费结构，决定了电力需求侧管理在节能减排中具有十分重要的作用。根据国家下达的“十一五”GDP单位能耗指标，广东、广西、云南、贵州、海南2010年GDP能耗要比2005年分别下降16%、15%、17%、20%、12%，节能降耗任务十分艰巨。 南方五省区需求侧管理蕴含着巨大的潜力，通过实施电力需求侧管理，可以有效提高电网负荷率和终端用电效率，提高电力系统的运行效率，推迟电源建设，优化资源配置，改善和保护环境，实现以最小的能源环境代价满足经济社会发展对电力的需求（有专家预测，现阶段我国通过实施电力需求侧管理每年可以节约终端用电量约2000亿kWh）。 举两个例子：首选是促进调整产业结构和工艺改进。全网用电结构中大工业和非普工业占65%，仅有色、化工、电气、黑色、非金属制品行业用电占32%，占全部工业用电的44%，其中有相当的部分工艺落后、能耗较高，通过调整和工艺改造，可以节省大量的电能。 另一个例子是移峰填谷。提高用电负荷率，特别是提高汛期电网运行的负荷率直接提高了水电的负荷率，这几年加强需求侧管理已经基本做到了水电不弃水，按去年的情况测算，南方电网汛期负荷率提高1个百分点，可吸纳22.6亿kWh低谷水电，相当于少用燃煤80万t，可减少二氧化碳排放1.4万t，减少烟尘排放0.8万t，降低环境污染损失1.2亿元。可见，需求侧管理在节能减排工作中大有可为

3. 在节能减排工作中强化与客户交流和互动

国务院节能减排综合性工作方案要求抓紧制定电力需求侧管理办法，规范有序用电，开展能效电厂试点，研究制定配套政策，建立长效机制。中国南方电网作为能源资源优化配置的平台，是对上下游企业节能减排有着引导作用的特殊企业。因此，中国南方电网在做好自身节能减排工作的基础上，更要主动承担社会责任，强化电力需求侧管理，引导全社会科学用电、节约用电，在节能减排工作中作出表率。

在节能减排工作强化与客户交流和互动的内容，如表 9–25 所示。

表 9–25　　在节能减排工作强化与客户交流和互动的内容

序号	项　目	内　　容
1	完善需求侧管理长效机制	面对日益突出的能源供给和环境问题，电力需求侧管理要致力于建立以政府为领导、电网企业为实施主体、全社会共同参与的长效机制，完善有利于电力需求侧管理的体制环境、政策环境和市场环境，实现需求侧管理的内容从以有序用电为主向提高能效为主转变、需求侧管理的手段从以行政手段为主向以法律、经济手段为主，行政手段为辅转变。 各省网公司、各供电公司要落实科学发展观的要求，把电力需求侧管理摆在与电网建设同等重要的位置，从组织上给予保障，从资金费用上给予支持，建立需求侧管理长效机制，在需求侧管理工作中发挥好主体作用
2	加强负荷管理，减少用电峰谷差	引导客户移峰填谷，减少峰谷差，提高负荷率，对节能减排的作用非常明显。特别是汛期电网运行负荷率的提高直接提高了水电的负荷率，减少了化石燃料的消耗。 公司将配合政府进一步完善峰谷电价、丰枯电价、两部制电价、可中断负荷电价、高可靠性电价、谷期蓄能电价等电价制度，从经济上激励客户主动移峰填谷。 积极推广蓄冷、蓄热等转移负荷类技术措施，将电网高峰时段的制冷、制热负荷转移到低谷。 在电力供不应求的时段，继续加强有序用电管理，按先错峰、后避峰、再限电的原则编制有序用电预案，按照能效水平高低对各企业进行排序，优先保障能效高的企业用电，严格限制高投入、高能耗、高污染、低产出的企业用电
3	严格执行差别电价等政策，促进产业结构调整	2006 年 9 月，国务院印发了《关于完善差别电价政策的意见》（国办发［2006］77 号），规定对 8 个高耗能行业实行差别电价政策。 2007 年 4 月，国家发展和改革委员会、国家电力监管委员会又印发了《关于坚决贯彻执行差别电价政策禁止自行出台优惠电价的通知》，明确要求各地要统一思想，坚决落实国家关于抑制高耗能行业盲目发展的价格措施。

续表

序号	项　目	内　　容
3	严格执行差别电价等政策，促进产业结构调整	从2007年5月中下旬开始，国家发展和改革委员会、国家电力监管委员会将联合组成督查组，对全国各地执行国家差别电价政策及禁止出台优惠电价情况进行全面督查。 公司将积极配合政府部门，依照国家差别电价的政策界限，对高耗能企业进行认真甄别和分类，按照各省区政府提出的企业名单，严格执行政府规定的加价幅度。 严肃电价纪律，落实国家的要求，不得执行个别地方政府自行出台的优惠电价政策。 配合政府严把新建项目入口关，对能效审查不合格项目一律不能用电报装，对政府宣布淘汰的企业要按政府要求的时间停止供电
4	依靠科技进步，推广节能新技术、新产品	配合政府研究制定变压器的市场准入标准，在新上项目中全面推广使用S11及以上节能变压器，在政府的组织下逐步淘汰改造原有低效变压器。 积极宣传贯彻国家制定的工业耗电设备、家用电器、建筑、照明产品等能效标准，引导客户选购高效用电设备。 在政府机关、学校、宾馆饭店、城市景观照明及城市居民小区等重点推广高效照明产品。 在省会城市及售电量在100亿kWh以上的供电公司建立节能产品展示中心或节能教育基地。 积极配合政府实施重点节能工程，为“十一五”十大重点节能工程提供一站式服务。 积极做好能效电厂的研究和试点工作，通过实施一揽子节电计划，形成一定量的节电能力，减少电力用户的电力消耗需求，从而达到与扩建电力供应系统相同的目的。 支持分布式能源等高效利用项目，开展科技攻关，推进试点工程，为政府决策提出技术支持，同时要严格能效审查，防止新的不节能项目盲目建设
5	开展节能服务，帮助客户提高经济运行水平	把节能降耗和优质服务结合起来，把节能服务作为公司优质服务的一项重要内容，做好向客户赠送节电合理化建议的工作，主动帮助客户节能降耗，减少电费支出。 现阶段重点是强化功率因素考核，提高客户加强功率因素管理的意识。 积极推广无功补偿装置，主动帮助客户提高无功补偿装置的运行管理水平，对功率因素考核不达标企业、负荷率严重偏低企业实现100%的告知率。 充分发挥负荷管理系统功能，为客户节能降耗提供全面的用电信息支持，根据客户实际用电需要合理配置变压器容量，避免“大马拉小车”。 积极探索利用能效电厂、合同能源管理等市场机制开展能效服务的新途径，向客户提供有关能源系统诊断、节能培训、节能项目建设管理等一条龙服务。 主动走进社区、走进学校、走进企业，开展经常性的节能宣传、咨询和培训，利用客户俱乐部、客户联谊会等平台，组织客户交流节能经验

第三节　电力需求侧管理运行模式

一、电力需求侧运营管理

电网企业既然是电力需求侧管理的实施主体，就要突破只管建厂供电的传统职能领域。它一方面要实施电源开发的综合资源规划，投资于能源开发销售电力，另一方面要实施需求侧管理计划，投资于节电销售效率，实现供电与节电运营一体化。电力需求侧运营管理示意图，如图 9–1 所示。

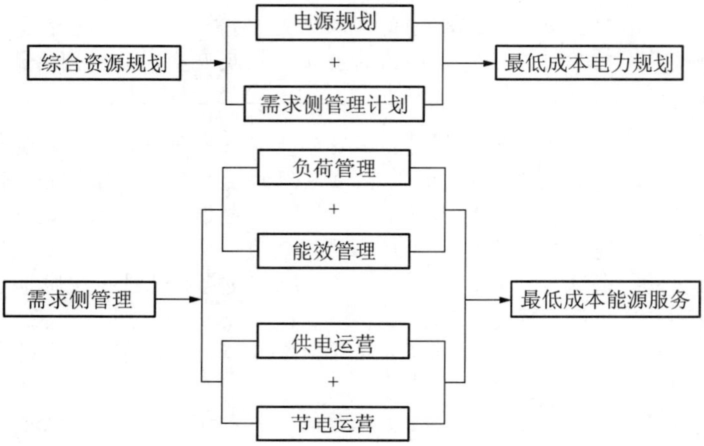

图 9–1　电力需求侧运营管理示意图

电力需求侧管理的主要内容包括能效管理与负荷管理两大部分。能效管理是根据国家的有关政策法规，向用电客户推广应用高效节能用电设备，杜绝国家明令禁止的淘汰类低效设备的使用；负荷管理是通过分时电价以及可中断负荷电价，电力负荷管理系统等手段引导客户移峰填谷，优化用电方式，提高负荷率。

二、电力需求侧管理岗位设置

电力需求侧管理主要涉及的岗位，如表 9–26 所示。

表 9–26　　电力需求侧管理主要涉及的岗位

序号	岗　　位
1	地（市）及以下供电企业电力需求侧管理岗
2	地（市）及以下供电企业业扩报装部门及报装审核岗

续表

序号	岗　　位
3	地（市）及以下供电企业用电检查部门用电检查岗
4	地（市）及以下供电企业用电咨询岗

三、电力需求侧管理工作流程

电力需求侧管理的业务内容包括客户能效及节能审核业务、负荷管理业务、客户合理用电推广与实施业务三方面。

电力需求侧管理检查与考核由市场营销部门负责，考核的主要内容为业务办理是否符合本流程应遵循的规范和工作标准。

电力需求侧管理工作流程图，如表 9–27 所示。

表 9–27　　　　　电力需求侧管理工作流程图

客户能效及节能审核业务工作流程图	负荷管理业务工作流程图	节能项目推广与实施流程图
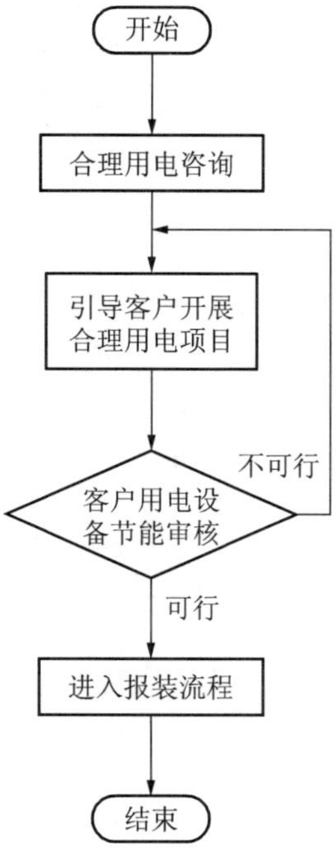	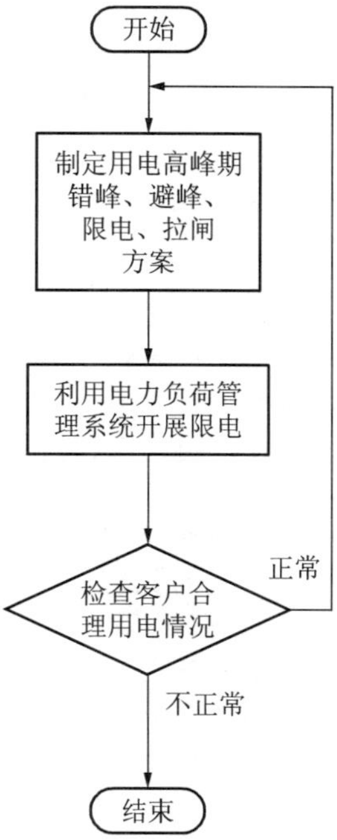	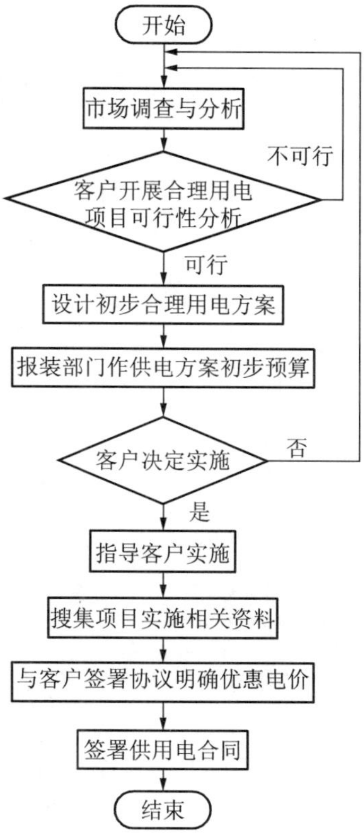

四、电力需求侧管理工作标准

电力需求侧管理工作标准，如表 9–28 所示。

表 9–28　电力需求侧管理工作标准

序号	标　准	内　容
1	用户能效管理业务工作管理标准	（1）用电咨询人员对客户开展合理用电进行咨询和引导； （2）报装部门受理客户新装及增容用电时，了解及分析客户的用电负荷情况，根据现有用电政策，对应执行分时电价的客户明确执行分时电价； （3）在受理客户新装及增容用电时引导客户开展用电负荷削峰填谷及其他节约用电项目； （4）报装部门对国家明令禁止使用的非节能电力工程用电设备不予审计通过
2	负荷管理业务管理标准	（1）“错峰”，“避峰”，“限电”措施，做好电力供需平衡，合理有序用电； （2）解国家及地方有关经济、能源等相关的方针、政策及发展趋势，掌握气象等相关影响因素的变化，与经济、统计、气象等部门建立长期的信息合作关系； （3）电力主管部门的领导下，制订和督促落实用电高峰期“错峰”、“避峰”、“限电”、“拉闸”方案，做好电力供需平衡、合理有序用电； （4）力负荷管理系统开展限电，按时完成并上报本地区用电形势及用电需求计划完成情况的分析； （5）调查客户的用电负荷及负荷特性，引导客户避峰及提出限电方案建议，监督客户避峰及限电措施的执行情况并及时反馈给相关部门
3	节能项目推广业务管理标准	（1）充分利用经济措施和技术措施，引导客户合理用电，参与客户合理用电项目，落实相关合理用电优惠政策； （2）充分利用媒体宣传合理用电及其优惠政策； （3）多方收集信息，定期与业扩报装部门取得联系，及时了解用户用电情况，为合理用电项目的实施准备第一手资料； （4）主动到客户处进行用电政策宣传及合理用电引导； （5）分析客户负荷曲线，帮助客户对用电成本进行分析，提出合理用电、节电、节能的优化方案，引导客户进行削峰填谷、无功补偿及其他节约用电项目； （6）利用激励政策及措施，大力推广节能设备及节能技术； （7）利用合理用电优惠政策，鼓励客户采用蓄冷空调、蓄热式电锅炉等优化用电方式措施，参与指导客户合理用电项目的实施； （8）明确和监督客户优惠电价的制定和执行； （9）报装部门对客户开展合理用电的项目进行电力增容时进行初步电力工程预算，以利于客户进行项目分析；

续表

序号	标　准	内　　　容
3	节能项目推广业务管理标准	（10）收集相关资料，对合理用电项目的实施进行效果评估； （11）对高效节能空调设备实施节能标识并实施市场准入制度，强调低能效比空调； （12）对于国家明令淘汰的低效高耗电的工艺、技术和设备，督促指导客户改正，必要时可通知相关部门采取停电措施； （13）用电检查人员监督在用客户的分时电价执行，功率因数及其他节能项目的开展情况并及时反馈到相关部门

第四节　电力需求侧管理效果评估

一、电力需求侧管理的参与群体

电力需求侧管理的参与群体，如表 9–29 所示。

表 9–29　　电力需求侧管理的参与群体

序号	参与群体	说　　明
1	社会	政府是整体利益的代表，区界由项目规划和运作包容的范围来确定，可以是世界，地区和国家，也可以是电网、省市、部门和小区
2	电网企业	供应方利益的代表
3	客户	代表需求方的利益，其中又分为参与者和非参与者两种，其中参与者指参与电力需求侧管理计划的客户；非参与者指没参与电力需求侧管理计划的客户
4	项目实施中介	电网企业属下专门从事节电的能源服务公司，独立经营的能源服务公司和项目承包商等

二、电力需求侧管理参与群体的成本和收益

电力需求侧管理参与群体的成本和收益，如表 9–30 所示。

表 9–30　　　　　电力需求侧管理参与群体的成本和收益

<table>
<tr><th>序号</th><th>参与群体</th><th>成本与收益</th><th>说明</th></tr>
<tr><td rowspan="2">1</td><td rowspan="2">电力客户</td><td>成本=项目支出费用=项目直接费用–项目避免费用</td><td rowspan="8">项目支出费用—客户采用节电措施后增加的支出费用;
项目直接费用—主要包括增加的设备购置和安装费;
项目避免费用—被替代设备的购置安装费;
可避免电量成本费用—由于终端节电而避免的新增电量成本;
售电损失费用—因终端节电而减少的售电收入</td></tr>
<tr><td>收益=项目节约的电费+项目支持费用</td></tr>
<tr><td rowspan="2">2</td><td rowspan="2">电网企业</td><td>成本=项目支持费用+项目管理费用</td></tr>
<tr><td>收益=可避免电量成本费用–减少的售电损失费用</td></tr>
<tr><td rowspan="2">3</td><td rowspan="2">能源服务公司</td><td>成本=项目支出费用+项目服务费用</td></tr>
<tr><td>收益=项目节电分成</td></tr>
<tr><td rowspan="2">4</td><td rowspan="2">社会</td><td>成本=项目支出费用+项目服务费用</td></tr>
<tr><td>收益=可避免电量成本费用</td></tr>
</table>

三、电力需求侧管理效果的评估

1. 电力需求侧管理效果评估指标体系

电力需求侧管理效果评估指标体系示意图，如图 9–2 所示。

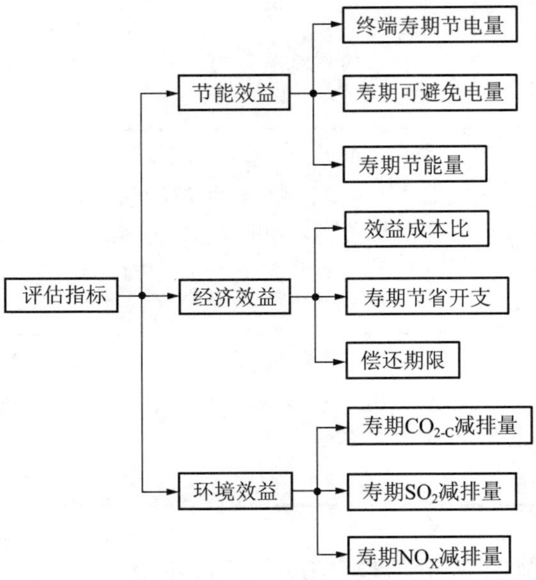

图 9–2　电力需求侧管理效果评估指标体系示意图

2. 电力需求侧管理效果评估的数学模型

数学模型是支持评估指标的主干模型，计算程序和计算结果都是以它为基础配合附属模型来完成的。电力需求侧管理效果评估的数学模型列于表 9–31 之中。

表 9–31　　电力需求侧管理效果评估的数学模型

序号	项　目		计　算　公　式	说　　明
1	终端寿期节电量		$W_{ZS}=\dfrac{W_{ZC}}{(1-l)}$	W_{ZS}—终端寿期节电量（MWh）； W_{ZC}—寿期措施节电量（MWh）； l—终端配电损失率
2	寿期可避免电量		$W_{CS}=\dfrac{W_{ZS}}{(1-\alpha)(1-\beta)}$	W_{CS}—寿期可避免电量（MWh）； α—电网输配电损失率； β—燃煤电厂厂用电率
3	寿期节能量		$B_{CS}=KbW_{CS}$	B_{CS}—寿期节约发电燃煤量（t）； K—标煤折合燃煤系数； b—发电煤耗（kg/kWh）
4	效益成本比	效益成本比	$BC_Z=\dfrac{d_{Zb}}{d_{ZS}}$	BC_Z—效益成本比； d_{Zb}—终端单位可避免成本（元/kWh）； d_{ZS}—终端寿期单位节电成本（元/kWh）
		终端单位可避免成本	$d_{Zb}=d'_{Zb}+f_b$ $d'_{Zb}=\dfrac{\sum_{i=1}^{n}d_i h_i}{\sum_{i=1}^{n}h_i}$ $f_b=\dfrac{F_b}{W_{ZS}}$	d'_{Zb}—可避免电价（元/kWh）； f_b—单位节电补贴（元/kWh）； d_i—峰谷分时电价（元/kWh）； h_i—峰谷分时利用系数（h）； F_b—激励补贴金额（千元）
		终端寿期单位节电成本	$d_{ZS}=\dfrac{(1-S\gamma)K_g}{W_{ZS}}$	S—寿期比； γ—购价比； K_g—产品购价（千元）

续表

序号	项　目	计 算 公 式	说　　明
5	寿期节省用电开支	$F_{ZS}=(d_{Zb}-d_{ZS})W_{ZS}$	F_{ZS}—终端寿期节省用电开支（千元）
6	偿还期限	$t_0=\dfrac{12(1-\gamma)K_g}{d_{Zb}W_{Zn}}$	t_0—初期投资偿还期限（月）; W_{Zn}—终端年节电量（MWh）
7	寿期 CO_{2-C} 减排量	$A_{CO_{2\text{-}C}}=\lambda_C W_{CS}\times10^{-3}$	$A_{CO_{2\text{-}C}}$—寿期 CO_{2-C} 减排量（t）; λ_C—CO_{2-C} 单位减排量（g/kWh）
8	寿期 SO_2 减排量	$A_{SO_2}=\lambda_S W_{CS}\times10^{-3}$	A_{SO_2}—寿期 SO_2 减排量（t）; λ_S—CO_2 单位减排量（g/kWh）
9	寿期 NO_X 减排量	$A_{NO_x}=\lambda_N W_{CS}\times10^{-3}$	A_{NO_x}—寿期 NO_x 减排量（t）; λ_N—NO_x 单位减排量（g/kWh）

第五节　电力需求侧管理节能措施

节约能源是提高经济效益的重要用途，也是增强企业竞争力的必然要求。自 1998 年来，国家制定了《节约能源法》，先后发布了《节约电力管理办法》和《加强电力需求侧管理工作的指导意见》等一系列文件，2006 年 9 月，国务院印发了《关于完善差别电价政策的意见》（国办发［2006］77 号），规定对 8 个高耗能行业实行差别电价政策。2007 年 4 月，国家发展和改革委员会、国家电力监管委员会又印发了《关于坚决贯彻执行差别电价政策禁止自行出台优惠电价的通知》，明确要求各地要统一思想，坚决落实国家关于抑制高耗能行业盲目发展的价格措施，有力的指导和推进了用电设备的节能、减排、降耗工作。

一、电动机节能措施

电动机是工厂企业中应用最多的电器设备之一，它所消耗的电能约占全部用电量的 60%，降低电动机的电能损耗，可节约大量的电能。

1. 电动机有功功率和无功功率的计算公式

（1）电动机的总有功功率消耗计算公式

$$\Delta p=\Delta p_{to1}+\Delta p_{to2}+\Delta p_{T1}+\Delta p_{ZS}+\Delta p_{JX}$$

式中，符号含义如表 9–32 所示。

表 9–32　　　　　　　　中小型电动机的损耗情况表

类　型	定子铜损耗 Δp_{to1}	转子铜损耗 Δp_{to2}	铁芯损耗 Δp_{T1}	杂散损耗 Δp_{ZS}	机械损耗 Δp_{JX}
小型容量电动机	40%	16%	30%	12%	27%
中型容量电动机	33%	25%	17%	25%	25%

（2）电动机的总无功功率消耗计算公式

$$Q=3UI_{Q}$$

2. 电动机节能措施

电动机节能措施，如表 9–33 所示。

表 9–33　　　　　　　　电动机节能措施

<table>
<tr><th>序号</th><th>措施类型</th><th colspan="3">内　　容</th></tr>
<tr><td rowspan="2">1</td><td rowspan="2">合理选择和使用电动机</td><td>电动机类型的选择</td><td colspan="2">（1）当机械负载对启动、调速和制动无特殊要求时，尽量选用鼠笼式电动机；
（2）当功率较大而且连续工作，且在技术经济上较合理时，宜选用同步电动机；
（3）当要求大的启动转矩时，宜选用绕线式电动机，或选用大转矩的标准鼠笼式电动机；
（4）当交流电动机不能满足机械要求的起动、调速、制动等特性时，应选用绕线式电动机；
（5）对重复短时负荷，选用鼠笼式电动机</td></tr>
<tr><td>电动机功率的选择</td><td>（1）长时间连续负荷：$P_N \geqslant P_{max}$；
（2）长时间变动负荷：$P_N \geqslant P_{jf}$，其中
$P_{jf}=\sqrt{\dfrac{P_1^2t_1+P_2^2t_2+\cdots+P_n^2t_n}{t_1+t_2+\cdots+t_n}}$
（3）短时负荷选用 15、30、60、90min 四种类型专用电动机 $P_N \geqslant P_{max}$；
（4）重复短时负荷：$P_N \geqslant P_{jf}$，其中
$P_{jf}=\sqrt{\dfrac{P_1^2t_1+P_2^2t_2+\cdots+P_n^2t_n}{t_1\alpha_1+t_2\alpha_2+\cdots+t_n\alpha_n}}$</td><td>$P_N$ —额定功率；
P_{max} —最大负荷功率；
P_{jf} —均方根负荷功率；
T —某一工作时间（min）；
α —冷却系数，见表 9–34</td></tr>
</table>

续表

<table>
<tr><th>序号</th><th>措施类型</th><th colspan="2">内　　容</th></tr>
<tr><td rowspan="2">1</td><td rowspan="2">合理选择和使用电动机</td><td>电动机电压的选择</td><td>（1）凡是供电线路短，电网容量允许，且起动转矩和过载能力要求不高的场合，宜选用低压电动机为宜；
（2）对于供电线路长，电网容量有限，起动转矩较高或过载能力较大的场合，宜选用高压电动机</td></tr>
<tr><td>电动机负载特性的选择</td><td>电动机的运行特性受它所拖动机械的负载特性影响，在选用电动机时，使电动机的机械特性和它所拖动的负载特性合理匹配</td></tr>
<tr><td>2</td><td>改善功率因数</td><td colspan="2">（1）利用并联电容器对异步电动机的功率因数进行补偿；
（2）提高异步电动机的自然功率因数。如在轻载时采用三角形—星形转换降低定子端电压；
（3）绕线式异步电动机，在轻载时可采用同步化运行方式</td></tr>
<tr><td>3</td><td>改善轻负荷运行</td><td colspan="2">（1）降低电动机电压电源；
（2）利用三角形—星形转换降压节能</td></tr>
<tr><td>4</td><td>采用高效节能电机</td><td colspan="2">采用高效节能电动机可以有效地利用电能，尽可能降低电动机内部的损耗，以提高电动机的效率</td></tr>
</table>

表 9–34　　重复短时负荷的电动机冷却系数 α

电动机型式	加速时	运行时	减速时	停止时
敞开式交流电动机	6.5	1	0.5	0.2
封闭式交流电动机	0.6	1	0.6	0.3
密封外扇式交流电动机	0.75	1	0.75	0.5
外通风式交流电动机	1	1	1	1

二、泵与风机节能措施

泵是抽吸液体，输送液体和使液体增加压力的设备，是一种转换能量的机械，把原动机提供的机械能转换成液体的压力能、位能，使液体的压力、流速增加。风机是输送气体的设备，是一种把原动机的机械能转换成气体的动能与压力能的机械。泵与风机的耗电量是非常大的，年耗电量约占全国总量的 1/3，占工业用电量的 45%左右。

1. 泵与风机能量损耗

泵与风机的能量损耗，如表 9–35 所示。

表 9–35　　泵与风机的能量损耗

序号	损耗种类	内　容
1	机械损耗	泵与风机在运行中，轴与轴封、轴承摩擦；叶轮圆盘与流体摩擦。两部分损耗的功率和电能
2	容积损耗	在泵与风机转动的叶轮与入口处的密封环之间有一定的间隙，当叶轮转动时，由于叶轮出口处是高压，入口处是低压，在间隙两侧产生压力差，使一部分已在叶轮获得能量的液体从高压侧（出口处）通过间隙向低压侧泄露
3	流动损耗	流经泵与风机的流体具有一定的黏性，其产生的能量损耗称流动损耗，包括摩擦损耗和撞击损耗
4	管路阻力损耗	具有固有黏滞性的流体在泵与风机管路内流动过程中，受到一种阻力，因此而产生损耗

2. 泵与风机节能措施

泵与风机的节能措施，如表 9–36 所示。

表 9–36　　泵与风机的节能措施

序号	措施类型	内　容	
1	合理选择	选型原则	（1）泵与风机的最大流量和最大扬程符合工作需要，以保证在高效区运行； （2）选用结构合理、体积小、质量轻、效率高的泵与风机； （3）运行操作安全可靠； （4）有较高效率的管网与其相配合
		选型参数	（1）不同条件下需要的流量和扬程； （2）被输送流体的温度； （3）被输送流体的密度； （4）工作环境和大气压力

续表

序号	措施类型	内　　容	
1	合理选择	泵的选择方法	（1）收集实测数据及以往资料，计算出泵的最大流量 Q_{max} 和最高扬程 H_{max} 选取泵的流量：$Q=（1.05\sim1.10）Q_{max}$； 选取泵的扬程：$H=（1.10\sim1.15）H_{max}$； （2）选定设备的转速 n，算出比转速 n_s； （3）根据 n_s 的大小，决定所选水泵的类型，包括水泵的台数及级数； （4）根据所选的类型确定转速、功率、效率和工作范围； （5）从泵的样本中，查出该泵的性能曲线，根据泵在系统中的运行方式，绘出所在运行方式下的性能曲线； （6）根据管路的性能曲线和运行方式，决定泵在系统中的工况点
2	泵与风机改造	（1）改变叶片的长度、宽度及所用的材料； （2）改变切割叶轮的外径； （3）改变转速； （4）改变级数； （5）改进和加强防尘装置	
3	减少管路阻力	对结构不合理的管道进行改造，如弯头、扩散管等不合理结构仅是能够适当的改进，就可以降低管路阻力，达到节电目的	
4	更换成高效率设备	对一些性能落后，使用时间长的泵与风机可考虑更换成新型高效的设备，以达到节电的目的	
5	离心式水泵	取消安装在进水管底端的单向阀门，采用射流器抽真空自吸上水，可以增加抽水量，减少水力损失，提高效率	
6	可变量控制	有些泵与风机的流量（风量）随时都在变化着，如果能够掌握其变化规律，合理控制流量（风量），采用调速控制的方法，可达到节电的效果	
7	减少时间	根据实际情况适当控制电动机的开、停，如减少或降低开启时间达到节电目的	
8	加强管理	在泵与风机使用中，加强负荷管理，避免管道的跑、冒、滴、漏达到节电的目的	

三、电加热节能措施

电加热是把电作为热源，用来加热或熔炼金属、非金属材料及制品。电加热设备在用电过程中，在电气设备和设备本体上会造成电和热的损耗。电损耗是在电气设备的电阻上造成的电能损耗，热损耗是在电加热设备本体的散热损耗及各种操作工具的操作过程中的损耗。电加热的主要节能措施，如表 9–37 所示。

表 9–37　　电加热的主要节能措施

序号	措施类型	内　　容
1	采用新型的电加热技术	远红外加热是近年来发展起来的一项新的加热技术。这种方式的加热速度快，一般缩短 1/2～1/3 时间，热效率高，干燥质量好，一般可节约用电 30% 左右。如果同时改进炉体结构，提高炉体热工性能，可节约用电达到 60%～70%
2	采用新型的保温材料	（1）采用硅酸铝纤维材料制成的毯、毡、板、纸和绝缘等制品广泛用于降热、隔音、密封、过滤等方面，取得了明显的经济效果，可节电 30%左右； （2）采用硅酸铝纤维材料制成的纤维棉具有三个特点，即：① 耐高温，最高温度可达 1500℃；② 导热系数小；③ 容量小。由于容量小，炉衬的蓄热量明显减少，加热了炉子升温，缩短升温时间，提高生产率，节约电能
3	采用合理的炉型	圆筒形炉比箱式炉有利于节能。因为圆筒形的表面积比箱式炉小，同样的炉衬散热量约少 20%，蓄热量也可减少 2%，炉壁外表温度可降低 10℃，单位电耗降低 7%
4	改进操作	连续作业比间歇作业消耗的电能少。当加热温度为 900～950℃时，连续作业的热效率可达 40%，而间歇作业热效率只有 30%左右。所以，电炉生产最好连续进行，集中或满量开炉
5	改革工艺	改革工艺缩短加热时间，可取得很好的节能效果。例如：热处理用离子氮化代替普通氮化，可节省几倍的加热时间；电弧炉炼铜若采用超高功率，吹氧助熔、废油助熔等措施，都可缩短冶炼时间

四、电器照明节能措施

1. 主要光源的性能比较

主要光源的性能比较，如表 9–38 所示。

表 9–38　　主要光源的性能比较

序号	灯的类别		主要性能			
			光通量（lm）	功率（W）	光效（lm/W）	寿命
1	白炽灯	钨丝白炽灯	200～3500	25～200	12～17	短
		卤钨灯	100～50000	10～2000	约 20	短
2	紧凑荧光灯		300～1200	5～25	50～80	中
3	荧光灯	宽带标准型	1200～8900	18～110	60～85	长
		三窄带光谱	1300～9200	18～110	约 95	长
4	荧光高压汞灯		2000～6000	50～1000	约 50	长
5	金属卤化物灯		5000～10000	70～1000	约 75	长
6	高压钠灯	标准型	3500～140000	50～1000	约 120	长
		改进显色性	27000～72000	200～750	75	长
		高显色性	7800～23000	150～400	55	长

2. 电器照明节能措施

电器照明的节能措施，如表 9–39 所示。

表 9–39　　电器照明的节能措施

序号	措施类型	内容	
1	合理选用电光源	灯具选择	（1）在高大的厂房，露天工作场所，灯具悬挂较高，需要照度高，宜采用高压灯，金属卤化物灯和高压汞灯； （2）在灯具悬挂较低场所，宜采用荧光灯或低功率高压钠灯； （3）住宅居室宜采用荧光灯
		电光源选择	在选择电光源时，应选择节能电光源。 节能电光源是发光效率高的光源，如节能型的荧光灯、高压钠灯、低压钠灯、金属卤化物灯、高压汞灯等都是节能型电光源。 主要光源的性能比较见表 9–38

续表

序号	措施类型	内　　容
2	合理选用照明器	照明器是光源与灯具的结合。灯具的作用首先是提高光源所发出光的利用率。所以在灯具类型选用时，要考虑灯具的照明技术特性及其长期运行的经济效益，尽量采用光效率较高的灯具
3	合理选用照度	适当的照度，有利于保护工作人员的视力，提高产品质量和劳动生产率。照明节能必须以保证正常的照明条件为前提，合理选定照度，使工厂、企业总经济效益最高
4	合理配置电光源	一般照明和局部照明相结合的方式是比较合理的，但工作面和周围环境的亮度差别不宜太大，否则会使工作人员视觉疲劳
5	充分利用自然光	自然光是人们生产和生活中最习惯的光源，人的视觉在自然光下比人工光具有更高的灵敏度
6	采用合理控制方式	（1）照明和动力用电最好分开，以便于单独控制和计量用电量； （2）适当安排室内照明的开关量数，以便随用随开，不用不开； （3）合理确定照明时间，以便根据实际需要控制照度水平

五、蓄冷蓄热技术节能措施

蓄冷蓄热技术是电力蓄能的两种主要形式。蓄冷技术是利用夜间的低谷电力由蓄冷式空调制冰蓄冷，白天释放出冷气调节室温。蓄热技术也是利用夜间的低谷电力，由蓄热式电锅炉，电热水器将水加热，共白天生产和生活用。

蓄冷蓄热技术的节能措施，如表 9–40 所示。

表 9–40　　蓄冷蓄热技术的节能措施

序号	技术种类	内　　容
1	蓄冷技术	（1）水蓄冷系统是利用价格低廉、使用方便、热容较大的水作为蓄冷介质，利用水温变化所具有的显热进行冷量储存； （2）冰蓄冷系统是通过水的液、固态变化所具有的凝固（溶解）热来储存（释放）冷量。由于冰蓄冷系统采用液、固相变，所以蓄能密度高，约为水冷的 7～8 倍

续表

序号	技术种类	内容	
2	蓄热技术	电蓄热锅炉	主要由电热管、炉体和电气控制组成，可分为以下四类： （1）结构形式分为立式和卧式； （2）在供热或空调系统中的使用方式分为即热式和循环式； （3）提供的介质分为电热水锅炉、电热蒸汽锅炉和导热燃油锅炉； （4）炉体承压大小分为承压电锅炉和无压电锅炉
		蓄热装置	一般蓄热系统的蓄热装置都采用水作为热媒，可以分为迷宫式蓄热装置、膜式蓄热装置、槽式蓄热装置、度分层式蓄热装置四种
		电力蓄热系统	（1）运行工况有电锅炉单供热工况、电锅炉单蓄热工况、蓄热装置单供热工况、电锅炉蓄热兼供热工况、蓄热装置优先和电锅炉联合供热工况、电锅炉优先和蓄热装置联合供热工况六种； （2）与蓄冷系统相似，根据电锅炉与蓄热装置的连接关系可分为并联蓄热系统、串联蓄热系统两种； （3）蓄热模式通常分全量蓄热和分量蓄热两种

六、典型行业节能措施

典型行业的节能措施，如表 9–41 所示。

表 9–41　　典型行业的节能措施

序号	行业	措施内容	
1	电弧炉炼钢	加强生产管理	在生产管理中可依据节能降耗总体指导思想，详尽分析生产工艺各个环节的人员、设备、原料、工艺诸因素，实现综合节能、系统节能、技术节能
		优化工艺	（1）加强入炉废钢铁的管理； （2）优化供电制度； （3）强化用氧制度； （4）采用铁水热装工艺； （5）二次燃烧技术开发利用； （6）造泡沫渣技术

续表

序号	行业	措 施 内 容	
1	电弧炉炼钢	改进电气设备	（1）改变短网分布，缩短短网长度，横臂改造，设备改进可以明显节电； （2）采用人工智能技术使电极调节性能提高，电弧稳定，减少短网电能损耗，较少无功功率，提高电能利用效率
2	电解铝	改进结构和操作技术条件	（1）采用耐高温、防电解质渗透和保温性能好的材料作为内衬材料，以延长内衬寿命和加强保温，减少热量损失； （2）添加锂、镁等复合盐，以降低电解质温度，提高导电率，并可以提高电流率和降低电能损耗； （3）保温、长寿命和低温进行电解是降低电能损耗的有效措施
		采用高效节能铝电解槽配套技术	世界先进的铝电解槽配套技术包括 180～280kA 的中心加料预焙阳极电解槽、分布式计算机过程控制系统和干法烟气净化系统三种
		采用高效节能的直流硅整流装置	采用低阳极电力密度 0.7～0.75A/cm^2 和低母线电流密度 0.25～0.35 A/cm^2，缩短电解槽间的中心距离，从而大大减少线路电阻，提高电流传输效率，达到降低电能损耗的目的
		保证连续稳定和可靠的供电	保证供电的可靠性是减少事故和提高电解效应的根本保证，铝电解厂停电会造成重大损失
		提高负荷的功率因数	为了提高电压质量，降低供电网中的电能损耗，需装设大容量无功补偿装置，使综合负荷的功率因数提高到电力部门规定的允许值范围
3	煤炭工业	加强煤矿节电工作的技术管理	（1）制定煤矿工序单耗定额； （2）合理调整矿井电力负荷； （3）拟定与执行节电计划
		提高设备工作效率以减少间接能量消耗	（1）在煤矿排水系统中改善水泵的性能，提高水泵的工作运行效率； （2）在气压系统中，提高空气压缩机和压器管路的效率；

续表

序号	行业	措施内容	
3	煤炭工业	提高设备工作效率以减少间接能量消耗	（3）在矿井提升系统中，提高提升设备的有效装载量，尽量做到满载运行，在提升系统下放时，采取发电制动方式，向电源回馈电能； （4）在矿井通风系统中，应提高通风机的效率，降低通风管路的阻力，尽量减少漏风； （5）在煤矿井下，应加强对采掘设备的管理，定期检修，提高设备的工作效率
		减少输电线路的能量损耗	（1）改造现有煤矿供电系统，合理确定变、配电站的位置，尽量减小输电线路距离，增加导线截面，降低线路损耗； （2）煤矿输电线路的特点是双回线路较多，尽量采用双回路并联运行，减少线路阻抗； （3）合理提高供电电压
		正确选择和使用电气设备以提高系统的功率因数	（1）在煤矿生产中，尽可能提高矿井负荷的自然功率因数； （2）对于矿井的一些不需要调速的固定电动拖动设备，可以采用同步电动机拖动； （3）利用无功补偿系统提高系统的功率因数
		使变压器经济运行减少电能损耗	变压器在电能损耗最少的情况下工作，提高变压器的运行效率
4	合成氨	发展低能耗合成氨工艺	低能耗制氨工艺技术主要以节能降耗为目的，其主要技术包括温和转化、燃气轮机、低热耗的脱碳和变化、深冷净化、效率更高的合成回路、低压合成技术六种
		推广节能新技术和新设备	（1）大型合成氨装置要采用新型高效催化剂和高效节能设备，提高转化效率，加强余热回收利用； （2）中小型合成氨装置要采用节能设备，变压吸附净化技术和回收利用技术，降低能源的消耗
5	水泥生产	利用进相机进行就地无功功率的补偿	（1）进相后可使交流绕线式异步电动机的功率因数提高到 0.98 以上； （2）进相后可使交流绕线式异步电动机的定子电流减小，铜耗减小，定子温升下降； （3）进相后可提高交流绕线式异步电动机的效率和过载能力

续表

序号	行业	措　施　内　容	
5	水泥生产	采用节能变压器	目前普遍使用的S9节能变压器，其空载损耗、短路损耗比SJ、SL系列变压器降低40%以上；SBH系列非晶合金铁芯变压器，空载损耗仅为S9系列的25%～30%，可极大地降低传输过程中的电能损耗
		采用变频调速技术	水泥生产企业一些常用设备，如风机、起重机等，可采用变频调速控制，达到节能节电效果
6	造纸工业	合理配置用电移峰填谷	科学的峰谷电调配，可以把企业生产中相当大的电量由峰期转入谷期使用。在谷期用电中可享受到谷期供电的电压和功率稳定，意外停电的故障基本上不存在，可为企业节省不少电量的支出
		加大技术改造应用节能设备	造纸生产需要大量的水资源，在生产配置中有许多水泵，水泵采用变频控制，节能效果十分明显，设备运行安全系数也十分理想
		开展综合利用向环境要效益	在造纸焙干部门的焙缸中应用新技术、新工艺，设计制造一套回收冷凝水系统装置，将一部分冷凝水回收纳入总回收系统，提高蒸汽供给部门的运行补偿；同时还可以将另一部分冷凝水当作纸机的冲洗用水，从生产中充分体现经济、环保的双重效益
7	纺织工业	选用节能型电气设备	（1）电力变压器采用S7、SL7、S9、SL9等新的系列产品取代SJ、SLJ、SJ1、SLJ1等旧的系列产品； （2）电动机采用Y系列产品取代JO、JO2、JO3等旧的系列产品； （3）电气开关设备和电气元件选用节能设备
		提高用电设备的负荷率	（1）选用使机械设备与电力拖动设备能力一致的电力拖动设备；既有效地发挥了设备能力，又减少了电能浪费； （2）对空调装置的送风机采用变频调速进行控制
		合理选用照明灯具和高效光源	荧光灯是纺织企业的主要照明光源。荧光灯镇流器建议采用电子镇流器，尽管价格偏高，但从节能和改善电网电压质量等优良性能来说，是积极推广的元件

续表

序号	行业	措施内容	
7	纺织工业	合理补偿无功功率	（1）在低压配电室低压母线上接入并联静电电容器进行低压集中无功补偿； （2）对于用电量大或用电负荷集中的用电设备群，采用就地进行无功补偿
		加强用电管理	加强用电管理就是将电能有效地用于生产和生活，创造价值，不让电能白白的浪费

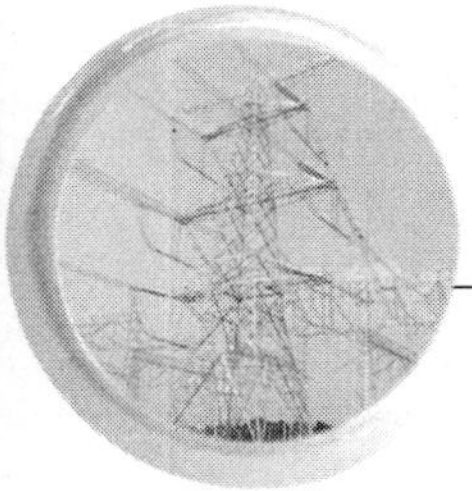

第十章

法律法规条文汇编

指导用电检查工作常用的法律法规依据，列于表10–1中。

表10–1　　用电检查法律法规依据

序号	法律法规名称	以下分类简称
1	《中华人民共和国刑法》	刑法
2	《中华人民共和国电力法》	电力法
3	《电力供应与使用条例》	条例
4	《供电营业规则》	营业规则
5	《用电检查管理办法》	管理办法
6	《电力设施保护条例》	保护条例
7	《居民用户家用电器损坏处理办法》	处理办法
8	《最高人民法院关于人身触电伤亡事故的处理意见》	处理意见

第一节　用电检查法律法规

用电检查法律法规，如表10–2所示。

表10–2　　用电检查法律法规

序号	类别	条款	内容
1	刑法	一百五十一	盗窃、诈骗、抢夺公私财物数额较大的，处五年以下有期徒刑、拘役或管制
		一百五十二	惯窃、惯骗或者盗窃、诈骗、抢夺公私财物数额巨大的，处五年以上十年以下有期徒刑；情节特别严重的，处十年以上有期徒刑或者无期徒刑，可以并处没收财产

续表

序号	类别	条　款	内　　容
2	电力法	三十二	用户用电不得危害供电、用电安全和扰乱供电、用电秩序。对危害供电、用电安全和扰乱供电、用电秩序的供电企业有权制止
		三十三	供电企业应当按照国家核准的电价和用电计量装置的记录，向用户计收电费。供电企业查电人员和抄表收费人员进入用户，进行用电安全检查或者抄收费时，应当出示有关证件。用户应当按照国家核准的电价和用电计量装置的记录，按时交纳电费对供电人员和抄表收费人员依法履行职责，应当提供方便
		六十五	违反本法第三十二条规定，危害供电、用电安全或者扰乱供电、用电秩序的，由电力管理部门责令改正，给予警告；情节严重或者拒绝改正的，可以中止供电，可以并处5万元以下的罚款
		七十	有下列行为之一，应当给予治安管理处罚的，由公安机关依照治安管理处罚条例的有关规定给予处罚，构成犯罪的，依法追究刑事责任: （1）阻碍电力建设或者电力设施抢修，致使电力建设或者电力设施抢修不能正常进行的； （2）扰乱电力生产企业、变电所、电力调度机构和供电企业的秩序，致使生产、工作和营业不能正常进行的； （3）殴打、公然侮辱履行职务的查电人员或者抄表收费人员的； （4）拒绝、阻碍电力监督检查人员依法执行职务的
		七十一	盗窃电能的，由电力管理部门责令停止违法行为，追缴电费并处应交电费五倍以下的罚款；构成犯罪的，依照刑法第一百五十一条或第一百五十二条的规定追究刑事责任
		七十四	电力企业职工违反规章制度、违章调度或者不服从调度指令，造成重大事故的。比照刑法第一百一十四条的规定追究刑事责任。 电力企业职工故意延误电力设施抢修或者抢险救灾供电，造成严重后果的，比照刑法第一百一十四条的规定追究刑事责任。 电力企业的管理人员和查电人员、抄表收费人员勒索用户、以电谋私，构成犯罪的，依法追究责任；尚不构成犯罪的，依法给予行政处分

续表

序号	类别	条 款	内 容
3	条例	三十	用户不得有下列危害供电、用电安全，扰乱正常供电、用电秩序的行为： （1）擅自改变用电类别； （2）擅自超过合同约定的容量用电； （3）擅自超过计划分配的用电指标； （4）擅自使用已经在供电企业办理暂停使用手续的电力设备，或者擅自启用已经被供电企业查封的电力设备； （5）擅自迁移、更动或者擅自操作供电企业的用电计时装置、电力负荷控制装置、供电设施以及约定由供电企业调度的用户受电设备； （6）未经供电企业许可，擅自引入、供出电源或者将自备电源擅自并网
		三十一	禁止窃电行为。窃电行为包括以下几点： （1）在供电企业的供电设施上，擅自接线用电； （2）绕越供电企业的用电计量装置用电； （3）伪造或者开启法定或授权的计时检定机构加封的用电计量装置封印用电； （4）故意损坏供电企业用电计量装置； （5）故意使供电企业的用电计量装置不准或者失效； （6）采用其他方法窃电
		四十	违反本条例第三十条规定，违章用电的，供电企业可以根据违章事实和造成的后果追缴电费；情节严重的，可以按照国务院规定的程序停止供电
		四十一	违反本条例第三十一条规定，盗窃电能的，由电力管理部门责令停止违法行为，追缴电费并处应交电费5倍以下的罚款；构成犯罪的，依法追究刑事责任
		四十四	供电企业职工违反规章制度造成供电故障的，或者滥用职权、利用职务之便谋取私利的，依法给予行政处分；构成犯罪的，依法追究刑事责任
4	营业规则	六十一	用户应定期进行电气设备和保护装置的检查、检修和试验，消除设备隐患，预防电气设备事故和误动作发生； 用户电气设备危机人身和运行安全时，应立即检修； 多路电源供电的用户应加装连锁装置，或按照供用电双方签订的协议进行调度操作

续表

序号	类别	条　款	内　　容
4	营业规则	六十二	用户发生下列用电事故，应及时向供电企业报告： （1）人身触电死亡； （2）导致电力系统停电； （3）专线跳闸或全厂停电； （4）电气火灾； （5）重要或大型电气设备损坏； （6）停电期间向电力系统送电。 供电企业接到用户上述事故报告，应派员赴现场调查，在7天内协助用户提出事故调查报告
		六十三	用户受电装置应当与电力系统的继电保护方式相互配合，并按照电力行业有关标准或规程进行整定和检验。由供电企业整定、加封的继电保护装置及其二次回路和供电企业规定的继电保护整定值，用户不得擅自变动
		六十四	承装、承修、承试受电工程的单位，必须经过电力管理部门审核合格，并取得电力管理部门颁发的《承装（修）电力设施许可证》； 在用户受电装置上作业的电工，应经过电工专业技能的培训，必须取得电力管理部门颁发的《电工进网作业许可证》，方准上岗作业
		六十五	供电企业和用户都应经常开展安全供用电宣传教育，普及安全用电常识
		六十六	在发供电系统正常情况下，供电企业应连续向用户供应电力。但是，有下列情形之一的，须经批准方可中止供电： （1）对危害供电安全的，扰乱用电秩序的，拒绝检查者； （2）拖欠电费经通知催交仍不交者； （3）受电装置经检验不合格，在指定期间未改善者； （4）用户注入电网的谐波电流超过标准，以及冲击负荷、非对称负荷等对电能质量产生干扰与妨碍，在规定限期内不采取措施者； （5）拒不在限期内拆除私用增用电容量者； （6）拒不在期限内交付违约用电引起的费用者； （7）违反安全用电、计划用电有关规定，拒不改正者； （8）私自向外转供电力者。 有下列情形之一的，不经批准既可中止供电，但事后应报告本单位负责人： （1）不可抗力和紧急避险； （2）确有窃电行为

续表

序号	类别	条　款	内　　　容
4	营业规则	六十七	除因故中止供电外，供电企业需要对用户停止供电时，应按下列程序办理停电手续： （1）应将停电的用户、原因、时间报本单位负责人批准。批准权限和程序由省电网经营企业指定； （2）在停电前 3～7 天内，将停电通知书送达用户，对重要用户的停电，应将停电通知书送同级电力管理部门； （3）在停电前 30min，将停电时间通知用户 1 次，方可在通知规定时间实施停电
		六十八	因故需要中止供电时，供电企业应按下列要求事先通知用户或进行公告： （1）因供电设施计划检修需要停电时，应提前七天通知用户或进行公告； （2）因供电设施临时检修需要停止供电时，应当提前 24h 通知重要用户或进行公告； （3）发供电系统发生故障需要停电、限电或者计划限电、停电时，供电企业应按确定的限电序位进行停电或限电。但限电序位应事先公告用户
		六十九	引起停电或限电消除后，供电企业应在 3 日内恢复供电。不能在 3 日内恢复供电的，供电企业就向用户说明原因
		一百零一	禁止窃电行为。窃电行为包括以下几点： （1）在供电企业的供电设施上，擅自接线用电； （2）绕越供电企业的用电计量装置用电； （3）伪造或者开启供电企业加封的用电计量装置封印用电； （4）故意损坏供电企业用电计量装置； （5）故意使供电企业的用电计量装置不准或者失效； （6）采用其他方法窃电
		一百零二	供电企业对查获的窃电者，应予以制止，并可当场中止供电。窃电者应对所窃电量补交电费，并承担补交电费 3 倍的违约使用电费。拒绝承担窃电责任的，供电企业应报请电力管理部门依法处理。窃电数额较大或情节严重的，供电企业应提请司法机关依法追究刑事责任

续表

序号	类别	条　款	内　　容
4	营业规则	一百零三	窃电量按下列方法确定： 在供电企业的供电设施上，擅自接线用电的，所窃电量按私接设备容量（kVA 视同 kW）乘以实际使用时间计算确定； 以其他行为窃电的，所窃电量按计费电能表标定电流值（对装有限流器的，按限流器整定电流值）所指的容量（kVA 视同 kW）乘以实际窃用的时间计算确定。 窃电时间无法查明时，窃电日数至少以 180 天计算，每日窃电时间：电力用户按 12h 计算；照明用户按 6h 计算
		一百零四	因违约用电或窃电造成供电企业的供电设施损坏的，责任者必须承担供电设施的修复费用或进行赔偿。因违约用电或窃电导致他人财产、人身安全受到侵害的，受害人有权要求违约用电或窃电者停止侵害，赔偿损失。供电企业应予协助
		一百零五	供电企业对检举、查获窃电或违约用电的有关人员应给予奖励。奖励办法由省电网经营企业规定
5	管理办法	三	用电检查工作必须以事实为依据，以国家有关电力供应与使用的法规、方针、政策，以及国家和电力行业的标准为准则，对用户的电力使用进行检查
		四	供电企业应按照规定对本供电营业区内的用户进行用电检查，用户应当接受检查并为供电企业的用电检查提供方便。用电检查的内容是： （1）用户执行国家有关电力供应与使用的法规、方针、政策、标准、规章制度情况； （2）用户受（送）电装置工程施工质量检验； （3）用户受（送）电装置中电气设备运行安全状况； （4）用户保安电源和非电性质的保安措施； （5）用户反事故措施； （6）用户进网作业电工的资格、进网作业安全状况及作业安全保障措施； （7）用户执行计划用电、节约用电情况； （8）用电计量装置、电力负荷控制装置、继电保护和自动装置、调度通信等安全运行状况； （9）供用电合同及有关协议履行的情况； （10）受电端电能质量状况； （11）违章用电和窃电行为； （12）并网电源、自备电源并网安全状况

续表

序号	类别	条　款	内　　　容
5	管理办法	五	用电检查的主要范围是用户受电装置，但被检查的用户有下列情况之一者，检查的范围可延伸至相应目标所在处： （1）有多类电价的； （2）有自备电源设备（包括自备发电厂）的； （3）有二次变压配电的； （4）有违章现象需延伸检查的； （5）有影响电能质量的用电设备的； （6）发生影响电力系统事故需作调查的； （7）用户要求帮助检查的； （8）法律规定的其他用电检查
		六	用户对其设备的安全负责。用电检查人员不承担因被检查设备不安全引起的任何直接损坏或损害的赔偿责任
		七	用电检查应按省电网统一组织实施，分级管理的原则，并接受电力管理部门的监督管理
		八	各跨省电网、省级电网和独立电网的电网经营企业，在其用电管理部门应配备专职人员，负责网内用电检查工作。其职责是： （1）负责受理网内供电企业用电检查人员的资格申请、业务培训、资格考核和发证工作； （2）依据国家有关规定，制订并颁发网内用电检查管理的规章制度； （3）督促检查供电企业依法开展用电检查工作； （4）负责网内用电检查的日常管理和协调工作
		九	供电企业在用电管理部门配备合格的用电检查人员和必要的装备，依照本办法规定开展用电检查工作。其职责是： （1）宣传贯彻国家有关电力供应与使用的法律、法规、方针、政策以及国家和电力行业标准、管理制度。 （2）负责并组织实施下列工作： 1）负责用户受（送）电装置工程电气图纸和有关资料的审查； 2）负责用户进网作业电工培训、考核并统一报送电力管理部门审核、发证等事宜； 3）负责对承装、承修、承试电力工程单位的资质考核，并统一报送电力管理部门审核、发证； 4）负责节约用电措施的推广应用； 5）负责安全用电知识宣传和普及教育工作；

续表

序号	类别	条　款	内　　容
5	管理办法	九	6）参与对用户重大电气事故的调查； 7）组织并网电源的并网安全检查和并网许可工作。 （3）根据实际需要，按本办法第四条规定的内容定期或不定期地对用户的安全用电、节约用电、计划用电状况进行监督检查
		十	根据用电检查工作需要，用电检查职务序列为一级用电检查员、二级用电检查员、三级用电检查员
		十一	对用电检查人员的资格实行考核认定。用电检查资格分为：一级用电检查资格、二级用电检查资格、三级用电检查资格三类
		十二	申请一级用电检查资格者，应已取得电气专业高级工程师或工程师、高级技师资格；或者具有电气大专以上文化程度，并在用电岗位上连续工作5年以上；或者取得二级用电检查资格后，在用电检查岗位工作5年以上者。 申请二级用电检查资格者，应已取得电气专业工程师、助理工程师、技师资格；或者具有电气专业中专以上文化程度，并在用电岗位连续工作3年以上；或者取得三级用电检查资格后，在用电检查岗位工作3年以上者。 申请三级用电检查资格者，应已取得电气专业助理工程师、技术员资格；或者具有电气专业中专以上文化程度，并在用电岗位工作1年以上；或者已在用电检查岗位连续工作5年以上者
		十三	用电检查资格由跨省电网经营企业或省级电网经营企业组织统一考试，合格后发给相应的《用电检查资格证书》。《用电检查资格证书》由国务院电力管理部门统一监制
		十四	聘任为用电检查职务的人员，应具备下列条件： （1）作风正派，办事公道，廉洁奉公； （2）已取得相应的用电检查资格。聘为一级用电检查员者，应具有一级用电检查资格；聘为二级用电检查员者，应具有二级以上用电检查资格；聘为三级用电检查员者，应具有三级及以上用电检查资格； （3）经过法律知识培训，熟悉与供用电业务有关的法律、法规、方针、政策、技术标准以及供用电管理规章制度

续表

序号	类别	条 款	内 容
5	管理办法	十五	三级用电检查员仅能担任0.4kV及以下电压受电的用户的用电检查工作。二级用电检查员能担任10kV及以下电压供电用户的用电检查工作。一级用电检查员能担任220kV及以下电压供电用户的用电检查工作
		十六	供电企业用电检查人员实施现场检查时，用电检查员的人数不得少于两人
		十七	执行用电检查任务前，用电检查人员应按规定填写《用电检查工作单》，经审核批准后，方能赴用户执行查电任务。查电工作终结后，用电检查人员应将《用电检查工作单》交回存档。《用电检查工作单》内容应包括：用户单位名称、用电检查人员姓名、检查项目及内容、检查日期、检查结果，以及用户代表签字等栏目
		十八	用电检查人员在执行查电任务时，应向被检查的用户出示《用电检查证》，用户不得拒绝检查，并应派员随同配合检查
		十九	经现场检查确认用户的设备状况、电工作业行为、运行管理等方面有不符合安全规定的，或者在电力使用上有明显违反国家有关规定的，用电检查人员应开具《用电检查结果通知书》或《违章用电、窃电通知书》一式两份，一份送达用户并由用户代表签收，另一份存档备查
		二十	现场检查确认有危害供用电安全或扰乱供用电秩序行为的，用电检查人员应按下列规定，在现场予以制止。拒绝接受供电企业按规定处理的，可按国家规定的程序停止供电，并请求电力管理部门依法处理，或向司法机关起诉，依法追究其法律责任。 （1）在电价低的供电线路上，擅自接用电价高的用电设备或擅自改变用电类别用电的，应责成用户拆除擅自接用的用电设备或改正其用电类别，停止侵害，并按规定追收其差额电费和加收电费； （2）擅自超过注册或合同约定的容量用电的，应责成用户拆除或封存私增电力设备，停止侵害，并按规定追收基本电费和加收电费； （3）超过计划分配的电力、电量指标用电的，应责成其停止超用，按国家有关规定限制其所用电力并扣还其超用电量或按规定加收电费；

续表

序号	类别	条 款	内 容
5	管理办法	二十	（4）擅自使用已在供电企业办理暂停使用手续的电力设备或启用已被供电企业封存的电力设备的，应再次封存该电力设备，制止其使用，并按规定追收基本电费和加收电费； （5）擅自迁移、更动或操作供用电企业用电计量装置、电力负荷控制装置、供电设施以及合同（协议）约定由供电企业调度范围的用户受电设备的，应责成其改正，并按规定加收电费； （6）未经供电企业许可，擅自引入（或供出）电源或者将自备电源擅自并网的，应责成用户当即拆除接线，停止侵害，并按规定加收电费
		二十一	现场检查确认有窃电行为的，用电检查人员应当场予以中止供电，制止其侵害，并按规定追补电费和加收电费。拒绝接受处理的，应报请电力管理部门依法给予行政处罚；情节严重，违反治安管理处罚规定的，由公安机关依法予以治安处罚；构成犯罪的，由司法机关依法追究刑事责任
		二十二	用电检查人员应认真履行用电检查职责，赴用户执行用电检查任务时，应随身携带《用电检查证》，并按《用电检查工作单》规定项目和内容进行检查
		二十三	用电检查人员在执行用电检查任务时，应遵守用户的保卫保密规定，不得在检查现场替代用户进行电工作业
		二十四	用电检查人员必须遵纪守法，依法检查，廉洁奉公，不徇私舞弊，不以电谋私。违反本条规定者，依据有关规定给予经济的、行政的处分；构成犯罪的，依法追究其刑事责任
		二十五	本办法自1996年9月1日起施行

第二节 供电质量法律法规

供电质量法律法规，如表10–3所示。

表 10-3 供电质量法律法规

序号	类别	条 款	内 容
1	电力法	二十八	供电企业应当保证供给用户的供电质量符合国家标准。对公用供电设施引起的供电质量问题，应当及时处理。用户对供电质量有特殊要求的，供电企业应当根据其必要性和电网的可能，提供相应的电力
		二十九	供电企业在发电、供电系统正常的情况下，应当连续向用户供电，不得中断。因供电设施检修、依法限电或者用户违法用电等原因，需要中断供电时，供电企业应当按照国家有关规定事先通知用户。用户对供电企业中断供电有异议的，可以向电力管理部门投诉；受理投诉的电力管理部门应当依法处理
		六十四	违反本法第二十六条、第二十九条规定，拒绝供电或者中断供电的，由电力管理部门责令改正，给予警告；情节严重的，对有关主管人员和直接责任人员给予行政处分
2	条例	十九	用户受电端的供电质量应当符合国家标准或者电力行业标准
		二十二	用户对供电质量有特殊要求的，供电企业应当根据其必要性和电网的可能，提供相应的电力
		二十八	除本条例另有规定外，在发电、供电系统正常运行的情况下，供电企业应当连续向用户供电；因故需要停止供电时，应当按照下列要求事先通知用户或者进行公告： （1）因供电设施计划检修需要停电时，供电企业应当提前7天通知用户或者进行公告； （2）因供电设施临时检修需要停止供电时，供电企业应当提前24h通知重要用户； （3）因发电、供电系统发生故障需要停电、限电时，供电企业应当按照事先确定的限电序位进行停电或者限电。引起停电或者限电的原因消除后，供电企业应当尽快恢复供电
		四十三	因电力运行事故给用户或者第三人造成损害的，供电企业应当依法承担赔偿责任。因用户或者第三人的过错给供电企业或者其他用户造成损害的，该用户或者第三人应当依法承担赔偿责任

续表

序号	类别	条　款	内　　　容
3	营业规则	五十二	供电企业和用户都应加强供电和用电的运行管理，切实执行国家和电力行业制订的有关安全供用电的规程制度。用户执行其上级主管机关颁发的电气规程制度，除特殊专用的设备外，如与电力行业标准或规定有矛盾时，应以国家和电力行业标准或规定为准。供电企业和用户在必要时应制订本单位的现场规程
		五十三	在电力系统正常状况下，供电频率的允许偏差为： （1）电网装机容量在 300 万 kW 及以上的，为±0.2Hz； （2）电网装机容量在 300 万 kW 以下的，为±0.5Hz。 在电力系统非正常状况下，供电频率允许偏差不应超过±1.0Hz
		五十四	在电力系统正常状况下，供电企业供到用户受电端的供电电压允许偏差为： （1）35kV 及以上电压供电，电压正、负偏差绝对值之和不超过额定值的 10%； （2）10kV 及以下三相供电的，为额定值的±7%； （3）220V 单相供电的，为额定值的＋7%，−10%。在电力系统非正常状况下，用户受电端的电压最大允许偏差不应超过额定值的±10%。 用户用电功率因数达不到本规则第四十一条规定的，其受电端的电压偏差不受此限制
		五十五	电网公共连接点电压正弦波畸变率和用户注入电网的谐波电流不得超过国家标准 GB/T 14549—1933 的规定。用户的非线性阻抗特性的用电设备接入电网运行所注入电网的谐波电流和引起公共连接点电压正弦波畸变率超过标准时，用户必须采取措施予以消除。否则，供电企业可中止对其供电
		五十六	用户的冲击负荷、波动负荷、非对称负荷对供电质量产生影响或对安全运行构成干扰和妨碍时，用户必须采取措施予以消除。如不采取措施或采取措施不力，达不到国家标准 GB 12326—1990 或 GB/T 15543—1995 规定的要求时，供电企业可中止对其供电
		五十七	供电企业应不断改善供电可靠性，减少设备检修和电力系统事故对用户的停电次数及每次停电持续时间。供用电设备计划检修应做到统一安排。供用电设备计划检修时，对 35kV 及以上电压供电的用户的停电次数，每年不应超过 1 次；对 10kV 供电的用户，每年不应超过 3 次

续表

序号	类别	条 款	内 容
3	营业规则	五十八	供电企业和用户应共同加强对电能质量的管理。因电能质量某项指标不合格而引起责任纠纷时，不合格的质量责任由电力管理部门认定的电能质量技术检测机构负责技术仲裁
		五十九	供电企业和用户的供用电设备计划检修应相互配合，尽量做到统一检修。用电负荷较大，开停对电网有影响的设备，其停开时间，用户应提前与供电企业联系。遇有紧急检修需停电时，供电企业应按规定提前通知重要用户，用户应予以配合；事故断电，应尽速修复
		六十	供电企业应根据电力系统情况和电力负荷的重要性，编制事故限电序位方案，并报电力管理部门审批或备案后执行
		六十七	除因故中止供电外，供电企业需对用户停止供电时，应按下列程序办理停电手续： （1）应将停电的用户、原因、时间报本单位负责人批准。批准权限和程序由省电网经营企业制定； （2）在停电前 3～7 天内，将停电通知书送达用户，对重要用户的停电，应将停电通知书报送同级电力管理部门； （3）在停电前 30min，将停电时间再通知用户 1 次，方可在通知规定时间实施停电
		六十八	因故需要中止供电时，供电企业应按下列要求事先通知用户或进行公告： （1）因供电设施计划检修需要停电时，应提前 7 天通知用户或进行公告； （2）因供电设施临时检修需要停止供电时，应当提前 24h 通知重要用户或进行公告； （3）发供电系统发生故障需要停电、限电或者计划限电、停电时，供电企业应按确定的限电序位进行停电或限电。但限电序位应事前公告用户

第三节　业务扩充、用电变更法律法规

业务扩充、用电变更法律法规，如表 10–4 所示。

表 10-4　　业务扩充、用电变更法律法规

序号	类别	条　款	内　　容
1	电力法	二十六	供电营业区内的供电营业机构，对本营业区内的用户有按照国家规定供电的义务；不得违反国家规定对其营业区内申请用电的单位和个人拒绝供电。 申请新装用电、临时用电、增加用电容量、变更用电和终止用电，应当依照规定的程序办理手续。 供电企业应当在其营业场所公告用电的程序、制度和收费标准，并提供用户须知资料
		三十一	用户应当安装用电计量装置。用户使用的电力电量，以计量检定机构依法认可的用电计量装置的记录为准。 用户受电装置的设计、施工安装和运行管理，应当符合国家标准或者电力行业标准
		四十二	用户用电增容收费标准，由国务院物价行政主管部门会同国务院电力管理部门制定
2	条例	二十一	因抢险救灾需要紧急供电时，供电企业必须尽速安排供电。所需工程费用和应付电费由有关地方人民政府有关部门从抢险救灾经费中支出，但是抗旱用电应当由用户交付电费
		二十三	申请新装用电、临时用电、增加用电容量、变更用电和终止用电，均应当到当地供电企业办理手续，并按照国家有关规定交付费用；供电企业没有不予供电的合理理由的，应当供电。供电企业应当在其营业场所公告用电的程序、制度和收费标准
		二十四	供电企业应当按照国家标准或者电力行业标准参与用户受送电装置设计图纸的审核，对用户受送电装置隐蔽工程的施工过程实施监督，并在该受送电装置工程竣工后进行检验；检验合格的，方可投入使用
3	营业规则	十六	任何单位或个人需新装用电或增加用电容量、变更用电都必须按本规则规定，事先到供电企业用电营业场所提出申请，办理手续。 供电企业应在用电营业场所公告办理各项用电业务的程序、制度和收费标准

续表

序号	类别	条　款	内　　容
3	营业规则	十七	供电企业的用电营业机构统一归口办理用户的用电申请和报装接电工作，包括用电申请书的发放及审核、供电条件勘查、供电方案确定及批复、有关费用收取、受电工程设计的审核、施工中间检查、竣工检验、供用电合同（协议）签约、装表接电等项业务
		十八	用户申请新装或增加用电时，应向供电企业提供用电工程项目批准的文件及有关的用电资料，包括用电地点、电力用途、用电性质、用电设备清单、用电负荷、保安电力、用电规划等，并依照供电企业规定的格式如实填写用电申请书及办理所需手续。 新建受电工程项目在立项阶段，用户应与供电企业联系，就工程供电的可能性、用电容量和供电条件等达成意向性协议，方可定址，确定项目。 未按前款规定办理的，供电企业有权拒绝受理其用电申请。 如因供电企业供电能力不足或政府规定限制的用电项目，供电企业可通知用户暂缓办理
		十九	供电企业对已受理的用电申请，应尽速确定供电方案，在下列期限内正式书面通知用户：居民用户最长不超过 5 天；低压电力用户最长不超过 10 天；高压单电源用户最长不超过 1 个月；高压双电源用户最长不超过 2 个月。若不能如期确定供电方案时，供电企业应向用户说明原因。用户对供电企业答复的供电方案有不同意见时，应在 1 个月内提出意见，双方可再行协商确定。用户应根据确定的供电方案进行受电工程设计
		二十一	供电方案的有效期，是指从供电方案正式通知书发出之日起至交纳供电贴费并受电工程开工日为止。高压供电方案的有效期为 1 年，低压供电方案的有效期为 3 个月，逾期注销。 用户遇有特殊情况，需延长供电方案有效期的，应在有效期到期前 10 天向供电企业提出申请，供电企业应视情况予以办理延长手续。但延长时间不得超过前款规定期限
		二十二	有下列情况之一者，为变更用电。用户需变更用电时，应事先提出申请，并携带有关证明文件，到供电企业用电营业场所办理手续，变更供用电合同： （1）减少合同约定的用电容量（简称减容）； （2）暂时停止全部或部分受电设备的用电（简称暂停）； （3）临时更换大容量变压器（简称暂换）；

续表

序号	类别	条　款	内　　容
3	营业规则	二十二	（4）迁移受电装置用电地址（简称迁址）； （5）移动用电计量装置安装位置（简称移表）； （6）暂时停止用电并拆表（简称暂拆）； （7）改变用户的名称（简称更名或过户）； （8）一户分列为两户及以上的用户（简称分户）； （9）户及以上用户合并为一户（简称并户）； （10）合同到期终止用电（简称销户）； （11）改变供电电压等级（简称改压）； （12）改变用电类别（简称改类）
		二十三	用户减容，须在5天前向供电企业提出申请。供电企业应按下列规定办理： （1）减容必须是整台或整组变压器的停止或更换小容量变压器用电。供电企业在受理之日后，根据用户申请减容的日期对设备进行加封。从加封之日起，按原计费方式减收其相应容量的基本电费。但用户申明为永久性减容的或从加封之日起期满两年又不办理恢复用电手续的，其减容后的容量已达不到实施两部制电价规定容量标准时，应改为单一制电价计费； （2）减少用电容量的期限，应根据用户所提出的申请确定，但最短期限不得少于6个月，最长期限不得超过2年； （3）在减容期限内，供电企业应保留用户减少容量的使用权。用户要求恢复用电，不再交付供电贴费；超过减容期限要求恢复用电时，应按新装或增容手续办理； （4）在减容期限内要求恢复用电时，应在5天前向供电企业办理恢复用电手续，基本电费从启封之日起计收； （5）减容期满后的用户以及新装、增容用户，2年内不得申办减容或暂停。如确需继续办理减容或暂停的，减少或暂停部分容量的基本电费应按50%计算收取
		二十四	用户暂停，须在5天前向供电企业提出申请。供电企业应按下列规定办理： （1）用户在每一日历年内，可申请全部（含不通过受电变压器的高压电动机）或部分用电容量的暂时停止用电两次，每次不得少于15天，一年累计暂停时间不得超过6个月。季节性用电或国家另有规定的用户，累计暂停时间可以另议； （2）按变压器容量计收基本电费的用户，暂停用电必须是整台或整组变压器停止运行。供电企业在受理暂停申请后，根据用户申请暂停的日期对暂停设备加封。从加封之日起，按原计费方式减收其相应容量的基本电费；

续表

序号	类别	条　款	内　　　容
3	营业规则	二十四	（3）暂停期满或每一日历年内累计暂停用电时间超过6个月者，不论用户是否申请恢复用电，供电企业须从期满之日起，按合同约定的容量计收其基本电费； （4）在暂停期限内，用户申请恢复暂停用电容量用电时，须在预定恢复日前5天向供电企业提出申请。暂停时间少于15天者，暂停期间基本电费照收； （5）按最大需量计收基本电费的用户，申请暂停用电必须是全部容量（含不通过受电变压器的高压电动机）的暂停，并遵守本条（1）～（4）项的有关规定
		二十五	用户暂换（因受电变压器故障而无相同容量变压器替代，需要临时更换大容量变压器），须在更换前向供电企业提出申请。供电企业应按下列规定办理： （1）必须在原受电地点内整台的暂换受电变压器； （2）暂换变压器的使用时间，10kV及以下的不得超过2个月，35kV及以上的不得超过3个月。逾期不办理手续的，供电企业可中止供电； （3）暂换的变压器经检验合格后才能投入运行； （4）暂换变压器增加的容量不收取供电贴费，但对两部制电价用户须在暂换之日起，按替换后的变压器容量计收基本电费
		二十六	用户迁址，须在5天前向供电企业提出申请。供电企业应按下列规定办理： （1）原址按终止用电办理，供电企业予以销户。新址用电优先受理； （2）迁移后的新址不在原供电点供电的，新址用电按新装用电办理； （3）迁移后的新址在原供电点供电的，且新址用电容量不超过原址容量，新址用电不再收取供电贴费。新址用电引起的工程费用由用户负担； （4）迁移后的新址仍在原供电点，但新址用电容量超过原址用电容量的，超过部分按增容办理； （5）私自迁移用电地址而用电者，除按本规则第一百条第5项处理外，自迁新址不论是否引起供电点变动，一律按新装用电办理
		二十七	用户移表（因修缮房屋或其他原因需要移动用电计量装置安装位置），须向供电企业提出申请。供电企业应按下列规定办理：

续表

序号	类别	条　款	内　　　容
3	营业规则	二十七	（1）在用电地址、用电容量、用电类别、供电点等不变情况下，可办理移表手续； （2）移表所需的费用由用户负担； （3）用户不论何种原因，不得自行移动表位，否则，可按本规则第一百条第5项处理
		二十八	用户暂拆（因修缮房屋等原因需要暂时停止用电并拆表），应持有关证明向供电企业提出申请。供电企业应按下列规定办理： （1）用户办理暂拆手续后，供电企业应在5天内执行暂拆； （2）暂拆时间最长不得超过6个月。暂拆期间，供电企业保留该用户原容量的使用权； （3）暂拆原因消除，用户要求复装接电时，须向供电企业办理复装接电手续并按规定交付费用。上述手续完成后，供电企业应在5天内为该用户复装接电； （4）超过暂拆规定时间要求复装接电者，按新装手续办理
		二十九	用户更名或过户（依法变更用户名称或居民用户房屋变更户主），应持有关证明向供电企业提出申请。供电企业应按下列规定办理： （1）在用电地址、用电容量、用电类别不变条件下，允许办理更名或过户； （2）原用户应与供电企业结清债务，才能解除原供用电关系； （3）不申请办理过户手续而私自过户者，新用户应承担原用户所负债务。经供电企业检查发现用户私自过户时，供电企业应通知该户补办手续，必要时可中止供电
		三十	用户分户，应持有关证明向供电企业提出申请。供电企业应按下列规定办理： （1）在用电地址、供电点、用电容量不变，且其受电装置具备分装的条件时，允许办理分户； （2）在原用户与供电企业结清债务的情况下，再办理分户手续； （3）分立后的新用户应与供电企业重新建立供用电关系； （4）原用户的用电容量由分户者自行协商分割，需要增容者，分户后另行向供电企业办理增容手续； （5）分户引起的工程费用由分户者负担； （6）分户后受电装置应经供电企业检验合格，由供电企业分别装表计费

续表

序号	类别	条　款	内　　容
3	营业规则	三十一	用户并户，应持有关证明向供电企业提出申请，供电企业应按下列规定办理： （1）在同一供电点，同一用电地址的相邻两个及以上用户允许办理并户； （2）原用户应在并户前向供电企业结清债务； （3）新用户用电容量不得超过并户前各户容量之总和； （4）并户引起的工程费用由并户者负担； （5）并户的受电装置应经检验合格，由供电企业重新装表计费
		三十二	用户销户，须向供电企业提出申请。供电企业应按下列规定办理： （1）销户必须停止全部用电容量的使用； （2）用户已向供电企业结清电费； （3）查验用电计量装置完好性后，拆除接户线和用电计量装置； （4）用户持供电企业出具的凭证，领还电能表保证金与电费保证金。 办完上述事宜，即解除供用电关系
		三十三	用户连续6个月不用电，也不申请办理暂停用电手续者，供电企业须以销户终止其用电。用户需再用电时，按新装用电办理
		三十四	用户改压（因用户原因需要在原址改变供电电压等级），应向供电企业提出申请。供电企业应按下列规定办理： （1）改为高一等级电压供电，且容量不变者，免收其供电贴费。超过原容量者，超过部分按增容手续办理； （2）改为低一等级电压供电时，改压后的容量不大于原容量者，应收取两级电压供电贴费标准差额的供电贴费。超过原容量者，超过部分按增容手续办理； （3）改压引起的工程费用由用户负担。 由于供电企业的原因引起用户供电电压等级变化的，改压引起的用户外部工程费用由供电企业负担
		三十五	用户改类，须向供电企业提出申请，供电企业应按下列规定办理： （1）在同一受电装置内，电力用途发生变化而引起用电电价类别改变时，允许办理改类手续； （2）擅自改变用电类别，应按本规则第一百条第1项处理

续表

序号	类别	条　款	内　　　容
3	营业规则	三十六	用户依法破产时，供电企业应按下列规定办理： （1）供电企业应予销户，终止供电； （2）在破产用户原址上用电的，按新装用电办理； （3）从破产用户分离出去的新用户，必须在偿清原破产用户电费和其他债务后，方可办理变更用电手续，否则，供电企业可按违约用电处理

第四节　电价、电费管理法律法规

电价、电费管理法律法规，如表 10–5 所示。

表 10–5　　电价、电费管理法律法规

序号	类别	条　款	内　　　容
1	电力法	三十五	本法所称电价，是指电力生产企业的上网电价、电网间的互供电价、电网销售电价。电价实行统一政策，统一定价原则，分级管理
		三十六	制定电价，应当合理补偿成本，合理确定收益，依法计入税金，坚持公平负担，促进电力建设
		三十七	上网电价实行同网同质同价。具体办法和实施步骤由国务院规定。电力生产企业有特殊情况需另行制定上网电价的，具体办法由国务院规定
		三十八	跨省、自治区、直辖市电网和省级电网内的上网电价，由电力生产企业和电网经营企业协商提出方案，报国务院物价行政主管部门核准。 地方投资的电力生产企业所生产的电力，属于在省内各地区形成独立电网的或者自发自用的，其电价可以由省、自治区、直辖市人民政府管理
		三十九	跨省、自治区、直辖市电网和独立电网之间、省级电网和独立电网之间的互供电价，由双方协商提出方案，报国务院物价行政主管部门或者其授权的部门核准。 独立电网与独立电网之间的互供电价，由双方协商提出方案，报有管理权的物价行政主管部门核准

续表

序号	类别	条　款	内　　　容
1	电力法	四十	跨省、自治区、直辖市电网和省级电网的销售电价，由电网经营企业提出方案，报国务院物价行政主管部门或者其授权的部门核准
		四十一	国家实行分类电价和分时电价。分类标准和分时办法由国务院确定。对同一电网内的同一电压等级、同一用电类别的用户，执行相同的电价标准
		四十二	用户用电增容收费标准，由国务院物价行政主管部门会同国务院电力管理部门制定
		四十三	任何单位不得超越电价管理权限制定电价。供电企业不得擅自变更电价
		四十四	禁止任何单位和个人在电费中加收其他费用；但是，法律、行政法规另有规定的，按照规定执行。 地方集资办电在电费中加收费用的，由省、自治区、直辖市人民政府依照国务院有关规定制定办法
		四十五	电价的管理办法，由国务院依照本法的规定制定
2	条例	二十五	供电企业应当按照国家有关规定实行分类电价、分时电价
		二十七	供电企业应当按照国家核准的电价和用电计量装置的记录，向用户计收电费。用户应当按照国家批准的电价，并按照规定的期限、方式或者合同约定的办法，交付电费
		三十九	违反本条例第二十七条规定，逾期未交付电费的，供电企业可以从逾期之日起，每日按照电费总额的1‰～3‰加收违约金，具体比例由供用电双方在供用电合同中约定；自逾期之日起计算超过30日，经催交仍未交付电费的，供电企业可以按照国家规定的程序停止供电
3	营业规则	八十二	供电企业应当按国家批准的电价，依据用电计量装置的记录计算电费，按期向用户收取或通知用户按期交纳电费。供电企业可根据具体情况，确定向用户收取电费的方式。 用户应按供电企业规定的期限和交费方式交清电费，不得拖延或拒交电费。 用户应按国家规定向供电企业存出电费保证金

续表

序号	类别	条 款	内 容
3	营业规则	八十三	供电企业应在规定的日期抄录计费电能表读数。 由于用户的原因未能如期抄录计费电能表读数时，可通知用户待期补抄或暂按前次用电量计收电费，待下次抄表时一并结清。因用户原因连续6个月不能如期抄到计费电能表读数时，供电企业应通知该用户得终止供电
		八十四	基本电费以月计算，但新装、增容、变更与终止用电当月的基本电费，可按实用天数（日用电不足24h的，按1天计算）每日按全月基本电费1/30计算。事故停电、检修停电、计划限电不扣减基本电费
		八十五	以变压器容量计算基本电费的用户，其备用的变压器（含高压电动机），属冷备用状态并经供电企业加封的，不收基本电费；属热备用状态的或未经加封的，不论使用与否都计收基本电费。用户专门为调整用电功率因数的设备，如电容器、调相机等，不计收基本电费。在受电装置一次侧装有连锁装置互为备用的变压器（含高压电动机），按可能同时使用的变压器（含高压电动机）容量之和的最大值计算其基本电费
		八十六	对月用电量较大的用户，供电企业可按用户月电费确定每月分若干次收费，并于抄表后结清当月电费。收费次数由供电企业与用户协商确定，一般每月不少于3次。对于银行划拨电费的，供电企业、用户、银行三方应签订电费划拨和结清的协议书。供用双方改变开户银行或账号时，应及时通知对方
		八十七	临时用电用户未装用电计量装置的，供电企业应根据其用电容量，按双方约定的每日使用时数和使用期限预收全部电费。用电终止时，如实际使用时间不足约定期限1/2的，可退还预收电费的1/2；超过约定期限1/2的，预收电费不退；到约定期限时，得终止供电
		八十八	供电企业依法对用户终止供电时，用户必须结清全部电费和与供电企业相关的其他债务。否则，供电企业有权依法追缴

第五节　供用电合同法律法规

供用电合同法律法规，如表 10–6 所示。

表 10–6　　　　　　　　　**供用电合同法律法规**

序号	类别	条　款	内　　　容
1	电力法	二十七	电力供应与使用双方应当根据平等自愿、协商一致的原则，按照国务院制定的电力供应与使用办法签订供用电合同，确定双方的权利和义务
		五十九	电力企业或者用户违反供用电合同，给对方造成损失的，应当依法承担赔偿责任。电力企业违反本法第二十八条、第二十九条一款的规定，未保证供电质量或者未事先通知用户中断供电，给用户造成损失的，应当依法承担赔偿责任
2	条例	六	供电企业和用户应当根据平等自愿、协商一致的原则签订供用电合同
		三十二	供电企业和用户应当在供电前根据用户需要和供电企业的供电能力签订供用电合同
		三十三	供用电合同应当具备以下条款： （1）供电方式、供电质量和供电时间； （2）用电容量和用电地址、用电性质； （3）计量方式和电价、电费结算方式； （4）供用电设施维护责任的划分； （5）合同的有效期限； （6）违约责任； （7）双方共同认为应当约定的其他条款
		三十四	供电企业应当按照合同约定的数量、质量、时间、方式，合理调度和安全供电。用户应当按照合同约定的数量、条件用电，交付电费和国家规定的其他费用
		三十五	供用电合同的变更或者解除，应当依照有关法律、行政法规和本条例的规定办理
		四十二	供电企业或者用户违反供用电合同，给对方造成损失的，应当依法承担赔偿责任

序号	类别	条　款	内　　容
3	营业规则	九十二	供电企业和用户应当在正式供电前，根据用户用电需求和供电企业的供电能力以及办理用电申请时双方已认可或协商一致的下列文件，签订供用电合同： （1）用户的用电申请报告或用电申请书； （2）新建项目立项前双方签订的供电意向性协议； （3）供电企业批复的供电方案； （4）用户受电装置施工竣工检验报告； （5）用电计量装置安装完工报告； （6）供电设施运行维护管理协议； （7）其他双方事先约定的有关文件。 对用电量大的用户或供电有特殊要求的用户，在签订供用电合同时，可单独签订电费结算协议和电力调度协议等
		九十三	供用电合同应采用书面形式。经双方协商同意的有关修改合同的文书、电报、电传和图表也是合同的组成部分。 供用电合同书面形式可分为标准格式和非标准格式两类。标准格式合同适用于供电方式简单、一般性用电需求的用户；非标准格式合同适用于供用电方式特殊的用户。 省电网经营企业可根据用电类别、用电容量、电压等级的不同，分类制定出适应不同类型用户需要的标准格式的供用电合同
		九十四	供用电合同的变更或者解除，必须依法进行。有下列情形之一的，允许变更或解除供用电合同： （1）当事人双方经过协商同意，并且不因此损害国家利益和扰乱供用电秩序； （2）由于供电能力的变化或国家对电力供应与使用管理的政策调整，使订立供用电合同时的依据被修改或取消； （3）当事人一方依照法律程序确定确实无法履行合同。 由于不可抗力或一方当事人虽无过失，但无法防止的外因，致使合同无法履行
		九十五	供用双方在合同中订有电力运行事故责任条款的，按下列规定办理： （1）由于供电企业电力运行事故造成用户停电的，供电企业应按用户在停电时间内可能用电量的电度电费的5倍（单一制电价为4倍）给予赔偿。用户在停电时间内可能用电量，按照停电前用户正常用电月份或正常用电一定天数内的每小时平均用电量乘以停电小时求得。

续表

序号	类别	条款	内容
3	营业规则	九十五	（2）由于用户的责任造成供电企业对外停电，用户应按供电企业对外停电时间少供电量，乘以上月份供电企业平均售电单价给予赔偿。因用户过错造成其他用户损害的，受害用户要求赔偿时，该用户应当依法承担赔偿责任。虽因用户过错，但由于供电企业责任而使事故扩大造成其他用户损害的，该用户不承担事故扩大部分的赔偿责任。 （3）对停电责任的分析和停电时间及少供电量的计算，均按供电企业的事故记录及《电业生产事故调查规程》办理。停电时间不足1h按1h计算，超过1h按实际时间计算。 （4）本条所指的电度电费按国家规定的目录电价计算
		九十六	供用电双方在合同中订有电压质量责任条款的，按下列规定办理： （1）用户用电功率因数达到规定标准，而供电电压超出本规则规定的变动幅度，给用户造成损失的，供电企业应按用户每月在电压不合格的累计时间内所用的电量，乘以用户当月用电的平均电价的20%给予赔偿。 （2）用户用电的功率因数未达到规定标准或其他用户原因引起的电压质量不合格的，供电企业不负赔偿责任。 （3）电压变动超出允许变动幅度的时间，以用户自备并经供电企业认可的电压自动记录仪表的记录为准，如用户未装此项仪表，则以供电企业的电压记录为准
		九十七	供用电双方在合同中订有频率质量责任条款的，按下列规定办理： （1）供电频率超出允许偏差，给用户造成损失的，供电企业应按用户每月在频率不合格的累计时间内所用的电量，乘以当月用电的平均电价的20%给予赔偿。 （2）频率变动超出允许偏差的时间，以用户自备并经供电企业认可的频率自动记录仪表的记录为准，如用户未装此项仪表，则以供电企业的频率记录为准
		九十八	用户在供电企业规定的期限内未交清电费时，应承担电费滞纳的违约责任。电费违约金从逾期之日起计算至交纳日止。每日电费违约金按下列规定计算： （1）居民用户每日按欠费总额的1‰计算； （2）其他用户：① 当年欠费部分，每日按欠费总额的2‰计算；② 跨年度欠费部分，每日按欠费总额的3‰计算。 电费违约金收取总额按日累加计收，总额不足1元者按1元收取

序号	类别	条　款	内　　　容
3	营业规则	九十九	因电力运行事故引起城乡居民用户家用电器损坏的，供电企业应按部颁《居民用户家用电器损坏处理办法》进行处理
		一百	危害供用电安全、扰乱正常供用电秩序的行为，属于违约用电行为。供电企业对查获的违约用电行为应及时予以制止。有下列违约用电行为者，应承担其相应的违约责任： （1）在电价低的供电线路上，擅自接用电价高的用电设备或私自改变用电类别的，应按实际使用日期补交其差额电费，并承担2倍差额电费的违约使用电费。使用起讫日期难以确定的，实际使用时间按3个月计算。 （2）私自超过合同约定的容量用电的，除应拆除私增容设备外，属于两部制电价的用户，应补交私增设备容量使用月数的基本电费，并承担3倍私增容量基本电费的违约使用电费；其他用户应承担私增容量每1kW（kVA）50元的违约使用电费，如用户要求继续使用者，按新装增容办理手续。 （3）擅自超过计划分配的用电指标的，应承担高峰超用电力每次每1kW 1元和超用电量与现行电价电费5倍的违约使用电费。 （4）擅自使用已在供电企业办理暂停手续的电力设备或启用供电企业封存的电力设备的，应停用违约使用的设备。属于两部制电价的用户，应补交擅自使用或启用封存设备容量和使用月数的基本电费，并承担2倍补交基本电费的违约使用电费；其他用户应承担擅自使用或启用封存设备容量每次每1kW（kVA）30元的违约使用电费。启用属于私增容被封存的设备的，违约使用者还应承担本条第2项规定的违约责任。 （5）私自迁移、更动和擅自操作供电企业的用电计量装置、电力负荷管理装置、供电设施以及约定由供电企业调度的用户受电设备者，属于居民用户的，应承担每次500元的违约使用电费；属于其他用户的，应承担每次5000元的违约使用电费。 （6）未经供电企业同意，擅自引入（供出）电源或将备用电源和其他电源私自并网的，除当即拆除接线外，应承担其引入（供出）或并网电源容量每1kW（kVA）500元的违约使用电费

第六节　电能计量法律法规

电能计量法律法规，如表10–7所示。

表 10–7　　　　　　　　　　　　电能计量法律法规

序号	类别	条　款	内　　　容
1	电力法	三十	因抢险救灾需要紧急供电时，供电企业必须尽速安排供电，所需供电工程费用和应付电费依照国家有关规定执行
		三十一	用户应当安装用电计量装置。用户使用的电力电量，以计量检定机构依法认可的用电计量装置的记录为准。用户受电装置的设计、施工安装和运行管理，应当符合国家标准或者电力行业标准
		三十三	供电企业应当按照国家核准的电价和用电计量装置的记录，向用户计收电费。 供电企业查电人员和抄表收费人员进入用户，进行用电安全检查或者抄表收费时，应当出示有关证件。 用户应当按照国家核准的电价和用电计量装置的记录，按时交纳电费；对供电企业查电人员和抄表收费人员依法履行职责，应当提供方便
		六十六	违反本法第三十三条、第四十三条、第四十四条规定，未按照国家核准的电价和用电计量装置的记录向用户计收电费、超越权限制定电价或者在电费中加收其他费用的，由物价行政主管部门给予警告，责令返还违法收取的费用，可以并处违法收取费用 5 倍以下的罚款；情节严重的，对有关主管人员和直接责任人员给予行政处分
2	条例	二十六	用户应当安装用电计量装置。用户使用的电力、电量，以计量检定机构依法认可的用电计量装置的记录为准。用电计量装置，应当安装在供电设施与受电设施的产权分界处。安装在用户处的用电计量装置，由用户负责保护
		二十七	供电企业应当按照国家核准的电价和用电计量装置的记录，向用户计收电费。用户应当按照国家批准的电价，并按照规定的期限、方式或者合同约定的办法，交付电费
3	营业规则	七十	供电企业应在用户每一个受电点内按不同电价类别，分别安装用电计量装置。每个受电点作为用户的一个计费单位。用户为满足内部核算的需要，可自行在其内部装设考核能耗用的电能表，但该表所示读数不得作为供电企业计费依据

续表

序号	类别	条 款	内 容
3	营业规则	七十一	在用户受电点内难以按电价类别分别装设用电计量装置时，可装设总的用电计量装置，然后按其不同电价类别的用电设备容量的比例或实际可能的用电量，确定不同电价类别用电量的比例或定量进行分算，分别计价。供电企业每年至少对上述比例或定量核定一次，用户不得拒绝
		七十二	用电计量装置包括计费电能表（有功、无功电能表及最大需量表）和电压、电流互感器及二次连接线导线。计费电能表及附件的购置、安装、移动、更换、校验、拆除、加封、启封及表计接线等，均由供电企业负责办理，用户应提供工作上的方便。 高压用户的成套设备中装有自备电能表及附件时，经供电企业检验合格、加封并移交供电企业维护管理的，可作为计费电能表。用户销户时，供电企业应将该设备交还用户。 供电企业在新装、换装及现场校验后应对用电计量装置加封，并请用户在工作凭证上签章
		七十三	对 10kV 及以下电压供电的用户，应配置专用的电能计量柜（箱）；对 35kV 及以上电压供电的用户，应有专用的电流互感器二次线圈和专用的电压互感器二次连接线，并不得与保护、测量回路共用。电压互感器专用回路的电压降不得超过允许值。超过允许值时，应予以改造或采取必要的技术措施予以更正
		七十四	用电计量装置原则上应装在供电设施的产权分界处。如产权分界处不适宜装表的，对专线供电的高压用户，可在供电变压器出口装表计量；对公用线路供电的高压用户，可在用户受电装置的低压侧计量。当用电计量装置不安装在产权分界处时，线路与变压器损耗的有功与无功电量均须由产权所有者负担。在计算用户基本电费（按最大需量计收时）、电度电费及功率因数调整电费时，应将上述损耗电量计算在内
		七十五	城镇居民用电一般应实行一户一表。因特殊原因不能实行一户一表计费时，供电企业可根据其容量按公安门牌或楼门单元、楼层安装共用的计费电能表，居民用户不得拒绝合用。共用计费电能表内的各用户，可自行装设分户电能表，自行分算电费，供电企业在技术上予以指导
		七十六	临时用电的用户，应安装用电计量装置。对不具备安装条件的，可按其用电容量、使用时间、规定的电价计收电费

续表

序号	类别	条　款	内　　　　容
3	营业规则	七十七	计费电能表装设后，用户应妥为保护，不应在表前堆放影响抄表或计量准确及安全的物品。如发生计费电能表丢失、损坏或过负荷烧坏等情况，用户应及时告知供电企业，以便供电企业采取措施。如因供电企业责任或不可抗力致使计费电能表出现或发生故障的，供电企业应负责换表，不收费用；其他原因引起的，用户应负担赔偿费或修理费
		七十九	供电企业必须按规定的周期校验、轮换计费电能表，并对计费电能表进行不定期检查。发现计量失常时，应查明原因。用户认为供电企业装设的计费电能表不准时，有权向供电企业提出校验申请，在用户交付验表费后，供电企业应在 7 天内检验，并将检验结果通知用户。如计费电能表的误差在允许范围内，验表费不退；如计费电能表的误差超出允许范围时，除退还验表费外，并应按本规则第八十条规定退补电费。用户对检验结果有异议时，可向供电企业上级计量检定机构申请检定。用户在申请验表期间，其电费仍应按期交纳，验表结果确认后，再行退补电费
		八十	由于计费计量的互感器、电能表的误差及其连接线电压降超出允许范围或其他非人为原因致使计量记录不准时，供电企业应按下列规定退补相应电量的电费： （1）互感器或电能表误差超出允许范围时，以“0”误差为基准，按验证后的误差值退补电量。退补时间从上次校验或换装后投入之日起至误差更正之日止的 1/2 时间计算。 （2）连接线的电压降超出允许范围时，以允许电压降为基准，按验证后实际值与允许值之差补收电量。补收时间从连接线投入或负荷增加之日起至电压降更正之日止。 （3）其他非人为原因致使计量记录不准时，以用户正常月份的用电量为基准，退补电量，退补时间按抄表记录确定。 退补期间，用户先按抄见电量如期交纳电费，误差确定后，再行退补
		八十一	用电计量装置接线错误、保险熔断、倍率不符等原因，使电能计量或计算出现差错时，供电企业应按下列规定退补相应电量的电费： （1）计费计量装置接线错误的，以其实际记录的电量为基数，按正确与错误接线的差额率退补电量，退补时间从上次校验或换装投入之日起至接线错误更正之日止。 （2）电压互感器保险熔断的，按规定计算方法计算值补收相应电量的电费；无法计算的，以用户正常月份用电量为基准，按正常月与故障月的差额补收相应电量的电费，补收时间按抄表记录或按失压自动记录仪记录确定。

续表

序号	类别	条 款	内 容
3	营业规则	八十一	（3）计算电量的倍率或铭牌倍率与实际不符的，以实际倍率为基准，按正确与错误倍率的差值退补电量，退补时间以抄表记录为准确定。退补电量未正式确定前，用户应先按正常月用电量交付电费
		八十三	供电企业应在规定的日期抄录计费电能表读数。 由于用户的原因未能如期抄录计费电能表读数时，可通知用户待期补抄或暂按前次用电量计收电费，待下次超表时一并结清。因用户原因连续6个月不能如期抄到计费电能表读数时，供电企业应通知用户的终止供电
4	计量法	二十三	未取得《制造计量器具许可证》、《修理计量器具许可证》制造或者修理计量器具的，责令停止生产、停止营业，没收违法所得，可以并处罚款
		二十四	制造、销售未经考核合格的计量器具新产品的，责令停止制造、销售该种新产品，没收违法所得，可以并处罚款
		二十五	制造、修理、销售的计量器具不合格的，没收违法所得，可以并处罚款
		二十六	属于强制检定范围的计量器具，未按照规定申请检定或者检定不合格继续使用的，责令停止使用，可以并处罚款
		二十七	使用不合格的计量器具或者破坏计量器具准确度，给国家和消费者造成损失的、责令赔偿损失，没收计量器具和违法所得，可以并处罚款
		二十八	制造、销售、使用以欺骗消费者为目的的计量器具的，没收计量器具和违法所得，处以罚款；情节严重的，并对个人或者单位直接责任人员按诈骗罪或者投机倒把罪追究刑事责任
		二十九	违反本法规定，制造、修理、销售的计量器具不合格，造成人身伤亡或者重大财产损失的，比照《刑法》第一百八十六条的规定，对个人或者单位直接责任人员追究刑事责任

续表

序号	类别	条　款	内　　容
4	计量法	三十	计量监督人员违法失职，情节严重的，依照《刑法》有关规定追究刑事责任；情节轻微的；给予行政处分
		三十一	本法规定的行政处罚，由县级以上地方人民政府计量行政部门决定。本法第二十七条规定的行政处罚，也可以由工商行政管理部门决定
		三十二	当事人对行政处罚决定不服的，可以在接到处罚通知之日起 15 日内向人民法院起诉；对罚款、没收违法所得的行政处罚决定期满不起诉又不履行的，由作出行政处罚决定的机关申请人民法院强制执行

第七节　需求侧管理法律法规

需求侧管理法律法规，如表 10–8 所示。

表 10–8　　需求侧管理法律法规

序号	类别	条　款	内　　容
1	电力法	二十二	国家提倡电力生产企业与电网、电网与电网并网运行。具有独立法人资格的电力生产企业要求将生产的电力并网运行的，电网经营企业应当接受。并网运行必须符合国家标准或者电力行业标准。并网双方应当按照统一调度、分级管理和平等互利、协商一致的原则，签订并网协议，确定双方的权利和义务；并网双方达不成协议的，由省级以上电力管理部门协调决定
		二十四	国家对电力供应和使用，实行安全用电、节约用电、计划用电的管理原则。 电力供应与使用办法由国务院依照本法的规定制定
		三十四	供电企业和用户应当遵守国家有关规定，采取有效措施，做好安全用电、节约用电和计划用电工作
2	条例	五	国家对电力供应和使用实行安全用电、节约用电、计划用电的管理原则。供电企业和用户应当遵守国家有关规定，采取有效措施，做好安全用电、节约用电、计划用电工作

续表

序号	类别	条 款	内 容
2	条例	十	并网运行的电力生产企业按照并网协议运行后，送入电网的电力、电量由供电营业机构统一经销
		二十九	县级以上人民政府电力管理部门应当遵照国家产业政策，按照统筹兼顾、保证重点、择优供应的原则，做好计划用电工作。供电企业和用户应当制订节约用电计划，推广和采用节约用电的新技术、新材料 、新工艺、新设备，降低电能消耗。供电企业和用户应当采用先进技术、采取科学管理措施，安全供电、用电，避免发生事故，维护公共安全
3	规则	八十九	在供电营业区内建设的各类发电厂，未经许可，不得从事电力供应与电能经销业务。并网运行的发电厂，应在发电厂建设项目立项前，与并网的电网经营企业联系，就并网容量、发电时间、上网电价、上网电量等达成电量购销意向性协议
		九十	电网经营企业与并网发电厂应根据国家法律、行政法规和有关规定，签订并网协议，并在并网发电前签订并网电量购销合同。合同应当具备下列条款： （1）并网方式、电能质量和发电时间； （2）并网发电容量、年发电利用小时和年上网电量； （3）计量方式和上网电价、电费结算方式； （4）电网提供的备用容量及计费标准； （5）合同的有效期限； （6）违约责任； （7）双方认为必须规定的其他事宜
		九十一	用户自备电厂应自发自供厂区内的用电，不得将自备电厂的电力向厂区外供电。自发自用有余的电量可与供电企业签订电量购销合同。 自备电厂如需伸入或跨越供电企业所属的供电营业区供电的，应经省电网经营企业同意

第八节 供电设施法律法规

供电设施法律法规，如表 10–9 所示。

表 10–9 供电设施法律法规

序号	类别	条 款	内 容
1	刑法	一百零九	破坏电力、煤气或者其他易燃易爆设备，危害公共安全，尚未造成严重后果的，处三年以上十年以下有期徒刑
		一百一十	破坏交通工具、交通设备、电力煤气设备、易燃易爆设备造成严重后果的，处十年以上有期徒刑、无期徒刑或死刑。 过失犯前款罪的，处七年以下有期徒刑或拘役
2	电力法	四	电力设施受国家保护。禁止任何单位和个人危害电力设施安全或者非法侵占、使用电能
		五十二	任何单位和个人不得危害发电设施、变电设施和电力线路设施及其有关辅助设施。在电力设施周围进行爆破及其他可能危及电力设施安全的作业的，应当按照国务院有关电力设施保护的规定，经批准并采取确保电力设施安全的措施后，方可进行作业
		五十三	电力管理部门应当按照国务院有关电力设施保护的规定，对电力设施保护区设立标志。 任何单位和个人不得在依法划定的电力设施保护区内修建可能危及电力设施安全的建筑物、构筑物，不得种植可能危及电力设施安全的植物，不得堆放可能危及电力设施安全的物品。 在依法划定电力设施保护区前已经种植的植物妨碍电力设施安全的，应当修剪或者砍伐
		五十四	任何单位和个人需要在依法划定的电力设施保护区内进行可能危及电力设施安全的作业时，应当经电力管理部门批准并采取安全措施后，方可进行作业
		六十八	违反本法第五十二条第二款和第五十四条规定，未经批准或者未采取安全措施在电力设施周围或者在依法划定的电力设施保护区内进行作业，危及电力设施安全的，由电力管理部门责令停止作业、恢复原状并赔偿损失
		六十九	违反本法第五十三条规定，在依法划定的电力设施保护区内修建建筑物、构筑物或者种植植物、堆放物品，危及电力设施安全的，由当地人民政府责令强制拆除、砍伐或者清除

续表

序号	类别	条　款	内　　　　容
2	电力法	七十	有下列行为之一，应当给予治安管理处罚的，由公安机关依照治安管理处罚条例的有关规定予以处罚；构成犯罪的，依法追究刑事责任: （1）阻碍电力建设或者电力设施抢修，致使电力建设或者电力设施抢修不能正常进行的; （2）扰乱电力生产企业、变电所、电力调度机构和供电企业的秩序，致使生产、工作和营业不能正常进行的; （3）殴打、公然侮辱履行职务的查电人员或者抄表收费人员的; （4）拒绝、阻碍电力监督检查人员依法执行职务的
3	条例	十二	县级以上各级人民政府应当将城乡电网的建设与改造规划，纳入城市建设和乡村建设的总体规划。各级电力管理部门应当会同有关行政主管部门和电网经营企业做好城乡电网建设和改造的规划。供电企业应当按照规划做好供电设施建设和运行管理工作
		十三	地方各级人民政府应当按照城市建设和乡村建设的总体规划统筹安排城乡供电线路走廊、电缆通道、区域变电所、区域配电所和营业网点的用地。 供电企业可以按照国家有关规定在规划的线路走廊、电缆通道、区域变电所、区域配电所和营业网点的用地上，架线、敷设电缆和建设公用供电设施
		十五	供电设施、受电设施的设计、施工、试验和运行，应当符合国家标准或者电力行业标准
		十六	供电企业和用户对供电设施、受电设施进行建设和维护时，作业区域内的有关单位和个人应当给予协助，提供方便；因作业对建筑物或者农作物造成损坏的，应当依照有关法律、行政法规的规定负责修复或者给予合理的补偿
		十七	公用供电设施建成投产后，由供电单位统一维护管理。经电力管理部门批准，供电企业可以使用、改造、扩建该供电设施。 共用供电设施的维护管理，由产权单位协商确定，产权单位可自行维护管理，也可以委托供电企业维护管理。 用户专用的供电设施建成投产后，由用户维护管理或者委托供电企业维护管理

续表

序号	类别	条　款	内　　容
3	条例	十八	因建设需要，必须对已建成的供电设施进行迁移、改造或者采取防护措施时，建设单位应当事先与该供电设施管理单位协商，所需工程费用由建设单位负担
4	营业规则	四十六	用户独资、合资或集资建设的输电、变电、配电等供电设施建成后，其运行维护管理按以下规定确定： （1）属于公用性质或占用公用线路规划走廊的，由供电企业统一管理。供电企业应在交接前，与用户协商，就供电设施运行维护管理达成协议。对统一运行维护管理的公用供电设施，供电企业应保留原所有者在上述协议中确认的容量。 （2）属于用户专用性质，但不在公用变电站内的供电设施，由用户运行维护管理。如用户运行维护管理确有困难，可与供电企业协商，就委托供电企业代为运行维护管理有关事项签订协议。 （3）属于用户共用性质的供电设施，由拥有产权的用户共同运行维护管理。如用户共同运行维护管理确有困难，可与供电企业协商，就委托供电企业代为运行维护管理有关事项签订协议。 （4）在公用变电所内由用户投资建设的供电设备，如变压器、通信设备、断路器、隔离开关等，由供电企业统一经营管理。建成投运前，双方应就运行维护、检修、备品备件等项事宜签订交接协议。 （5）属于临时用电等其他性质的供电设施，原则上由产权所有者运行维护管理，或由双方协商确定，并签订协议
		四十七	供电设施的运行维护管理范围，按产权归属确定。责任分界点按下列各项确定： （1）公用低压线路供电的，以供电接户线用户端最后支持物为分界点，支持物属供电企业。 （2）10kV 及以下公用高压线路供电的，以用户厂界外或配电室前的第一断路器或第一支持物为分界点，第一台断路器或第一支持物属供电企业。 （3）35kV 及以上公用高压线路供电的，以用户厂界外或用户变电所外第一基电杆为分界点。第一基电杆属供电企业。 （4）采用电缆供电的，本着便于维护管理的原则，分界点由供电企业与用户协商确定。 （5）产权属于用户且由用户运行维护的线路，以公用线路分支杆或专用线路接引的公用变电所外第一基电杆为分界点，专用线路第一基电杆属用户。 在电气上的具体分界点，由供用双方协商确定

续表

序号	类别	条款	内容
4	营业规则	四十八	供电企业和用户分工维护管理的供电和受电设备，除另有约定者外，未经管辖单位同意，对方不得操作或更动；如因紧急事故必须操作或更动者，事后应迅速通知管辖单位
		四十九	由于工程施工或线路维护上的需要，供电企业须在用户处进行凿墙、挖沟、掘坑、巡线等作业时，用户应给予方便，供电企业工作人员应遵守用户的有关安全保卫制度。用户到供电企业维护的设备区作业时，应征得供电企业同意，并在供电企业人员监护下进行工作。作业完工后，双方均应及时予以修复
		五十	因建设引起建筑物、构筑物与供电设施相互妨碍，需要迁移供电设施或采取防护措施时，应按建设先后的原则，确定其担负的责任。如供电设施建设在先，建筑物、构筑物建设在后，由后续建设单位负担供电设施迁移、防护所需的费用；如建筑物、构筑物的建设在先，供电设施建设在后，由供电设施建设单位负担建筑物、构筑物的迁移所需的费用；不能确定建设的先后者，由双方协商解决。供电企业需要迁移用户或其他供电企业的设施时，也按上述原则办理。城乡建设与改造需迁移供电设施时，供电企业和用户都应积极配合，迁移所需的材料和费用，应在城乡建设与改造投资中解决
		五十一	在供电设施上发生事故引起的法律责任，按供电设施产权归属确定。产权归属于谁，谁就承担其拥有的供电设施上发生事故引起的法律责任。但产权所有者不承担受害者因违反安全或其他规章制度，擅自进入供电设施非安全区域内而发生事故引起的法律责任，以及在委托维护的供电设施上，因代理方维护不当所发生事故引起的法律责任
5	保护条例	十一	县以上地方各级电力主管部门应采取以下措施，保护电力设施： （1）在必要的架空电力线路保护区的区界上，应设立标志牌，并标明保护区的宽度和保护规定； （2）在架空电力线路导线跨越重要公路和航道的区段，应设立标志牌，并标明导线距穿越物体之间的安全距离； （3）地下电缆铺设后，应设立永久性标志，并将地下电缆所在位置书面通知有关部门； （4）水底电缆敷设后，应设立永久性标志，并将水底电缆所在位置书面通知有关部门

续表

序号	类别	条　款	内　　　容
5	保护条例	十二	任何单位或个人在电力设施周围进行爆破作业，必须按照国家有关规定，确保电力设施的安全
		十三	任何单位或个人不得从事下列危害发电厂、变电所设施的行为： （1）闯入厂、所内扰乱生产和工作秩序，移动、损害标志物； （2）危及输水、排灰管道（沟）的安全运行； （3）影响专用铁路、公路、桥梁、码头的使用； （4）在用于水力发电的水库内，进入距水工建筑物 300m 区域内炸鱼、捕鱼、游泳、划船及其他危及水工建筑物安全的行为
		十四	任何单位或个人，不得从事下列危害电力线路设施的行为： （1）向电力线路设施射击； （2）向导线抛掷物体； （3）在架空电力线路导线两侧各 300m 的区域内放风筝； （4）擅自在导线上接用电器设备； （5）擅自攀登杆塔或在杆塔上架设电力线、通信线、广播线，安装广播喇叭； （6）利用杆塔、拉线作起重牵引地锚； （7）在杆塔、拉线上拴牲畜、悬挂物体、攀附农作物； （8）在杆塔、拉线基础的规定范围内取土、打桩、钻探、开挖或倾倒酸、碱、盐及其他有害化学物品； （9）在杆塔内（不含杆塔与杆塔之间）或杆塔与拉线之间修筑道路； （10）拆卸杆塔或拉线上的器材，移动、损坏永久性标志或标志牌
		十五	任何单位或个人在架空电力线路保护区内，必须遵守下列规定： （1）不得堆放谷物、草料、垃圾、矿渣、易燃物、易爆物及其他影响安全供电的物品； （2）不得烧窑、烧荒； （3）不得兴建建筑物； （4）不得种植竹子； （5）经当地电力主管部门同意，可以保留或种植自然生长最终高度与导线之间符合安全距离的树木

续表

序号	类别	条 款	内 容
5	保护条例	十六	任何单位或个人在电力电缆线路保护区内，必须遵守下列规定： （1）不得在地下电缆保护区内堆放垃圾、矿渣、易燃物、易爆物，倾倒酸、碱、盐及其他有害化学物品，兴建建筑物或种植树木、竹子； （2）不得在海底电缆保护区内抛锚、拖锚； （3）不得在江河电缆保护区内抛锚、拖锚、炸鱼、挖沙
		十七	任何单位或个人必须经县级以上地方电力主管部门批准，并采取安全措施后，方可进行下列作业或活动： （1）在架空电力线路保护区内进行农田水利基本建设工程及打桩、钻探、开挖等作业； （2）起重机械的任何部位进入架空电力线路保护区进行施工； （3）小于导线距穿越物体之间的安全距离，通过架空电力线路保护区； （4）在电力电缆线路保护区内进行作业
		十八	任何单位或个人不得从事下列危害电力设施建设的行为： （1）非法侵占电力设施建设项目依法征用的土地； （2）涂改、移动、损害、拔除电力设施建设的测量标桩和标记； （3）破坏、封堵施工道路，截断施工水源或电源
		十九	经县级以上地方物资、商业管理部门会同工商行政管理部门、公安部门批准的商业企业可以在批准的范围内查验证明、登记收购电力设施器材。任何单位出售电力设施器材，必须持有本单位证明；任何个人出售电力设施器材，必须持有所在单位或所在居民委员会、村民委员会出具的证明，到规定的商业企业出售。任何单位或个人不得非法出售、收购电力设施器材
		二十	电力主管部门专用架空通信线路、通信电缆线路设施及其附属设施的保护，按照国家有关规定执行

第九节　电力运行事故法律法规

电力运行事故法律法规，如表 10–10 所示。

表 10–10　　电力运行事故法律法规

序号	类别	条　款	内　　容
1	刑法	一百一十四	工厂、矿山、林场、建筑企业或者其他企业、事业单位的职工，由于不服管理、违反规章制度，或者强令工人违章冒险作业，因而发生重大伤亡事故或者造成严重后果的，处三年以下有期徒刑或拘役；情节特别恶劣的处三年以上七年以下有期徒刑
2	电力法	六十	因电力运行事故给用户或者第三人造成损害的，电力企业应当依法承担赔偿责任。电力运行事故由下列原因之一造成的，电力企业不承担赔偿责任: （1）不可抗力; （2）用户自身的过错。 因用户或者第三人的过错给电力企业或者其他用户造成损害的，该用户或者第三人应当依法承担赔偿责任
		七十四	电力企业职工违反规章制度、违章调度或者不服从调度指令，造成重大事故的，比照刑法第一百一十四条的规定追究刑事责任。电力企业职工故意延误电力设施抢修或者抢险救灾供电，造成严重后果的，比照刑法第一百一十四条的规定追究刑事责任。 电力企业的管理人员和查电人员、抄表收费人员勒索用户、以电谋私，构成犯罪的，依法追究刑事责任；尚不构成犯罪的，依法给予行政处分
3	条例	二十八	除本条例另有规定外，在发电、供电系统正常运行的情况下，供电企业应当连续向用户供电；因故需要停止供电时，应当按照下列要求事先通知用户或者进行公告: （1）设施计划检修需要停电时，供电企业应当提前 7 天通知用户或者进行公告; （2）供电设施临时检修需要停止供电时，供电企业应当提前 24h 通知重要用户; （3）供电系统发生故障需要停电、限电时，供电企业应当按照事先确定的限电序位进行停电或者限电。引起停电或者限电的原因消除后，供电企业应当尽快恢复供电
		四十三	因电力运行事故给用户或者第三人造成损害的，供电企业应当依法承担赔偿责任。因用户或者第三人的过错给供电企业或者其他用户造成损害的，该用户或者第三人应当依法承担赔偿责任

续表

序号	类别	条 款	内 容
3	条例	四十四	供电企业职工违反规章制度造成供电事故的，或者滥用职权、利用职务之便谋取私利的，依法给予行政处分；构成犯罪的，依法追究刑事责任
4	营业规则	九十五	供用双方在合同中订有电力运行事故责任条款的，按下列规定办理： （1）供电企业电力运行事故造成用户停电的，供电企业应按用户在停电时间内可能用电量的电度电费的5倍（单一制电价为4倍）给予赔偿。用户在停电时间内可能用电量，按照停电前用户正常用电月份或正常用电一定天数内的每小时平均用电量乘以停电小时求得。 （2）用户的责任造成供电企业对外停电，用户应按供电企业对外停电时间少供电量，乘以上月份供电企业平均售电单价给予赔偿。 因用户过错造成其他用户损害的，受害用户要求赔偿时，该用户应当依法承担赔偿责任。虽因用户过错，但由于供电企业责任而使事故扩大造成其他用户损害的，该用户不承担事故扩大部分的赔偿责任。 （3）停电责任的分析和停电时间及少供电量的计算，均按供电企业的事故记录及《电业生产事故调查规程》办理。停电时间不足1h按1h计算，超过1h按实际时间计算。 （4）本条所指的电度电费按国家规定的目录电价计算
		九十九	因电力运行事故引起城乡居民用户家用电器损坏的，供电企业应按部颁《居民用户家用电器损坏处理办法》进行处理
5	居民家用电器损坏处理办法	二	本办法适用于由供电企业以220/380V电压供电的居民用户，因发生电力运行事故导致电能质量劣化，引起居民用户家用电器损坏时的索赔处理
		三	本办法所称的电力运行事故，是指在供电企业负责运行维护的220/380V供电线路或设备上因供电企业的责任发生的下列事件： （1）在220/380V供电线路上，发生相线与零线接错或三相相序接反； （2）在220/380V供电线路上，发生零线断线； （3）在220/380V供电线路上，发生相线与零线互碰； （4）同杆架设或交叉跨越时，供电企业的高电压线路导线掉落到220/380V线路上或供电企业高电压线路对220/380V线路放电

续表

序号	类别	条　款	内　　　　容
5	居民家用电器损坏处理办法	四	由于第三条列举的原因出现若干户家用电器同时损坏时，居民用户应及时向当地供电企业投诉，并保持家用电器损坏原状。供电企业在接到居民用户家用电器损坏投诉后，应在24h内派员赴现场进行调查、核实
		五	属于本办法第三条所列事件引起家用电器损坏的，供电企业应会同居委会（村委会）或其他有关部门，共同对受害居民用户损坏的家用电器名称、型号、数量、使用年月、损坏现象等进行登记和取证。登记笔录材料应由受害居民用户签字确认，作为理赔处理的依据
		六	供电企业如能提供证明，居民用户家用电器的损坏是不可抗力、第三人责任、受害者自身过错或产品质量事故等原因引起，并经县级以上电力管理部门核实无误，供电企业不承担赔偿责任
		七	从家用电器损坏之日起七日内，受害居民用户未向供电企业投诉并提出索赔要求的，即视为受害者已自动放弃索赔权。超过七日的，供电企业不再负责其赔偿
		八	损坏的家用电器经供电企业指定的或双方认可的检修单位检定，认为可以修复的，按本办法第九条规定处理；认为不可修复的，按本办法第十条规定处理
		九	对损坏家用电器的修复，供电企业承担被损坏元件的修复责任。修复时应尽可能以原型号、规格的新元件修复；无原型号规格的新元件可供修复时，可采用相同功能的新元件替代。 修复所发生的元件购置费、检测费、修理费均由供电企业负担。 不属于责任损坏或未损坏的元件，受害居民用户也要求更换时，所发生的元件购置费与修理费应由提出要求者负担
		十	对不可修复的家用电器，其购买时间在6个月及以内的，按原购货发票价，供电企业全额予以赔偿；购置时间在6个月以上的，按原购货发票价，并按本规定第十二条规定的使用寿命折旧后的余额予以赔偿。使用年限已超过本规定第十二条规定仍在使用的，或者折旧后的差额低于原价10%的，按原价的10%予以赔偿。使用时间以发货票开具的日期为准开始计算。

续表

序号	类别	条　款	内　　　　容
5	居民家用电器损坏处理办法	十	对无法提供购货发票的，应由受害居民用户负责举证，经供电企业核查无误后，以证明出具的购置日期时的国家定价为准，按前款规定清偿。 以外币购置的家用电器，按购置时国家外汇牌价折人民币计算其购置价，以人民币进行清偿。清偿后，损坏的家用电器归属供电企业所有
		十一	在理赔处理中，供电企业与受害居民用户因赔偿问题达不成协议的，由县级以上电力管理部门调解，调解不成的，可向司法机关申请裁定
		十二	各类家用电器的平均使用年限如下： （1）电子类，如电视机、音响、录像机、充电器等，使用寿命为 10 年； （2）电机类，如电冰箱、空调器、洗衣机、电风扇、吸尘器等，使用寿命为 12 年； （3）电阻电热类，如电饭煲、电热水器、电茶壶、电炒锅等，使用寿命为 5 年； （4）电光源类，白炽灯、气体放电灯、调光灯等，使用寿命为 2 年
		十三	供电企业对居民用户家用电器损坏所支付的修理费用或赔偿费，由供电生产成本中列支
		十四	第三人责任致使居民用户家用电器损坏的，供电企业应协助受害居民用户向第三人索赔，并可比照本办法进行处理

第十节　触电伤亡事故处理法律法规

触电伤亡事故处理法律法规，如表 10–11 所示。

表 10–11　　　　触电伤亡事故处理法律法规

序号	类别	条　款	内　　　　容
1	刑法	一百一十四	工厂、矿山、林场、建筑企业或者其他企业、事业单位的职工，由于不服管理、违反规章制度，或者强令工人违章冒险作业，因而发生重大伤亡事故或者造成严重后果的，处三年以下有期徒刑或拘役；情节特别恶劣的处三年以上七年以下有期徒刑

续表

序号	类别	条　款	内　　　容
2	营业规则	六十二	用户发生下列用电事故，应及时向供电企业报告： （1）人身触电死亡； （2）导致电力系统停电； （3）专线跳闸或全厂停电； （4）电气火灾； （5）重要或大型电气设备损坏； （6）停电期间向电力系统倒送电。 供电企业接到用户上述事故报告后，应派员赴现场调查，在7天内协助用户提出事故调查报告
3	处理意见	一	《民法通则》第一百二十三条所规定的“高压”包括1kV及其以上电压等级的高压电；1kV以下电压等级为非高压电
		二	因高压电造成人身损害的案件，由电力设施产权人依照民法通则第一百二十三条的规定承担民事责任。但对因高压电引起的人身损害是由多个原因造成的，按照致害人的行为与损害结果之间的原因力确定各自的责任。致害人的行为是损害后果发生的主要原因，应当承担主要责任；致害人的行为是损害后果发生的非主要原因，应当承担相应的责任
		三	因高压电造成他人人身损害有下列情形之一的，电力设施产权人不承担民事责任： （1）不可抗力； （2）受害人以触电方式自杀、自伤； （3）受害人盗窃电能，盗窃、破坏电力设施或者因其他犯罪行为而引起触电事故； （4）受害人在电力设施保护区从事法律、行政法规所禁止的行为
		四	因触电引起的人身损害赔偿范围包括： （1）医疗费，指医院对因触电造成伤害的当事人进行治疗所收取的费用。医疗费应根据治疗医院诊断证明、处方和医药费、住院费的单据确定。医疗费还应当包括继续治疗费和其他器官功能训练费以及适当的整容费。继续治疗费既可根据案情一次性判决，也可根据治疗需要确定赔偿标准。费用的计算参照公费医疗的标准。当事人选择的意愿应当是依法成立的、具有相应治疗能力的医院、卫生院、急救站等医疗机构。当事人应当根据受损害的状况和治疗需要就近选择治疗医院。

续表

序号	类别	条 款	内 容
3	处理意见	四	（2）误工费，有固定收入的，按实际减少的收入计算。没有固定收入或者无收入的，按事故发生地上年度职工平均年工资标准计算。误工时间可以按照医疗机构的证明或者法医鉴定确定；依此无法确定的，可以根据受害人的实际损害程度和恢复状况等确定。 （3）住院伙食补助费和营养费：住院伙食补助费应当根据受害人住院或者在外地接受治疗期间的时间，参照事故发生地国家机关一般工作人员的出差伙食补助标准计算。人民法院应当根据受害人的伤残情况、治疗医院的意见决定是否赔营养费及其数额。 （4）护理费，受害人住院期间，护理人员有收入的，按照误工费的规定计算；无收入的，按照事故发生地平均生活费计算。也可参照护工市场价格计算。受害人出院后，如果需要护理的，凭治疗医院证明，按照伤残等级规定。残疾用具费应一并考虑。 （5）残疾人生活补助费，根据丧失劳动能力的程度或伤残等级，按照事故发生地平均生活费计算。自定残之月起，赔偿 20 年。但 50 周岁以上的，年龄每增加 1 岁减少 1 年，最低不少于 10 年；70 周岁以上的，按 5 年计算。 （6）残疾用具费，受害残疾人因日常生活或辅助生产劳动需要必须配置假肢、代步车等辅助器具的，凭医院证明按照国产普通型器具的费用计算。 （7）丧葬费，国家或者地方有关机关有规定的，依该规定；没有规定的，按照办理丧葬实际支出的合理费用计算。 （8）死亡补偿费，按照当地平均生活费计算，补偿 20 年。对 70 周岁以上的，年龄每增加 1 岁少计 1 年，但补偿年限最低不少于 10 年。 （9）被抚养人生活费，以死者生前或者残者丧失劳动能力前实际抚养的、没有其他生活来源的人为限，按当地居民基本生活费标准计算。被抚养人不满 18 周岁的，但 50 周岁以上的，年龄每增加一岁抚养费少计 1 年，但计算生活费的年限最低不少于 15 年；被抚养人 70 周岁以上的，抚养费只计 5 年。 （10）交通费，是指救治触电受害人必需的合理交通费用，包括必须转院治疗所必需的交通费。 （11）住宿费，是指救治触电受害人因客观原因不能住院也不能在家里确需就地住宿的费用，其数额参照事故发生地国家机关一般工作人员的出差住宿标准计算。 当事人的亲友参加处理触电事故所需交通费、误工费、住宿费、伙食补助费，参照第一款的有关规定计算，但计算费用的人数不超过 3 人

续表

序号	类别	条　款	内　　　　容
3	处理意见	五	依照前条规定计算的各种费用，凡实际发生和受害人急需的，应当一次性支付；其他费用，可以根据数额大小、受害人需求程度、当事人的履行能力等因素确定支付时间的方式。如果采用定期金赔偿方式，应当确定每期的赔偿并要求责任人提供适当的担保
		六	因非高压电造成的人身损害赔偿可以参照第四条和第五条的规定处理

参 考 文 献

[1] 广东省电机工程学会. 用电检查资格考核培训教材. 北京：中国电力出版社，2004 年 7 月

[2] 中国华北电力集团公司. 用电检查工作标准. 北京：中国电力出版社，2001 年 5 月

[3] 用电检查考核培训教材编写组. 用电检查考核培训教材. 北京：中国水利水电出版社，2006 年 6 月

[4] 中国电机工程学会城市供电专业委员会. 供用电工人技能手册·用电检查. 北京：中国电力出版社，2001 年 6 月

[5] 狄富清. 城乡电网配电装置. 北京：中国电力出版社，2001 年 6 月

[6] 李珞新，余建华. 用电管理手册. 北京：中国电力出版社，2006 年 6 月

[7] 李珞新. 用电管理（第三版）. 北京：中国电力出版社，2007 年 2 月

[8] 黄伟. 电能计量技术. 北京：中国电力出版社，2004 年 7 月

[9] 郑尧等. 电能计量技术手册. 北京：中国电力出版社，2002 年 1 月

[10] 白忠敏. 电力用互感器和电能计量装置设计选型与应用. 北京：中国电力出版社，2004 年 1 月

[11] 丁毓山. 电子式电能表与抄表系统. 北京：中国水利水电出版社，2005 年 5 月

[12] 陈佩琼. 电能表修校. 北京：中国水利水电出版社，2006 年 1 月

[13] 吴竞昌. 供电系统谐波. 北京：中国电力出版社，1998 年 5 月

[14] 祝小红. 防窃电与反窃电工作手册. 北京：中国水利水电出版社，2006 年 12 月

[15]《电力设备选型手册》编写组. 电力设备选型手册. 北京：中国水利水电出版社，2007 年 1 月

[16] 国家电网公司电力需求侧管理指导中心. 电力需求侧管理实用技术. 北京：中国电力出版社，2005 年 7 月